清华大学电子工程系核心课系列教材

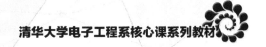

Data and Algorithms

数据与算法

吴及 陈健生 白铂 编著

U0286617

清华大学出版社

北京

内 容 简 介

本书从数据与算法的相互关系入手，内容涵盖了传统的数据结构和数值分析，并增加了数学模型和算法设计思想的介绍。第一部分数据、数学模型和算法的基本概念是全书的基础；在数据结构部分主要从数学模型和问题的角度介绍了线性结构、树结构、图结构，最常见的非数值问题查找和排序；在数值分析部分从问题的角度介绍了误差分析，实数的表示和运算，一元非线性方程，线性方程组，拟合与插值，最优化问题；最后一部分则从算法设计思想的角度介绍了蛮力法、分治法、贪心法、动态规划、搜索算法和随机算法，以及在求解具体问题时的应用实例。书中问题和算法两个视角构成了纵横交织的网络，希望能够帮助读者更清楚地看到数据和算法的相互关系，更透彻地理解数值和非数值问题的差异和共性，更全面地提升利用计算机作为工具解决实际问题的能力，为今后的学习和未来的发展打下扎实的基础。

图书在版编目(CIP)数据

数据与算法/吴及，陈健生，白铂编著.—北京：清华大学出版社，2017(2024.9重印)

(清华大学电子工程系核心课系列教材)

ISBN 978-7-302-46881-3

Ⅰ.①数… Ⅱ.①吴… ②陈… ③白… Ⅲ.①数据结构–高等学校–教材 ②算法分析–高等学校–教材

Ⅳ.①TP311.12

中国版本图书馆 CIP 数据核字(2017)第 064079 号

责任编辑：文 怡
封面设计：台禹微
责任校对：李建庄
责任印制：宋 林

出版发行：清华大学出版社
   网 址：https://www.tup.com.cn, https://www.wqxuetang.com
   地 址：北京清华大学学研大厦 A 座   邮 编：100084
   社 总 机：010-83470000   邮 购：010-62786544
   投稿与读者服务：010-62776969, c-service@tup.tsinghua.edu.cn
   质量反馈：010-62772015, zhiliang@tup.tsinghua.edu.cn
   课件下载：https://www.tup.com.cn，010-83470236

印 装 者：三河市龙大印装有限公司
经 销：全国新华书店
开 本：185mm×260mm 印 张：22.5 字 数：565 千字
版 次：2017 年 10 月第 1 版 印 次：2024 年 9 月第 8 次印刷
定 价：59.00 元

产品编号：072343-01

丛 书 序

清华大学电子工程系经过整整十年的努力，正式推出新版核心课系列教材。这成果来之不易！在这个时间节点重新回顾此次课程体系改革的思路历程，对于学生，对于教师，对于工程教育研究者，无疑都有重要的意义。

一

高等电子工程教育的基本矛盾是不断增长的知识量与有限的学制之间的矛盾。这个判断是这批教材背后最基本的观点。

当今世界，科学技术突飞猛进，尤其是信息科技，在 20 世纪独领风骚数十年，至 21 世纪，势头依然强劲。伴随着科学技术的迅猛发展，知识的总量呈现爆炸性增长趋势。为了适应这种增长，高等教育系统不断进行调整，以把更多新知识纳入教学。自 18 世纪以来，高等教育响应知识增长的主要方式是分化：一方面延长学制，从本科延伸到硕士、博士；一方面细化专业，比如把电子工程细分为通信、雷达、图像、信息、微波、线路、电真空、微电子、光电子等。但过于细化的专业使得培养出的学生缺乏处理综合性问题的必要准备。为了响应社会对人才综合性的要求，综合化逐步成为高等教育主要的趋势，同时学生的终身学习能力成为关注的重点。很多大学推行宽口径、厚基础本科培养，正是这种综合化趋势使然。通识教育日益受到重视，也正是大学对综合化趋势的积极回应。

清华大学电子工程系在 20 世纪 80 年代有九个细化的专业，20 世纪 90 年代合并成两个专业，2005 年进一步合并成一个专业，即"电子信息科学类"，与上述综合化的趋势一致。

综合化的困难在于，在有限的学制内学生要学习的内容太多，实践训练和课外活动的时间被挤占，学生在动手能力和社会交往能力等方面的发展就会受到影响。解决问题的一种方案是延长学制，比如把本科定位在基础教育，硕士定位在专业教育，实行五年制或六年制本硕贯通。这个方案虽可以短暂缓解课程量大的压力，但是无法从根本上解决知识爆炸性增长带来的问题，因此不可持续。解决问题的根本途径是减少课程，但这并非易事。减少课程意味着去掉一些教学内容。关于哪些内容可以去掉，哪些内容必须保留，并不容易找到有高度共识的判据。

探索一条可持续有共识的途径，解决知识量增长与学制限制之间的矛盾，已是必需，也是课程体系改革的目的所在。

二

学科知识架构是课程体系的基础，其中核心概念是重中之重。这是这批教材背后最关键的观点。

布鲁纳特别强调学科知识架构的重要性。架构的重要性在于帮助学生利用关联性来理解和重构知识；清晰的架构也有助于学生长期记忆和快速回忆，更容易培养学生举一反三的迁移能力。抓住知识架构，知识体系的脉络就变得清晰明了，教学内容的选择就会有公认的依据。

核心概念是知识架构的汇聚点，大量的概念是从少数核心概念衍生出来的。形象地说，核心概念是干，衍生概念是枝、是叶。所谓知识量爆炸性增长，很多情况下是"枝更繁、叶更茂"，而不是产生了新的核心概念。在教学时间有限的情况下，教学内容应重点围绕核心概念来组织。教学内容中，既要有抽象的概念性的知识，也要有具体的案例性的知识。

梳理学科知识的核心概念，这是清华大学电子工程系课程改革中最为关键的一步。办法是梳理自 1600 年吉尔伯特发表《论磁》一书以来，电磁学、电子学、电子工程以及相关领域发展的历史脉络，以库恩对"范式"的定义为标准，逐步归纳出电子信息科学技术知识体系的核心概念，即那些具有"范式"地位的学科成就。

围绕核心概念选择具体案例是每一位教材编者和教学教师的任务，原则是具有典型性和时代性，且与学生的先期知识有较高关联度，以帮助学生从已有知识出发去理解新的概念。

三

电子信息科学与技术知识体系的核心概念是：信息载体与系统的相互作用。这是这批教材公共的基础。

1955 年前后，斯坦福大学工学院院长特曼和麻省理工学院电机系主任布朗都认识到信息比电力发展得更快，他们分别领导两所学校的电机工程系进行了课程改革。特曼认为，电子学正在快速成为电机工程教育的主体。他主张彻底修改课程体系，牺牲掉一些传统的工科课程以包含更多的数学和物理，包括固体物理、量子电子学等。布朗认为，电机工程的课程体系有两个分支，即能量转换和信息处理与传输。他强调这两个分支不应是非此即彼的两个选项，因为它们都基于共同的原理，即场与材料之间相互作用的统一原理。

场与材料之间的相互作用，这是电机工程第一个明确的核心概念，其最初的成果形式是麦克斯韦方程组，后又发展出量子电动力学。自彼时以来，经过大半个世纪的飞速发展，场与材料的相互关系不断发展演变，推动系统层次不断增加。新材料、新结构形成各种元器件，元器件连接成各种电路，在电路中，场转化为电势（电流电压），"电势与电路"取代"场和材料"构成新的相互作用关系。电路演变成开关，发展出数字逻辑电路，电势二值化为比特，"比特与逻辑"取代"电势与电路"构成新的相互作用关系。数字逻辑电路与计算机体系结构相结合发展出处理器（CPU），比特扩展为指令和数据，进而组织成程序，"程序与处理器"取代"比特与逻辑"构成新的相互作用关系。在处理器基础上发展出计算机，计算机执行各种算法，而算法处理的是数据，"数据与算法"取代"程序与处理器"构成新的相互作用关系。计算机互联出现互联网，网络处理的是数据包，"数据包与网络"取代"数据与算法"构成新的相互作用关系。网络服务于人，为人的认知系统提供各种媒体（包括文本、图片、音视频等），"媒体与认知"取代"数据包与网络"构成新的相互作用关系。

以上每一对相互作用关系的出现，既有所变，也有所不变。变，是指新的系统层次的出现和范式的转变；不变，是指"信息处理与传输"这个方向一以贯之，未曾改变。从电子信息的角度看，场、电势、比特、程序、数据、数据包、媒体都是信息的载体；而材料、电路、逻辑（电路）、处理器、算法、网络、认知（系统）都是系统。虽然信息的载体变了，处理特定的信息载体的系统变了，描述它们之间相互作用关系的范式也变了，但是诸相互作用关系的本质是统一的，可归纳为"信息载体与系统的相互作用"。

上述七层相互作用关系，层层递进，统一于"信息载体与系统的相互作用"这一核心概念，构成了电子信息科学与技术知识体系的核心架构。

四

在核心知识架构基础上，清华大学电子工程系规划出十门核心课：电动力学（或电磁场与波）、固体物理、电子电路与系统基础、数字逻辑与 CPU 基础、数据与算法、通信与网络、媒体与认知、信号与系统、概率论与随机过程、计算机程序设计基础。其中，电动力学和固体物理涉及场和材料的相互作用关系，电子电路与系统基础重点在电势与电路的相互作用关系，数字逻辑与 CPU 基础覆盖了比特与逻辑及程序与处理器两对相互作用关系，数据与算法重点在数据与算法的相互作用关系，通信与网络重点在数据包与网络的相互作用关系，媒体与认知重点在媒体和人的认知系统的相互作用关系。这些课覆盖了核心知识架构的七个层次，并且有清楚的对应关系。另外三门课是公共的基础，计算机程序设计基础自不必说，信号与系统重点在确定性信号与系统的建模和分析，概率论与随机过程重点在不确定性信号的建模和分析。

按照"宽口径、厚基础"的要求，上述十门课均被确定为电子信息科学类学生必修专业课。专业必修课之前有若干数学物理基础课，之后有若干专业限选课和任选课。这套课程体系的专业覆盖面拓宽了，核心概念深化了，而且教学计划安排也更紧凑了。近十年来清华大学电子工程系的教学实践证明，这套课程体系是可行的。

五

知识体系是不断发展变化的，课程体系也不会一成不变。就目前的知识体系而言，关于算法性质、网络性质、认知系统性质的基本概念体系尚未完全成型，处于范式前阶段，相应的课程也会在学科发展中不断完善和调整。这也意味着学生和教师有很大的创新空间。电动力学和固体物理虽然已经相对成熟，但是从知识体系角度说，它们应该覆盖场与材料（电荷载体）的相互作用，如何进一步突出"相互作用关系"还可以进一步探讨。随着集成电路发展，传统上区分场与电势的条件，即电路尺寸远小于波长，也变得模糊了。电子电路与系统或许需要把场和电势的理论相结合。随着量子计算和量子通信的发展，未来在逻辑与处理器和通信与网络层次或许会出现新的范式也未可知。

工程科学的核心概念往往建立在技术发明的基础之上，比如目前主流的处理器和网络分别是面向冯·诺依曼结构和 TCP/IP 协议的，如果体系结构发生变化或者网络协议发生变化，那么相应地，程序的概念和数据包的概念也会发生变化。

六

这套课程体系是以清华大学电子工程系的教师和学生的基本情况为前提的。兄弟院校可以参考，但是在实践中要结合自身教师和学生的情况做适当取舍和调整。

清华大学电子工程系的很多老师深度参与了课程体系的建设工作，付出了辛勤的劳动。在这一过程中，他们表现出对教育事业的忠诚，对真理的执着追求，令人钦佩！自课程改革以来，特别是 2009 年以来，数届清华大学电子工程系的本科同学也深度参与了课程体系的改革工作。他们在没有教材和讲义的情况下，积极支持和参与课程体系的建设工作，做出了重要的贡献。向这些同学表示衷心感谢！清华大学出版社多年来一直关注和支持课程体系建设工作，一并表示衷心感谢！

王希勤

2017 年 7 月

前　　言

近年来，信息科学技术呈现快速发展的态势，云计算、移动互联网、大数据、人工智能，给我们所处的时代和社会带来了一波又一波的冲击。人们日常生活中的信息获取方式、社会交往方式、生产工作方式都已经发生了很大的变化，而且更为巨大的变化似乎就在并不遥远的未来。我们的教学和人才培养模式如何能够适应这样的变化，对于高等教育的从业者来说是一个严峻的挑战。

为了解决膨胀的知识量与有限的学制之间的矛盾，提高教学效率和质量，培养拔尖型创新人才，清华大学电子工程系进行了全面的教学改革。在梳理出电子信息科学知识构架的基础上，构建起了全新的课程体系，数据与算法就是其中的一门核心课程。数据是客观世界的描述，是信息的载体，也是算法的处理对象；算法是解决问题的方法和步骤，是处理数据的系统。因此数据与算法的关系，本质上是信息载体与系统的相互作用。同时，数据的特性是算法设计中不可忽视的关键性因素，对数据特性利用得越充分，算法的性能和效率就越高，但与此同时，算法的针对性越强，适用面也就越窄。

传统上数据结构和数值分析是两门课程，前者主要研究非数值问题，后者主要研究数值问题。但是，当我们上升到更宏观的视角，也就是数据与算法相互关系的视角，我们就能够更清楚地认识到两者之间的共性和差异。从共性上来讲，它们都把现实世界的问题简化成为数学模型上的问题，并利用计算机作为工具加以求解，因此有很多算法思想不仅能用于处理非数值问题，也能有效地处理数值问题。例如，二分法既可以用于实现有序线性表的高效查找，又可以用于求解非线性方程；寻找图的最小生成树的 Prim 算法、Kruskal 算法和求解多维函数极值的最速下降法都是基于贪心算法的思想。数值和非数值问题的差异也很显著，数值问题中变量取值是连续的，符合一定精度要求的近似解可能有无穷多个，只需要得到符合精度要求的近似解就足够了，因此误差分析在数值分析中处于基础性的地位；而非数值问题的解空间是离散的，不需要考虑误差。在实际应用中，数值问题和非数值问题还经常交织在一起，例如搜索引擎已经成为人们获取信息的主要方式，在其实现过程中就既有非数值问题，也有数值问题。

数据和算法的覆盖范围包括了传统上的数据结构、数值分析两门课程，同时还特别加入了数学模型和算法设计思想的部分，并从总体上对内容上进行了取舍。我们希望这门新设计的课程，能够让同学在学习过程中更清楚地看到数据和算法的相互关系，更透彻地理解数值和非数值问题的差异和共性，更全面地提升利用计算机作为工具解决实际问题的能力，为今后的学习和未来的发展打下扎实的基础。

全书共有 9 章，分为四个部分。第一部分是第 1 章，介绍了数据，算法和数学模型的基本概念，是全书的基础。第二部分是第 2~5 章，包括线性结构、树结构和图结构，以及查找、排序两种最常用的非数值问题及其求解，是传统数据结构的内容。第三部分是第 6、7 章，包括数值问题和最优化的初步介绍，讨论的是数值问题。第四部分是第 8、9 章，介绍了随机算法和算法设计思想。

本书第 1、2、4、5 章由吴及负责撰写；第 6、7、8 章由陈健生负责撰写；白铂撰写了第 3 和第 9 章，并参与了第 4 和第 7 章的部分工作。

由于编者水平有限，疏误之处在所难免，敬请同行及各界读者批评指正。作为突破传统教学模式和内容组织方式的一次尝试，我们也希望这样的努力能够成为电子信息学科教学改革的有益探索。

编者

2017 年 8 月

目　　录

第 1 章　数据、数学模型和算法

1.1　数据时代

大数据 (big data) 是当今学术界和产业界最炙手可热的名词之一，其重要性和价值已经得到广泛的认同。数据科学，也继实验科学、理论科学、计算机仿真之后，被称为科学研究的第四范式。为什么数据处理技术会得到如此普遍的重视？为什么人类会对数据中的价值寄予如此巨大的期望？又为什么人类社会发展到今天，数据的重要性会特别地凸显出来呢？我们从什么是数据谈起。

1.1.1　什么是数据

"数"是人们用来表示事物的量的基本数学概念。在人类发展的历史上，这种抽象的"数"的概念是从具体事物中逐步获得和建立起来的。例如"一个苹果""二个橘子""三个香蕉"描述的是具体的事物，而"一""二""三"则是与具体事物无关的抽象的"数"。另一个相关的概念是"数字"，数字是人们用来计数的符号，如现在人们常用的阿拉伯数字"1""2""3"，又如中文的数字"一""二""三"和罗马数字"Ⅰ""Ⅱ""Ⅲ"。而我们在这里要讨论的"数据"，则是一个范围大得多的概念。

数据是客观事物的符号表示，往往是通过对客观事物的观察得到的未经加工的原始素材，是包含知识和信息的原始材料。在今天的信息社会中，数据可以说无处不在，其表现形式也是多种多样，例如：

文字和符号：不仅普遍存在于书籍、报纸等传统的纸质媒介上，也广泛存在于计算机、手机、平板电脑等电子设备上；既包括今天人们使用的各种文字符号，也包括从远古时代遗存下来的象形文字和甲骨文等。

多媒体数据：计算机的图形界面、广播电视电影、数码相机 (DC) 和数码摄像机 (DV)，使得我们身处于丰富多彩的多媒体时代。多媒体数据的采集、保存和播放已经非常方便；图像、音频、视频等各种媒体数据在我们的日常生活中随处可见。

通信信号：电信号和电磁波已经成为人类社会信息最方便快捷的传输方式，这些用于通信和控制的电话信号、导航信号、手机信号、广播信号，无论是在发送端还是在接收端都是数据。

传感器采集的数据：通过各种各样的温度传感器、压力传感器，以及 CT、B 超、声呐等，人们可以采集到各种各样能够描述客观事物的数据。

社会性数据：人类社会生活的方方面面同样需要大量数据来描述，如社会普查数据、人口统计数据和民意调查数据等，著名的如美国总统大选期间盖洛普所做的候选人支持率的民意测验；也包括紧密联系我们日常生活的经济运行数据，如物价、收入等。随着社交网络的发展和普及，人们之间通过互联网和移动互联网的交互行为也成为重要的海量数据来源。

可以很清楚地看到对数据的掌握和处理是当今社会的一个基本问题，在科研活动、经济活动、文化活动和政治活动中，我们随时都会面对各种各样的数据。数据和对数据的处理与我们每个人都息息相关。

我们在这里讨论的数据，进一步被特指为能够输入到计算机并被计算机处理的。

1.1.2　大数据时代

数据处理技术包括了数据的获取、数据的存储、数据的传输，以及针对数据的计算等。

数据是客观事物的表示和描述，人具有很强的获取数据的能力，如人对客观事物的观察，社会普查等；数据获取也可以通过多种多样的设备，如温度和压力等各种传感器，万用表和光谱仪等各种测量仪器，照相机和摄像机等图像视频采集设备，麦克风和录音机等声音采集设备，雷达接收机和卫星接收机等信号接收设备等。

传统的数据存储主要依靠纸质媒介，如书籍、报表和纸质文件等，典型的模拟存储介质有胶片和磁带。随着数字技术的发展，数字存储介质已经成为主流。从大型的磁盘存储系统，到容量越来越大的计算机硬盘，再到便携的移动硬盘、U 盘、光盘和闪存卡，存储容量不断增大，而且价格越来越便宜。

语言交流和书信曾是人类历史上数据传输和信息交互的主要手段。电磁波和电信号的发现和利用，造就了电话、电报等快捷的数据传输方式。互联网、移动通信，以及 USB 和 IEEE 1394 等高速率数据传输技术的发展，使数据传输的快速、高效和方便达到了前所未有的程度。

面向数据的计算涵盖了对数据的分析、管理和利用。其中既包括了以处理器性能为代表的计算能力，又包括了对数据进行处理以实现信息抽取和知识发现的技术方法。

随着信息技术的飞速发展，人类在数据采集、数据存储和数据传输方面的能力得到了长足的发展。我们都知道，二进制是数字计算机的基础，计算机存储容量的基本单位是字节 (Byte)，每个字节包含 8 个二进制位。为了描述不同规模的数据，人们定义了一系列的数据计量单位：

Bytes $\rightarrow$ Kilobyte(2^{10} Bytes) $\rightarrow$ Megabyte(2^{20} Bytes) $\rightarrow$ Gigabyte(2^{30} Bytes) $\rightarrow$ Terabyte(2^{40} Bytes) $\rightarrow$Petabyte(2^{50} Bytes)$\rightarrow$Exabyte(2^{60} Bytes)$\rightarrow$Zettabyte(2^{70} Bytes)$\rightarrow$ Yottabyte(2^{80} Bytes)

其中我们比较熟悉的有千字节 (KB)、兆字节 (MB) 和吉字节 (GB)。我们甚至难以想象更大的数据量单位意味着什么？美国国会图书馆所有藏书的数据约为 10TB。按照 2001 年的数据估算，美国国家航空航天局地球观测系统 (Earth Observing System) 三年的数据总和约为 1PB[1]。据称 1 个 ZB 大概相当于全世界所有海滩上的沙子总和，而 1 个 YB 大概相当于 7000 人体内的原子数总和 [2]。如果以每分钟 1MB 的速度不间断播放 MP3 格式的歌曲，1ZB 存储的歌曲可以让人听上 19 亿年。

根据 IDC 的统计和预测，2007 年全球数据量约为 161EB；2008 年激增到 487EB；金融危机的 2009 年，全球数据量达到 0.8ZB，增长 62%；2010 年进一步增长到 1.2ZB，约为 2007 年的 8 倍；而到 2020 年，这一数字将达到 35ZB。人类所拥有的数据量还在以更快的速度增长，2010 年 3 月，视频网站 YouTube 宣布每分钟就会有 24 小时的视频被上传，而到了 2010 年 11 月，每分钟上传至 YouTube 的视频长度已达 35 小时。根据 YouTube 产品管理负责人的计算："如果美国三大电视网每天播放 24 小时，一周 7 天，一年 365 天不间断播放 60 年，那么这些视频内容才与 YouTube 每 30 天增加的内容一样多。"而到了 2012 年 5 月，每分钟上传的视频长度已经超过 72 小时，YouTube 上已经有超过一万亿个视频。

2012 年初，Royal Pingdom 网站给出 2011 年与互联网相关的一些统计数据：

◇ 全世界有 31.46 亿个电子邮件账户；

◇ 全世界有 5.55 亿个网站，其中有 3 亿个是在 2011 年创建的；

◇ 全世界有 21 亿互联网用户；

◇ 3.5 亿用户使用移动设备登录互联网；

◇ 全世界有超过 24 亿个社交媒体账户；

◇ 全球有 26 亿个即时通信账户；

◇ 截至 2011 年 10 月，互联网用户每月在线浏览视频量达到 2014 亿个；

◇ 截至 2011 年中期，Facebook 上有 1000 亿张照片；

◇ Flickr 上有 5100 万注册用户，这些用户每天上传 450 万张照片。Flickr 上一共有 60 亿张照片。

很显然，人类获取和生产数据的能力已经十分惊人，当今的时代已经是一个"数据爆炸"的时代。为了应对数据爆炸性的增长，最近二十年以来，人类在数据存储能力上的进步极为迅速。二十年前，我们使用的个人计算机往往只有 40MB 的硬盘，数据交换依靠 720KB 的 5 英寸软盘和 1.44MB 的 3.5 英寸软盘。对于今天的个人计算机而言，500GB 硬盘几乎成了标准配置，用于数据交换的移动存储设备多为 250GB 以上移动硬盘和 2GB 以上的 U 盘。个人数据存储产品的容量在二十年间增大了成千上万倍。在二十年间，数据中心更是从萌芽走向成熟，当今的数据中心的存储规模往往能达到 PB 量级，并且在能效、安全、接入和管理等方面有了越来越完善的考虑和设计。

数据传输技术的发展同样迅猛。一方面是依赖于移动存储介质的数据交换，除了存储量的增大以外，传输速率也飞速增长。传统的 1.44MB 软盘的传输速率为 62.5KB/s，计算机串口的传输速率为 14.4KB/s。CD 光盘的读取速度为 7.5MB/s，DVD 光盘的读取速度为 16.6MB/s。现在得到广泛应用的 USB 2.0 理论传输速率为 60MB/s，实际传输速率能达到 20～30MB/s；2008 年底发布的 USB 3.0 标准理论传输速率已经达到了 600MB/s。因此基于移动存储介质的传输速率在十多年间也得到数百倍乃至数千倍的提升。互联网的发展使得数据传输不再受到地理位置的约束。早期的 Modem 拨号上网的速率为 7KB/s；现在 ADSL 上网的下行速率可以达到 1MB/s，目前家庭常用的速率为 512KB/s～2MB/s。而局域网的传输速率可以达到 10MB/s 甚至 100MB/s。而基于无线传输的移动互联网也可以提供 50～150KB/s 的下行速率。随着互联网，特别是移动互联网的发展，人们将继续向随时随地快速传输数据的目标前进。

数据的计算需要强大的处理能力，其中处理器和随机存储器起着至关重要的作用。二十年前的个人计算机，Intel 80386 的典型配置是 33MHz 主频和 1MB 内存；而今天的 Intel Core2 的典型配置是主频 3GHz、64KB 的一级缓存 (L1 cache) 和 6MB 的二级缓存 (L2 cache)；而 Intel Core-i 系列进一步引入了三级缓存，并实现了 CPU 与图形处理单元 GPU 的整合封装。因此今天的处理器，其计算能力已经不可同日而语。然而单处理器计算能力的提高仍然远远不能满足数据处理的需要，因此各种并行计算技术风起云涌，从多核处理器、图形加速器 GPU，并行程序设计技术如 OpenMP、MPI，到分布式计算、网格计算和今天声名显赫的云计算，给数据计算提供了前所未有的强大能力。

然而数据的计算除了计算能力之外，同样甚至更为重要的是计算方法，因此近年来以机器学习、数据挖掘为代表的海量数据处理技术都得到了普遍的重视和迅速的发展。

数据的重要性导致了数据采集能力和生产速度不断提高，爆炸性的数据增长推动了数据存储、数据传输和数据计算能力和计算方法的飞速发展，而数据处理技术的发展进一步提升的数据的可用性和重要性，这就形成了一个正反馈，从而促使数据和数据处理相关的领域成为当今社会最有活力的发展方向。同时应该看到，相比于数据的采集、传输和存储，数据的计算能使人们更充分更有效地发挥数据的价值，因此我们有理由期待数据的计算有着更为广阔的发展空间。

1.1.3 数据的重要性

我们在上一节中把数据的重要性作为论述的基础，那么在这一节我们试图去回答数据为什么是重要的。数据是客观事物的符号表示，人类通过观察获得数据，通过数据积累和分析去获取知识，人类发展的历史同时也是一个数据积累和知识增长的过程。

远古时代，我们的祖先就为了生存去观察和适应环境，但在很长时间里人们缺乏描述客观事物的有效手段，观察的积累主要依靠个体进行。人们的知识主要来自直接的生活经验，信息的交流和保存非常困难，知识的积累缓慢而艰难。随着语言、文字的出现，以及保存文字的介质，如泥版和纸的发明，人们对客观事物的观察和认识能够以数据的形式保存、积累和交流，人类文明也进入了新的发展阶段。然而在很长的时期里，学习、掌握、传承和发展新的知识仍然主要依靠人类社会中的某些特殊群体，社会整体仍然处于愚昧落后的状态。17 世纪义务教育开始出现，18 世纪印刷术开始普及，书籍和报纸逐渐变得普遍起来，19 世纪电报和电话的诞生，20 世纪计算机和互联网的崛起，这些进步对于人类文明具有重要意义，它们推动了数据的产生、存储和传输，直接促进了信息和知识的分享。人们越来越多的知识来自于对数据的处理，而不是直接的生活经验。一个非常典型的例子是：16 世纪的丹麦天文学家第谷穷尽毕生精力，积累了大量准确细致的天文观测数据，就是在这些数据的基础上，他的学生，德国天体物理学家开普勒提出了著名的行星运动三大定律。可以说，正是第谷长期积累的精确数据加上开普勒创新的思想，对原始观测数据的尊重和有效利用，共同铸就了这一辉煌成就。

随着信息技术的发展和对社会的巨大影响，恐怕已经没有人会质疑信息的重要性，然后信息是不能单独存在的，数据是信息的载体。同样，数据尽管非常重要，但需要人们具备从数据中获取信息的能力，才可能有效地利用数据，真正发挥数据的作用。一方面，人们在信息交互的时候,在传送数据的同时,还需要先验性的知识和约定,才能相互理解;另一方面,即使是同样的数据,不同人从不同的视角也能得到不同的信息和知识。有人说读书实际上是一个二次创作的过程,鲁迅先生在评价古典名著《红楼梦》时写道:“经学家看见易,道学家看见淫,才子看见缠绵,革命家看见排满,流言家看见宫闱秘事……”,恰好说明了这种现象。

人们从对自然和社会的观察中得到数据,这些数据中包含了人们知道和不知道的各种知识和规律,而这些未知的部分就是科学研究试图去发现的。

在以往的数据利用的过程中,人们往往是通过数据的观察产生假设,然后用数据进行验证。但在数据爆炸性增长的今天,很多时候数据中蕴含的规律很难通过观察直接获得,因此从海量数据自动发现其中蕴含规律和知识的数据挖掘技术开始崭露头角。

通过对客观事物的观察获得数据,依靠存储和传输积累数据,针对数据进行分析和思考总结规律,使用更多数据进行验证,这是人类认知的基本途径。因此数据和数据处理极为重要,数据的积累和数据处理能力的提高是人类文明发展的重要阶梯。

1.2　数据的表示

1.2.1　二元关系及其性质

数据的基本单元称为数据元素。数据是从对客观事物的观测中得到的,数据元素并不是孤立存在的,而是存在密切的联系,也因此才能表示和描述客观事物。数据元素之间的联系,归纳起来有三种,即一对一的联系、一对多的联系和多对多的联系。无论是哪种联系,都可以借助于“二元关系”进行描述,因此“二元关系”是描述数据元素关系的基础。

二元关系是一个数学概念,它定义在集合的基本运算 —— 笛卡儿积 (Cartesian product) 的基础上。因此我们下面将从集合的笛卡儿积的定义出发,来解释二元关系的概念及其性质。

1.2.1.1　笛卡儿积

对于两个集合可以定义一种乘积运算,即集合的笛卡儿积。设有集合 M 和 N,分别表示为 $M = \{x\}, N = \{y\}$,则集合 M 和 N 的笛卡儿积,记作: $M \times N$,定义为

$$M \times N = \{(x, y) \,|\, x \in M \text{ 且 } y \in N\} \tag{1.1}$$

也就是说,两个集合 M 和 N 的笛卡儿积也是一个集合,这个集合 $M \times N$ 中的每个元素都是一个二元组,称为有序对或者序偶。有序对的第一个元素来自第一个集合 M,有序对的第二个元素来自第二个集合 N。笛卡儿积 $M \times N$ 将取遍集合 M 和 N 中所有元素的组合,如果集合 M 中的元素个数为 m,集合 N 中的元素个数为 n,那么 $M \times N$ 中的元素个数为 $m \times n$。

例: $M = (a_1, a_2)$, $N = (0, 1, 2)$ 则

$$M \times N = \{(a_1, 0), (a_1, 1), (a_1, 2), (a_2, 0), (a_2, 1), (a_2, 2)\}$$

笛卡儿积的元素是有序对，因此集合的笛卡儿积是不可交换的，即

$$M \times N \neq N \times M \tag{1.2}$$

1.2.1.2　二元关系

有了集合的笛卡儿积，就可以进一步讨论二元关系。

定义：设有集合 M、N，其笛卡儿积 $M \times N$ 的任意一个子集 $R \subset M \times N$，被称为 M 到 N 的一个二元关系。

二元关系表示了集合 M 和集合 N 中元素之间的某种相关性。若有序对 $(a, b) \in R$，也可以记为 aRb，则称 a 是 b 的关于 R 的前件，或者说直接前驱；b 是 a 关于 R 的后件，或者说直接后继。

例如某学生学习语文，数学，外语，表示为 $M =$ {语文, 数学, 外语}。

功课的成绩分为四个等级，记作 $N = \{A, B, C, D\}$。

这个学生成绩的全部可能为

$$\begin{aligned}
M \times N = \{ & < \text{语文}, A >, < \text{语文}, B >, < \text{语文}, C >, < \text{语文}, D >, \\
& < \text{数学}, A >, < \text{数学}, B >, < \text{数学}, C >, < \text{数学}, D >, \\
& < \text{外语}, A >, < \text{外语}, B >, < \text{外语}, C >, < \text{外语}, D > \}
\end{aligned}$$

如果这个学生的实际成绩 $R =$ {< 语文, B >, < 数学, A >, < 外语, D >}，那么可以看到 R 是笛卡儿积 $M \times N$ 的一个子集，因此 R 是 M 到 N 的一个二元关系，它表示了这个学生功课和成绩的对应关系。

集合 M 和 N 的笛卡儿积 $M \times N$ 可以有很多个子集，也就是说从集合 M 到集合 N 可以定义若干种不同的关系，其数目由集合 M 和 N 的元素个数决定。但在实际应用中，我们所取的关系是其中很少的一部分，只有对我们所讨论问题有用的关系，我们才会去关心。

在实际应用的大多数情形下，两个集合是相同的，即 $M = N$，则二元关系 $R \subset M \times M$ 被称为 M 上的二元关系。

二元关系是普遍存在的，例如在实数域上相等关系"$=$"、小于等于关系"$\leqslant$"、小于关系"$<$"；集合的相等关系"$=$"、包含关系"$\subseteq$"、真包含关系"$\subset$"；平面上三角形的全等关系、相似关系；生活中的父子关系、同班同学关系等。

1.2.1.3　二元关系的性质

下面介绍二元关系 R 的基本性质。

设 R 是集合 M 上的一个二元关系：

(1) 如果对于集合 M 中的任一个元素 $a \in M$，有 $(a, a) \in R$ 成立，则称二元关系 R 是自反的。

(2) 如果对于集合 M 中的任一个元素 $a \in M$，都有 $(a, a) \notin R$ 成立，则称二元关系 R 是反自反的。

(3) 如果对于二元关系 R 中的任一个元素 $(a, b) \in R$，都有交换前件后件的元素 $(b, a) \in R$ 成立，则称二元关系 R 是对称的。

(4) 反对称性有两种表示方法：其一是：如果二元关系 R 中的任一个元素 $(a,b) \in R$ 且 $(b,a) \in R$ 时，就有 $a = b$ 成立，则称二元关系 R 是反对称的；其二是：如果二元关系 R 中的任一个元素 $(a,b) \in R$，且交换前件后件的元素 $(b,a) \notin R$，则称二元关系 R 是反对称的。

(5) 当二元关系 R 中的任两个元素 $(a,b) \in R$ 和 $(b,c) \in R$ 时，必有元素 $(a,c) \in R$ 成立，则称二元关系 R 是传递的。

假设有集合 $M = \{1,2,3,4,5\}$，M 上的一个关系为

$$R = \{(1,2),(2,3),(3,4),(3,5),(1,3),(1,4),(1,5),(2,4),(2,5)\}$$

根据上述性质的定义，很容易看出该关系 R 是反自反的、反对称的和传递的。

利用二元关系的性质，我们可以更方便、更准确地分析和描述数据集合中数据之间的关联规律和特点。

1.2.1.4　等价关系和等价类

如果非空集合 M 上二元关系 R 同时满足自反性、对称性和传递性，则称这个二元关系 R 为集合 M 上的等价关系。如果 R 是 M 上的等价关系，a 和 b 是集合 M 中的任意元素，$a,b \in M$，如果有 $(a,b) \in R$，则称 a 等价于 b，记作 $a \sim b$。

那么上面介绍的关系中有哪些是等价关系呢？我们先来看实数域 $\mathbb{R}$ 上实数的相等关系。

设有实数 $a \in \mathbb{R}$，则必有 $a = a$，因此实数域上实数的相等关系满足自反性。

设有实数 $a,b \in \mathbb{R}$，如果 $a = b$，则必有 $b = a$ 成立，因此实数域上实数的相等关系满足对称性。

设有实数 $a,b,c \in \mathbb{R}$，如果满足 $a = b$ 和 $b = c$，则必有 $a = c$ 成立，因此实数域上实数的相等关系满足传递性。

由于实数域上实数的相等关系同时满足自反性、对称性和传递性，所以实数域上实数的相等关系是等价关系。

同样可以分析，集合的相等关系、平面上三角形的全等和相似关系都是等价关系。

同班同学关系也是一个等价关系，因为：

(1) 任何一个人都和自己在同一个班，即满足自反性；

(2) 若 a 和 b 是同一个班的，那么 b 当然也和 a 在同一个班，即满足对称性；

(3) 如果 a 和 b 是同一个班的，b 和 c 也是同一个班的，那么 a 和 c 一定是同一个班的，即满足传递性。

实际上等价关系可以进一步引出等价类的概念。假设 R 是非空集合 M 上的等价关系，则 M 中互相等价的元素构成了 M 中若干个互不相交的子集，这些子集称为 M 的等价类。一个学校或者一个年级的同学就可以由同班同学这个等价关系划分为若干个互不相交的等价类。

下面给出等价类的一般定义：

设 R 是非空集合 M 上的等价关系，对任意的 $a \in M$，由 $[a]_R = \{b | b \in M \wedge aRb\}$ 给出的集合 $[a]_R$，称为 a 关于 R 的等价类，简称为 a 的等价类，简记为 $[a]$。

在实际应用中，当需要根据某种关系来划分集合中的元素时，划分等价类是常用的方法。被划为等价类的数据元素具有一些共同的性质。

1.2.1.5　偏序和全序

如果二元关系 R 同时满足自反性、反对称性和传递性，则称这个二元关系 R 为集合 M 上的偏序关系 (partial order relation)。我们来看实数域 $\mathbb{R}$ 上实数的小于等于关系"$\leqslant$"。

设有实数 $x \in \mathbb{R}$，则必有 $x \leqslant x$，因此实数域上实数的小于等于关系"$\leqslant$"满足自反性。

设有实数 $a,b \in \mathbb{R}$，如果同时满足 $a \leqslant b$ 和 $b \leqslant a$，则必有 $a = b$ 成立，因此实数域上实数的小于等于关系"$\leqslant$"满足反对称性。

设有实数 $a,b,c \in \mathbb{R}$，如果满足 $a \leqslant b$ 和 $b \leqslant c$，则必有 $a \leqslant c$ 成立，因此实数域上实数的小于等于关系"$\leqslant$"满足传递性。

由于实数域上实数的小于等于关系"$\leqslant$"同时满足自反性、反对称性和传递性，所以实数域上实数的小于等于关系"$\leqslant$"是偏序关系。前面我们提到的子集包含"$\subseteq$"也是一种偏序关系，读者可以自行验证。

如果二元关系 R 同时满足反自反性、反对称性和传递性，则称这个二元关系 R 为集合 M 上的拟序关系 (quasi order relation)，也称为严格偏序关系 (strict partial order relation)。我们来看实数域 $\mathbb{R}$ 上实数的小于关系"$<$"。

设有实数 $x \in \mathbb{R}$，则 $x < x$ 不成立，因此实数域上实数的小于关系"$<$"满足反自反性。

设有实数 $a,b \in \mathbb{R}$，如果满足 $a < b$，则 $b < a$ 不成立，因此实数域上实数的小于关系"$<$"满足反对称性。

设有实数 $a,b,c \in \mathbb{R}$，如果满足 $a < b$ 和 $b < c$，则必有 $a < c$ 成立，因此实数域上实数的小于关系"$<$"满足传递性。

由于实数域上实数的小于关系"$<$"同时满足反自反性、反对称性和传递性，所以实数域上实数的小于关系"$<$"是拟序关系。前面我们提到的子集真包含"$\subset$"也是一种拟序关系，读者可以自行验证。

R 是集合 M 上的一个二元关系，那么二元关系 R 是笛卡儿积 $M \times M$ 的一个子集。假设二元关系 R 是 M 上的一个偏序关系，并不是集合 M 中的任意两个元素 $a,b \in M$ 一定都是可比的，也就是说存在笛卡儿积 $M \times M$ 的元素 $(a,b) \notin R$。

举例来说，设集合 $M = \{\{a\}, \{a,b\}, \{a,c\}, \{a,b,c\}\}$，集合 M 中每一个元素都是一个集合，因此集合 M 是一个集合的集合。集合的包含关系"$\subseteq$"是 M 上的一个偏序关系，可以看到在集合 M 上，既有 $\{a\} \subseteq \{a,b\} \subseteq \{a,b,c\}$ 成立，也有 $\{a\} \subseteq \{a,c\} \subseteq \{a,b,c\}$ 成立，但是集合 M 的元素 $\{a,b\}$ 和 $\{a,c\}$ 之间不存在子集包含的关系。

假设二元关系 R 是 M 上的一个偏序关系，如果集合 M 中的任意两个元素 $a,b \in M$ 都可比，或者有 aRb 成立，或者有 bRa 成立，则称 R 是集合 M 上的全序关系 (total order relation)。例如，实数域 $\mathbb{R}$ 上的小于等于关系"$\leqslant$"就是全序关系，因为实数域 $\mathbb{R}$ 中的任意两个元素，在小于等于关系下都是可比的。

全序关系一定是偏序关系，但偏序关系不一定是全序关系。定义了全序关系的集合 M，被称为全序集。

1.2.2　数据的逻辑结构

从二元关系出发就可以定义数据的逻辑结构，在更宏观的尺度上反映数据元素之间在逻辑上的联系。

定义二元组 $B = (D, R)$，其中 D 为数据元素的有限集合，R 为 D 上二元关系的有限集合。因此数据的逻辑结构由两个要素组成，一是数据元素的集合，二是集合上的二元关系。由此我们可以得到数据结构的基本形式，如图 1.1 所示，我们用圆圈表示元素，用连线表示关系。

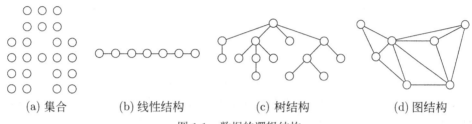

(a) 集合　　　　(b) 线性结构　　　　(c) 树结构　　　　(d) 图结构

图 1.1　数据的逻辑结构

数据的逻辑结构主要有四种类型，一是集合，集合上没有定义二元关系；二是线性结构，每个元素有唯一的前驱元素和后继元素，这其实就是序列；三是树结构，每个元素可能和多个元素有关系；四是图结构，数据元素之间存在多对多的关系。

在实际应用中，这些逻辑结构既可能反映了数据本身具有的特性，也有可能是人们为了处理的需要而赋予数据的。只要与数据特性和问题需求不相矛盾，这种赋予就是合理的，也是必需的。

下面我们具体来看数据逻辑结构的一些例子。

1.2.2.1　数据集合

数据集合由数据元素组成，并且其上没有定义二元关系。

瓮模型 (urn model) 是概率论和随机过程中的经典模型。在一个瓮中有 R 个红球和 B 个蓝球：$U = \{R\text{red}, B\text{blue}\}$，每次从瓮中拿出一个球，观察其颜色然后放回瓮中，则每次取出红球的概率为 $P(\text{red}) = R/(R + B)$，取出蓝球的概率为 $P(\text{blue}) = B/(R + B)$，这是一个伯努利分布 (Bernoulli distribution)，各次取值相互独立。

在瓮模型中，红球和蓝球共同组成了一个集合，且没有定义二元关系，因此是一个数据集合模型的实例。

这是一个很简单的概率模型，但在其上加以变化，还可以定义复杂得多的过程模型。

1.2.2.2　线性结构

线性结构中每个元素最多只会有一个前驱元素，也最多只会有一个后继元素。

中世纪意大利数学家斐波那契在《算盘书》中描述了"兔子问题"。某人买一对小兔子，养殖在完全封闭的围墙内；如果每对兔子每月生一对小兔子，而小兔子出生后，二个月后具备生育能力，问一年后能繁衍到多少对？

按照问题给定的条件进行推导，本月的兔子对数等于上月已有的兔子对数加上本月新增的兔子对数；考虑到每对兔子每月生一对小兔子，所以本月新增的兔子对数等于本月有生殖能力的兔子对数，也就等于再前一个月的兔子对数；假设每月的兔子对数为 $f(n), n = 1, 2, \cdots$，因此得到递推式：

$$f(n) = f(n-1) + f(n-2) \tag{1.3}$$

逐月递推，就可以得到表 1.1 中第二行所示结果，这就是兔子的对数随着时间增长的序列，这个序列就是著名的斐波那契数列。

表 1.1   兔子问题的解序列

月 份	0	1	2	3	4	5	6	7	8	9	10	11	12
兔子对数	1	1	2	3	5	8	13	21	34	55	89	144	233

市场上同一类型同一品牌的彩电，无论是早期的 CRT，还是后来的液晶和等离子，都是屏幕尺寸越大，价格越贵。如果我们按照屏幕尺寸从小到大，依次获取彩电的价格，也可以得到一个序列，这也构成一个线性结构。这里定义的二元关系是尺寸上的相邻关系，而不是时间上的相邻关系。

1.2.2.3   树结构

树结构最直观的例子来自自然界的树，树从树根开始，逐步产生分支，直到叶子；在每个分支处都形成了一对多的关系。

随着生活水平的提高，人们对于食品和健康有了更多的关心。我们从《中国食物成分表 2012 年修正版》中随机选取了一些常见食物及其能量值，如表 1.2 所示，其中食物质量为 100 克，能量为对应的卡路里数。

表 1.2   常见食物的能量表

名称	能量	名称	能量	名称	能量	名称	能量	名称	能量
稻米	346	大白菜	21	草莓	30	香肠	508	蛋糕	347
挂面	344	菠菜	24	橙	47	叉烧肉	279	蛋黄酥	386
花卷	217	萝卜	20	梨	32	酱驴肉	246	凤尾酥	511
烙饼	255	韭菜	26	荔枝	70	牛肉	190	江米条	439
馒头	233	芹菜	14	芒果	32	兔肉	102	麻团	512
糯米	344	生菜	13	苹果	52	羊肉	198	麻花	524
小米	358	西兰花	33	葡萄	43	羊肉串	217	桃酥	481
玉米	336	黄瓜	15	桃	48	猪肉	395	月饼	428
面包	312	青椒	22	香蕉	91	北京烤鸭	436	奶油饼干	429
烧饼	326	番茄	19	西瓜	34	炸鸡	279	巧克力	586

我们可以计算所有这些食物的能量均值和方差。假设上述食物的能量为 $(e_1, e_2, \cdots, e_n)$，则食物的能量均值为 $\bar{e} = \frac{1}{n} \Sigma e_i = 217.54$；而方差为 $v = \frac{1}{n} \Sigma (e_i - \bar{e})^2 = 1471386$，反映了不同食物之间能量的巨大差异。

如果我们进一步观察表 1.2, 就可以发现不同类型的食物能量存在明显的差异, 因此可以引入分类模型 (category model) 进行描述。上述食物按照列恰好可以分为主食、蔬菜、水果、肉类和点心, 如图 1.2 所示; 如果对各类分别统计, 就可以得到表 1.3。

图 1.2　食物的 category model 描述

表 1.3　食物的分类能量统计

	主食	蔬菜	水果	肉类	点心	合计
能量均值	307.1	20.7	47.9	244.1	467.9	217.54
能量方差	22151.73	301.91	3097.18	13684.45	35386.27	74621.55

经过分类以后, 总的方差降低为 74621.55, 我们引入决定系数 (coefficient of determination, 也称拟合优度) 来描述模型的符合程度, 记为 R-Squared。在这个例子中:

$$R\text{-Squared} = 1 - 74621.55/1471386 = 0.95 \tag{1.4}$$

决定系数 R-Squared 越接近于 1, 说明模型的有效程度就越高; 反之 R-Squared 越接近于 0, 模型的有效程度就越差。

分类模型的引入实际上是采用分支结构对食物集合进行了分类描述, 这个模型很有效地说明了不同食物的能量差异, 这符合人类对于食物的认知。

还可以对子类进一步细分, 层次的分类模型就能形成树结构, 这是树结构的重要来源之一。分类模型应用非常广泛, 可以帮助我们更好地认识客观事物, 同时将相关知识组织成更好的体系。

1.2.2.4　图结构

图结构中结点代表数据元素之间存在多对多的关系, 是最复杂的一种结构模型, 因此也具有最强的描述能力。图结构在实际应用中非常普遍, 其中最典型的例子之一就是互联网 (Internet)。这个由计算机组成的网络, 结点是台式计算机、笔记本、平板和手机等不同的计算设备, 由光纤、网线、电话线以及 WiFi 实现了计算设备之间的物理连接, 并提供数据传送的能力。

互联网从 20 世纪 60 年代诞生以来, 迅速覆盖全球。尽管互联网是完全由人类设计和构建的, 但人们已经无法准确获知其结构, 这对提升网络数据传输性能带来了很大的挑战。

人类社会中人们的社会关系也构成了一个网络, 社会人际网络是一种被称为 "小世界网络" 的特殊复杂网络, 在这种网络中大部分的节点彼此并不相连, 但绝大部分节点之间经过少数几步就可到达。20 世纪 60 年代, 美国哈佛大学社会心理学家斯坦利·米尔格伦

(Stanley Milgram) 通过一个连锁信实验，发现在社会网络中，任意两个人之间的"距离"是 6，这就是所谓的"六度分隔"理论。

1.2.3　数据的存储结构

我们讨论的数据和算法，其历史都远远长于计算机的历史，都并不依赖于计算机而存在。但是计算机的出现为数据的处理和算法的实现提供了最好的平台和工具，极大地促进了数据和算法领域的发展。因此我们今天讨论的数据和算法，都是以计算机为基础平台的。

数据的存储结构是指数据在计算机中的组织方式，具体来说有两种形式。一种是顺序存储，即由数据元素在存储器中的相对位置表示元素之间的逻辑关系，图 1.3(a) 给出了线性结构顺序存储的例子，数据元素的存储相对位置和元素之间的逻辑关系是一致的。另一种是链式存储，即通过指示元素存储地址的附加指针来表示元素之间的逻辑关系，图 1-3(b) 给出了线性结构链式存储的例子。对于链式存储来说，数据元素的存储位置和元素之间的逻辑关系没有必然联系，数据元素之间的逻辑关系依靠附加指针来维护。

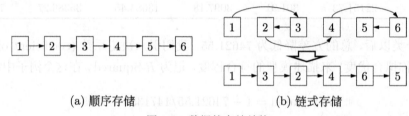

(a) 顺序存储　　　　　　　　　(b) 链式存储

图 1.3　数据的存储结构

对于数据不同的逻辑结构，无论是数据集合、线性结构、树结构，还是图结构，在计算机中加以存储时，一般来说都可以采用顺序存储或者链式存储，这两种存储方式对于数据结构的设计和程序的实现会带来很大的影响，它们各自的优缺点是计算机程序设计中所必须考虑的问题。

1.2.4　抽象数据类型

在计算机语言中需要定义数据类型。例如在 C 语言中定义了五种基本的数据类型，分别是字符型、整型、浮点型、双精度浮点和无值类型。C 语言要求：程序中任何变量、常量在使用前都必须先定义类型。为什么会有这样的要求？实际上在数据类型定义的背后对变量和常量的很多关键属性进行了约定，譬如存储位数、取值范围、表示方法等，但更重要的是确定了这些变量或者常量可以进行的操作。例如整数类型 int 的操作有＋，－，*，/，%，＋＋，－－；双精度浮点型 double 的操作有＋，－，*，/，＋＋，－－。整数可以求余，但是浮点数就没有求余的操作。

什么是数据类型呢？数据类型是一个元素的集合和定义在此集合上的一组操作的总称。数据类型实际上是一种已经封装好的数据结构。在计算机语言中，通过数据类型的定义，实现了信息的隐藏，把一切用户无须了解的细节封装在类型中。由于数据类型刻画了操作对象的外在特性，因此用户在使用某种类型的数据时，不必了解数据在计算机内部的组织和表示的细节，也不必知道所规定的操作是如何实现的，为算法设计和程序实现提供了极大的方便。

在高级语言中，数据类型分为原子类型和结构类型，原子类型是在语言本身已经定义好的，如 C 语言中的字符型、整型、浮点型、双精度浮点型等；而结构类型是用户可以自行定义的，也被称为抽象数据类型 (abstract data type，ADT)。

抽象数据类型是指一个数学模型以及定义在此数学模型上的一组操作。抽象数据类型一方面实现了数据抽象，描述了实体的本质特征、功能及外部用户接口；另一方面实现了数据封装，将实体的外部特性和内部实现细节分离，对外部用户隐藏内部实现细节，使得抽象数据类型的使用和实现分离。从本质上来看，抽象数据类型与一般数据类型是一致的。但抽象数据类型允许用户自行定义，相比于一般数据类型，可以实现更高层次的抽象，并具有更广泛的代表性。

举例来说，在高级语言中没有对复数类型的定义，这给复数的使用带来了困难。但是我们可以自行定义复数的抽象数据类型，如下所示：

```
ADT Complex {
数据对象: D={e1,e2 | e1,e2∈R}
数据关系: R={<e1,e2> | e1=Real(D), e2=Imag(D)}
基本操作:
InitComplex(&Z,v1,v2)
    操作结果: 构造复数 Z, 其实部和虚部分别被赋予参数 v1 和 v2 的值。
DestroyComplex(&Z)
    初始条件: 复数 Z 存在;
    操作结果: 复数 Z 被销毁。
Add(z1,z2, &sum)
    初始条件: z1,z2 是复数。
    操作结果: 用 sum 返回两个复数 z1,z2 的和值。
Sub(z1,z2, &sub)
    初始条件: z1,z2 是复数。
    操作结果: 用 sub 返回两个复数 z1,z2 的差值。
} ADT Complex
```

在定义了复数的抽象数据类型并具体实现其操作后，复数类型的实现和使用就被分离了，用户在今后的程序实现中就可以直接使用复数而不用关心其实现细节。

抽象数据类型的使用，使得程序结构清晰、易于扩展、易于维护而不失其效率；由于封装了内部数据和实现细节，因此显著提高了程序中的数据安全性，也大大增加了软件的复用程度。抽象数据类型很好地符合了面向对象程序设计思想，从抽象数据类型出发很容易进行面向对象的程序设计。

1.3　数学模型

1.3.1　什么是数学模型

人们在长期的生产实践中遇到各种各样的问题，现实中的问题由于涉及很多因素而变得十分复杂，并不容易解决。对这些问题进行抽象和简化，保留主要矛盾，摒弃影响较小的次要因素就成为非常重要的思想方法。杠杆是人类最早使用的简单机械之一，早在公元前，东西方文明都已经认识到了"二重物平衡时，它们离支点的距离与重量成反比"的杠杆原理。阿基米德曾经说过一句流传千古的名言："给我一个支点，我可以撬动地球"。但要知道"动力 × 动力臂 = 阻力 × 阻力臂"的平衡条件是基于两个假设的，杠杆是无重量的刚体，而支点也要求是刚体。但正是这些并不完美的模型，推动了人们对各种自然现象和社会现象的理解，并且成为人类工程技术成就的重要基石。

数学模型是对于客观世界的现实对象，根据其内在规律，经过简化得到的数学结构。数据是客观事物的符号表示，但如果不能描述数据之间的内在联系，孤立的数据本身可能是片面的、冗余的，甚至是相互冲突的。数学模型由于抓住了客观事物的内在规律和主要矛盾，因而成为数据处理技术中的重要环节。针对研究对象采集数据，根据对事物的认识和拥有的数据建立数学模型，形式化定义问题，然后设计和优化算法进行求解，再进行测试验证和反馈完善，已经成为科学研究的一般化方法。因此在讨论数据和算法的关系和相互作用时，也必然会涉及数学模型。

1.3.2　数学模型的种类

由于面对的问题纷繁复杂，数学模型也就必然多种多样。

在对电路进行分析时，根据欧姆定律和基尔霍夫定律可以得到一组线性方程，求解这组线性方程就可以得到电路中的电流和电压参数。线性方程组是重要而基本的数学模型。当方程数目超过变量数目，称为"超定"，实验数据的曲线拟合就是具有普遍性的超定方程求解问题。当方程数目少于变量数目，称为"欠定"，在实际工作中经常会转化成为线性规划问题进行求解。

在客观世界中很多物理量之间的关系不是线性的，例如物体运动距离和加速度之间的关系，两个天体之间的万有引力与它们之间距离的关系等，非线性方程和非线性方程组就是描述这些物理规律的数学模型。

在对天体运动、摆线运动轨迹和热传导等问题的研究中，人们发展出了常微分方程和偏微分方程。微分方程模型已经成为一类重要的数学模型，用于描述电磁场的著名的麦克斯韦方程组就是由 4 个偏微分方程组成的。微分方程离散化就是差分方程，随着数字化的发展，特别是计算机的广泛应用，差分方程模型已经变得越来越重要。

概率论最早的起源是人们对赌博的思考，概率和统计现在已经成为数学最重要的分支之一。人们可以用概率模型来描述彩票、保险、天气预报等社会生活中的很多问题。统计模型的经典例子包括用于进行人口预测的阻滞增长模型 (logistic model)，用于描述无后效随机过程的马尔可夫模型，用于描述随机服务的排队论模型等。

集合上的序关系是数学中最基本的抽象结构之一，在二元关系的基础上，数据元素可以形成线形结构、树结构和图结构这些数据结构。这些数据结构是很重要的数学模型，可以用于描述很多实际问题，如学生信息、家族谱系和互联网。很容易想象，线性结构最简单，但描述能力相对较弱；而图结构最复杂，同时描述能力也最强。由于这些数据结构描述的数据对象都是不连续的，因此被称为离散模型。

我们还会遇到其他的一些模型，例如我们在研究经典力学中的直线运动、弹性碰撞、机械振动等问题时，一般都把物体视为刚体或者质点，这就是刚体模型和质点模型。这一类的模型由于只是出于特定的目的对客观事物加以简化得到的模型，一般称为物理模型，我们还需要引入数学语言对其进行形式化描述才能得到数学模型。

当我们采用数学模型来描述客观世界时，客观世界的问题也就转化成为数学模型上的问题。通过对数学模型上问题的求解，就可能得到客观世界中原始问题的解。当然这个过程并不能保证解的正确性，仍然需要通过客观世界的验证。如果解不能反映客观真实，那有可能是由于数学模型上问题求解不正确导致，也可能是由于采用的数学模型对客观世界描述不够准确所导致。

1.3.3　数学模型与计算机

数学问题的一个重要来源，就是人们在社会生活和生产实际中遇到的各种问题。人类最初的数学大致来自于土地丈量、天文历法、工程建筑和贸易的实际需要。16 世纪以后，随着航海、天文学和地理学的发展，引发了一系列在理论和实践上都非常重要的课题，例如经纬度的测量，时间的准确测定，物体运动的瞬时速度，炮弹的最大射程，曲线的线长和面积，行星的运动描述，热传导规律等。这些问题导致很多重要数学分支的诞生，如解析几何、微积分、级数、微分方程等。从社会实践中的问题抽象出数学问题的过程，实际上就是数学模型建立的过程。数学问题上的进展又将在社会实践中得到应用，从而提高人们实践能力。因此，数学建模是实际应用和抽象数学之间的桥梁。

对很多复杂的数学问题，人们经过研究发现有些问题是没有解析解的，如五次以上高次方程；有些问题能够找到了精确或者近似的解法，但在实际应用中代价过大。

第二次世界大战期间，研制和开发新型大炮和导弹的需求十分迫切，为此美国陆军军械部在马里兰州的阿伯丁设立了"弹道研究实验室"。宾夕法尼亚大学莫尔学院电子系和阿伯丁弹道研究实验室共同负责为陆军每天提供 6 张火力表。这项任务非常困难和紧迫，因为每张表都要计算几百条弹道，而每条弹道的数学模型是一组非常复杂的非线性方程组。这些方程组是无法求出准确解的，只能用数值方法近似地进行计算。而一个熟练的计算员计算一条飞行时间为 60s 的弹道要花 20h。尽管他们改进了微分分析仪，聘用了 200 多名计算员，一张火力表仍要计算两三个月。

这么慢的速度显然不能满足军方和战争的需求，于是这就成为电子计算机诞生的最重要驱动力。从 1943 年开始研制，到 1946 年 2 月，第一台得到实际应用的电子计算机 ENIAC 诞生了。ENIAC 体积约为 90m^3，占地 170m^2，总重量达到 30000kg。它拥有电子管 18000 个，继电器 1500 个，耗电 150kW，每秒运算 5000 次。尽管 ENIAC 体积庞大，耗电惊人，运算速度不过每秒几千次，但它已经比当时的计算装置要快 1000 倍，而且可以按照事先编制好的程序自动执行运算。ENIAC 宣告了一个新时代的开始。[4~6] 图 1.4 中正在操作计算机的女士们可以被称为最早的计算机程序员。

对于实际问题求解的需求导致了计算机的出现和不断发展，而计算机的出现给人们提供前所未有的计算能力和存储能力。这使得人们具备了更有效的工具，并且推动了数学建模和计算机算法的迅猛发展。通过数学模型描述客观事物，并解决相应的数学问题成为科学研究和工程实践的有效途径，人们认识世界和改造世界的能力不断得到增强。

图 1.4　第一台通用电子计算机 ENIAC

1.3.4　数据结构

在计算机科学中，数据结构指的是数据在计算机中存储和表示的数学模型。数据结构包括数据的逻辑结构和存储结构，逻辑结构是指数据元素之间的关系组成了集合、线性结构、树结构和图结构；存储结构是数据在计算机中存储时，其逻辑关系是和顺序存储一致的，还是通过链式关系表达的。数据的逻辑结构和存储结构是相互独立的，可以根据实际问题和解决方案的需要进行设计和组合。集合、线性结构、树结构和图结构，既可以采用顺序方式存储，也可以采用链式方式存储。

在实际应用中，首先要把实际问题转化为数学模型。就是对实际问题，包括问题中所涉及的实体和它们之间联系进行数据抽象。实体是指问题中所涉及的客观事物，包括事、物和人，对实体抽象得到的就是问题所涉及的数据；对实体间的联系抽象得到的是数据元素之间的关系。经过这样的数据抽象，我们就能针对问题建立起数学模型。

1.4　算法及复杂度分析

1.4.1　什么是算法

算法描述的是解决特定问题的方法。算法的中文名称出自《周髀算经》；而英文名称 Algorithm 来自于 9 世纪波斯数学家花拉子米 (al-Khwarizmi)。算法给出的不是问题的答案，而是描述了如何获得答案的过程，因此算法的创意、设计、构造和分析能让人们得到解决问题的有效途径，这要比仅仅给出某个问题的答案更为重要。

我们在这里讨论的算法是由一系列确定性的步骤组成的，因此更为严格地说，算法是用以求解问题的有限长度的指令序列，或者说算法是特定问题的程序化解决方案。一个非常古老而经典的算法是用于求两个整数最大公因子的欧几里得算法，也称辗转相除法。

对于问题：求整数 m 和 n 的最大公因子，欧几里得算法描述如下：

(1) 用 n 去除 m，将余数赋给 r；

(2) 将 n 的值赋给 m，将 r 的值赋给 n；

(3) 如果 $n = 0$，返回 m 的值作为结果，过程结束；否则，返回第 (1) 步。

可以尝试用欧几里得算法来求 60 和 24 的最大公因子，按照上述步骤可以得到结果为 12。

虽然现在的算法在绝大多数情况下都是通过计算机来实现的，但算法本身并不依赖于计算机。计算机只是由于其强大的计算能力和存储容量而成为算法研究和实现的最重要工具；而用计算机语言所编写的程序就成为算法最常见的载体。

著名计算机科学家、图灵奖获得者、美国斯坦福大学计算机系荣誉退休教授高德纳 (Donald Knuth) 在他的经典名著《计算机程序设计艺术》(*The Art of Computer Programming*) 一书中，给出了算法的 5 个基本特征 [7]：

有穷性：一个算法必须在执行有穷步之后就能够结束，并且其中每一步都可在有穷时间内完成。

确定性：算法的描述必须无歧义，以保证算法的实际执行结果精确地符合要求或期望，通常要求算法的实际执行结果是确定的。

可行性：算法中描述的指令都可以通过已经实现的基本操作运算的有限次执行来实现。

输入：一个算法有零个或多个输入，这些输入取自某个特定的对象集。

输出：一个算法有一个或多个输出，输出量是算法计算的结果。

在现代社会中，算法已经成为一种一般性的智能工具，并且在绝大多数的科学、商业和技术领域都得到了广泛的应用。但算法并不能解决所有问题，例如我们无法找到一个使人生活愉快的算法，也不存在使人富有和出名的算法 [10]。

1.4.2 问题与解

在为某个问题寻找求解的算法之前，我们首先关心的是问题是否有解，如果有的话，解是否唯一。例如线性方程组 $Ax = b$，如果系数矩阵 A 是满秩的，则线性方程组有唯一解；如果系数矩阵 A 是缺秩的，那么线性方程组可能有无穷多个解，也可能没有解。采用随机访问的方式遍历一个数据集合，会得到很多个不同的数据序列；但是对一个给定的实数序列进行排序的结果是唯一的。因此，对于待求解的问题，解的存在性和唯一性是我们在设计具体的求解算法之前就需要关心的问题。

用计算机处理和解决的问题一般可以分为两类，分别是数值问题和非数值问题。用于求解数值问题的算法称为数值算法，这个学科方向也称为数值分析或者科学计算；而用于求解非数值问题的算法称为非数值算法。

典型的数值问题包括求解线性方程组，非线性方程，拟合和插值，矩阵运算，数值微积分和各种规划问题。这类问题的解空间是连续的，一般是 n 维实数空间 $\mathbb{R}^n$ 或者是其子集 $S \subseteq \mathbb{R}^n$。这些问题中很多要么不存在解析解，要么求解过程的代价很大，因此利用计算机实现数值算法进行求解就成为最有效的手段。为了提高计算效率，在计算机上建立模型或者求解过程中需要控制复杂度，这就会引入"截断误差"，例如利用台劳展开时往往会取到一阶导数项或者二阶导数项，而把更高阶的项直接丢弃。除此以外，计算机是一个离散的数字系统，其中能表示的数是有限的，因此在数值问题的描述和求解过程中总是需要用计算机能表示的数值近似替代实际的数值，这就引入了"舍入误差"。截断误差和舍入误差都是导致计算误差的原因，除了计算误差外，误差还会在计算过程中传递，称为传播误差。因此使用计算机来描述和求解数值问题时，误差成为难以回避的关键问题。我们很少有机会利用计算机求得问题的精确解，而是满足于得到一个误差足够小的近似解。

对于数值问题，我们还很关心问题的病态性。一个数值问题被称为病态的，是指当问题对于输入参数非常敏感，只要输入参数有微小的变化，问题的解就会发生非常大的改变。例如对于线性方程组：

$$\begin{cases} x + \alpha y = 1 \\ \alpha x + y = 0 \end{cases}$$

当 $\alpha = 1$ 时，问题无解；当 $\alpha \neq 1$ 时，解为 $\begin{cases} x = 1/(1 - \alpha^2) \\ y = -\alpha/(1 - \alpha^2) \end{cases}$。因此当 $\alpha \approx 1$ 时，问题的解就对 α 的取值非常敏感，例如当 $\alpha = 0.999$ 时，$x = 500.25$；而当 $\tilde{\alpha} = 0.998$ 时，$\tilde{x} = 250.25$；问题的参数变化了 0.001，解的数值就变化了一倍。因此，当 $\alpha \approx 1$ 时，这个线性方程组是病态的。

由于使用计算机表示数值问题时，误差不可避免，因此病态问题的解是不可信的。同样，我们还可以定义数值算法的病态性。但值得注意的是，如果一个数值算法是病态的，我们有可能通过寻找更稳健的算法来得到可靠的解；但如果一个数值问题是病态的，那无论采用什么算法，都不能改善其病态性。

虽然计算机的发明首先是来自于数值计算的迫切需求，但由于计算机同样具有出色的逻辑运算和符号计算的能力，因此计算机已经越来越多地被用来解决非数值问题，包括描述集合、线性表、树和图等数据结构及其操作，查找和排序，以及各种组合优化问题。

尽管非数值问题的解空间也可以很大，但可行解一定是离散的，非数值问题的求解实际上是符号运算的过程。因此在使用计算机来表示和求解非数值问题时，一般来说误差不是关键问题。

1.4.3　算法的分析与评价

解决一个问题可以采用有很多种不同的算法，那么如何评价这些算法呢？算法最主要的评价标准有两个，一是正确性，二是算法效率。

算法要求对于符合条件的输入，要能够得到符合预期的正确结果。这是对算法正确性的基本要求，但是这个看似简单的要求却并不容易满足。在算法设计和实现之初，人们往往会利用少量的输入数据对其进行验证，但即使对这些输入都得到了正确的结果，仍然不能得出算法正确的结论。因为一个算法对某些输入得到结果正确并不能保证它对于其他输入也能得到正确的结果，严格来讲，只有对所有符合条件的输入都加以验证，才能确保算法的正确性，而这是不现实的。因此实际上可以采取的标准是寻找"精心选择的、典型、苛刻且带有刁难性的输入数据"来对算法进行测试。对算法正确性更高的要求是，如果输入不符合条件，算法要能够妥善应对，特别是不能因为对输入可能性考虑不周而引起程序崩溃的情形，这样的算法才是稳健的。因此算法的正确性测试是一项重要的、有很大难度的专门性工作，依赖于对问题和算法的深刻认识，以及丰富的经验。

需要与算法的正确与否严格区分的是精确和近似算法。能够得到问题精确解的算法就是精确算法，但在很多情况下得到问题的精确解或无可能或无必要，这时我们往往会采用近似算法。这其中又分为两种类型，其一对于数值问题，如解方程组，求定积分，矩阵分解，函数插值和逼近等，这类问题研究的是连续性对象，问题的解也往往具有连续性，因此算法的目标就是给出符合精度要求的近似解。其二是对于一些非常困难的问题，得到精确解的时间或者资源代价过高，如经典的旅行商问题 (TSP) 和图着色问题。因此在工程实践中，对于这类问题，我们满足于通过一个效率较高的近似算法得到原问题的次优解。

对于近似算法，是在算法设计时就确定了算法求解的目标是能够满足需要的近似解。只要达到了预期的要求，近似算法就是正确的。这与由于算法设计和实现上的错误，导致输出结果不正确是完全不同的。

正确的算法并不一定就是好算法。运行算法的运算和存储资源都是有限的，算法占据尽量少的时间和空间资源，这在大多数场合都是重要的，在某些场合甚至是关键性因素。例如对于面向海量数据的搜索引擎，以及资源相对受限的手机终端，如果不能对用户实现快速响应，那就不具备实用价值。因此，算法评价的另一个重要标准是算法的效率，包括算法的时间效率和空间效率，指的是执行算法获得正确结果所需要耗费的时间和空间资源。尽管计算机所拥有的计算能力和存储能力增长非常迅速，但是算法的作用仍然不是计算机硬件性能提升所能替代的。我们用下面这个例子来说明算法效率的重要性。

排序是非常重要的基本算法，应用极为广泛。在基于比较的排序算法中，插入排序是一种时间效率较低的排序方法，它的执行时间与待排序序列规模 n 的关系为 $C_1 n^2$；而归并排序是一种时间效率较高的排序方法，它的执行时间与待排序序列规模 n 的关系为 $C_2 n \log n$；下面分别用运算速度不同的两台计算机 A 和 B 来运行这两种算法，具体情况如表 1.4 所示。

表 1.4　排序算法的运行条件

排序方法	时间复杂度	系数取值	运行速度
插入排序	$C_1 n^2$	$C_1 = 2$	计算机 A: 10^9
归并排序	$C_2 n \log n$	$C_2 = 50$	计算机 B: 10^7

计算机 A 的运行速度是计算机 B 的 100 倍，我们用速度较快的计算机 A 来执行效率较低的插入排序算法，而用速度较慢的计算机 B 来执行效率较高的归并排序算法。我们希望通过这组实验来观察算法的效率和计算机的运行速度，分析在算法的实际执行中谁是影响更大的因素。我们分别对序列规模为 10^4、10^6 和 10^7 的两个序列进行对比实验，结果如表 1.5 所示。

可以看到，对于规模为 10^4 的序列，B 的运行时间约为 A 的 3.3 倍，但耗时都不到 1s；但随着序列规模的增大，B 采用高效算法的优势开始表现出来。对于规模为 10^6 的序列，A 的运行时间是 B 的 20 倍；对于规模为 10^7 的序列，A 的运行时间是 B 的 171 倍。因此，

表 1.5　　不同规模序列的排序算法运行结果

序列规模 $n = 10^4$		序列规模 $n = 10^6$		序列规模 $n = 10^7$	
指令数	运行时间	指令数	运行时间	指令数	运行时间
2×10^8	0.2s	2×10^{12}	2000s	2×10^{14}	2.3day
6.64×10^6	0.66s	10^9	100s	1.17×10^{10}	20min

算法的作用要远远超出计算机硬件的性能差异，并且当处理问题的规模越大时，算法的作用会体现得愈加明显。而在当今这个数据量爆炸增长的时代，算法处理的问题的规模确实在迅速膨胀。这也是算法的效率之所以非常重要的原因。

1.4.3.1　算法的时间复杂度

如何知道算法运行的时间效率呢？一般而言有两类方法，第一类称为事后统计法，这需要实现算法并运行程序，并记录运行时间。这类方法的一个缺点是实现算法并调试程序需要一定投入，而实际执行程序代价可能更大，特别是一些复杂度很高的算法，实际运行会耗用很多资源和大量时间；另一个缺点是在计算机实际运行程序过程中，会有很多因素影响实际运行时间，从而掩盖算法本质，影响对算法的分析。

因此人们更常用的方法是事前分析估计法，也就是在运行甚至实现算法之前，就分析估算算法的时间效率。影响算法运行时间的因素很多，例如数据结构和算法策略的选择，问题的规模，编写程序所采用的语言，编译程序产生的机器代码的质量，计算机速度和当前运行情况等。考虑到通用性和可移植性，我们不考虑计算机硬件和软件平台带来的影响，因此算法运行时间就取决于两个因素，第一个是我们为解决问题所选择的数据结构和算法，第二个就是问题的规模。因此对于特定的算法方案，其运行工作量的大小，就成为问题规模的函数。于是，我们就可以通过函数之间的比较，来评价算法的优劣。为了实现这一目标，我们引入算法的渐进时间复杂度 (time complexity)，标记为 $T(n) = O[f(n)]$。这个式子中我们用到了符号大 O(Big-O)，其形式化定义为

若 $f(n)$ 是正整数 n 的一个函数，则 $x_n = O[f(n)]$ 表示存在正的常数 M 和 n_0，使得当 $n > n_0$ 时，都满足 $|x_n| \leqslant M|f(n)|$。

在上面的定义中，有两点值得注意：渐进时间复杂度关注的是趋势，也就是问题规模足够大以后，算法的时间复杂度所遵循的规律；其次，采用大 O 标记的渐进时间复杂度给出的是算法复杂度的上界。

如果 c 是一个正常数，那么有 $O[cf(n)] = O[f(n)]$ 成立。

如果 $g(n)$ 的阶数小于等于 $f(n)$，那么有 $O[f(n) + g(n)] = O[f(n)]$ 成立。例如：$O(n^2 + n + 1) = O(n^2)$。

按照从低到高的顺序，算法常见的时间复杂度形式有：$O(1)$，$O(\log n)$，$O(n)$，$O(n\log n)$，$O(n^2)$，$O(n^3)$，$O(2^n)$。

那么如何估计算法的时间复杂度呢？严格来说，算法的运行时间等于对算法的各个操作按照操作次数和操作时间加权求和：

$$\text{算法的执行时间} = \sum_{\text{所有操作}} \text{操作的执行次数} \times \text{操作的执行时间} \tag{1.5}$$

但算法和程序中的操作可以分为两种，一种是控制操作，一种是原操作。例如在下面的代码中：

```
for(i = 0; i < n; i++) {
    for(j = 0; j < n; j++) {
        c[i][j] = 0;
        for(k = 0; k < n; k++)
            c[i][j] += a[i][k] * b[k][j];
    }
}
```

for 循环就是控制操作，而循环体中的相乘和相加操作是原操作。循环控制操作决定了循环体中原操作的执行次数，一般来说相比于循环体来说，控制操作本身的复杂度可以被忽略。而在原操作中，我们又可以寻找其中执行次数最多的一种或者几种操作，这些操作称为基本操作，整个算法的时间复杂度实际上是由这些基本操作决定的，如下所示：

$$\text{算法的执行时间} = \sum_{\text{基本操作}} \text{操作的执行次数} \times \text{操作的执行时间} \tag{1.6}$$

如果基本操作的执行时间相当，那么算法的时间复杂度就与基本操作的执行次数成正比。上面的例子是个三层嵌套循环，最内层的循环体的时间复杂度为 $O(1)$，三层嵌套循环的执行次数都是 n 次，因此整个程序片断的时间复杂度为 $n \times n \times n \times O(1) = O(n^3)$。

我们再来看一段程序代码：

```
for(i = 0; i < n; i++){
    for(j = 1; j < i; j*=2) {
        A[i] += A[j];
    }
}
```

这是一个两层嵌套循环，内层的循环体的时间复杂度为 $O(1)$，由于内层循环的增量为 $2 \times j$，结束条件为 $j < i$，因此内层循环的时间复杂度为 $O(\log_2 i)$，因此整个程序片断的时间复杂度为

$$\sum_{i=0}^{n} O(\log_2 i) = O\left(\sum_{i=0}^{n} \log_2 i\right) = O\left(1 + \sum_{i=1}^{n} \log_2 i\right)$$
$$= O\left(\log_2 \prod_{i=1}^{n} i\right) = O(\log_2(n!)) = O(\log(n!)) \tag{1.7}$$

一个特定算法的时间复杂度并不是一成不变的，有很多算法在输入不同的情况下，运行的时间复杂度也不相同。我们定义一个特定算法对于任何输入的运行时间下限为其时间复杂度的最好情况 (best-case)；而对于任何输入的运行时间上限为其时间复杂度的最坏情况 (worst-case)；对大量输入的平均运行时间为其时间复杂度的平均情况 (average-case)。

对于不同问题，在不同情况下，时间复杂度的重要性不尽相同；但一般而言，算法的平均时间复杂度是描述算法性能最重要的指标。

在一个数据集合中查找某个特定元素是一个常见问题，最直观的方法就是从集合中逐个取出元素并进行比较。如果第一个取出的元素就是待查找元素，这是最好情况，只需要进行一次比较操作，所以时间复杂度是常数的，即 $O(1)$；如果在遍历整个集合后，最后一个取出的元素才是待查找元素，这是最坏情况，需要进行 n 次比较，所以时间复杂度是线性的，即 $O(n)$。如果每次取出的元素都有可能是待查找元素，且概率相等，即 $p(i) = p = 1/n$，则平均比较次数为

$$T(n) = \sum_{i=1}^{n} p(i) \times i = p \times \sum_{i=1}^{n} i = p \times \frac{n(n+1)}{2} = (n+1)/2 \qquad (1.8)$$

所以平均情况下的时间复杂度也是 $O(n)$。

1.4.3.2　算法的空间复杂度

不仅算法的运行需要消耗时间，算法的存储和运行还需要占用存储器。算法需要的空间资源包括指令空间、数据空间和环境空间；指令空间是用来存储程序指令所需的空间，数据空间是存储运行过程中常量和变量所需的空间，而环境空间是操作系统为程序运行，特别是函数调用提供的空间。

程序指令是对程序代码进行编译得到的机器语言指令，一般来说占据空间规模比较小；而输入数据所占空间只取决于问题本身，与算法无关，因此一般在计算算法的空间复杂度时只需要考虑除输入和程序之外的额外空间。

和算法的时间复杂度类似，我们也可以定义算法的渐进空间复杂度：$S(n) = O[f(n)]$。

有一类算法，除了指令空间和输入数据空间之外，不需要额外空间，或者相对于问题规模而言，只需少量的辅助空间，而且其占用的额外空间大小不随问题规模的大小而改变，我们称这类算法是原地工作 (in place)。

原地工作的算法主要是在输入数据空间上进行操作，因此对辅助空间的需求很小。原地工作是这些算法一个非常好的性质，在一些空间资源特别受限的情况下，这类算法会具有很大的优势。

算法的渐进时间复杂度和渐进空间复杂度建立了算法效率分析的数学模型。例如在估计算法时间复杂度时只需要找出算法中的基本操作，并估计出操作执行次数的大致规模。一般而言，算法和程序实现中都涉及复杂逻辑和大量操作，因此估计算法的时间复杂度实际上是在时间消耗的意义上，抓住主要矛盾，忽略次要因素的过程。

有经验的人甚至在算法只有一个雏形的时候就能大致估计出时间复杂度和空间复杂度，这对于提高算法的设计和优化的效率是非常有利的。

1.5　本章小结

本章讨论数据、数学模型和算法的概念和一些基本问题，是全书的基础，例如二元关系是建立数据逻辑结构的基础，算法的时间复杂度和空间复杂度是评价算法性能的重要

指标。

　　数据是人们对客观世界的观察和记录，数据的积累和数据处理技术的发展对于人类文明发展起到了不可替代的作用。正是随着数据处理技术的迅猛发展，以及人类社会的网络化和万物互联，人类所拥有的数据又以更快速度产生和积累，从而对科学研究方法和技术处理手段提出更高的要求。在这样的大背景下，学习和掌握数据和算法的基本知识，理解数据和算法的相互作用，具备根据数据特性和应用目标构建数学模型和设计优化算法的能力，就变得更为重要。

第 2 章　线 性 结 构

从这一章开始，我们会更具体更深入地来讨论数据结构，包括线性结构、树结构和图结构。不仅包括数据的逻辑结构和存储结构，还包括以 C/C++为例，在计算机语言中实现表征数据结构的抽象数据类型。

数据的逻辑结构既有可能由数据本身特性所决定，也可能受到解决方案很大的影响。顺序存储处理简单，但需要对数据有更多先验性的了解，而且灵活性往往不足；链式存储处理复杂，但提供了更多的灵活性。

数据结构和高级语言中的数据组织形式并不直接对应 C/C++语言中我们大量采用的数组，结构体更像是容器，并需要根据数据和问题的需要进行配置，以满足存储和处理的需要。

数据结构本身并不复杂，但是在实际应用中却可以变化无穷。灵活运用数据结构的知识，实现高效的存储和处理，是我们学习这部分知识的目标。

2.1　线性表

2.1.1　线性表的概念及其抽象数据类型

线性表是最简单的数据结构。线性表是一种"有序"结构，如图 2.1 所示，即在数据元素的非空有限集合中，存在唯一的一个被称为"第一个"的数据元素，无前驱；存在唯一的一个被称为"最后一个"的数据元素，无后继；除第一个之外，每个数据元素均只有一个直接前驱；除最后一个之外，每个数据元素均只有一个直接后继。

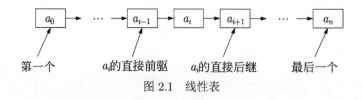

图 2.1　线性表

需要注意的是，线性表的这种"序"，并不是数值上的序，而是"位序"。这种位置上的序，就是数据元素在位置上的前驱和后继的关系。

若将线性表记为 $(a_0, a_1, \cdots, a_{i-1}, a_i, a_{i+1}, \cdots, a_n)$，则称 a_{i-1} 领先于 a_i，a_i 领先于 a_{i+1}；称 a_{i-1} 是 a_i 的直接前驱元素，a_{i+1} 是 a_i 的直接后继元素。对于线性表中的数据元素来说，当 $i = 0, 1, 2, \cdots, n-1$ 时，有且仅有一个直接后继元素；当 $i = 1, 2, 3, \cdots, n$ 时，

有且仅有一个直接前驱元素。

线性表中元素的个数定义为线性表的长度，若线性表为空，则其长度为 0，称为空表。在非空表中，每个数据元素都有一个确定的位置，a_0 是第 0 个数据元素，a_{n-1} 是第 $n-1$ 个数据元素，a_i 是第 i 个数据元素，称 i 为数据元素 a_i 在线性表中的位序。

线性表中的数据元素可以是各种各样的，例如整型、浮点型、字符型，甚至开发者自行定义的抽象数据类型，但是同一线性表中的元素必定具有相同特性，这种特性被称为"同质"。

我们可以定义线性表的抽象数据类型：

```
ADT List{
数据对象: D = {a_i|a_i ∈ ElemSet, i = 1, 2, ···, n, n > 0}
数据关系: R = {< a_{i-1}, a_i > |a_i ∈ D, i = 0, 1, ···, n}
基本操作:
InitList(&L);
    操作结果: 构造一个空的线性表 L。
DestroyList(&L);
    初始条件: 线性表已存在。
    操作结果: 销毁线性表 L。
IsEmpty(L);
    初始条件: 线性表 L 已存在。
    操作结果: 若 L 为空表, 则返回 TRUE, 否则返回 FALSE。
ListLength(L);
    初始条件: 线性表 L 已存在。
    操作结果: 返回 L 中数据元素个数。
GetElem(L,i,&e);
    初始条件: 线性表 L 已存在。
    操作结果: 用 e 返回 L 中第 i 个数据元素的值。
LocateElem(L,e,compare());
    初始条件: 线性表 L 已存在, compare()是数据元素判定函数。
    操作结果: 返回 L 中第 1 个与 e 满足关系 compare()的数据元素的位序。
            若这样的数据元素不存在, 则返回 -1。
PriorElem(L,cur_e,&pre_e);
    初始条件: 线性表 L 已存在。
    操作结果: 若 cur_e 是 L 的数据元素, 且不是第一个, 则用 pre_e 返回它的前驱, 否则
            操作失败, pre_e 无定义。
NextElem(L,cur_e,&next_e);
    初始条件: 线性表 L 已存在。
    操作结果: 若 cur_e 是 L 的数据元素, 且不是最后一个, 则用 next_e 返回它的后继,
            否则操作失败, next_e 无定义。
ClearList(&L);
    初始条件: 线性表 L 已存在。
    操作结果: 将 L 重置为空表。
ListInsert(&L,i,e)
    初始条件: 线性表 L 已存在, 0≤i≤ListLength(L)
```

         操作结果: 在 L 中第 i 个位置插入新的数据元素 e, L 的长度加 1。

    ListDelete(&L,i,&e)

        初始条件: 线性表 L 已存在, $0 \leqslant i \leqslant \text{ListLength}(L)-1$

        操作结果: 删除 L 的第 i 个数据元素,用 e 返回其值, L 的长度减 1。

    ListTraverse(L,visit());

        初始条件: 线性表 L 已存在。

        操作结果: 依次对 L 的每个数据元素调用函数 visit()。

    } ADT List

线性表的操作可以被分为四种:

构造型操作: 目标是构建一个线性表。

销毁型操作: 目标是把已经存在的线性表销毁。

引用型操作: 这类操作一般是得到线性表的数据元素或者某种特性,例如操作 IsEmpty(L) 用于判断线性表是否为空,操作 ListLength(L) 得到线性表的长度,操作 GetElem(L,i,&e) 取到线性表中某个特定位置上的数据元素,操作 LocateElem(L,e, compare()) 查找某个元素在线性表中的位置,操作 PriorElem(L,cur_e,&pre_e) 取到某个元素的直接前驱,操作 NextElem(L,cur_e,&next_e) 取到某个元素的直接后继等;经过引用型操作,线性表并不发生任何改变。

加工型操作: 这类操作使线性表发生了改变,例如操作 ListInsert(&L,i,e) 向线性表中的特定位置插入了新的元素,操作 ListDelete(&L,i,&e) 从线性表的特定位置删除了某个元素等。

另一个重要的操作是遍历 ListTraverse(L,visit()),这个操作依次访问线性表的每个元素,遍历既可能是引用型操作,也可能是加工型操作,取决于遍历线性表时所做的操作 visit()。

这里的操作虽然都是在线性表的抽象数据类型中给出的,但是这些操作是具有普遍性的基本操作。在后续介绍的各种数据结构中,都会反复地看到这些操作。只是对于不同的数据结构,这些操作的实现方式会有很大的差异。

在这些操作的基础上,用户可以对线性表自行实现更多更复杂的操作。举例来说,如何把两个线性表 La 和 Lb 合并成为一个线性表。可以采取的策略是将所有在线性表 Lb 中但不在 La 中的数据元素插入到 La 中,函数实现如下所示:

```
void list_union(List &La, List Lb) {
    int La_len = ListLength(La);                        //求 La长度
    int Lb_len = ListLength(Lb);                        //求 Lb长度
        for(i = 0; i < Lb_len; i++){
            GetElem(Lb,i,&e);                           //取 Lb表中元素
                if(LocateElem(La,e,equal) = = -1){      //查访线性表 La
                ListInsert(&La, La_len,e);              //插入操作
                La_len++;
            }
        }
    }
```

这段代码并不复杂，读者应该不难理解。这个实现的特点是完全基于线性表的抽象数据类型所定义的操作，因此这个函数并不需要直接操作原始数据就可以完成合并线性表的功能，同时抽象数据类型中实现基本操作的方式对于这个函数的实现也没有任何影响。这就体现了我们在上一节中所描述的数据和操作封装的思想。通过这个例子，可以更为直观地看到抽象数据类型对于数据安全和代码移植所带来的便利。

如果一个线性表中的数据元素是按照数值大小排列的，我们就称之为有序线性表。已知两个自小到大顺序排列的有序线性表 La 和 Lb，要求将两个线性表归并成为一个新的有序线性表 Lc，如何实现这个被称为有序表保序归并的问题呢？

基本思路是设置两个指针，开始的时候分别指向两个有序线性表 La 和 Lb 的最左端，即指向两个有序表中值最小的元素；将两个指针指向的元素进行比较，值较小的放入合并之后的线性表 Lc，同时将指向这个元素的指针按照其所在的线性表向后挪动一个位置；重复上述工作直到某一个线性表所有元素都已经被遍历，我们最后将另一个线性表的元素依次放入 Lc；完成两个有序线性表的保序归并。

下面我们给出具体的实现，也是基于抽象数据类型所定义的操作，请读者阅读理解。

```
void list_merge(List La, List Lb, List & Lc){
    initList(& Lc); i = 0; j = 0; k = 0;                    //构造 Lc
    La_len = ListLength(La); int Lb_len = ListLength(Lb);   //求 La 和 Lb 长度
    while(i < La_len && j < Lb_len){
        GetElem(La,i,& a_i); GetElme(Lb,j,& b_j);           //取元素
        if(a_i <= b_j) {ListInsert(& Lc,k,a_i); k++,i++;}   //a_i 入表
        else {ListInsert(& Lc,k,b_j); k++,j++;} }           //b_j 入表
    while(i < La_len) {GetElem(La, i, & a_i); ListInsert(& Lc,k,a_i); i++; k++;}
    while(j < Lb_len) {GetElem(Lb, j, & b_j); ListInsert(& Lc,k,b_j); j++; k++;}
}
```

2.1.2　线性表的顺序存储——顺序表

我们在讨论数据的存储结构时，介绍过对于每种数据结构，一般来说都可以采用顺序存储或者链式存储。对线性表采用顺序存储的方式就得到顺序表，也就是用一组地址连续的存储单元依次存储线性表的数据元素。

具有 n 个元素的顺序表：$(a_0, a_1, a_2, \cdots, a_n)$，其存储结构如图 2.2 所示。

存储地址	内存状态	位序
b	a_0	1
$b+l$	a_1	2
$\vdots$	$\vdots$	$\vdots$
$b+i\times l$	a_i	i
$b+(i+1)\times l$	a_{i+1}	$i+1$
$\vdots$	$\vdots$	$\vdots$
$b+(n-1)\times l$	a_{n-1}	$n-1$

图 2.2　顺序表

顺序表中第一个元素 a_0 的存储地址，称为顺序表的基地址。由于表中各元素存放在连续存储空间中，假设每个元素占用 l 个存储单元，则第 $i+1$ 个元素的存储地址位于第 i 个元素之后，如下所示：

$$\text{LOC}(a_{i+1}) = \text{LOC}(a_i) + l \tag{2.1}$$

进一步，可以确定顺序表中各元素的存储位置为

$$\text{LOC}(a_i) = \text{LOC}(a_0) + i \times l \tag{2.2}$$

因此，顺序表中每一个数据元素在计算机存储器中的存储地址由该元素在表中的序号唯一确定。

在 C++ 中，我们可以采用类来实现顺序表的抽象数据类型，下面给出顺序表类 SqList 的实现：

```cpp
class SqList{
private:
    int elem[LIST_MAX_SIZE];                    //存储空间基址
    int length;                                 //顺序表的长度
public:
    SqList() {length = 0;}                       //空表表长设为 0
    void clearSqList() {length = 0;}             //清空线性表 L
    bool IsEmpty() {return length == 0;}         //判断是否为空表
    int ListLength() {return length;}            //返回表长
    void GetElem(int i, int *e) {*e = elem[i];}
    int LocateElem(int e);
    void PriorElem(int cur_e, int *pre_e);
    void NextElem(int cur_e, int *next_e);
    void ListInsert(int i, int e);
    void ListDelete(int i, int *e);
    void ListTraverse(bool (*visit)(int e));
};
```

数组是程序设计语言中常用的一种数据类型，数组在存储器中开辟一块连续的地址空间以存储数据，这与顺序表中数据元素的存储方式是相同的，因此我们采用数组来实现顺序表。在 C/C++ 语言中，数组可以静态分配，也可以动态分配。在上面顺序表类 SqList 的实现中，采用的是静态分配的方式，数组的大小为预先确定的顺序表规模的上限 LIST_MAX_SIZE。在实际使用过程中，一旦顺序表的规模突破上限，程序运行就会出错；如果为了确保数组空间足够使用，就需要分配足够大的空间，这样做虽然大大降低了出错的可能性，但是在绝大多数情况下，数组空间是闲置的，导致顺序表的空间效率很低，因此采用静态分配并不是一种很灵活的方式。如果采用动态分配的方式，则可以避免这个问题。如下面的例子所示：

```cpp
#define LIST_INIT_SIZE 100              //顺序表的初始分配存储空间
#define LIST_INCREMENT 10               //顺序表存储空间的分配增量
```

```
class SqList{
private:
    int *elem;                              //指向数据元素的指针
    int length;                             //顺序表的长度
public:
    SqList() {elem=new int[LIST_INIT_SIZE];length = 0;}    //初始化分配存储空间
    ...
```

我们定义一个指向数据元素的指针 *elem，在构造函数中给指针分配一个初始规模的存储空间，这个初始空间不用很大，以保证较高的空间效率；在使用过程中，当初始空间不够时，可以重新申请一块规模更大的空间来存储顺序表。采用一个固定的分配增量是一种可选的方案。

线性表的抽象数据类型中封装了很多操作，我们介绍两种主要的加工型操作。

插入操作是在顺序表的第 i 个位置插入一个新元素，使顺序表的长度从 n 增加到 $n+1$。即插入前顺序表为 $(a_0, a_1, \cdots, a_{i-1}, a_i, a_{i+1}, \cdots, a_{n-1})$，经过在第 i 个位置的插入操作，顺序表变为 $(a_0, a_1, \cdots, a_{i-1}, \hat{a}, a_i, a_{i+1}, \cdots, a_{n-1})$。

由于顺序表的数据元素在存储器中是连续存储的，要在顺序表的第 i 个位置插入一个新元素，需要将顺序表从第 i 个位置开始的元素都向后移动一个位置，从而把第 i 个位置空出来以存储新元素，因此在顺序表的第 i 个位置插入新元素需要移动 $n-i$ 个元素。

假设从线性表的第 i 个位置插入元素的先验概率为 p_i，则插入操作移动元素次数的期望为

$$E_{\text{insert}} = \sum_{i=0}^{n} (n-i) \times p_i \tag{2.3}$$

删除操作是把顺序表的第 i 个位置的元素从表中删除，使长度为 n 的顺序表的长度变为 $n-1$。删除操作前顺序表为 $(a_0, a_1, \cdots, a_{i-1}, a_i, a_{i+1}, \cdots, a_{n-1})$，进行删除操作后，顺序表变为 $(a_0, a_1, \cdots, a_{i-1}, a_{i+1}, \cdots, a_{n-1})$。

由于顺序表的数据元素在存储器中是连续存储的，要把顺序表的第 i 个位置上的元素删除，则需要将顺序表从第 $i+1$ 个位置开始的元素都向前移动一个位置。因此把顺序表的第 i 个位置上的元素删除需要移动 $n-i-1$ 个元素。

假设从顺序表的第 i 个位置删除元素的先验概率为 q_i，删除操作移动元素次数的期望为

$$E_{\text{delete}} = \sum_{i=0}^{n-1} (n-i-1) \times q_i \tag{2.4}$$

我们进一步来分析顺序表插入语和删除操作的时间复杂度。不失一般性，我们假设在顺序表的任何位置插入或者删除元素的概率是相等的。对于插入操作，长度为 n 的顺序表可能的插入位置有 $n+1$ 个，因此有

$$p_i = p = 1/(n+1) \tag{2.5}$$

可以推导得到

$$E_{\text{insert}} = \frac{1}{n+1} \sum_{i=0}^{n} (n-i) = \frac{n}{2} \tag{2.6}$$

对于删除操作，长度为 n 的顺序表可能的删除位置有 n 个，因此有

$$q_i = q = 1/n \tag{2.7}$$

可以推导得到

$$E_{\text{delete}} = \frac{1}{n} \sum_{i=0}^{n-1} (n-i-1) = \frac{n-1}{2} \tag{2.8}$$

可见，在顺序表中插入或者删除一个元素，平均需要移动表中大约一半的数据元素。顺序表其他的操作不再专门介绍，请读者自己实现。

2.1.3   线性表的链式存储——链表

数据的存储结构除了顺序存储外，还有链式存储。对于链式存储，逻辑上相邻的数据元素在存储地址上不需要相邻，而是依靠附加指针将逻辑上相邻的元素连接起来。线性表的链式存储结构被称为链表。

2.1.3.1   单向链表

最简单最一般的链表结构如图 2.3 所示。

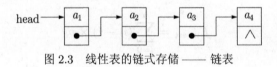

图 2.3   线性表的链式存储 —— 链表

链表包括一组链表结点，链表结点 (Node) 由两个域组成，分别是存储数据元素的数据域和存储指向直接后继结点指针的指针域。在 C 语言中可以采用结构体来定义链表结点。

```
typedef struct node {
    int data;
    struct node *next;
}NODE;
```

在 C++中，可以利用类来实现抽象数据类型，下面给出链表类 LinkList 的定义：

```
class LinkList{
private:
    NODE *head;                          //单向链表的头指针
public:
    LinkList() {head = NULL;}            //构造单向链表
    ~LinkList();                         //销毁单向链表
    bool clearSqList();                  //清空单向链表
```

```
bool IsEmpty() {return head == NULL;}          //判断单向链表表长是否为 0
int Length();                                   //求单向链表的表长
bool GetElem(int i, int *e);                     //取单向链表的元素
int LocateElem(int e);                           //定位链表中的元素位置
bool PriorElem(int cur_e, int *pre_e);           //取上一个元素
bool NextElem(int cur_e, int *next_e);           //取下一个元素
bool Insert(int i, int e);                       //向单向链表中插入元素
bool Delete(int i, int *e);                      //删除单向链表中的元素
bool Traverse(bool (*visit)(int e));             //遍历单向链表
};
```

可以看到，在链表的抽象数据类型中定义的操作和顺序表是一致的。

对于链表来说，由于数据元素在存储器中的存放顺序和逻辑关系无关，因此链表中不存在所谓"位序"的概念。如果我们想取到链表的第 i 个元素，就不能像顺序表那样直接计算得到元素的存储地址，而必须通过多次指针的定向来得到。下面的代码给出了如何得到链表中的第 i 个元素：

```
bool LinkList::GetElem(int i, int *e){          //取链表中第 i 个位置的元素的值
    NODE *p = head;                              //辅助指针用于标示当前查找位置
    int j = 0;                                   //辅助变量用于标示当前位序
    while(p && j < i){
        p = p->next;                             //p 指向直接后继
        j++;
    }
    if(p == NULL) return FALSE;                  //未找到返回错误
    *e = p->data;                                //返回要查找的元素
    return TRUE;
}
```

同样是取到线性表中的第 i 个元素，顺序表可以依据下标直接得到数据元素，而链表则需要通过指针依次访问各个链表结点，直至到达第 i 个元素。

插入和删除同样是链表的最常见操作。图 2.4 是链表插入操作的示意图。对链表来说，一般会要求在当前指针所指向的数据元素之后插入一个新元素，如图 2.4(a) 所示，要求在链表结点 p 之后插入新元素 x，如图 2.4(b) 所示，包含新元素 x 的链表结点 s，已经被插入到链表结点 p 之后。

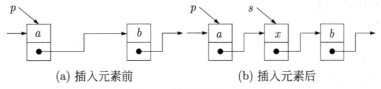

(a) 插入元素前　　　　　　　　　(b) 插入元素后

图 2.4　链表的插入操作

链表的插入操作很容易通过下面的代码实现：

```
s->next = p->next;
p->next = s;
```

也就是让链表结点 s 指向后继结点的指针指向链表结点 p 的后继, 让链表结点 p 指向后继的指针指向链表结点 s。要完成插入操作, 这两行代码的顺序是不能改变的。

现在给出链表插入操作的实现:

```
bool LinkList::Insert(int i, int e){
NODE *p = head, *s;
int j = 0;
while(j < i - 1){p = p->next; j++;}            //定位插入位置
s = (NODE *)new NODE[1];                        //为新结点分配内存
s->data = e;                                    //插入值赋给新元素
s->next = p->next;                              //插入结点
p->next = s;
return TRUE;
}
```

图 2.5 是链表删除操作的示意图。如图 2.5(a) 所示, 要求删除链表中的结点 q, 删除后如图 2.5(b) 所示。

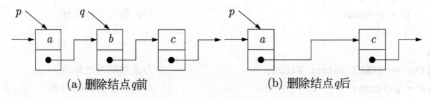

(a) 删除结点q前   (b) 删除结点q后

图 2.5   链表的删除操作

链表的删除操作实现起来也很容易:

```
p->next = q->next;
```

也就是让链表结点 p 指向后继结点的指针直接指向链表结点 q, 这样通过链表指针再也无法访问到链表结点 q, 实际上已经结点 q 不存在于链表中。

现在给出链表删除操作的实现:

```
bool LinkList::Delete(int i, int &e){
NODE *p = head, *q;
int j = 0;
while(j < i - 1){p = p->next; j++;}            //定位删除位置
q = p->next;                                    //取出待删除结点
p->next = q->next;                              //删除
e = q->data; delete q; q = NULL;               //取出元素, 并销毁结点
return TRUE;
}
```

在把链表结点 q 删除之后,代码中还加入了对链表结点 q 的销毁操作,这样做的原因是:因为经过删除操作后,链表结点 q 无法被访问到,如果不加以销毁,就会形成内存泄漏。

上述的插入和删除操作的实现在绝大多数情况下都是可以被正确执行的,但是有一种情况会出现问题,那就是如果这个操作涉及链表的头结点,或者要在链表头插入一个结点使其成为链表新的头结点,或者要把链表的头结点删除时。为了解决这个问题,我们需要对链表头结点处的插入和删除操作进行专门的处理。

2.1.3.2　带表头结点的单向链表

上一节讨论到对于一般的单向链表,在进行如插入和删除等重要操作时需要区分操作对象是否涉及头结点,这显然会增加操作逻辑和代码实现的复杂度。为了统一对表头结点和非表头结点的操作,可以引入一种带表头结点的单向链表,如图 2.6 所示。在这种带表头结点的单向链表中,头指针被一个头结点代替。在带表头结点的单向链表中,永远都会有结点存在,即使在空表时,表中也会有一个表头结点。对于带表头结点的单向链表进行插入和删除操作都是在表头结点之后进行的,因此对其进行的插入和删除操作都不再需要针对头结点进行单独处理,这样对于逻辑和代码上的简洁性,都是有好处的。

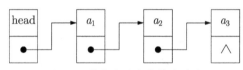

图 2.6　带表头结点的单向链表

2.1.3.3　双向循环链表

单向链表是最简单的链表形式,在处理上也存在一些不方便的地方。最典型的有两点,其一,在单向链表中,连接链表的指针总是从前驱结点指向后继结点,因此访问当前结点的后继结点是非常容易的,但是反过来要访问当前结点的前驱结点就要困难得多,需要从头开始依次访问链表各结点,直到找到当前结点的前驱结点。其二,要获取单向链表的表尾指针,需要遍历整个单向链表才能得到。而这两个需求在某些应用场景下相当常见,为了提升这些应用中的效率,人们设计了一种更为复杂的链表形式:双向循环链表,如图 2.7 所示。

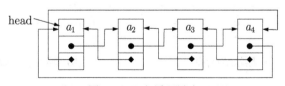

图 2.7　双向循环链表

在双向循环链表中,每个结点有两个指针域,分别保存指向前驱结点的前向指针和指向后继结点的后向指针。同时我们设定,双向循环链表头结点的前向指针指向链表的尾结点,而双向循环链表的尾结点的后向指针指向链表的头结点。这样,双向循环链表中所有结点的前向指针和后向指针分别组成了一个顺时针环和一个逆时针环。

对于双向循环链表，获取当前结点的前驱结点和后继结点都轻而易举；而且我们也容易得到链表的尾结点。但是这些便利之处的代价就是我们需要同时维护好每个结点的前向指针和后向指针，例如在进行链表的插入操作和删除操作的时候。在图 2.8 中，我们给出在双向循环链表中插入结点的例子。假设指针 p 指向当前结点，要在其前面插入一个新结点 s，那么需要执行的操作序列为

```
s->prev = p->prev;
p->prev->next = s;
s->next = p;
p->prev = s;
```

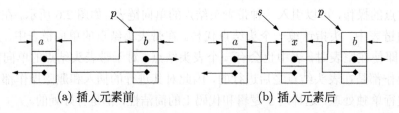

(a) 插入元素前 (b) 插入元素后

图 2.8 双向循环链表的插入操作

可以看到，为了维护双向循环链表的性质，在进行插入操作时需要同时修改相关结点的前向和后向指针。另外值得注意的是，在单向链表中容易实现在当前结点之后插入一个新的结点。而在双向循环链表中，由于存在前向指针，容易实现插入一个结点成为当前结点的前驱结点，而这在单向链表中需要更复杂的操作才能实现。

图 2.9 给出了在双向循环链表中删除结点的例子，假设指针 p 指向当前结点，要将这个结点删除，所需要执行的操作序列为

```
p->prev->next = p->next;
p->next->prev = p->prev;
delete p
```

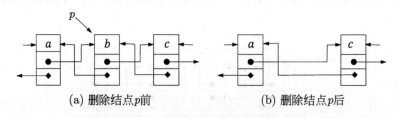

(a) 删除结点 p 前 (b) 删除结点 p 后

图 2.9 双向循环链表的删除操作

同样，为了维护双向循环链表的性质，在进行删除操作时需要同时修改相关结点的前向指针和后向指针。值得注意的是，在单向链表中我们容易实现删除当前结点的直接后继结点。而在双向循环链表中，由于同时存在前向指针和后向指针，因此可以方便地实现将当前结点删除，而在单向链表中实现这样的操作要困难得多。

2.1.4　线性表小结

线性表是最简单最基础的线性结构，但从线性表已经可以看到数据结构设计上的两个重要特点。

首先，线性表可以顺序存储，也可以链式存储。顺序表是顺序存储的线性表，有明确的"位序"，因此在顺序表中可以随机存取其元素；与此同时，为了保持物理存储地址上的连续性，如果需要执行插入和删除操作，往往需要进行大量元素的移动。在定义和初始化顺序表时需要先确定表长，如果表长定义过小，容易发生溢出的现象；如果表长定义过大，空间效率就会比较低。链表是链式存储的线性表，只在需要的时候才创建结点，因此链表具有很高的空间效率，链表在执行插入和删除操作时也不需要移动其他元素。但是对链表结点的访问需要从头指针开始按照指针表达的逻辑顺序进行。

其次，数据结构虽然有其基本形态，但是在实际场景中应该根据应用需求进行设计。例如链表的基本形态是单向链表，为了统一空表和非空表的插入删除操作，引入了带表头结点的单向链表；为了方便访问当前结点的前驱结点和链表的尾结点，引入了双向循环链表。因此数据结构的设计具有非常大的灵活性，这种灵活性也赋予了数据结构更强大的能力和更重要的作用。

我们这里讨论的数据结构的两个特点，在后续其他数据结构中会有更多的展现，大家在学习过程中可以给予更多的关注。

2.2　栈

2.2.1　栈的概念与实现

栈也是一种线性结构，但与线性表不同的是，栈只允许在其一端进行插入和删除操作。允许插入和删除操作的一端被称为栈顶 (top)，而另一端被称为栈底 (bottom)。栈的插入操作被称为进栈 (push)，或者入栈；而删除操作被称为出栈 (pop)。图 2.10 是栈的示意图。

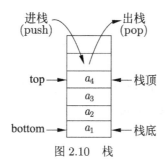

图 2.10　栈

设栈为 $S = (a_1, a_2, \cdots, a_n)$，栈中数据元素的个数 n 就是栈的长度。假定元素的入栈顺序为 $a_1, a_2, \cdots, a_n$，那么 a_1 就位于栈的最底部，称为栈底元素；而 a_n 距离栈底最远，称为栈顶元素。如果我们把栈中元素依次出栈，那么就能得到出栈序列 $a_n, a_{n-1}, \cdots, a_1$。对比入栈序列和出栈序列，可以发现恰好互为逆序，这就是栈最重要的性质，先进后出 (Last In First Out，LIFO)；或者说后进先出 (First In Last Out，FILO)。栈具有先进后出的性质是只允许在一端进行插入和删除操作的结果，这个性质使得栈成为非常重要、应用非常广泛的数据结构。

栈的抽象数据类型定义如下：

```
ADT Stack {
    数据对象: D = {aᵢ|aᵢ ∈ ElemSet, i = 1, 2, ⋯, n, n ≥ 0}
    数据关系: R = {⟨aᵢ₋₁, aᵢ⟩|aᵢ ∈ D, i = 1, 2, ⋯, n}
            约定 aₙ 端为栈顶，a₁ 端为栈底。
    基本操作:
    InitStack(&S)
        操作结果: 构造一个空栈 S。
    DestroyStack(&S)
        初始条件: 栈 S 已存在。
        操作结果: 栈 S 被销毁。
    IsEmpty(S)
        初始条件: 栈 S 已存在。
        操作结果: 若栈 S 为空栈，则返回 TRUE，否则 FALSE。
    StackLength(S)
        初始条件: 栈 S 已存在。
        操作结果: 返回 S 的元素个数，即栈的长度。
    GetTop(S, &e)
        初始条件: 栈 S 已存在且非空。
        操作结果: 用 e 返回 S 的栈顶元素。
    Push(&S, e)
        初始条件: 栈 S 已存在。
        操作结果: 插入元素 e 为新的栈顶元素。
    Pop(&S, &e)
        初始条件: 栈 S 已存在且非空。
        操作结果: 删除 S 的栈顶元素，并用 e 返回其值。
    ClearStack(&S)
        初始条件: 栈 S 已存在。
        操作结果: 将 S 清为空栈。
} ADT Stack
```

按照存储方式的不同，栈的实现可以分为顺序栈和链式栈。基于顺序存储实现的是顺序栈，下面给出了 C++中顺序栈类的定义。

```cpp
class STACK{
private:
    Item * m_arStack;
    int m_iDepth;
public:
    STACK(int maxLen)        { m_arStack = new Item[maxLen]; m_iDepth = 0; }
    int IsEmpty() const      { return m_iDepth = = 0; }
    void ClearStack()        { m_iDepth = 0; }
```

```
    int StackLen( ) const        { return m_iDepth; }
    void push(Item e)            { m_arStack[m_iDepth] = e; m_iDepth ++; }
    Item pop()                   { m_iDepth --; return m_arStack[m_iDepth]; }
    Item getTop( ) const         { return m_arStack[m_iDepth - 1]; }
};
```

在初始化顺序栈的时候，我们设定了栈的最大规模 maxlen，如果栈中元素已经达到这个最大规模，继续执行进栈操作，就会出现"栈溢出"的现象，在具体实现中如何处理可能的"栈溢出"，是需要根据应用场景来具体设计的。

图 2.11 给出了顺序栈执行进栈和出栈操作的状态示意图。图 2.11(a) 为顺序栈的初始状态，bottom 和 top 分别为栈底指针和栈顶指针；图 2.11(b) 为顺序栈执行了进栈操作之后的状态，栈顶指针 top 向右移动一个存储单元；图 2.11(c) 为顺序栈执行了出栈操作之后的状态，栈顶指针 top 向左移动了一个存储单元。对于顺序栈来说，进栈和出栈操作都是 $O(1)$ 时间复杂度的；如果栈元素是简单数据类型的，那么构造和销毁栈的时间复杂度也是 $O(1)$。

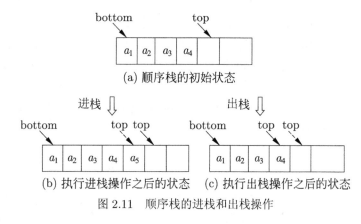

(a) 顺序栈的初始状态

(b) 执行进栈操作之后的状态　(c) 执行出栈操作之后的状态

图 2.11　顺序栈的进栈和出栈操作

基于链式存储可以实现链式栈。我们首先给出链式栈的结点定义：

```
struct node{
    Item item;
    node* next;
    node(Item x, node* t)    {item = x; next = t; }
};
typedef struct node* link;
```

然后就可以定义链式栈类，如下所示：

```
class STACK{
private:
    link m_head;
public:
    STACK( )                 { m_head = NULL; }
```

```
int IsEmpty() const      { return m_head == NULL; }
void push(Item e)        { m_head = new node(e,m_head); }
Item pop()               {
                             Item v = m_head->item;
                             link t = m_head->next;
                             delete m_head;
                             m_head = t;
                             return v;
                         }
Item getTop() const      { return m_head->item; }
void ClearStack()        { while(!IsEmpty()) pop(); }
StackLength();
};
```

链式栈符合链式存储的特点，只有在需要的时候才会分配内存创建结点，删除后又可以立即回收，因此具有很高的空间效率，而且一般也不会出现溢出的情况。

图 2.12 给出了链式栈执行出栈操作的示意图，图 2.12(a) 为链式栈的初始状态，bottom 和 top 分别为栈底指针和栈顶指针；在执行出栈操作后，链表头结点被删除，结果如图 2.12(b) 中所示。相应地，大家也很容易想象链式栈执行进栈操作后的状态变化情况。链式栈一般都选择链表头部为栈顶，链表尾部为栈底，这样做的好处是链式栈的进栈和出栈操作可以采用链表的头插入和头删除的方式来实现，简单方便。容易理解，链式栈的进栈和入栈操作的时间复杂度都是 $O(1)$。但是在创建和销毁链式栈的时候，由于需要逐个处理链表结点，因此其时间复杂度是 $O(n)$。

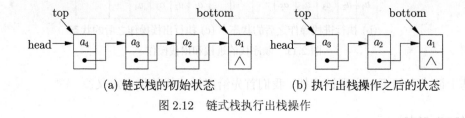

(a) 链式栈的初始状态   (b) 执行出栈操作之后的状态

图 2.12　链式栈执行出栈操作

2.2.2　栈的应用

栈可能是使用频率最高的数据结构，我们先来看几个例子，第一个例子是括号匹配。

在程序代码和运算表达式中，我们常用的括号有三种：{}，[]，()，括号应该成对出现。我们可以利用栈来检查程序代码和运算表达式中括号使用是否正确，即是否满足括号匹配的要求。具体步骤如下：

(1) 自左向右，自上而下依序扫描字符序列，逢左括弧进栈；

(2) 逢右括弧，将对应的左括弧出栈；若无对应的左括弧，则为语法错误；

(3) 字符串结束，检查栈是否为空，得到括号配对检查结果。

在这个检查中，可能出现两种错误，其一是在扫描字符序列的过程中遇到右括号，而此时栈中没有对应的左括号；其二是检查完所有的字符序列，栈不为空。如果不出现这两种情形之一,则字符序列中的括号是匹配的。之所以采用栈来检查括号匹配,就是利用了栈的先进后出的性质。

第二个例子是算术表达式的求值。四则运算加、减、乘、除都是有两个操作数的双目运算符,我们常见的四则运算表达式都是把运算符写在操作的两个操作数中间,例如 $a+b$,$a \times (b+c)$ 等,这种书写方式称为中缀表达式。不过,中缀表达式并不是唯一的书写方式,我们同样可以把双目运算符放到两个操作数之后,这种书写方式称为后缀表达式。例如上面两个中缀表达式可以改写成为后缀表达式,分别为 $ab+$ 和 $abc+\times$。尽管后缀表达式不符合我们已经形成的书写习惯,但是当采用计算机处理时,后缀表达式却具有两个明显的优势。其一,中缀表达式经常需要引入括号来保证正确的运算顺序,而后缀表达式却能够很自然地做到,并不需要采用括号来确定运算的优先程度;其二,对于计算机处理来说,后缀表达式是最方便的求值形式。

后缀表达式求值的方法可以非常简洁地描述:自左向右扫描后缀表达式,遇到操作数进栈,遇到操作符,两个操作数出栈进行运算,结果进栈;扫描完成后,最后的栈顶元素就是后缀表达式求值的结果。

假设有一个中缀表达式

$$5 \times (((9+8) \times (4 \times 6)) + 7) \tag{2.9}$$

对应的后缀表达式为

$$598 + 46 \times \times 7 + \times \tag{2.10}$$

我们就用这个例子来展示求值的运算过程,具体如图 2.13 所示。

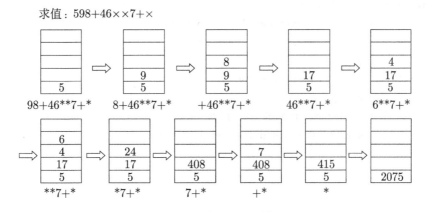

图 2.13　后缀表达式的求值过程

可以看到,利用栈先进而后的性质,每个双目操作符与其相关的两个操作数进行运算后,结果被存入栈中,作为另一个双目操作符的操作数参与运算,直到得出整个表达式的值。后缀表达式求值的基础代码也非常简单,如下所示:

```
len = strlen(a);                        //求表达式的长度
for(int i = 0; i < len; i++) {          //后缀表达式求值
    if(a[i] == '+') s.push(s.pop() + s.pop());   //运算符为加
```

```
    if(a[i] == '*') s.push(s.pop() * s.pop());        //运算符为乘
    //针对操作数的处理
    if((a[i] >= '0') && (a[i] <= '9')) s.push(a[i])
}
```

这段代码只反映了基本的思路，远不能应对复杂的实际情况。例如，这段代码假设表达式中所有的操作数都是个位数，这显然是很不合理的约束。表达式中很可能存在两位数，甚至三位数的操作数，那么应该怎么处理呢？我们发现，操作数的输入也可以采用栈来实现。假设表达式中某个操作数为 518，图 2.14 给出了读入的过程。扫描表达式遇到数字时，向栈中压入 0，然后从当前数字开始，将栈顶元素出栈乘以进制基数 10 加上当前数字，然后再压入栈中，直到遇到非数字为止，就完成了一个多位操作数的入栈。

- 表达式中某个操作数为518

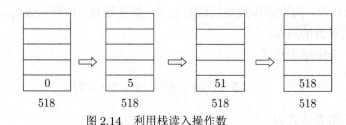

图 2.14   利用栈读入操作数

改进对操作数读入操作后，后缀表达式求值的代码如下所示：

```
len = strlen(a);                                //求表达式的长度
for(int i = 0; i < len; i++) {                  //后缀表达式求值
    if(a[i] == '+') s.push(s.pop() + s.pop());  //运算符为加
    if(a[i] == '*') s.push(s.pop() * s.pop());  //运算符为乘
    //针对操作数的处理
    if((a[i] >= '0') && (a[i] <= '9')) {
        s.push(0);
        while((a[i] >= '0') && (a[i] <= '9')){
            s.push(10 * s.pop() + (a[i] - '0'));
            i++;
        }
        i--;
    }
}
```

当然这段代码仍然是不完善的，还没有针对减法和除法的处理，也还没有处理浮点数，更缺乏对各种例外情况的处理。有很多细节在具体实现时需要注意，例如减法和除法是不满足交换律的，除数不能为 0 等。因此即使从思路很清晰的算法出发，要实现一个完善的程序仍然不是容易的事情，需要考虑大量的细节以实现正确性、稳健性、可读性和高效率。

2.2.3　递归

2.2.3.1　递归的概念

若一个对象部分地包含它自己，或用它自己给自己定义，称这个对象是递归的；若一个过程直接地或间接地调用自己，则称这个过程是递归的。我们在算法设计和程序实现的过程中，经常会遇到递归。例如链表结点的定义：

```
typedef struct node{
    int data;
    struct node *next;
}NODE;
```

在定义链表的结构体内部，就已经采用这种结构体类型来定义链表指针，因此链表结点的定义就是递归的。还有很多计算过程来可以采用递归的方式来实现。例如正整数的阶乘定义为

$$n! = 1 \times 2 \times 3 \times \cdots \times n \tag{2.11}$$

采用递归的形式，阶乘可以表示为

$$n! = \begin{cases} 1, & n = 0 \\ n \times (n-1)!, & n > 0 \end{cases} \tag{2.12}$$

假设函数 $f(n)$ 可以用来计算 n 的阶乘：

$$f(n) = n! \tag{2.13}$$

那么 $f(n-1)$ 可以用来计算 $n-1$ 的阶乘：

$$f(n-1) = (n-1)! \tag{2.14}$$

因此就有

$$f(n) = n \times f(n-1) \tag{2.15}$$

找到了 $f(n)$ 和 $f(n-1)$ 之间的联系，也就是说规模较大的问题的求解可以转化为求解规模较小的问题。这个转化过程可以持续下去，直到遇到终止条件为止。对于阶乘的递归求解，终止条件就是

$$f(0) = 0! = 1 \tag{2.16}$$

即

$$\begin{aligned} f(n) &= n \times f(n-1) \\ &= n \times (n-1) \times f(n-2) \\ &= n \times (n-1) \times \cdots \times 1 \times f(0) \\ &= n \times (n-1) \times \cdots \times 1 \end{aligned} \tag{2.17}$$

我们很容易写出阶乘的递归函数：

```
int fractorial(int n) {
    if(n == 0) return 1;
    else return n * factorial(n - 1);
}
```

一个问题能够采用递归求解有两个条件,其一是找到了规模较大的这个问题和规模较小的同样问题之间的联系,其二是有终止条件。

2.2.3.2 递归算法举例

求两个正整数的最大公因子有多种方法,其中最著名的是辗转相除法,这也是目前仍然在使用的历史最悠久的算法之一。假设需要求两个正整数 n 和 m 的最大公因子 ($m > n$),辗转相除法的步骤如下:

(1) 用 n 去除 m,将余数赋给 r;

(2) 将 n 的值赋给 m,将 r 的值赋给 n;

(3) 如果 $n = 0$;返回 m 的值作为结果,过程结束;否则,返回第一步。

辗转相除法也可以采用递归来实现,代码如下:

```
int gcd(m,n) {
    int r = m % n;
    if(r!= 0) return gcd(n,r);
    else return n;
}
```

这里也满足递归的两个条件,其一,由于 $m > n$,并且 $n > r$,所以求 n 和 r 的最大公因子是比求 m 和 n 的最大公因子规模更小的问题,并且两者的结果是相同的;其二,当 $r = 0$ 时,此时的 n 就是所求的最大公因子,因此具备停止条件。

除了各种显式的应用以外,在函数调用的过程中,需要利用程序栈来保存调用现场、函数参数和返回地址。由于递归过程会不断地调用自身,因此递归机制的实现是离不开栈的。递归是一种重要的设计和编程工具,一方面是由于引入递归以后降低了求解问题的难度,许多问题设计递归算法非常方便;另一方面是递归算法的实现比较简洁,也很容易理解。我们再给两个经典的例子。

中世纪意大利数学家斐波那契在他的《算盘书》中描述了一个兔子问题:某人买了一对小兔子,养殖在完全封闭的围墙内,如果每对兔子每月生一对小兔子,小兔子出生后两个月后具备生育能力,问一年后能繁衍到多少对?每月兔子数目如表 2.1 所示。

表 2.1 斐波那契的兔子问题

月 份	0	1	2	3	4	5	6	7	8	9	10	11	12
兔子对数	1	1	2	3	5	8	13	21	34	55	89	144	233

这个兔子数目增长的序列就是著名的斐波那契 (Fibonacci) 数列,其递推式如式 (2.18) 所示:

$$F(n) = \begin{cases} 1, & n = 0, 1 \\ F(n-1) + F(n-2), & n > 1 \end{cases} \tag{2.18}$$

观察这个递推式，可以发现正好满足递归实现的两个条件。其一，斐波那契数列第 n 项的取值等于第 $n-1$ 项和第 $n-2$ 项的取值之和，所以一个规模较大的问题的求解可以转化为求解两个规模较小的问题；其二，斐波那契数列的第 0 项和第 1 项取值都为 1，具备终止条件。递归实现的代码如下所示：

```
long Fib(long n) {
    if(n <= 1) return n;
    else return Fib(n-1) + Fib(n-2);
}
```

斐波那契数列的递归实现，相比于之前正整数阶乘和辗转相除法求解两个正整数最大公因子，要更复杂一些。原因在于斐波那契数列中规模较大的问题会转化为两个规模较小的问题，因此随着递归的深入，递归调用是如图 2.15 所示的树状结构，调用规模是指数增长的。

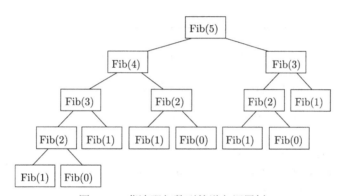

图 2.15　斐波那契数列的递归调用树

在印度北部佛教圣地贝拿勒斯圣庙里，安放了一块黄铜板，板上插着三根宝石针，在其中一根宝石针上，自下而上地放着由大到小的 64 个金盘，这就是所谓的梵塔 (Hanoi)。印度教主神梵天要求僧侣们坚持不渝地按下面的规则把 64 个盘子移到另一根针上：

(1) 一次只能移一个盘子；

(2) 盘子只许在三根针上存放；

(3) 永远不许大盘压小盘。

这个问题就是著名的汉诺塔问题，如图 2.16 所示，要求把将塔座 X 上按直径由小到大的 n 个圆盘搬到塔座 Z 上，Y 可用作辅助塔座。搬运过程中，直径大的圆盘不允许在直径小的圆盘上面。

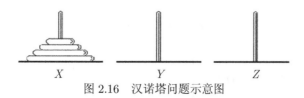

图 2.16　汉诺塔问题示意图

对于求解汉诺塔问题，我们可以利用递归算法的思想，就是找到规模较大问题和规模较小问题之间的联系。如图 2.17 所示，如果我们能把塔座 X 上自上而下的 $n-1$ 个圆盘从塔座 X 搬运到塔座 Y 上，然后把塔座 X 上剩下的最大的圆盘搬到塔座 Z 上，再把已经在塔座 Y 上的 $n-1$ 个圆盘搬运到塔座 Z 上，就可以解决汉诺塔问题。按照这个思路，求解 n 个圆盘的汉诺塔问题就可以转化为两个 $n-1$ 个圆盘的汉诺塔问题的求解。

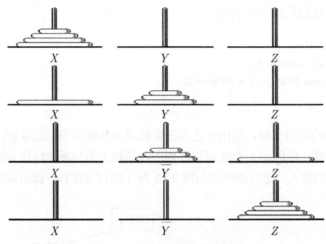

图 2.17　递归求解汉诺塔问题

递归求解汉诺塔问题的代码非常简短，如下所示：

```
void move(int n, int x, int z, int y) {
    if (n > 0) {
        move(n−1, x, y, z);
        printf("Move disk %d from %d to %d", n, x, z);
        move(n−1, y, z, x);
    }
}
```

和斐波那契数列一样，递归求解汉诺塔问题时，规模较大的问题会转化成为两个规模缩减的问题，因此代码尽管简单，调用过程实际上却有指数量级的复杂度。图 2.18 展示了三个圆盘的汉诺塔问题的递归调用树。在学过二叉树的知识之后就会知道，中序遍历这棵递归调用树就可以得到汉诺塔问题的解。

我们具体分析一下要解决汉诺塔问题，究竟需要多少步的操作。假设对于 n 个圆盘的汉诺塔问题，需要移动圆盘的次数为 $m(n)$，那么就可以得到如下的递推式：

$$m(n) = \begin{cases} 0, & n = 0 \\ 2m(n-1)+1, & n > 0 \end{cases} \tag{2.19}$$

令

$$t(n) = m(n) + 1 \tag{2.20}$$

上式变为

$$t(n) = \begin{cases} 1, & n = 0 \\ 2t(n-1), & n > 0 \end{cases} \tag{2.21}$$

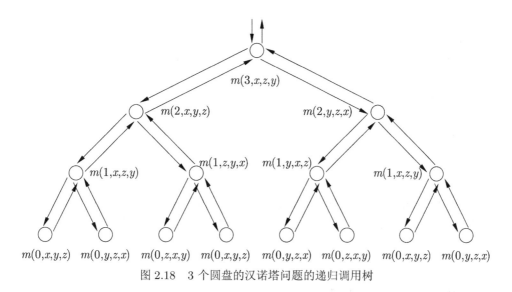

图 2.18　3 个圆盘的汉诺塔问题的递归调用树

可以递推得到

$$t(n) = 2t(n-1) = 2^2 t(n-1) = 2^n t(0) = 2^n \tag{2.22}$$

所以

$$m(n) = 2^n - 1 \tag{2.23}$$

汉诺塔问题的时间复杂度是指数的。按照传说中金碟个数为 64，则需要移动的次数为

$$m(64) = 2^{64} - 1 = 1.8 \times 10^{19} \tag{2.24}$$

即使僧侣们能够以每秒钟一次的速度移动金碟，也需要五千八百多亿年才能完成这个艰巨的任务。

2.2.3.3　递归的消除

递归是一种有效的算法设计方法，采用递归算法能大大降低求解很多问题的难度，并且递归算法的实现思路直接，代码简洁，易于理解。但在具备这些优点的同时，递归算法也存在明显的不足，例如递归算法可能导致较高的时间复杂度和空间复杂度。因此，有时候我们希望通过消除递归来获得更高的效率。

我们首先来讨论两类比较容易消除的递归，尾递归和单向递归。

我们称一个递归函数是尾递归，是指在递归程序中，递归调用语句只有一个，而且是处在函数的最后。例如求阶乘的递归算法：

```
int fractorial(int n) {
    if(n == 0) return 1;
    else return n * factorial(n-1);
}
```

对于尾递归形式的递归算法，可以很方便地利用循环结构来替代。例如求阶乘的递归算法可以写成如下循环结构的非递归算法：

```
int fractorial(int n) {
    int a = 1;
    while(n > 0) {
        a = a* n;
        n--;
    }
    return a;
}
```

单向递归是指递归算法中虽然有多处递归调用语句，但各递归调用语句的参数之间没有关系，并且这些递归调用语句都处在递归算法的最后。显然，尾递归是单向递归的特例。例如求斐波那契数列的递归算法就是一个典型的单向递归，具体如下：

```
long Fib(long n) {
    if(n <= 1) return 1;
    else return Fib(n-1) + Fib(n-2);
}
```

对于单向递归形式的递归算法，我们可以通过设置一些变量来保存过程中的中间结果，从而用循环结构来替代递归结构。例如在求斐波那契数列的算法中，可以用 oneback 和 twoback 来保存中间的计算结果，非递归函数的实现如下：

```
long Fib_Iter(long n) {
    if (n <= 1) return n;
    long twoback = 0, oneback = 1, Current;        //定义存储变量
    for (int i = 2; i <= n; i++) {
        Current = twoback + oneback;               //迭代公式
        twoback = oneback;                         //更新
        oneback = Current;
    }
    return Current;
}
```

我们在这里以斐波那契数列为例来比较递归算法和非递归算法在效率上的差异。首先来看递归实现，图 2.19 是递归求解斐波那契数列的调用树。

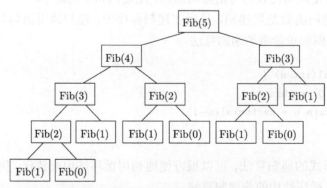

图 2.19　求解斐波那契数列的递归调用树

设采用递归算法求取 n 阶斐波那契数列时，递归函数调用次数为 $C(n)$。根据算法实现可知：

$$C(0) = 1 \tag{2.25}$$

$$C(1) = 1 \tag{2.26}$$

$$C(n) = C(n-1) + C(n-2) + 1 \tag{2.27}$$

考虑到对于斐波那契数列，有下面的式子成立：

$$F(0) = 1 \tag{2.28}$$

$$F(1) = 1 \tag{2.29}$$

$$F(n) = F(n-1) + F(n-2) \tag{2.30}$$

因此，我们可以用数学归纳法证明：

$$C(n) = 2 \times F(n) - 1 \tag{2.31}$$

首先，当 $n = 0$ 时，有 $C(0) = 2 \times F(0) - 1 = 1$，$C(1) = 2 \times F(1) - 1 = 1$
当 $n > 1$ 时，有

$$
\begin{aligned}
C(n) &= C(n-1) + C(n-2) + 1 \\
&= 2 \times F(n-1) + 2 \times F(n-2) - 1 \\
&= 2 \times [F(n-1) + F(n-2)] - 1 \\
&= 2 \times F(n) - 1
\end{aligned}
$$

因此，式 (2.31) 成立。

由于斐波那契数列的通项为

$$F(n) = \frac{1}{\sqrt{5}} \left[\left(\frac{1+\sqrt{5}}{2} \right)^n - \left(\frac{1-\sqrt{5}}{2} \right)^n \right] \tag{2.32}$$

因此递归求解斐波那契数列时，所需要的函数调用次数是 $O(t^n)$。

而如果我们观察非递归算法的代码，就可以发现计算消耗主要来自于循环结构，其时间复杂度是 $O(n)$。因此对于斐波那契数列的求解，非递归算法的效率要比递归算法高得多。究其原因，是由于递归算法只考虑了规模较大的问题和规模较小问题之间的关系，因此采用递归算法的实际求解过程可能蕴含很高的复杂度。在求解斐波那契数列这个例子中，每一项 $F(n)$ 的求解依赖于数列的前两项 $F(n-1)$ 和 $F(n-2)$；因此在递归实现中，求解 $F(n)$ 要递归求解 $F(n-1)$ 和 $F(n-2)$，而求解 $F(n-1)$ 要求解 $F(n-2)$ 和 $F(n-3)$，从这里我们可以看到，$F(n-2)$ 需要被重复求解；而从图 2.18 的递归树中，可以清楚地看到，树的叶子结点都是对求解 $F(0)$ 和 $F(1)$ 的反复调用。大量重复的调用是导致斐波那契数列递归求解复杂度极高的根本原因。对于这样的例子，由于可以带来效率的显著提升，消除递归是必要的。尽管对于很多问题，递归算法和非递归算法之间的效率并不会有这么大的差距，但由于递归需要的大量函数调用仍然会带来相当的时间和空间开销，因此一般认为非递归算法相比于递归算法，会具有更高的时间和空间效率。

递归的消除并没有统一的解决方案，除了尾递归和单向递归，很多情形都必须借助显式的栈来实现非递归过程，这就需要根据具体情况来设计非递归算法。

递归是一种重要的设计和编程工具，很多问题采用递归方法很便于叙述和设计，递归算法也往往十分简洁，容易理解。与此同时，应用递归算法往往也会带来更高的时间和空间复杂度，降低运行效率。因此在一些应用场合，我们需要考虑消除递归，采用更高效的非递归算法来求解问题。

2.3　队列

2.3.1　队列的概念与实现

队列是另一种常用的线性结构，队列限定在表的一端进行插入，而在另一端进行删除。在队列中，允许插入的一端称为队尾 (rear)，允许删除的一端称为队头 (front)，插入操作称为入队 (enqueue)，删除操作称为出队 (dequeue)。图 2.20 给出了队列及其基本操作的示意图。

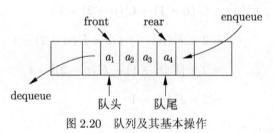

图 2.20　队列及其基本操作

设队列为 $Q = (a_1, a_2, \cdots, a_n)$，则称 a_1 为队头元素，a_n 为队尾元素，队列中数据元素的个数 n 就是队列的长度。假定队列中元素按 $a_1, a_2, \cdots, a_n$ 的顺序入队，那么也会沿着相同的顺序 $a_1, a_2, \cdots, a_n$ 出队，因此队列是先进先出 (First In First Out，FIFO) 的线性表。

队列的抽象数据类型定义如下：

```
ADT Queue{
    数据对象: D = {aᵢ|aᵢ ∈ ElemSet, i = 0, 1, ···, n, n ⩾ 0}
    数据关系: R = {⟨aᵢ₋₁, aᵢ⟩|aᵢ₋₁, aᵢ ∈ D, i = 0, 1, ···, n}
              约定其中 a₁ 端为队列头，aₙ 端为队列尾。
    基本操作:
    InitQueue(&Q)
        操作结果: 构造一个空队列 Q。
    DestroyQueue(&Q)
        初始条件: 队列 Q 已存在。
        操作结果: 队列 Q 被销毁。
```

IsEmpty(Q)

　　初始条件: 队列 Q 已存在。

　　操作结果: 若 Q 为空队列,则返回 TRUE,否则返回 FALSE。

QueueLength(Q)

　　初始条件: 队列 Q 已存在。

　　操作结果: 返回 Q 的元素个数,即队列的长度。

GetHead(Q, &e)

　　初始条件: 队列 Q 存在且非空。

　　操作结果: 用 e 返回 Q 的队头元素。

ClearQueue(&Q)

　　初始条件: 队列 Q 已存在。

　　操作结果: 将 Q 清为空队列。

EnQueue(&Q, e)

　　初始条件: 队列 Q 已存在。

　　操作结果: 插入元素 e 为 Q 的新的队尾元素。

DeQueue(&Q, &e)

　　初始条件: 队列 Q 存在且非空。

　　操作结果: 删除 Q 的队头元素,并用 e 返回其值。

QueueTraverse(Q,visit())

　　初始条件: 队列 Q 存在且非空。

　　操作结果: 从队头到队尾依次对 Q 的每个数据元素调用函数 visit。

} ADT Queue

　　队列的实现一般都采用顺序存储的方式,如图 2.20 所示,顺序队列入队时先将新元素按队尾指针 (rear) 指示位置加入,然后队尾指针进一: rear=rear+1;顺序队列出队时先将队头指针 (front) 指向的元素取出,然后队头指针进一: front=front+1。队列中数据元素的数目为: rear−front。

　　这样实现顺序队列的入队和出队操作是非常自然的,但我们可以想象一下,反复进行入队和出队操作,队列中的数据就会自左向右移动,而且队头指针 (front) 左侧的存储单元都不能再被使用,因此顺序队列中的可用存储单元就会越来越少,其空间效率会不断降低。因此这样的定义的顺序队列不能实际使用,为了解决这个问题,人们提出了一种改进的队列结构,称为循环队列,如图 2.21 所示。在循环队列中,队列被当作首尾相接的表来处理;假设队列的最大长度为 maxSize,那么当队尾指针指向 maxSize−1 时,再执行入列操作,队尾指针就直接进到 0;而当队头指针指向 maxSize−1 时,再执行出队操作,队头指针也

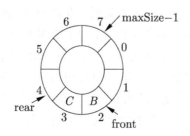

图 2.21　循环队列

直接进到 0。想象一下，对于循环队列反复进行入队操作和出队操作，队列中的数据会在这个环中顺时针移动，所有的单元都可以反复使用，从而保证了循环队列的空间效率。

对于循环队列，由于入队和出队操作都有可能跨越队列边界，因此我们修改入队操作为 rear⇐(rear+1)mod maxSize；出队操作为 front⇐(front+1)mod maxSize；而队列中数据元素的数目为 (rear+maxSize−front)mod maxSize。

我们来看循环队列的几个特殊情形。图 2.22(a) 中是仅有一个元素的队列，队头指针 (front) 和队尾指针 (rear) 处于相邻的位置，队头指针 (front) 在队尾指针 (rear) 之前；此时如果执行一次出队操作，队列就会为空，如图 2.22(b) 所示，队头指针 (front) 和队尾指针 (rear) 指向同一个位置。图 2.22(c) 是仅有一个空位的队列，队头指针 (front) 和队尾指针 (rear) 处于相邻的位置，队尾指针 (rear) 在队头指针 (front) 之前；此时如果执行一次入队操作，队列就会满，如图 2.22(d) 所示，队头指针 (front) 和队尾指针 (rear) 指向同一个位置。对比图 2.21(b)、(d)，可以看到当队头指针 (front) 和队尾指针 (rear) 指向同一个位置时，将难以区分此时队列是空的还是满的。

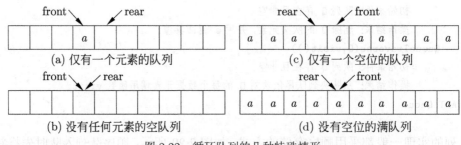

图 2.22　循环队列的几种特殊情形

那么应该如何解决这个问题呢？实际上存在多种可选的方案，第一种办法是在队列中强制要求至少保留一个空位，也就是说如果队列中只有一个空位时，就认为队列已经满，在这个方案中，当 front=rear 时，队列为空；而当 front=(rear+1) mod n 时，表明队列已满；也就是说当队头指针 (front) 和队尾指针 (rear) 指向同一个位置时，此时队列为空。

第二种办法是直接引入一个长度变量，用于记录队列中元素的数目，每执行一次入队操作，这个变量加一；每执行一次出队操作，这个变量减一。

第三种办法是设定一个标志，这个标志是三态的：队列空，队列满，队列既不空也不满；在实际操作中，如果由于出队操作，改变了队头指针 (front)，使得 front=rear，那么将标志置为队列空；如果是由于入队操作，改变了队尾指针 (rear)，使得 front=rear，那么将标志置为队列满。

这三种办法都可以帮助循环队列区分队列空和队列满的情形，但也要付出相应的代价，第二种和第三种方法都需要引入额外的变量，并且在队列生命周期之内一直有效维护；第一种办法需要浪费队列的一个存储单元，并且在入队和出队操作的时候，对可能发生的跨越数组边界的情况进行判断和处理。经济学中有句名言"天下没有免费的午餐"，在这里也完全适用。至于应该选用哪种方案，还需要根据具体的应用场景来确定。

队列也可以采用链式存储，如图 2.23 所示，队头指针 (front) 指向链表头，而队尾指针 (rear) 指向链表尾。

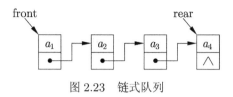

图 2.23　链式队列

对于链式队列，入队操作是在链表尾部新加入一个结点，并且把队尾指针 (rear) 指向这个新结点；而出队操作是当前队头指针 (front) 指向链表结点取出，然后将队头指针 (front) 指向其后继结点。

队列也是应用非常广泛的一种基础结构，一个简单的例子就是队列可以用于构建缓冲区，以处理不同设备之间速度差异。譬如在计算机处理系统中，CPU 是高速设备，而 I/O 设备，譬如键盘和打印机都是慢速设备，因此在计算机输入输出的处理中，都需要用缓冲区来应对这种速度差异，以避免数据的丢失。

2.3.2　优先级队列

在队列基础上可以发展出一种重要的数据结构，优先级队列 (priority queue)。如果队列中每个元素都增加一个代表其优先级的权值，这样就可以根据这个权值访问优先级最高的元素，对其进行插入删除等操作，这就是优先级队列。表 2.2 给出了一个优先级队列的示例，我们假设权重越大，优先级越高。

表 2.2　优先级队列示例

任 务 序 号	1	2	3	4	5
优先权	20	1	40	30	10
执行顺序	3	5	1	2	4

优先级队列的每次操作都是针对队列中具有最高优先权的元素，这不同于一般队列的先进先出。

优先级队列的抽象数据类型定义如下：

```
ADT PQueue{
    数据对象: D = {aᵢ|aᵢ ∈ ElemSet, i = 1, 2, · · · , n, n ⩾ 0}
    数据关系: R1 = {⟨aᵢ₋₁, aᵢ⟩|aᵢ₋₁, aᵢ ∈ D, i = 2, · · · , n}
    基本操作:
    InitPQueue(&PQ)
        操作结果: 构造一个空的优先级队列 PQ。
    DestroyPQueue(&PQ)
        初始条件: 优先级队列 PQ 已存在。
        操作结果: 优先级队列 PQ 被销毁。
    ClearPQueue(&PQ)
        初始条件: 优先级队列 PQ 已存在。
        操作结果: 将 PQ 清为空队列。
```

IsEmpty(PQ)

  初始条件: 优先级队列 PQ 已存在。

  操作结果: 若 PQ 为空队列, 则返回 TRUE, 否则返回 FALSE。

PQueueLength(PQ)

  初始条件: 优先级队列 PQ 已存在。

  操作结果: 返回 PQ 的元素个数, 即优先级队列的长度。

GetFront(PQ, &e)

  初始条件: 优先级队列 Q 存在且非空。

  操作结果: 用 e 返回优先级 PQ 中优先级最高的元素。

PQueueInsert(&PQ, e)

  初始条件: 优先级队列 PQ 已存在。

  操作结果: 把元素 e 插入到优先级队列 PQ 中。

PQueueDelete(&PQ, &e)

  初始条件: 优先级队列 Q 存在且非空。

  操作结果: 删除优先级队列 PQ 中优先级最高的元素, 并用 e 返回其值。

} ADT PQueue

  优先级队列可以有很多种实现方式。如果限定采用线性表来实现优先级队列, 就可以有基于有序顺序表的实现、基于无序顺序表的实现、基于有序链表的实现和基于无序链表的实现。

  基于顺序表实现的优先级队列的定义如下:

```
class CListPQ{
 private:
     int *queue;                               //队列指针
     int queueLen, MaxLen;                     //队列长度和规模
 public:
     CListPQ(int len){                         //构造函数
         queue = (int *)new int[len];
         MaxLen = len;
         queueLen = 0;
     }
     ~CListPQ() {                              //析构函数
         delete queue;
         queueLen = 0;
         MaxLen = 0;
     }
     void clearPQ() {queueLen = 0;}            //清空队列
     bool IsEmpty(){return queueLen == 0;}     //队列判空
     int PQLength() {return queueLen;}         //队列长度
     void getFront(int &e);                    //取优先级最高的元素
     void PQInsert(int e);                     //插入操作
     void PQDelete(int &e);                    //删除操作
     void Change(int i, int e);                //修改元素优先级
};
```

如果基于无序顺序表来实现优先级队列,平时队列中的元素并不需要按照优先级高低的顺序排列;因此在执行入队操作的时候,可以不关心待插入元素具体的优先权值,直接把新元素放在队尾即可。代码实现如下,时间复杂度为 $O(1)$。

```
void CListPQ::PQInsert(int e) {
    queue[queueLen] = e;
    queueLen++;
}
```

在基于无序顺序表实现的优先级队列中,如果要访问具有最高优先级的元素,由于队列中元素的优先权值无序,所以需要遍历队列中所有元素。其代码实现如下,时间复杂度为 $O(N)$,N 是队列长度。

```
void CListPQ::getFront(int &e){
    int e = queue[0];
    for(int i = 1; i < queueLen; i++) {
        if(e < queue[i])
            e = queue[i];
    }
}
```

在基于无序顺序表实现的优先级队列中,如果要执行出队操作,首先要找到具有最高优先级的元素,然后将其删除。其代码实现如下,时间复杂度为 $O(N)$。

```
void CListPQ::PQDelete(int &e){
    int p = 0;
    for(int i = 1; i < queueLen; i++){          //优先级最高元素的位置
        if(queue[p] < queue[i])
            p = i;
    }
    e = queue[p];                               //返回删除元素值
    for(i = p ; i < queueLen-1; i++)            //移位进行删除
        queue[i] = queue[i+1];
    queueLen--;
}
```

如果基于有序顺序表来实现优先级队列,队列中的元素始终按照优先级从高到低的顺序排列;因此在执行入队操作的时候,需要把新元素根据其优先权值插入到队列中合适的位置上。代码实现如下,时间复杂度为 $O(N)$。

```
void CSListPQ::PQInsert(int e){
    int i = queueLen-1;
    while(i >= 0){                              //自后向前寻找合适位置
        if(queue[i] < e)
            queue[i+1] = queue[i];
```

```
        else{                                    //找到位置，插入元素
            queue[i+1] = e;
            break;
        }
        i--;
    }
    if(i < 0) queue[0] = e;                       //应插入在队头位置
    queueLen++;                                   //队列长度加一
}
```

在基于有序顺序表实现的优先级队列中，优先权值最高的元素一定位于队列头，因此可以直接访问队列的第一个元素，其代码实现如下，时间复杂度为 $O(1)$。

```
void CSListPQ::getFront(int &e) {e = queue[0];}
```

在基于有序顺序表实现的优先级队列中，如果要执行出队操作，就是删除队列中的第一个元素，其代码实现如下，时间复杂度为 $O(N)$，但这个复杂度主要来自于为了保持线性表特性而进行的元素移动操作。

```
void CSListPQ::PQDelete(int &e){
    e = queue[0];                                 //待删除元素位于队头
    for(int i = 0; i < queueLen-1; i++)           //移位操作
        queue[i] = queue[i+1];
    queueLen--;                                   //队列长度减一
}
```

从上面的描述中，我们可以看到采用无序顺序表实现优先级队列时，平时不需要维护队列中元素的序，因此入队操作的复杂度比较低，而在执行出队操作的时候，就需要遍历整个队列才能找到优先权值最高的元素，因此出队操作的复杂度比较高。而采用有序顺序表实现优先级队列时，由于需要维护队列中元素的序，因此入队操作的复杂度就比较高；而访问队列中优先级最高的元素就很容易。

同样，我们也可以基于无序链表和有序链表来实现优先级队列。如表 2.3 所示，我们可以对优先级队列的实现方式进行比较。

表 2.3　优先级队列实现方式的比较

	入　队	查找高优先级元素	出　队	修改优先级
无序顺序表	$O(1)$	$O(N)$	$O(N)$	$O(1)$
有序顺序表	$O(N)$	$O(1)$	$O(N)$	$O(N)$
无序链表	$O(1)$	$O(N)$	$O(N)$	$O(1)$
有序链表	$O(N)$	$O(1)$	$O(1)$	$O(N)$

从表 2.3 中可以看到，无序顺序表和无序链表的性能是一致的，入队和修改优先级操作的复杂度比较低，而查找高优先级元素和出队操作的复杂度较高；有序顺序表和有序链

表的性能比较一致，入队和修改优先级操作的复杂度较高，而查找高优先级元素和出队操作的复杂度较低。因此，数据结构的设计和相应的操作是具有内在平衡性的，我们也需要根据实际应用场景的需要来选择和设计合适的数据结构。

栈是后进先出的队列，而队列是先进先出的队列，从优先级队列的角度可以把这两种有明显差异的线性结构统一起来。假设我们根据元素在队列中的停留时间来设定优先权值，如果认为停留时间越长的元素优先权值越大，这时的优先级队列就是先进先出的栈；如果认为停留时间越短的元素优先权值越大，这时的优先级队列就是后进先出的队列。因此优先级队列可以作为一种抽象模型把栈和队列统一起来。

2.4 字符串

2.4.1 字符串的概念和 ADT

字符串是有限长度的字符序列，如：$S = "a_0 a_1 \cdots a_n"$。一个字符串的长度指的是串中所包含的字符个数，当 $n = 0$ 时，称 S 为空串，记为 $S = \phi$。值得注意的是，值为空格的字符串并不是空串：$"\sqcup" \neq \phi$。而长度为 1 的字符串也不等于单个字符：$"a" \neq 'a'$。

字符在串中的序号称为该字符在串中的位置。当且仅当两个串的长度相等，并且每个对应位置的字符也相同时，我们称这两个字符串相等。

字符串中任意多个连续的字符组成的子序列称为该字符串的子串，包含该子串的字符串称为子串的主串。子串在主串中的位置指的是该子串的第一个字符在主串中的位置。

字符串也是限定数据元素为字符的线性表，而字符串的操作经常以子串为单位进行，这与一般线性表是有区别的。

下面是字符串的几个例子：

a = "Data"   c = "DataStructure"
b = "Structure"   d = "Data Structure"

我们可以得到以下结论：

(1) a 的长度为 4，b 的长度为 9，c 的长度为 13，d 的长度为 14；

(2) a 是 c 的子串，也是 d 的子串；b 是 c 的子串，也是 d 的子串；

(3) a 在 c 和 d 中的位置都是 0；b 在 c 的位置为 4，b 在 d 中的位置为 5；

值得注意的是，尽管 c 和 d 非常相似，但是 c 和 d 不相等；

字符串也是一种很重要的数据结构，应用非常广泛。下面我们给出字符串的抽象数据类型。

```
ADT String
{ 数据:
      以顺序或链接方式存储的字符串, 假定其存储类型为 SString
  操作:
      void StrAssign(SString *T, char *S)      // 生成一个值等于 S 的串 T
      void StrCopy(SString *T, SString* S)      // 由串 S 复制得串 T
```

```
    void ClearString(SString *S)              // 将 S 清为空串
    int StrEmpty(SString *S)                  // 若 S 为空串，则返回 1，否则返回 0
    int StrCompare(SString *S, SString *T)
        // 若 S > T，则返回值 > 0; 若 S = T，则返回值 = 0; 若 S < T，则返回值 < 0
    int StrLength(SString *S)                 // 返回 S 的元素个数，即串的长度
    void Concat(SString *T, SString *S1, SString *S2)
        // 返回的串 T 是由 S1 和 S2 联接而成的新串
        // 用 Sub 返回串 S 的第 pos 个字符起长度为 len 的子串
    void SubString(SString *Sub,SString *S, int pos, int len)
        // 若主串 S 中存在与串 T 值相同的子串，则返回它在主串 S 中第 pos 个字符之后
        // 第一次出现的位置；否则函数值为 0。
    int Index(SString &S, SString &T, int pos)
        // 用 V 替换主串 S 中出现的所有与 T 相等的不重叠的子串
    void Replace(SString *S, SString *T, SString *V)
    StrInsert(SString *S, int pos, SString *T)
        // 在串 S 的第 pos 个字符之前插入串 T
    StrDelete(SString *S, int pos, int len)
        // 从串 S 中删除第 pos 个字符起长度为 len 的子串
}
```

2.4.2　字符串的存储表示

字符串的存储方式和一般线性表的存储方式类似，也可以分为顺序存储和链式存储。

如果把字符串顺序存储在一个指定大小的存储区域中，称为定长顺序存储。图 2.24 是字符串的定长顺序存储的例子。定长顺序存储预先分配了固定大小的存储区域，如果字符串的序列长度超过指定区域的大小时，必须截断。

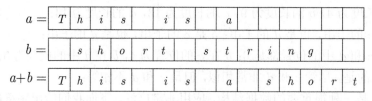

图 2.24　字符串的定长顺序存储

根据实际需要为字符串分配存储区域的规模，称为字符串的变长顺序存储。在 C 语言中，用一个特定的字符 '\0' 作为字符串的终结符。图 2.25 所示即为字符串的变长顺序存储，这样既避免字符串被截断，也提高了空间利用率。

字符串的链式存储与一般的单链表类似，但是在字符串的链式存储中，一个结点可以存储多个字符，通常把一个结点存储的字符个数称为结点大小。因此，有时也称这种存储方式为字符串的块链存储，如图 2.26 所示。

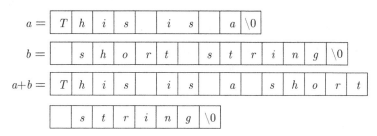

图 2.25　串的变长顺序存储

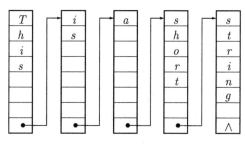

图 2.26　串的链式存储

2.4.3　字符串的模式匹配和简单匹配算法

字符串的模式匹配是指：已知目标串 T 和模式串 P，模式匹配就是要在目标串 T 中找到一个与模式串 P 相等的子串，即进行子串定位。如果能够找到，则匹配成功，返回模式串 P 在目标串 T 中的位置；如果没有找到，则匹配失败。

模式匹配算法非常重要，在文本编辑、程序调试、搜索引擎、生命科学以及图像分析等众多领域都有着广泛的应用。

最简单的模式匹配算法称为蛮力算法 (Brute-Force)。蛮力法，就是不采用任何技巧，穷举匹配。把目标串 T 的每个位置都作为可能的起始位置，与模式串 P 逐次进行比较，如果相等，则匹配成功，过程终止；如果不成功，就一直比较下去，直到遍历目标串的所有位置，匹配失败，过程终止。

我们给出蛮力法的实现算法：

```
int BruteForceMatch(char *T, char *P)
{ int n = strlen(T);                    // 求目标串 T 的长度
  int m = strlen(P);                    // 求模式串 P 的长度
  int i, j;
  for(i=0; i < n-m; i++)                // 逐个试探目标串的位置
  { j = 0;
  while(j < m && T[i+j] == P[j]) j++;   // 与模式串比较
  if(j == m) return i;                  // 在 i 处匹配成功
  }
  return -1;                            // 匹配失败
}
```

如果目标串的长度为 n，模式串的长度为 m，则蛮力算法在最坏情况下的时间复杂度为 $O(n*m)$。例如当 $T = ''aaaaa\cdots h''$，$P = ''aaah''$ 时，就出现了最坏情况。最坏情况在数字图像信号或者 DNA 序列中都很有可能出现，但是一般不会出现在自然语言文本中。

蛮力算法的优点是非常直观，实现简单，容易理解；缺点是算法效率不高，只适用于解决小规模的模式匹配问题。

2.4.4 KMP 算法

利用蛮力算法进行字符串的模式匹配效率不高，主要原因是在匹配过程中进行了大量重复的和不必要的比较操作。因此对蛮力匹配算法的改进，就要从减少重复和不必要的比较操作入手。1977 年，3 位学者提出了著名的 KMP 算法 (Knüth-Morris-Pratt)，算法也以三位学者的名字命名。

KMP 算法按自左向右的方向进行匹配。在匹配过程中，当模式 P 不匹配时，应尽量向右移动最大距离，以避免重复比较。如图 2.27 所示，当匹配到模式串 P 的最后一个字符时，出现了不匹配；直观地就能发现，下一步可以直接将模式串向右移 3 个字符；因为向右移一个或者两个字符的匹配是不可能成功的。

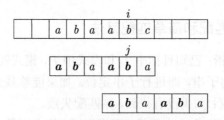

图 2.27 快速移动避免多余的比较

如图 2.28 所示，设目标串 $T = t_0\ t_1\ \cdots\ t_n$，模式串 $P = p_0\ p_1\ \cdots\ p_m$，在模式匹配的过程中出现了不匹配位 $t_i \neq p_j$，如果下一步比较的是 t_i 和 p_k，需要满足什么条件呢？

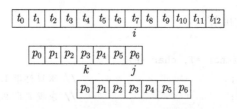

图 2.28 KMP 算法的原理

一方面有 $t_{i-k}\ t_{i-k+1}\ \cdots\ t_{i-1} = p_{j-k}\ p_{j-k+1}\ \cdots\ p_{j-1}$

另一方面有 $t_{i-k}\ t_{i-k+1}\ \cdots\ t_{i-1} = p_0\ p_1\ \cdots\ p_{k-1}$

因此有 $p_0\ p_1\ \cdots\ p_{k-1} = p_{j-k}\ p_{j-k+1}\ \cdots\ p_{j-1}$

为什么这样的操作不会错过能够匹配的子串呢？这里引入部分匹配串的概念。首先对模式串 P 进行预处理，对于 P 的 j 位置找出所有前缀和后缀；其中最大的一对相等的

$P[0, \cdots, j]$ 的前缀和 $P[1, \cdots, j]$ 的后缀称为部分匹配串。以模式串 $P = abaaba$ 为例，考虑 $j = 4$

$P[0, \cdots, j] = abaab$，其前缀为 $a, ab, aba, abaa, abaab$

$P[1, \cdots, j] = baab$，其后缀为 $baab, aab, ab, b$

经过比较发现，模式 P 在 $j = 4$ 位置最长的前缀和后缀相等的匹配串为 ab，所以模式 P 在 j 位置的部分匹配串为 ab，其部分匹配串的长度为 2。

对于图 2.28 所示的情况，模式串 P 和目标串 T 在匹配过程中出现不匹配位 $t_i \neq p_j$，如果满足 $p_0\,p_1\,p_2 = p_3\,p_4\,p_5$，并且是部分匹配串，那么下一步就可以直接将 t_i 和 p_k 进行比较。因为 $p_0\,p_1\,p_2 = p_3\,p_4\,p_5$ 是部分匹配串，意味着 $p_0\,p_1\,p_2\,p_3 \neq p_2\,p_3\,p_4\,p_5$，$p_0\,p_1\,p_2\,p_3\,p_4 \neq p_1\,p_2\,p_3\,p_4\,p_5$，所以将模式串向前移动一个或者两个字符都不可能找到匹配子串，因此可以直接向前移动 3 个字符。

在匹配过程中可以利用部分匹配串的信息，每次发生失配情况时，都可以将模式串向右移动尽可能远的距离，从而避免不必要的比较，提高匹配效率。由于部分匹配串是针对模式串的，所以每次失配后的移动步数只与模式串 P 有关，而与目标串 T 无关。

KMP 算法有两个步骤，其一针对模式串 P，计算 P 中每个位置部分匹配串的长度；其二，当每次失配发生时，根据最后一个匹配位置的部分匹配串长度向右移动模式串，使具有部分匹配串长度的前缀对准相应的后缀所处的位置。

对模式串 P，我们定义 Next 函数，$\mathrm{Next}[j]$ 的值表示了模式串 P 在 j 位置的部分匹配串长度，$\mathrm{Next}[j-1]$ 的值表示了模式串 P 在 $j-1$ 位置的部分匹配串长度。如果在模式串 P 的 j 位置出现了失配，那么模式串就应该向右移动，按照 C 语言中从 0 开始计数的习惯，那么模式串中 $\mathrm{Next}[j-1]$ 位置就应该被移动到原来的 j 位置。因此，Next 函数标志了失配后模式串下一个比较位置所在。Next 函数在 KMP 算法中起着关键的作用，下面我们给出求部分匹配串 Next 函数的算法：

```
void Next(char *P, int n[]){
    int m = strlen(P);                  // 模式串 P 的长度
    n[0] = 0;                           // 位置 0 处的部分匹配串长度为 0
    int i = 1; j = 0;                   // 初始化比较位置
    while(i < m) {
        if(P[i] == P[j]) {              // 已经匹配了 j+1 个字符
            n[i] = j+1;                 // 部分匹配串长度加一
            i++; j++;                   // 比较位置各进一
        }
        else if(j > 0) j = n[j-1];      // 移动: 用部分匹配串对齐
        else {n[i++] = 0;}              // j 在串头时部分匹配串长度为 0
    }
}
```

下面给出 KMP 算法的实现，实际上 KMP 的算法实现和预处理函数 Next 的实现是非常类似的。因为在 Next 函数中，处理的模式串相当于 KMP 算法中的主串，而部分匹配串则相当于 KMP 算法中的模式串。

```
int KMP_match(char *T, char *P){
    int n = strlen(T), m = strlen(P);          // 目标串和模式串长度
    int i=0, j=0, nxt[MaxSize];
    Next(P, nxt);                               // 预处理函数
    while (i<n) {
        if (T[i] == P[j]) {                     // 已经匹配 j+1 个字符
            if (j == m-1) return i-j;           // 匹配成功，返回匹配位置
                else {i++; j++;}                // 比较下一个位置
        }
        else {
            if (j>0) j = nxt[j-1];              // 失配，移动到部分匹配串
            else i++;                           // 失配
        }
    }
    return -1;                                  // 匹配失败
}
```

图 2.29 中给出了一个采用 KMP 算法进行模式匹配的例子。图 2.29(a) 中是模式串和经过预处理得到的部分匹配串长度，这也是每次发生失配后，模式串向前移动的位置。在 C 语言的实现中，按照从 0 开始计数的习惯，这个部分匹配串长度也是下一步与目标串失配位置字符比较的模式串的字符位置。图 2.29(b) 中详细给出了模式匹配的过程，每次失配后模式串移动的情况和比较次数的计数。采用 KMP 算法，例中模式匹配的过程共进行了 19 次比较，找到了匹配子串，查找成功。有兴趣的读者可以算一下，如果采用蛮力算法，需要进行多少次比较操作。

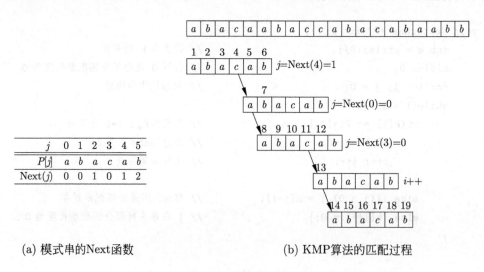

j	0	1	2	3	4	5
$P[j]$	a	b	a	c	a	b
Next(j)	0	0	1	0	1	2

(a) 模式串的 Next 函数   (b) KMP 算法的匹配过程

图 2.29   KMP 算法举例

下面讨论 KMP 算法的时间复杂度。可以观察到在预处理函数 Next 中，while 循环的每一步，要么是 i 加一，要么是移动量 $i-j$ 至少加一，因此 while 循环不会超过 $2m$ 次，

因此是其计算复杂度是 $O(m)$ 的；同样，KMP 算法中的 while 循环也不会超过 $2n$ 次；所以，KMP 算法最坏情况下的时间复杂度是 $O(m+n)$。所以即使在最坏情况下，KMP 算法的时间效率都要远远好于蛮力算法。

2.5　本章小结

线性结构包括线性表、栈、队列和字符串。线性结构中元素之间的逻辑关系比较简单，相应的操作也很容易实现。在树和图等复杂数据结构的操作中，经常需要利用到线性结构，例如树的层序遍历，求解图的最小生成树和最短路径等。因此，熟练掌握线性结构的知识是本课程重要的基础。

第 3 章　树与二叉树

在第 2 章中，我们介绍了线性表、栈、队列等在实际中得到广泛应用的线性数据结构。可以看到，线性数据结构的根本特征是直接前驱元素和 (或) 直接后继元素的唯一性。不同线性数据结构的主要区别在于元素的插入和删除方式等方面。但是，大量实际问题的数据并非都能抽象成线性数据结构。这是由于很多问题的数据元素之间的关系更为复杂，即可能存在一对多或多对多的数据关系。为了有效地刻画这种复杂的数据元素关系，我们必须引入非线性数据结构。在本章中，我们将介绍描述一对多关系的非线性数据结构 —— 树；而在下一章则讨论描述多对多数据关系的图结构。具体来说，本章首先引入树的基本概念，然后介绍二叉树的定义、性质和应用，最后讨论并查集。

3.1　树的基本概念

3.1.1　普遍存在的树结构

在自然界、人类社会和信息系统中，许多实际问题所涉及的数据元素都有明显的层级结构。因此，在考虑用计算机处理这些问题时，数据元素就自然地应该抽象成具有层级结构的模型，即树。

我们知道，无论是大学、中学还是小学，我们先把学生按照年级进行组织，每个年级又分为多个班级，每个班级中可进一步分为小组，最后每个小组由同学们组成。显然，这是一个有着层级结构的组织形式。又如军队的基本建制从高到低包括军、师、旅、团、营、连、排、班、战斗小组。可以看出，这也是一个有着层级结构的组织形式。

每四年举办一次的世界杯是非常受人们欢迎的全球性体育盛会。2014 年的世界杯决赛在盛产球星的巴西举办。在决赛的过程中，32 支球队被分成 8 组，通过小组赛产生 16 强，然后进入淘汰赛阶段。在淘汰赛阶段，两支球队一场定胜负，获胜的球队会在下一轮和另一支获胜球队比赛，直至产生冠军。图 3.1 给出了 2014 年巴西世界杯淘汰赛阶段的对阵形势图。可以看到，如果我们忽略争夺第三名的比赛，那么这个对阵形势图具有明显的层级结构。

中国教育和科研计算机网 (CERNET) 是全国性计学术算机互联网络，它覆盖了全国 200 多个城市，接入 CERNET 的大学、教育机构和科研院所超过 2000 个，用户超过 2000 万人，是一个巨大的计算机互联网。对这样一个用户众多、应用复杂多样的计算机网络，要实现高效的运行和有效的维护管理，设计合理的结构是至关重要的。因此，CERNET 采

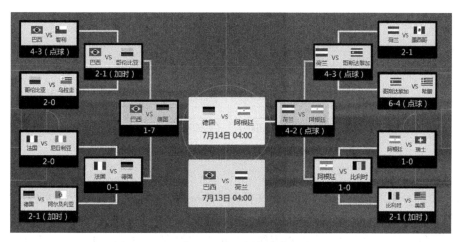

图 3.1　2014 年巴西世界杯淘汰赛对阵形势图

用了分级的结构：整个网络有一个中心，下设有 10 个地区中心，由各地区中心再与各省级节点或学校中心相连接，从而达到使全国用户联网的目的。图 3.2 给出了 CERNET 主干网连接情况的示意图。很容易看出，CERNET 的分级结构是一种明显的层次结构。它以 CERNET 主干网为最上层，其次是各地区中心，再下一层是省级节点和校级中心，更下一层是与省级节点或校级中心相连的用户节点。这个层次结构可以用图 3.3 清晰地表示出来。

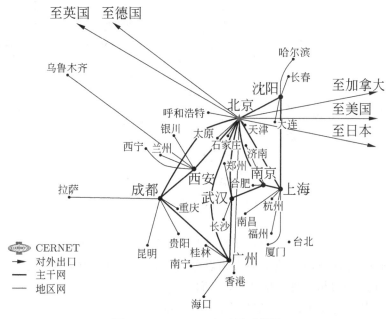

图 3.2　CERNET 主干网示意图

计算文件系统也是一个典型的层级结构。图 3.4 给出了 UNIX 文件系统的示意图。该文件系统包含一个由"/"表示的根目录。在根目录下有多个子目录，其中"/bin/"目录保存

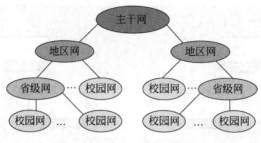

图 3.3　CERNET 的层次结构

在单用户模式可用的必要命令 (可执行文件)；"/boot/"目录保存引导程序文件；"/dev/"
为必要设备文件目录；"/etc/"保存特定主机、系统范围内的配置文件；"/home/"为用户
的主目录，包含保存的文件、个人设置等；"/lib/"则保存"/bin/"和"/sbin/"中二进制文
件必要的库文件；"/media/"是可移除媒体 (如 CD-ROM) 的挂载点；"/sbin/"保存必要
的系统二进制文件。可以看到，图 3.4 中某些文件目录，如"/etc/"等，还包含许多子目录。
因此，UNIX 文件系统也是按照树状层级结构组织的。

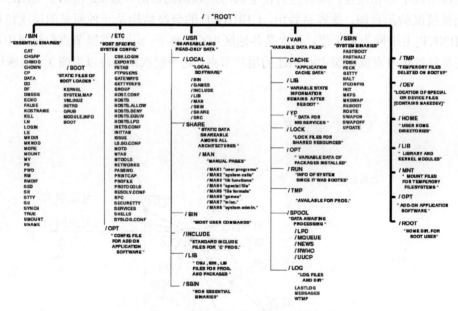

图 3.4　UNIX 文件系统示意图

　　以上分析表明，树结构普遍存在于自然界、人类社会和信息系统中。数据与算法中的
树型结构是对实际树结构的抽象，表现为以分支关系定义的层级结构，是一类非常重要的
非线性数据结构。通过树这种数据结构，我们可以：

- 存储和表示具有分支和层级关系的实际问题；
- 将线性表巧妙地转化为树结构，可大幅度提升查找效率；
- 一些问题可通过树结构表示解空间，通过树上的搜索算法求解；
- 一些问题可通过构造树结构的方式求解。

　　因此，我们非常有必要深入而系统地研究抽象的树结构。

3.1.2　树的定义和性质

3.1.2.1　树的定义

在数据结构中，树 (Tree) 是一种由一对多分支关系定义的层级结构。一般而言，树是由 $n \geqslant 0$ 个结点组成的集合：若 $n = 0$，则为**空树**；若 $n > 0$，则

(1) 有且只有一个**根**(Root) 结点，它只有直接后继，无直接前驱；

(2) 除根结点以外的其他结点划分为 $m > 0$ 个不相交的有限集合

$$T_0, T_1, \cdots, T_{m-1} \tag{3.1}$$

每个集合又是一棵树，并称之为根的**子树**(Sub-Tree)，且每棵子树的根结点有且仅有一个直接前驱，但可以有零个或多个直接后继。

在这个树的定义中，我们用到了递归的方式，因此，树是一种递归的数据结构，即树中包含树。

图 3.5 给出了一棵树 T 的例子。这棵树共有 12 个结点，其中：A 是树的根结点，其余结点分为三个不相交的子集，即 $T_1 = \{B, E, F, K, L\}$、$T_2 = \{C, G\}$、$T_3 = \{D, H, I, J\}$。T_1、T_2 和 T_3 是根结点 A 的三棵子树，即它们本身又都是一棵树。B 是 T_1 的根结点，它又包含了以 E 和 F 为根的两棵子树；C 是 T_2 的根结点，它包含了以 G 为根的一棵子树；D 是 T_3 的根结点，它包含了以 H 和 I 为根的两棵子树。同样地，对于以 E 为根的子树和以 I 为根的子树还包含有更小的子树。

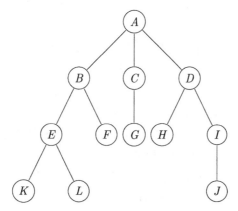

图 3.5　树结构举例

可以看出，在树结构中结点间有明显层次关系，即树中的结点是分层次的。从中可以归纳出树结构的以下特点：

(1) 在一棵非空树中，有且只有一个没有直接前驱的结点，即根结点；

(2) 除根结点外，其余每个结点有且只有唯一的直接前驱；

(3) 树中所有结点可以大于等于零个直接后继。

以上性质表明，除根结点以外，树中其余结点都由唯一的路径连接到根结点。此路径始于根结点，终于该结点本身，该途径上的相邻结点之间均为直接前驱与直接后继的关系。因此，在树结构中不存在封闭的回路。表 3.1 比较了线性结构和树结构的区别与联系。

表 3.1   线性结构与树结构的比较

线 性 结 构	树 结 构
第一个元素：无直接前驱	根结点：无直接前驱
最后一个元素：无直接后继	多个叶子结点：无直接后继
其他：一个直接前驱、一个直接后继	其他：一个直接前驱、多个直接后继

在树结构的讨论中，经常要用到一些专门的概念。为了表述清晰起见，下面我们对与树结构相关的概念进行定义：

- **结点**(Node)：树的基本单元，包括一个数据元素及指向其子树的分支。
- **结点的度** (Degree)：每个结点拥有的子树的个数称为该结点的度。在图 3.5 中，结点 A 的度为 3，结点 B、D 和 E 的度为 2，结点 C 和 I 的度为 1，其他结点的度为 0。度不为 0 的结点称为分支结点；度为 0 的结点称为叶子 (Leaf) 结点。除根结点之外的其余分支结点称为内部结点。
- **树的度**：树中结点的最大度数称为树的度。图 3.5 中所示的树的度是 3。如果一棵树的度为 k，那么这棵树就称为 k 叉树。
- **孩子结点**(Child)：树中每个结点的子树的根，即每个结点的直接后继称为该结点的孩子结点。在图 3.5 中，B、C 和 D 都是 A 的孩子结点。
- **双亲结点**(Parent)：一个结点被称为其孩子结点的双亲结点或父结点。显然，图 3.5 中 B、C 和 D 的双亲结点是 A。
- **兄弟结点**(Sibling)：树中同一个双亲的孩子之间互称为兄弟。图 3.5 中 B、C、D 互称为兄弟结点。
- **堂兄弟结点**(Cousin)：树中一个结点的不同子树的根结点的孩子结点互为堂兄弟结点。图 3.5 中 E、G 和 H 互称为堂兄弟结点。
- **祖先**(Ancestor)：根结点到某结点所经分支 (路径) 上的所有结点称为该结点的祖先。图 3.5 中，J 的祖先包括 I、D、A 三个结点。
- **子孙**(Descendant)：一个结点的所有子树上的任何结点都是该结点的子孙。图 3.5 中 B 的子孙结点为 E、F、K 和 L。
- **结点的层次**(Level)：从根结点开始，根结点为第 1 层，第 i 层结点的子树根结点的层次为 $i+1$。在图 3.6 中，根结点 A 在第 1 层，结点 B、C、D 为第 2 层，结点 E、F、G、H、I 为第 3 层，结点 K、L、J 为第 4 层。
- **树的深度**(Depth)：树中结点的最大层次称为树的深度 (高度)。图 3.6 中树的深度为 4。

3.1.2.2   树的性质

性质 3.1   树中的结点数目等于所有结点的度数和加 1。

证明：首先，树的结点的度等于直接后继结点的数目。同时，不计根结点，树中的结点数等于所有结点的度数之和。因此，树中的结点数目等于所有结点的度数和加 1。   ∎

性质 3.2   若 k 叉树的层次从 1 开始，第 i 层上至多 k^{i-1} 个结点。

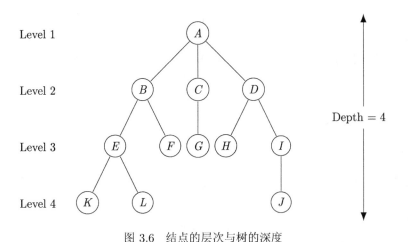

图 3.6　结点的层次与树的深度

证明：考虑数学归纳法。树中第一层只有根结点，因而有 $i = 1$，$k^{i-1} = k^0 = 1$，命题成立。

假设对于第 $i-1$ 层 $(i > 1)$ 命题成立，则该层上至多有 $k^{(i-1)-1} = k^{i-2}$ 个结点。则对于第 i 层，最多有 $k^{i-2}k = k^{i-1}$ 个结点，命题得证。　　　　　■

性质 3.3　深度为 h 的 k 叉树至多有 $\dfrac{k^h - 1}{k - 1}$ 个结点。

证明：设每层都含最大结点数，根据性质 2，有

$$k^0 + k^1 + \cdots + k^{h-1} = \frac{k^h - 1}{k - 1} \tag{3.2}$$

　　　　　■

性质 3.4　有 n 个结点的 k 叉树的最小深度为 $\lceil \log_k(n(k-1)+1) \rceil$。

证明：设前 $h-1$ 层达到最大结点数，根据性质 3，有

$$\frac{k^{h-1} - 1}{k - 1} < n \leqslant \frac{k^h - 1}{k - 1} \tag{3.3}$$

化简并取对数，可得

$$\log_k(n(k-1)+1) \leqslant h < \log_k(n(k-1)+1) + 1 \tag{3.4}$$

从而，命题得证。　　　　　■

3.2　二叉树

在树结构中，有一种特殊的树结构在实际问题中应用非常广泛，这就是所谓的二叉树 (Binary Tree)。首先，二叉树是一棵树，因此上节给出的有关树的概念和性质都适用于二

叉树。但与一般树相比，非空二叉树由于每个结点至多有两个孩子，因此二叉树又有许多特有的性质和特点。因此，本节将二叉树作为单独的一种树结构进行介绍。事实上，许多实际问题的数据都可抽象成二叉树结构，而许多算法问题可采用二叉树来求解，而且一般的树结构很容易转换为相应的二叉树。因此，二叉树及其应用是本章的重点内容。

3.2.1 二叉树的定义和性质

3.2.1.1 二叉树的定义

在应用数学和计算机科学中，二叉树被定义为包含 $n(n \geqslant 0)$ 个结点的有限集，它或者为空，或者满足：

(1) 有且只有一个根结点 A，它只有直接后继，无直接前驱；

(2) 除根结点以外的其他结点划分为 L 和 R 两个不相交的子集，每个集合又是一棵二叉树。L 称为根结点 A 的左子树，L 的根结点称为根结点 A 的左孩子；R 称为根结点 A 的右子树，R 的根结点称为根结点 A 的右孩子。

回忆上节中介绍的树的概念，可以看出二叉树就是 $k = 2$ 的 k 叉树。但是，需要注意的是，二叉树中的子树有左、右之分，不能互换。同时，我们还可以看出，二叉树中每个结点的度不大于 2。换言之，二叉树中只有三类结点，即度为 2 的结点、度为 1 的结点以及度为 0 的叶子结点。因此，二叉树的结构形态可以有如图 3.7 所示的五种。

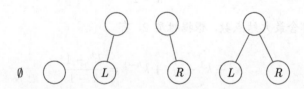

图 3.7 二叉树的五种形态

图 3.8 给出了二叉树的一个例子。可以看到，这棵二叉树的根结点是 0，其左子树包含结点 1、3、4、7、8、9、10；右子树包含结点 2、5、6、11。结点 1 是左子树的根结点，也是

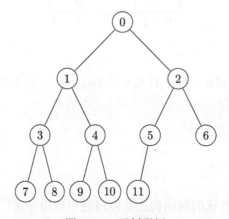

图 3.8 二叉树举例

结点 0 的左孩子结点；结点 2 是右子树的根结点，也是结点 0 的右孩子结点。在以结点 1 为根的左子树中，又包含了以 3 为根的左子树和以 4 为根的右子树。

3.2.1.2　二叉树的性质

性质 3.5　若二叉树有 n_0 个叶子结点，n_2 个 2 度结点，则 $n_0 = n_2 + 1$。

证明：设二叉树中有 n_1 个 1 度结点，则结点总数为

$$n = n_0 + n_1 + n_2 \tag{3.5}$$

根据树的性质 3.1，树中的结点数目等于所有结点的度数加 1，故结点总数为

$$n = n_1 + 2n_2 + 1 \tag{3.6}$$

两式相减，可得

$$n_0 = n_2 + 1 \tag{3.7}$$

　　　　　　　　　　　　　　　　　　　　　　　　　　　　　　　　■

性质 3.6　若二叉树的层次从 1 开始，则第 i 层最多有 2^{i-1} 个结点。

证明：由树的性质 3.2 立即可得。　　　　　　　　　　　　　　　■

性质 3.7　深度为 h 的二叉树最多有 $2^h - 1$ 个结点。

证明：由树的性质 3.3 立即可得。　　　　　　　　　　　　　　　■

如果一棵二叉树满足性质 3.7 的条件，即深度为 h 的二叉树有 $2^h - 1$ 个结点，那么这个二叉树就称为**满二叉树**(Full Binary Tree)。深度为 h 的二叉树，$1 \sim h - 1$ 层的结点数都达到最大值，第 h 层从右向左连续缺若干个结点，这种树称为**完全二叉树**(Complete Binary Tree)。完全二叉树中编号 0 到 $n - 1$ 的结点与满二叉树中相同编号的结点一一对应。由此也可以看出，满二叉树是完全二叉树的特例。完全二叉树所具有的性质，对满二叉树同样适用。图 3.9 给出了满二叉树的例子，而图 3.8 中的二叉树就是一棵完全二叉树。

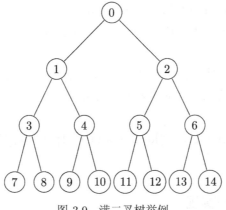

图 3.9　满二叉树举例

性质 3.8　具有 n 个结点的完全二叉树的深度为 $\lceil \log_2(n + 1) \rceil$。

证明：由树的性质 3.4 立即可得。∎

性质 3.4 表明 n 个结点的二叉树中，完全二叉树具有最小的深度。

性质 3.9 对 n 结点的完全二叉树自顶向下、自左向右进行 0 至 $n-1$ 的编号，则对编号为 i 的结点：

(1) 若 $i=0$，根结点，无双亲，否则结点 $\left\lfloor \dfrac{i-1}{2} \right\rfloor$ 为其双亲；

(2) 若 $2i+1 \geqslant n$，则无左孩子，否则结点 $2i+1$ 为其左孩子；

(3) 若 $2i+2 \geqslant n$，则无右孩子，否则结点 $2i+2$ 为其右孩子；

(4) 若 i 为非零偶数，则左兄弟为 $i-1$ 结点；

(5) 若 i 为不大于 $n-2$ 的奇数，则右兄弟为 $i+1$；否则无右兄弟；

(6) 结点 i 在 $\lceil \log_2(i+2) \rceil$ 层。

证明：首先，我们利用数学归纳法证明结论 2 和 3。当 $i=0$ 时，如果 $n<2$，只有根结点；如果 $n \geqslant 2$，其左孩子序号为 $2 \times 0 + 1 = 1$；如果 $n \geqslant 3$，其右孩子序号为 $2 \times 0 + 2 = 2$；结论成立。

假设当 $i \geqslant 1$ 时，对于结点 i 结论 2 和 3 成立，即有：如果 $2i+1<n$，则结点 i 的左孩子结点为 $2i+1$，否则无左孩子；如果 $2i+2<n$，其右孩子序号为 $2i+2$，否则无右孩子。对结点 $i+1$：若有左孩子，则其左孩子应是结点 i 的右孩子的下一个结点，即其左孩子结点为

$$(2i+1)+1 = 2(i+1) \tag{3.8}$$

否则，若 $2(i+1)>n$，结点 $i+1$ 无左孩子。若有右孩子，则其右孩子应处于左孩子的下一个结点位置，即为结点 $2i+4$；否则，若 $2i+4 \geqslant n$，结点 $i+1$ 无右孩子。结论得证。

下面，利用数学归纳法证明结论 1。当 $i=0$ 时，结点 i 为根结点，它无父结点。当 $i>1$ 时，设结点 i 是结点 m 的左孩子 (i 为偶数)，则根据结论 2 有 $i=2m$，$m=\dfrac{i}{2}=\left\lfloor \dfrac{i}{2} \right\rfloor$。若设 i 是结点 m 的右孩子 (i 为奇数)，则根据结论 3 有 $i=2m+1$，$m=\dfrac{i-1}{2}=\dfrac{i}{2}$。

下面证明结论 4 和结论 5。由结论 2 和结论 3 可知，如果一个结点有左孩子，则左孩子的编号一定是奇数；如果一个结点有右孩子，则右孩子的编号一定是偶数。因此，结论 4 和结论 5 成立。

最后证明结论 6。由于对完全二叉树的结点编号是从根结点开始，且是以非负整数进行编号的，所以求第 i 个结点所在的层次相当于求有 i 个结点的完全二叉树的深度，由性质 8 可知应为

$$\lceil \log_2(n+1) \rceil = \lceil \log_2((i+1)+1) \rceil = \lceil \log_2(i+2) \rceil \tag{3.9}$$

∎

3.2.2 二叉树的表示和实现

3.2.2.1 二叉树的抽象数据类型

二叉树抽象数据类型的数据部分为一棵满足定义的二叉树，这里用标识符 BTree 表示

它的存储类型。操作部分则包括：对二叉树初始化、建立二叉树、遍历二叉树、二叉树查
找、求二叉树的深度、输出二叉树、判断二叉树是否空等基本的运算。具体定义如下：

```
ADT BinaryTree {
```
数据对象: $\mathcal{D} = \{a_i | a_i \in \mathrm{ElemSet}, i = 1, \cdots, n, n \geqslant 0\}$

数据关系: 若 $\mathcal{D} = \emptyset$, 则 $\mathcal{R} = \emptyset$, 称为空二叉树

若 $\mathcal{D} \neq \emptyset$, 则 $\mathcal{R} = \{\mathcal{H}\}$, $\mathcal{H}$ 是如下二元关系:

(1) 在 $\mathcal{H}$ 中存在唯一的称为根的数据元素 root, 它在关系 $\mathcal{H}$ 下无前驱

(2) 若 $\mathcal{D}\{\mathrm{root}\} \neq \emptyset$, 则存在 $\mathcal{D} - \{\mathrm{root}\} = \{\mathcal{D}_l, \mathcal{D}_r\}$, 且 $\mathcal{D}_l \cap \mathcal{D}_r = \emptyset$

(3) 若 $\mathcal{D}_l \neq \emptyset$, 则 $\mathcal{D}_l$ 中存在唯一的元素 x_l, 使得 $\langle \mathrm{root}, x_l \rangle \in \mathcal{H}$, 且存在 $\mathcal{D}_l$ 上的
关系 $\mathcal{H}_l \in \mathcal{H}$; 若 $\mathcal{D}_r \neq \emptyset$, 则 $\mathcal{D}_r$ 中存在唯一的元素 x_r, 使得 $\langle \mathrm{root}, x_r \rangle \in \mathcal{H}$, 且存在 $\mathcal{D}_r$
上的关系 $\mathcal{H}_r \in \mathcal{H}$

$\mathcal{H} = \{\langle \mathrm{root}, x_l \rangle, \langle \mathrm{root}, x_r \rangle, \mathcal{H}_l, \mathcal{H}_r\}$

(4) 若 $(\mathcal{D}_l, \{\mathcal{H}_l\})$ 符合本定义, 称为根的左子树; 若 $(\mathcal{D}_r, \{\mathcal{H}_r\})$ 符合本定义, 称为根的
右子树

基本操作:

```
InitBiTree(&T)
```
操作结果: 构造空二叉树 T

```
DestroyBiTree(&T)
```
初始条件: 二叉树 T 已存在

操作结果: 销毁二叉树 T

```
CreateBiTree(&T, Definition)
```
初始条件: Definition 给出二叉树 T 的定义

操作结果: 按 Definition 构造二叉树 T

```
ClearBiTree(&T)
```
初始条件: 二叉树 T 已存在

操作结果: 将二叉树 T 清为空树

```
IsEmpty(&T)
```
初始条件: 二叉树 T 已存在

操作结果: 若 T 为空二叉树, 则返回 TRUE, 否则 FALSE

```
GetDepth(T)
```
初始条件: 二叉树 T 已存在

操作结果: 返回二叉树 T 的深度

```
GetRoot(T)
```
初始条件: 二叉树 T 已存在

操作结果: 返回二叉树 T 的根

```
GetValue(T, e)
```
初始条件: 二叉树 T 已存在, e 是 T 中某个结点

操作结果: 返回 e 的值

```
Assign(T, &e, value)
```
初始条件: 二叉树 T 已存在, e 是 T 中某个结点

操作结果: 将结点 e 赋值为 value

```
GetParent(T, e)
```
初始条件: 二叉树 T 已存在, e 是 T 中某个结点

操作结果: 若 e 不是根结点, 返回它的双亲, 否则返回空

```
LeftChild(T, e)
```

初始条件: 二叉树 T 已存在, e 是 T 中某个结点

操作结果: 返回 e 的左孩子; 若 e 无左孩子, 则返回空

```
RightChild(T, e)
```

初始条件: 二叉树 T 已存在, e 是 T 中某个结点

操作结果: 返回 e 的右孩子; 若 e 无右孩子, 则返回空

```
InsertChild(T, p, LR, c)
```

初始条件: 二叉树 T 已存在, p 指向 T 中某个结点, LR 为 0 或 1, 非空二叉树 c 与
T 不相交且右子树为空

操作结果: 根据 LR 为 0 或 1, 插入 c 为 T 中 p 所指结点的左或右子树; p 所指的
原有左或右子树则成为 c 的右子树

```
DeleteChild(T, p, LR)
```

初始条件: 二叉树 T 存在, p 指向 T 的结点, LR 为 0 或 1

操作结果: 根据 LR 的值, 删除 p 所指结点的左或右子树

```
PreOrderTraverse(T, Visit())
```

初始条件: 二叉树 T 已存在, Visit 是对结点操作的函数

操作结果: 前序遍历 T, 对每个结点调用函数 Visit 仅一次, 一旦 Visit()失败,
则操作失败

```
InOrderTraverse(T, Visit())
```

初始条件: 二叉树 T 已存在, Visit 是对结点操作的函数

操作结果: 中序遍历 T, 对每个结点调用函数 Visit 仅一次, 一旦 Visit()失败,
则操作失败

```
PostOrderTraverse(T, Visit())
```

初始条件: 二叉树 T 已存在, Visit 是对结点操作的函数

操作结果: 后序遍历 T, 对每个结点调用函数 Visit 仅一次, 一旦 Visit()失败,
则操作失败

```
LevelOrderTraverse(T, Visit())
```

初始条件: 二叉树 T 已存在, Visit 是对结点操作的函数

操作结果: 层序遍历 T, 对每个结点调用函数 Visit 仅一次, 一旦 Visit()失败,
则操作失败

```
} ADT BinaryTree
```

3.2.2.2　二叉树的存储

对二叉树可采用顺序存储和链式存储两种存储方式。它们分别适用于具有不同结构形态的二叉树。下面我们首先介绍二叉树的顺序存储方法。

对于任意一个二叉树, 首先将这个二叉树看成一棵完全二叉树, 然后, 结点按层从上到下, 每层从左到右依次存入一维数组中。图 3.10 给出了一棵完全二叉树和一棵一般二叉树。图 3.11 则给出了图 3.10 中的完全二叉树和一般二叉树对应的顺序存储状态。可以看到, 为了保证二叉树的唯一性并用二叉树的性质访问二叉树的结点, 一般二叉树的顺序存储会浪费大量的存储空间。理论上, 若采用二叉树的顺序存储, k 层二叉树需要 $2^k - 1$ 个

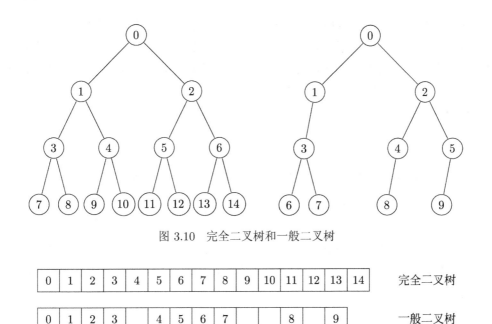

图 3.10 完全二叉树和一般二叉树

0	1	2	3	4	5	6	7	8	9	10	11	12	13	14

完全二叉树

0	1	2	3		4	5	6	7			8		9

一般二叉树

图 3.11 图 3.10 中的完全二叉树和一般二叉树对应的顺序存储

存储单元。对于一般二叉树,结点越少,空间效率越低。在如图 3.12 单支树的极端情况下,即只有 k 个结点的 k 层二叉树,仍然需要 $2^k - 1$ 个存储单元,空间效率为

$$\frac{k}{2^k - 1} \to 0, \quad k \to \infty \tag{3.10}$$

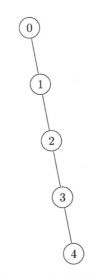

图 3.12 单支树举例

由此可见,顺序存储适合于完全二叉树。对于一般二叉树,顺序存储的空间效率很低。因此,人们提出了二叉树的链式存储。由二叉树的结构可知,二叉树的每个结点可以有两个分支,它们分别指向该结点的左孩子和右孩子。因此,二叉树的每个存储结点至少应该

包含三个域，即存放数据元素值的数据域 (Data)、存放指示其左孩子结点指针的左指针域 (LChild) 和存放指示其右孩子结点指针的右指针域 (RChild)。由这种结点构成的链表称为二叉链表。用二叉链表表示二叉树可以通过结点的指针方便地找到其左孩子和右孩子。但是，二叉链表结构难以实现查找父结点的操作。为此，可以在每个结点中增加一个存放指示其父结点的指针。由这种结点构成的链表称为三叉链表。图 3.13 分别给出了二叉链表和三叉链表的结点结构。

图 3.13 二叉链表和三叉链表的结点结构

无论采用二叉链表还是三叉链表表示一棵二叉树，链表的头指针都应指向二叉树的根结点。图 3.14 给出了一棵二叉树的二叉链表存储结构，其三叉链表存储结构留做练习，请读者自行完成。

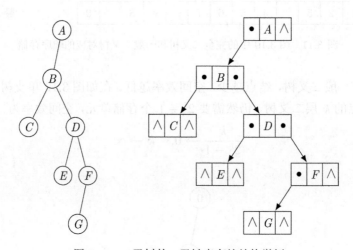

图 3.14 二叉树的二叉链表存储结构举例

3.2.2.3 二叉树的类实现

考虑采用二叉链表表示的二叉树，其结点类型可定义为

```
class BinaryTree {
    private:
        TNODE *root; //根结点
    public:
        //构造函数
        BinaryTree() {
            root = NULL;
        }
        //析构函数
        ~BinaryTree() {}
```

```
//创建二叉树
void CreateBiTree(char *POS, char *IOS);
//清空树
void ClearBiTree();
//判断是否为空树
bool IsEmpty() {
    return root == NULL;
}
//求树的高度
int GetDepth(TNODE *t);
//给树结点赋值
void Assign(TNODE* e, ElemType value) {
    e->Data = value;
}
//求父结点
TNODE* GetParent(TNODE *e);
//左孩子
TNODE* LeftChild(TNODE* e) {
    return e->LChild;
}
//右孩子
TNODE* RightChild(TNODE* e) {
    return e->RChild;
}
//求树的根
TNODE* GetRoot() {
    return root;
}
//结点值
ElemType GetValue(TNODE *e) {
    return e->Data;
}
//插入孩子结点
void InsertChild(TNODE* p, int LR, TNODE* c);
//删除子树
void DeleteChild(TNODE* p, int LR);
//前序遍历
void PreOrder(TNODE* t, void(*Visit)(TNODE*));
//中序遍历
void InOrder(TNODE* t, void(*Visit)(TNODE*));
//后序遍历
void PostOrder(TNODE* t, void(*Visit)(TNODE*));
```

```
//层序遍历
void LevelOrder(void(*Visit)(TNODE*));
//访问操作
friend void Visit(TNODE *p);
}
```

3.2.3　二叉树的遍历

二叉树遍历就是按某种规律不重复地访问二叉树中所有结点。二叉树的许多操作,如二叉树的创建、二叉树的清空和销毁、求二叉树的高度、求二叉树的双亲结点都需要遍历整棵二叉树。因此,本节将介绍二叉树的遍历。

3.2.3.1　二叉树的遍历方法

二叉树本身是一种递归结构,所以很容易用递归的思路来研究二叉树的遍历方法。根据二叉树的递归定义,可以将一棵二叉树看成是由根结点 V、左子树 L、右子树 R 三部分构成的。对二叉树的遍历操作也就是分别对这三部分进行遍历。首先,根结点可以直接访问,对左子树和右子树又可以看成由这三部分构成的,然后分别遍历它们的这三部分。对二叉树的三部分可以有不同的遍历顺序,因而有不同的遍历规则。事实上,二叉树的遍历根据访问根结点的时机,有以下三种:

- 前序遍历 (Preorder Traversal): $V - L - R$
- 中序遍历 (Inorder Traversal): $L - V - R$
- 后序遍历 (Postorder Traversal): $L - R - V$

除此之外,还可以对二叉树自上而下逐层遍历,即层序遍历。

3.2.3.2　遍历的递归实现

我们先看二叉树前序遍历的递归实现。首先判断二叉树是否为空,若为空,则空操作。否则执行

(1) 访问根结点;

(2) 遍历左子树;

(3) 遍历右子树。

显然,这是一个递归过程,其递归算法描述如下:

```
void BinaryTree::PreOrder(TNODE* t, void(*Visit)(TNODE*))
{
    if(t) {
        Visit(t);
        PreOrder(t->LChild, Visit);
        PreOrder(t->RChild, Visit);
    }
}
```

对二叉树遍历的结果得到一个线性序列,对同一棵二叉树进行不同的遍历操作得到不同

的结点元素序列。例如，对图 3.15 所示的二叉树做前序遍历得到的前序序列为 $0-1-3-$
$4-2-5-6$。

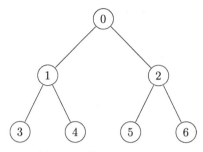

图 3.15　待遍历的二叉树

下面我们讨论二叉树的中序遍历。同样地，首先判断二叉树是否为空，若为空，则空操作。否则执行

(1) 遍历左子树；

(2) 访问根结点；

(3) 遍历右子树。

显然，这也是一个递归过程，其递归算法描述如下：

```
void BinaryTree::InOrder(TNODE* t, void(*Visit)(TNODE*))
{
    if(t) {
        InOrder(t->lChild, Visit);
        Visit(t);
        InOrder(t->rChild, Visit);
    }
}
```

对图 3.15 所示的二叉树做中序遍历得到的中序序列为 $3-1-4-0-5-2-6$。

最后，我们讨论二叉树的后序遍历。我们仍然先要判断二叉树是否为空，若为空，则空操作。否则执行

(1) 遍历左子树；

(2) 遍历右子树；

(3) 访问根结点。

显然，这还是一个递归过程，其递归算法描述如下：

```
void BinaryTree::PostOrder(TNODE* t, void(*Visit)(TNODE*))
{
    if(t) {
        PostOrder(t->LChild, Visit);
        PostOrder(t->RChild, Visit);
        Visit(t);
    }
}
```

对图 3.15 所示的二叉树做后序遍历得到的中序序列为 $3-4-1-5-6-2-0$。

上述三种遍历算法从递归的过程来看是一样的，只是访问根结点和遍历左、右子树的先后次序不同而已。因而，它们具有相同的时间复杂度和空间复杂度。由于算法对二叉树中的每个结点访问且只访问一次，若二叉树的结点数为 n，则其时间复杂度为 $O(n)$。算法执行时需要一个递归工作栈，该栈的最大深度与二叉树的深度一致。因此，理想情况下的空间复杂度为 $O(\log_2 n)$，最坏情况下，即单支树的空间复杂度为 $O(n)$。

3.2.3.3　二叉树的非递归遍历

我们知道，算法的递归描述具有简洁清晰的特点。但许多时候，我们需要消除递归以提高算法的时间和 (或) 空间效率。因此，本小节讨论二叉树遍历的非递归实现。根据二叉树的遍历规则，分析递归算法的执行过程，就可以用非递归算法来实现它们。首先，我们需要建立一个栈，然后按遍历规则从根结点出发对二叉树进行遍历，并且逐层把未访问的结点或路径压入栈中，当从各层返回时，退出栈顶结点或路径，访问栈顶结点或按其所指示路径继续遍历。

具体来说，前序遍历的非递归算法首先要建立存放二叉树结点指针的栈 S，并初始化。然后，执行以下步骤：

(1) $p = BT$，其中 p 为二叉树结点指针，BT 为二叉树根结点指针；

(2) 当 $p \neq$ NULL，重复做：访问 p，p 入栈，$p=p$->LChild；当 $p=$NULL，转下一步；

(3) 若栈 S 不空，弹出一个结点，并赋给 p，$p = p$->RChild 转步骤(2)；若栈空，遍历结束。

根据以上思路，给出前序遍历二叉树的非递归算法如下：

```
void BinaryTree::PreOrderBT(TNODE* t,void(*Visit)(TNODE*))
{
    InitStack(S, 20);              //初始化元素为结点指针类型的栈 S
    TNODE *p = t; //p 指向当前结点, 初始指向根结点
    while(p!= NULL || !EmptyStack(S)) {
        if(p!= NULL) {             //若 p 不是空结点
            Visit(p);              //访问结点 p
            Push(S, p)             //结点 p 入栈
            p = p->LChild;         //使 p 的左孩子成为当前结点
        }
        else {
            p = Pop(S);            //弹出栈顶的结点并赋给 p
            p = p->RChild;         //使 p 的右孩子成为当前结点
        }
    }
}
```

从上述算法中容易看出，其遍历过程与递归算法完全一致，只不过用一个栈 S 代替递归过程中的递归工作栈而已。图 3.16 给出了采用另一种非递归算法进行二叉树前序遍历时栈 S 的状态。由图可见，首先访问根结点 0，右孩子结点 2 入栈，访问指针指向左孩子结点 1；然后访问结点 1，右孩子结点 4 入栈，访问指针指向左孩子结点 3；接着访问结点 3，为

叶子结点，结点 4 出栈，访问指针指向结点 4；下来访问结点 4，为叶子结点，结点 2 出栈，访问指针指向结点 2；下面访问结点 2，右孩子结点 6 入栈，访问指针指向左孩子结点 5；然后访问结点 5，为叶子结点，结点 6 出栈，访问指针指向结点 6；最后访问叶子结点 6，栈为空，结束。

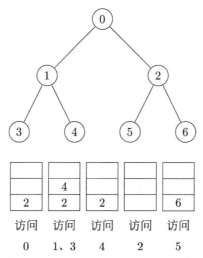

图 3.16　二叉树前序遍历的非递归实现举例

下面讨论中序遍历的非递归实现，具体步骤如下：
(1) 以根结点为当前结点；
(2) 当前结点及左路径上的结点进栈；
(3) 栈顶结点出栈，为当前结点，进行访问；其右子结点为当前结点；
(4) 返回第 2 步，直至当前结点为空，栈为空，遍历完成。

图 3.17 给出了图 3.16 中二叉树的中序遍历非递归算法的栈状态。

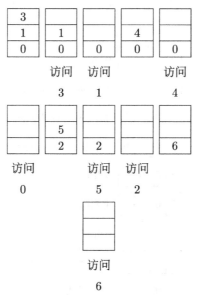

图 3.17　图 3.16 中二叉树的中序遍历非递归算法的栈状态

类似地，读者也可以写出二叉树的后序遍历的非递归算法。

下面我们讨论一种不同的遍历方式，即层序遍历。由于二叉树不但是一种递归结构，而且还具有层次特性。这样除了可以按照二叉树的递归结构进行遍历以外，还可以按二叉树的结点层次遍历二叉树，即所谓二叉树的层序遍历。具体来说，层序遍历就是按照二叉树中结点的层次从低到高逐层遍历，同一层次中的结点自左向右遍历。由于层序遍历不具备递归性质，故不能像二叉树的先序，中序和后序遍历采用递归来实现。根据二叉树层序遍历的执行过程，我们采用队列来实现。因此，我们首先建立一个队列，然后执行以下步骤：

(1) 根结点进队；

(2) 根结点出队，访问根结点；左右孩子结点进队；

(3) 队头结点出队，进行访问操作，其左右孩子结点进队；

(4) 重复，直至队列为空，遍历完成。

由上述思路可以给出以下的算法描述：

```
void BinaryTree::LevelOrder(TNODE* t,void(*Visit)(TNODE*))
{
    TNODE *p = t;                              //遍历的起始结点
    CQ.EnQueue((int)p);                        //根结点入队列
    while(!CQ.IsEmpty()) {                      //队列非空
        p = CQ.DeQueue(&e);                    //队头结点出队列
        Visit(p);                              //访问当前结点
        if(p->LChild)                          //左子结点存在
            CQ.EnQueue((int)p->LChild);        //左子结点入列
            if(p->RChild)                      //右子结点存在
                CQ.EnQueue((int)p->RChild);    //右子结点入列
    }
}
```

图 3.16 所示二叉树的层序遍历结果为 $0-1-2-3-4-5-6$，层序遍历过程中的队列状态如图 3.18 所示。

图 3.18　图 3.16 中二叉树层序遍历过程中的队列状态

3.2.4　二叉树运算

二叉树的遍历是其他二叉树运算的基础。下面从遍历运算及其思路的角度来讨论某些二叉树运算的实现。

3.2.4.1　输出二叉树

设定以广义表的形式输出用二叉链表表示的二叉树。广义表用一对圆括弧括起来，二叉树的根结点作为表名置于由其左、右子树组成的广义表的前面。例如，图 3.16 所示的二叉树所的广义表表示为 $0(1(3,4),2(5,6))$。

根据广义表的表示规则，一棵二叉树可以按照对其做前序遍历来实现输出。若二叉树非空，输出根结点，再依次输出它的左子树和右子树。按照广义表的要求，在输出左子树之前要输出一个左括弧，以表示表的开始；在输出右子树之后要输出一个右括弧，以表示表的结束。同时，左右子树之间要有逗号分隔。如果根结点的左、右子树都为空，则输出结束。对左、右子树还是按照以上方法输出。该算法的实现如下：

```
void BinaryTree::OutBT(TNODE* t) {
    if (t) {                                //若二叉树为空，结束递归
        cout<<t->Data;                      //输出根结点值
        if (t->LChild != NULL || t->RChild != NULL)
        {                                   //有左子树或右子树
            cout<< '(';                     //输出左括弧
            OutBT(t->LChild);               //输出左子树
            cout<< ',';                     //输出左、右子树分隔符
                if (t->RChild != NULL)      //若有右子树
                    OutBT(t->RChild);       //输出右子树
            cout<< ')';                     //输出右括弧
        }
    }
}
```

3.2.4.2　查找二叉树中值为 item 的结点

在二叉树中查找值为 item 的结点，若查找成功则返回结点的完整值并返回真；否则返回假。可采用前序遍历的思路来实现该运算。具体来说，执行步骤如下：

(1) 若二叉树为空，则返回假，结束递归；

(2) 二叉树不空，如果根结点值与查找值相等，则取得结点值，返回真，结束递归；

(3) 若根结点不是所找的结点，则先对左子树递归查找，若找到返回真，结束递归；

(4) 若左子树中未找到，再对右子树递归查找，如果找到返回真，结束递归；

(5) 如果左、右子树中均未找到，返回假，结束递归。

算法的 C++描述如下：

```
bool BinaryTree::FindBT(TNODE* t, ElemType &item)
{
    if (t == NULL) return false;            //二叉树空，返回假
```

```
else {
    if (t->Data == item) {              //根结点为所找结点
        item = t->Data;
        return true;
    }
    else {
        if (FindBT(t->LChild, item))    //查找左子树
            return true;                //查找成功, 返回真
        if (FindBT(t->RChild, item))    //查找右子树
            return true;                //查找成功, 返回真
        return false;                   //左右子树中都未找到, 返回假
    }
}
}
```

事实上, 还有很多利用二叉树的前序遍历可以实现的运算, 如, 复制一棵二叉树、比较两棵二叉树、交换二叉树中所有子树等。这些算法的具体描述留给读者练习。

3.2.4.3 求二叉树的高度

求二叉树的高度可通过对二叉树的后序遍历来实现。具体来说, 如果二叉树为空, 则其深度为 0。如果二叉树非空, 则首先分别求出根结点的左子树和右子树的高度, 然后再取其中的大者加 1, 即得到整棵二叉树的高度。求左子树和右子树的高度仍可以按上述过程进行。显然, 这是一个基于后序遍历的过程。该算法的具体描述如下:

```
int BinaryTree::BTDepth(TNODE *t) {
    int depthL, depthR;
    if (t == NULL)
        return false;
    else {
        depthL = BTDepth(t->LChild);
        depthR = BTDepth(t->RChild);
        return (depthL>depthR)?depthL+1:depthR+1;
    }
}
```

3.2.4.4 清空二叉树

清空二叉树, 就是删除二叉树中的所有结点。容易想到, 我们可以先清空根结点的左、右子树, 再删除根结点。上述过程也同样用于清空左、右子树。因此, 清空二叉树应采用后序遍历实现。该算法的具体描述如下:

```
void BinaryTree::ClearBT(TNODE* t) {
    if (t) {
        ClearBT(t->LChild);
        ClearBT(t->RChild);
```

```
        delete t;
        t = NULL;
    }
}
```

利用二叉树的后序遍历,还可以实现其他一些运算,如:统计二叉树的结点个数,求二叉树中所有叶子结点等。这些算法的具体描述留给读者练习。

3.2.5 二叉树的建立

前面的讨论表明,给定一棵二叉树,通过前序遍历、中序遍历和后序遍历,可以得到该二叉树的前序序列、中序序列和后序序列。反之,如果已知二叉树的前序序列,是否能确定这棵二叉树?例如已知某个二叉树的前序序列为 $0-1-2-3-4-5-6-7-8$,那么这棵二叉树的可能形式如图 3.19 所示。可见,仅仅给定前序序列无法唯一地确定二叉树。

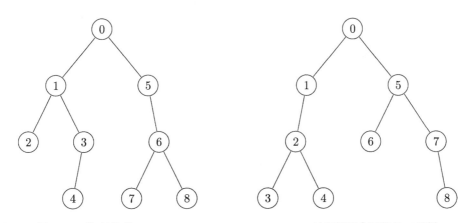

图 3.19 前序序列 $0-1-2-3-4-5-6-7-8$ 对应的两个可能的二叉树

但是,如果同时给定了前序序列和中序序列,那么我们就可以唯一地确定一棵二叉树了。根据前序遍历的规则,前序序列的第一个元素就是这棵二叉树的根结点。此时,根据中序遍历的规则,结合已经确定的根结点,就可以确定这棵二叉树的左子树和右子树。这样再返回前序序列确定左子树和右子树的根结点。之后返回中序序列,再确定左子树(右子树)的左子树和右子树。反复执行上述过程,直到二叉树被确定为止。例如,图 3.19 中左边的二叉树的前序序列和中序序列的分解过程如下:

- 先序序列:$0-1-2-3-4-5-6-7-8$
  中序序列:$2-1-4-3-0-5-7-6-8$
- 先序序列:$0\quad 1-2-3-4\quad 5-6-7-8$
  中序序列:$2-1-4-3\quad 0\quad 5-7-6-8$
- 先序序列:$0\quad 1\quad 2\quad 3-4\quad 5\quad 6-7-8$
  中序序列:$2\quad 1\quad 4-3\quad 0\quad 5\quad 7-6-8$
- 先序序列:$0\quad 1\quad 2\quad 3-4\quad 5\quad 6-7-8$
  中序序列:$2\quad 1\quad 4-3\quad 0\quad 5\quad 7-6-8$

可以看到，利用前序序列和中序序列的特征，我们可以唯一地构造一棵二叉树。图 3.20 给出了由先序序列 $A-B-H-F-D-E-C-K-G$ 和中序序列 $H-B-D-F-A-E-K-C-G$ 构造二叉树的过程。

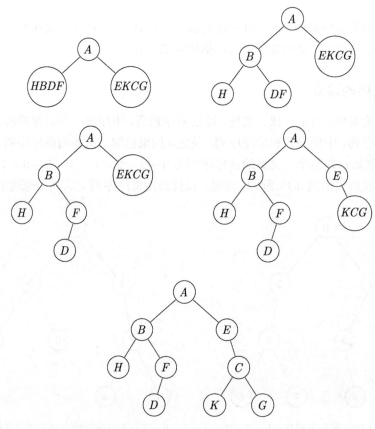

图 3.20　二叉树的建立过程

3.3　二叉树的应用

前面我们介绍了二叉树的概念和实现，本节我们讨论二叉树的典型应用，包括表达式求值、二叉搜索树、Huffman 树与编码，以及堆。

3.3.1　表达式求值

在第 2 章，我们介绍了利用栈来实现后缀表达式的求值。但是，并没有探讨如何方便地在适合人类阅读的中缀表达式和适合计算机处理的后缀表达式之间转换。本小节我们讨论利用二叉树来实现这种转换。

我们观察任何一个算数表达式，就能发现一个运算符一般会关联两个操作数。这时可以将运算符作为根结点，而两个操作数分别作为改根结点的左子树和右子树。由于操作数本身也可以是表达式，因此左子树和右子树仍然可以按照上述规律展开，直到没有表达式

构成的操作数为止。图 3.21 给出了下式的二叉树表示:

$$5 \times (((9+8) \times (4 \times 6)) + 7) \tag{3.11}$$

显然,该中缀表达式可由图 3.21 中二叉树的中序遍历得到。对于后缀表达式,则可以通过对这棵二叉树的后序遍历得到,即

$$5\ 9\ 8 + 4\ 6 \times \times 7 + \times \tag{3.12}$$

因此,为了计算算术表达式的值,可以先将该算术表达式存储成二叉树结构。这样通过中序遍历,就能得到中缀表达式,以显示出来供人们阅读。通过后序遍历,则可得到后缀表达式,便于利用栈进行计算。

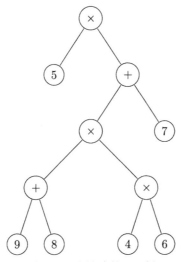

图 3.21　表达式的二叉树

3.3.2　二叉搜索树

3.3.2.1　二叉搜索树的概念

我们知道,在线性表中查找一个特定元素的复杂度为 $O(L)$,其中 L 为线性表的长度。如何设计新的数据结构以进一步提高查找效率成为人们关注的问题。二叉搜索树就是其中的一种重要的动态查找结构,在理想情况下,利用二叉搜索树进行查找,其复杂度可降低到 $O(\log L)$。

二叉搜索树 (Binary Search Tree, BST) 或者是一棵空树,或者是具有下列性质的二叉树:

(1) 每个结点有一个关键字 (Key);

(2) 任意结点关键字大于等于该结点左子树中所有结点含有的关键字;

(3) 同时该结点的关键字小于等于右子树中所有结点含有的关键字。

图 3.22 给出了二叉搜索树的一个例子。可以看到,对于这棵树上的任何一个非叶子结

点 (如 H)，其左子树的关键字 (如 G) 都不大于该结点的关键字，而其右子树的关键字 (如 I 和 N) 都不小于该结点的关键字。

　　从二叉搜索树的定义可以看出，尽管二叉搜索树本身是非线性结构，但它却隐含表示了一个线性有序序列。事实上，只要对其做中序遍历，就可以得到一个按关键字有序的序列。对图 3.22 的二叉搜索树进行中序遍历，即可得到有序序列 $A - C - E - G - H - I - N - R - S - X$。

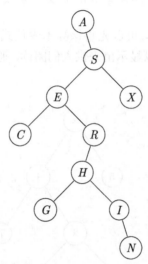

图 3.22　二叉搜索树举例

3.3.2.2　二叉搜索树的运算

　　二叉搜索树可用来进行快速的查找。因此，二叉搜索树中的许多运算都是基于查找算法的。下面我们先给出二叉搜索树的查找算法，然后再讨论其他运算。

　　由于二叉搜索树中结点关键字的规律性，因此进行查找是比较容易的。若二叉搜索树空，则查找失败，返回假。对于非空二叉树来说，若要查找的结点值为 item，其查找过程可描述为

　　(1) 若当前结点值为 item，则查找成功，返回结点值，返回真；

　　(2) 若当前结点值大于 item，进入左子树中查找；

　　(3) 若当前结点值小于 item，进入右子树中查找。

显然，这是一个递归过程，递归实现算法如下：

```
typedef struct Item {                          //数据项定义
    int m_Key;
    float info;
} ITEM;

template<class Item> struct BST_Node {         //结点定义
    Item item;                                 //关键字
    BST_Node<Item> *left, *right;              //左右孩子结点指针
```

```
    BST_Node(Item x) {                    //结点构造函数
        item = x;
        left = NULL;
        right = NULL;
    }
};

typedef BST_Node<Item> *Link;            //结点指针类型定义

template<class Item> Item BST<Item>::searchR(Link p, int &x) {
    if(p == NULL) return NULL;           //搜索失败
    int key = p->item.m_Key;             //取关键字
    if(x == key) return p->item;         //搜索成功
    if(x < key)                          //小于当前结点
        return searchR(p->left,x);       //搜索左子树
    else                                 //大于当前结点
        return searchR(p->right,x);      //搜索右子树
}
```

　　该算法的时间复杂度与二叉搜索树的形态有关，查找次数不超过其深度。当二叉搜索树为理想平衡树时，其时间复杂度为 $O(\log_2 n)$；若为单支树，其时间复杂度为 $O(n)$；平均情况为 $O(\log_2 n)$。类似地，该算法的空间复杂度，平均情况为 $O(\log_2 n)$，最坏情况为 $O(n)$。

　　图 3.23 给出了二叉搜索树查找成功的例子。在该二叉搜索树中，我们要查找 H，查找过程用有阴影的结点表示。由于 H 大于 A，因此进入 A 的右子树搜索；而小于 S，则进入 S 的左子树继续搜索，知道找到 H。图 3.24 给出了二叉搜索树查找失败的例子，即搜索 M。查找过程依然用有阴影的结点表示。可见，查找失败时搜索的次数等于整棵树的高度。

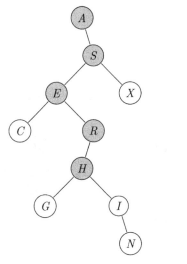

图 3.23　二叉搜索树查找成功举例

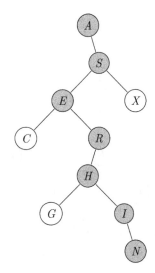

图 3.24　二叉搜索树查找成功举例

下面我们讨论二叉树的插入操作。事实上，向二叉搜索树中插入元素的过程类似于查找，即在查找失败后执行插入操作。算法的递归实现描述如下：

```
template<class Item> void BST<Item>::insertR(Link &p,
    Item item) {
    if(p == NULL) {                          //插入结点
        p = new BST_Node<Item>(item);
        return;
    }
    if(item.m_Key < p->item.m_Key)           //小于结点关键字
        insertR(p->left, item);              //搜索左子树
    else                                     //大于结点关键字
        insertR(p->right, item);             //搜索右子树
}
```

因为该算法本质上是查找操作，所以其的时间复杂度和空间复杂度与查找算法相同。

有了上述算法以后，只要重复调用该算法就可以建立起二叉搜索树。图 3.25 给出了从关键字序列 A、S、E、R、C、H、I、N 构造一棵二叉搜索树的过程，其中阴影结点表示当前插入的元素。

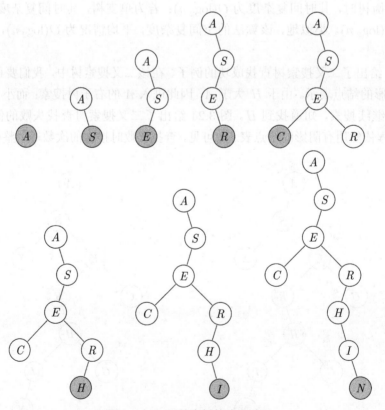

图 3.25　二叉搜索树的建立过程

3.3.3　Huffman 树与编码

3.3.3.1　基本概念

Huffman 树又称为最优二叉树，是非常重要的一种结构，可用于解决最优编码问题、决策问题和算法设计与分析问题。下面我们先介绍 Huffman 树的基本概念。

- **路径**：结点到结点的分支称为路径。
- **路径长度**：路径上的分支数称为路径长度，记为 l。
- **结点的路径长度**：从根结点到该结点的路径上分支的数目，为该结点的路径长度。
- **树的路径长度**：从树根到所有叶子结点的路径长度之和称为树的路径长度，记为 L。图 3.26 给出的二叉树的路径长度为 $L = 3 \times 1 + 2 \times 3 = 9$。
- **带权路径长度**：对分支加权的路径长度称为带权路径长度。
- **树的带权路径长度**：树中所有以叶子结点为起点的带权路径长度之和称为树的带权路径长度，记为 $\text{WPL} = \sum_{i=1}^{n} W_i P_i$，其中，$n$ 为树中叶子结点个数，W_i 和 P_i 分别为叶子结点 i 的权值和根结点到的路径长度。图 3.27 给出的二叉树的加权路径长度为 $\text{WPL} = 7 \times 2 + 2 \times 2 + 5 \times 2 + 4 \times 2 = 36$。

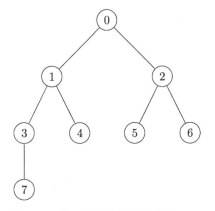

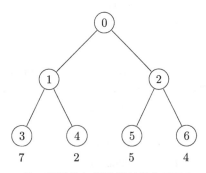

图 3.26　该二叉树的路径长度为 $L = 9$　　　图 3.27　该二叉树的加权路径长度为 $\text{WPL} = 36$

图 3.28 所示是两棵具有相同的 4 个叶子结点的两棵不同的二叉树。容易计算，这两棵二叉树的路径长度都是 9。但是，左边那棵树的加权路径长度为 46，右边那棵树的加权路径长度为 35。在所有路径长度相同的二叉树中，WPL 最小的树称为 Huffman 树或最优二叉树。

直观地看，在图 3.28 中的最优二叉树中，权值大的叶子结点离根结点近，权值小的结点离根结点远，从而使得二叉树的带权路径长度最短。Huffman 最早发现了这一个规律，并提出了一个构造最优二叉树的算法，称之为 Huffman 算法。在 Huffman 算法中，给定 n 个权值 $\{w_1, w_2, \cdots, w_n\}$，构造二叉树，使得 n 个叶子结点的权值分别为 $w_1, w_2, \cdots, w_n$，树中只有度为 0 和度为 2 的结点。具体来说，Huffman 算法的执行过程如下：

(1) 根据给定的 n 个权值 $\{w_1, w_2, \cdots, w_n\}$，构造 n 棵二叉树的集合 $\mathcal{F} = \{T_1, T_2, \cdots, T_n\}$，其中每棵二叉树中均只含一个带权值为 w_i 的根结点，其左、右子树为空树；

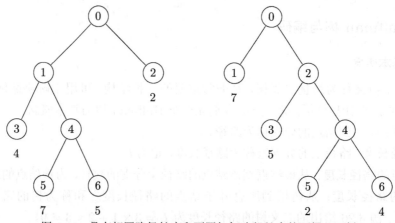

图 3.28 具有相同路径长度和不同加权路径长度的两棵二叉树

(2) 在 $\mathcal{F}$ 中选取其根结点的权值为最小的两棵二叉树，分别作为左、右子树构造一棵新的二叉树，并置这棵新的二叉树根结点的权值为其左、右子树根结点的权值之和；

(3) 从 $\mathcal{F}$ 中删去这两棵树，同时加入刚生成的新树；

(4) 重复第 (2)、(3) 两步，直至 $\mathcal{F}$ 中只含一棵树。

该思路的具体代码实现列表如下。

```
struct HTNode {                              //结点类型定义
    ElemType wei;
    HTNode *lch, *rch;
};

//根据 w 给定的 n 个权值构造 Huffman 树，返回根结点指针
HTNode *HuffmanTree(ElemType w[], int n) {
    int i, j, t1, t2;
    HTNode **f, *p;
    f = new HTNode*[n];                      //f存放各棵二叉树根结点的指针
    if (f == NULL) {
        cerr<<"Memory allocation failure!"<<endl;
        exit(1);
    }

    //初始化 f，每个指针指向一个二叉树结点
    for (i = 0; i < n-1; i++) {
        f[i]= new HTNode;
        if (f[i] == NULL) {
            cerr<<"Memory allocation failure!"<<endl;
            exit(1);
        }
        f[i]->wei = w[i];                    //树中各结点的权值对应于w的元素
        f[i]->lch = f[i]->rch = NULL;
    }
```

```
//进行 n-1 次操作建立起 Huffman 树
for (i = 0; i < n; i++) {
    //t1、t2 是 f 中指向最小和次小权值的子树根结点的下标
    t1 = i;
    t2 = i+1;

    //在森林中选出根结点权值最小和次小的两棵二叉树
    for (j = t2; j < n; j++) {
        if (f[j]->wei < f[t1]->wei) {
            t2 = t1;
            t1 = j;
        }
        else if (f[j]->wei < f[t2]->wei)
            t2 = j;
    }
    p = new HTNode;                    //为新构成的二叉树分配一个新结点
    if(p == NULL) {
        cerr<<"Memory allocation failure!"<<endl;
        exit(1);
    }
    p->wei = f[t1]->wei+f[t2]->wei;     //新二叉树的根结点权值
    //将找到的两棵二叉树置为新树的根结点的左、右子树
    p->lch = f[t1];
    p->rch = f[t2];
    f[t1] = p;                         //f 的下标 t1指向新二叉树的根结点

    //f 的下标 t2 指向森林中第 i 棵二叉树的根结点,
    //将第 i 个位置置为空,之后从 i+1 开始向后进行
    f[t2] = f[i];
    f[i] = NULL;
}
delete []f;                            //释放指针数组 f
return p;                              //返回 Huffman 树的根结点指针
}
```

上述代码在路径权重集合 $\mathcal{F} = \{7, 2, 5, 4\}$ 上构造 Huffman 树的过程如图 3.29 所示。

3.3.3.2　Huffman 编码

在数字通信系统或数字计算机系统中,必须要对传输或处理的符号进行编码,即用 0 和 1 组成的比特流表示信息。信息的数字化有许多优势,例如:抗干扰能力强,可进行数据压缩,对于一定范围内的错误可以自动纠正。因此,编码成为现代信息技术的重要基础。

实际上,人们对编码问题的研究由来已久,早期的 Morse 电码就是用点 "·" 和划 "–" 组成的编码,主要用于电报系统传输英文信息。表 3.2 给出了 Morse 电码表。需要注意的

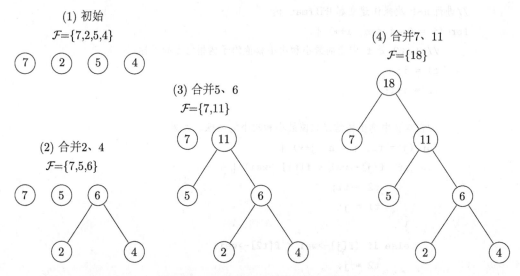

图 3.29　Huffman 树的构造过程举例

是，用 Morse 电码表示英文字母时，所用的"·"和"−"的数目是不同的，即编码的长度不同，这种编码称为**变长编码**。在计算机系统中，一种常用的编码方式称为 ASCII 码。这种 ASCII 码将字母、数字和其他符号编码成 7 位二进制表示的整数。表 3.3 给出了由二进制编码对应的十进制数表示的 ASCII 编码。可以看到，ASCII 码对每个符号都用相同长度的二进制数进行编码，因此是**定长编码**。

表 3.2　　Morse 电码表

字　　符	电码符号	字　　符	电码符号	字　　符	电码符号
A	·−	N	−·	1	·−−−−
B	−···	O	−−−	2	··−−−
C	−·−·	P	·−−·	3	···−−
D	−··	Q	−−·−	4	····−
E	·	R	·−·	5	·····
F	··−·	S	···	6	−····
G	−−·	T	−	7	−−···
H	····	U	··−	8	−−−··
I	··	V	···−	9	−−−−·
J	·−−−	W	·−−	0	−−−−−
K	−·−	X	−··−	/	−··−·
L	·−··	Y	−·−−	( )	−·−−·−
M	−−	Z	−−··	−	−····−

表 3.3　ASCII 码表

48	0	64	@	80	P	96	,	112	p
49	1	65	A	81	Q	97	a	113	q
50	2	66	B	82	R	98	b	114	r
51	3	67	C	83	S	99	c	115	s
52	4	68	D	84	T	100	d	116	t
53	5	69	E	85	U	101	e	117	u
54	6	70	F	86	V	102	f	118	v
55	7	71	G	87	W	103	g	119	w
56	8	72	H	88	X	104	h	120	x
57	9	73	I	89	Y	105	i	121	y
58	:	74	J	90	Z	106	j	122	z
59	;	75	K	91	[	107	k	123	{
60	<	76	L	92	/	108	l	124	|
62	=	77	M	93	]	109	m	125	}
63	>	78	N	94	∧	110	n	126	~
63	?	79	O	95	-	111	o	127	DEL

一般来说，在信息的编码问题中，我们给定一个需要编码的字符集 $\mathcal{S} = \{s_1, s_2, \cdots, s_n\}$，同时给定字符 s_i 在文本中的出现概率 p_i，满足：

$$\sum_{i=1}^{n} p_i = 1 \tag{3.13}$$

编码问题需要将文本转换为 0 和 1 组成的序列，要求可以通过译码算法恢复原始文本，并且表示原始文本的编码长度尽可能短。

对于求解编码问题最直观的想法是进行定长编码。例如，给定字符集 $\mathcal{S} = \{a, b, c, d, e\}$，字符的出现概率为 $\{0.12, 0.40, 0.15, 0.08, 0.25\}$。表 3.4 给出了一种可能的定长编码方式。容易计算，这种编码方式的平均编码长度为

$$\sum_{i=1}^{5} l_i p_i = l \sum_{i=1}^{5} p_i = l = 3 \tag{3.14}$$

显然，不存在比该方案更短的定长编码方案。

注意到，定长编码方案中并没有利用字符出现的概率来进行编码。但是，如果给出现概率高的字符以较短码长的编码，而出现概率低的字符以较长的码字，则有可能进一步缩短码长。表 3.5 给出了一种变长编码方案。容易算出这种编码方案的平均码长为

$$\sum_{i=1}^{5} l_i p_i = 1 \times (0.40 + 0.25) + 2 \times (0.12 + 0.15 + 0.08) = 1.35 < 3 \tag{3.15}$$

可见，该编码方案的平均码长小于定长编码。但是，该编码方案是不能无差错地恢复为原始文本的。例如，序列 01 既可以解码为 a，也可以解码为 be。出现这一现象的原因是，某些字符的码字是另一些字符码字的前面部分，即前缀。如果保证编码之后任何一个码字都

不是其他码字的前缀，即**前缀编码**，那么该编码一定是唯一可解码的。表 3.6 给出了一种前缀编码方案。可以验证，表中任何一个符号对应的码字都不是另一个码字的前缀。容易算出这种编码方案的平均码长为

$$\sum_{i=1}^{5} l_i p_i = 2 \times (0.40 + 0.15 + 0.25) + 3 \times (0.12 + 0.08) = 2.2 \tag{3.16}$$

下面的问题是：是否存在码长最短的前缀编码方案，以及如何设计产生该最优前缀编码的？

Huffman 在 1952 年提出的一种无失真压缩技术成功地解决了上述问题。我们注意到，由于二进制编码问题中只涉及 0 和 1 两个元素。因此，任何一个编码方案都可以表示为一棵二叉树，其中，叶子结点表示字符，到达叶子结点的路径表示编码方案。由根沿着二叉树的路径下行，通向左孩子的分支标记为 0；通向右孩子的分支标记为 1。图 3.30 给出了表 3.4 中定长编码方案的二叉树表示。对于变长编码而言，由于我们只用二叉树的叶子结点表示字符，因此，任何一棵二叉树表示的变长编码都是前缀编码。图 3.31 给出了表 3.5 中变长编码方案的二叉树表示。

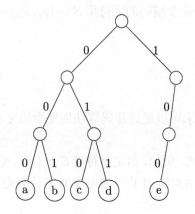

图 3.30 表 3.4 中定长编码方案的二叉树表示

表 3.4 定长编码举例

字符	概率	码字
a	0.12	000
b	0.40	001
c	0.15	010
d	0.08	011
e	0.25	100

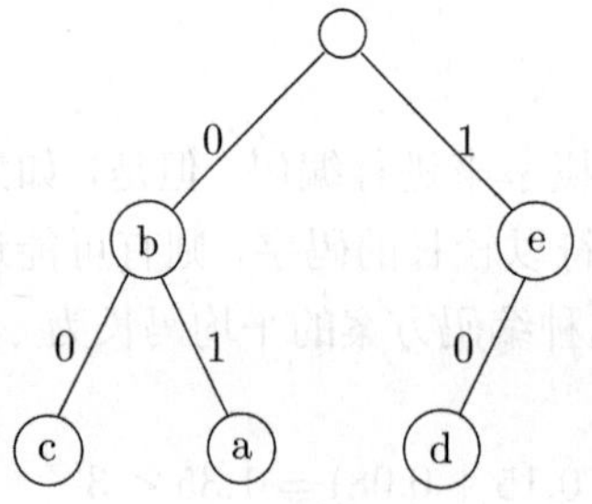

图 3.31 表 3.5 中变长编码方案的二叉树表示

表 3.5 一种变长编码方案

字符	概率	码字
a	0.12	01
b	0.40	0
c	0.15	00
d	0.08	10
e	0.25	1

Huffman 在编码方案的二叉树表示的基础上，提出了 Huffman 编码。这种编码方法依据字符出现概率来构造平均编码长度最短的编码，亦称最佳编码。同时，Huffman 编码满

足前缀编码的性质，可即时解码。实际上，Huffman 编码的过程就是构造 Huffman 树的过程，其中字符出现的概率就是 Huffman 树中到达叶子结点的路径权重。表 3.7 给出了 Huffman 编码方案的例子，其对应的 Huffman 树如图 3.32 所示。容易计算，Huffman 编码的平均编码长度优于定长编码和变长编码，即

$$\sum_{i=1}^{5} l_i p_i = 4 \times 0.12 + 1 \times 0.40 + 3 \times 0.15 + 4 \times 0.08 + 2 \times 0.25 = 2.15 < 2.2 \qquad (3.17)$$

Huffman 编码具有最短的平均编码长度，但 Huffman 码没有错误保护功能，即 Huffman 编码出现编码错误时无法查错和纠错，故会产生错误传播。同时，Huffman 编码之前需要精确统计文本的字符出现概率，且编码速度较慢。尽管如此，Huffman 码还是得到广泛应用。

表 3.6　前缀编码方案

字符	概率	码字
a	0.12	000
b	0.40	11
c	0.15	01
d	0.08	001
e	0.25	10

表 3.7　Huffman 编码方案

字符	概率	码字
a	0.12	1111
b	0.40	0
c	0.15	110
d	0.08	1110
e	0.25	10

3.3.4　堆

3.3.4.1　堆的概念和性质

堆是一种满足特定性质的完全二叉树，在选择和排序运算中经常会用到它。如果堆中任一结点的值都小于其父结点的值，即对于所有结点 $i > 0$，有 $A[\text{Parent}(i)] > A[i]$，则称 A 为**最大堆**。显然，最大堆的堆顶元素最大。如果堆中任一结点的值都大于其父结点的值，即对于所有结点 $i > 0$，有 $A[\text{Parent}(i)] < A[i]$，则称 A 为**最小堆**。显然，最小堆的堆顶元素最小。图 3.33 给出了最大堆的例子。

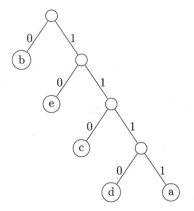

图 3.32　表 3.7 中 Huffman 编码方案的二叉树表示

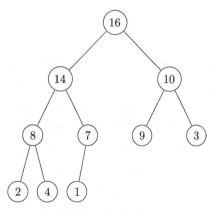

图 3.33　最大堆举例

由于堆是一个完全二叉树，因此堆可以顺序存储在一维数组 A 中。$A[0]$ 存储根结点，第 i 个结点为 $A[i]$，则

- $A[i]$ 的父结点为 $A\left[\dfrac{i-1}{2}\right]$;
- $A[i]$ 的左孩子结点为 $A[2i+1]$;
- $A[i]$ 的右孩子结点为 $A[2i+2]$。

类似于二叉树，堆的高度为堆顶结点的高度，故有 n 个结点的堆的高度为 $\lceil\log_2(n+1)\rceil$。

3.3.4.2 堆的插入和删除

对于堆的操作，如插入、删除或修改结点的关键值都会破坏堆的性质。因此，对堆进行修复以维护堆性质是堆最重要的操作。以最大堆为例，如果某个结点的关键字小于其某个子结点的关键值，可以采用**自顶向下堆化**(Heapify-down) 的算法进行修复。自顶向下堆化执行过程为

(1) 计算当前结点两个结点中较大者；

(2) 如果满足堆的性质则终止，否则与其父结点交换；

(3) 取交换后的结点为当前结点，并转向第 (1) 步；

(4) 执行上述过程直至每个结点都满足最大堆的性质。

上述堆化过程的具体代码如下：

```
void CMaxHeap::FixDown(int k) {
    int i;
    i = 2*k+1;                        //左孩子结点位置
    while(i < heapSize) {
        if(i < heapSize-1 && heap[i] < heap[i+1])
            i++;                      //取孩子结点中较大者
        if(heap[k] > heap[i])
            break;                    //满足堆性质则终止
        exch(heap[k],heap[i]);        //交换双亲和孩子结点
        k = i;                        //新的当前结点位置
        i = 2*k+1;                    //新的左孩子结点位置
    }
}
```

图 3.34 给出了自顶向下堆化的执行过程，其中当前结点及其最大的孩子结点用阴影结点表示。容易分析，从堆顶结点开始做自顶向下堆化操作，最坏情况的时间复杂度是 $O(h)$，其中 h 为堆的高度。自顶向下堆化操作都是本地操作，基本不需要辅助空间。

仍然以最大堆为例，如果某个结点的关键字大于其父结点的关键值，可以采用**自底向上堆化**(Heapify-up) 的算法进行修复。自底向上堆化执行过程为

(1) 计算当前结点的父结点；

(2) 如果满足堆的性质则终止，否则与其父结点交换；

(3) 取交换后的结点为当前结点，并转向第 (1) 步；

(4) 执行上述过程直至每个结点都满足最大堆的性质。

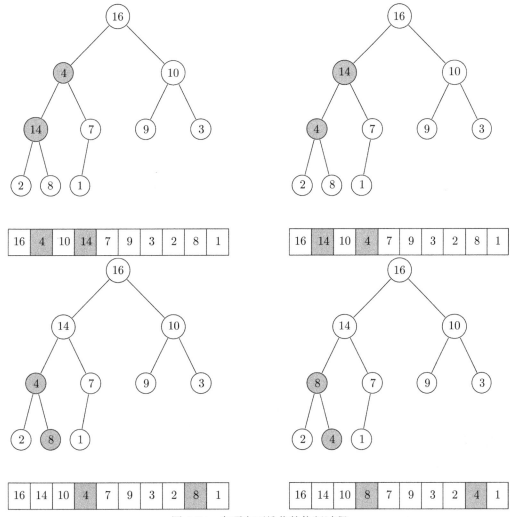

图 3.34　自顶向下堆化的执行过程

上述堆化过程的具体代码如下：

```
void CMaxHeap::FixUp(int k) {
    int i;
    i = (k-1)/2;                          //取双亲结点位置
    while(k > 0 && heap[i] < heap[k]) {   //不满足堆性质
        exch(heap[k],heap[i]);            //交换当前结点和双亲结点的值
        k = i;                            //新的当前结点
        i = (k-1)/2;                      //新的双亲结点
    }
}
```

图 3.35 给出了自底向上堆化的执行过程，其中当前结点及其父结点用阴影结点表示。容易分析，从叶子结点开始做自底向上的堆化操作，最坏情况的时间复杂度是 $O(h)$，其中 h 为堆的高度。自底向上堆化操作都是本地操作，基本不需要辅助空间。

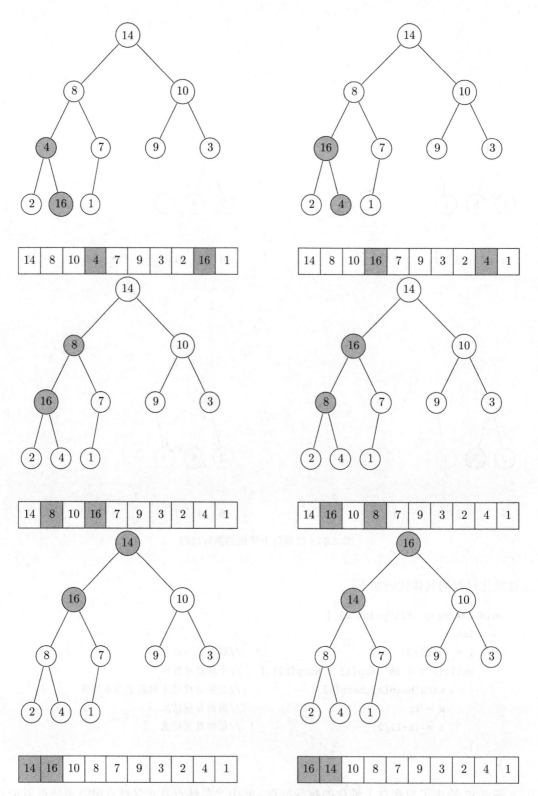

图 3.35 自顶向下堆化的执行过程

在讨论完堆化操作之后，我们介绍堆的插入操作。事实上，堆的插入操作执行过程如下：

(1) 将新结点加入到堆尾；

(2) 调用自底向上堆化算法调整堆。

上述过程的具体代码如下：

```
void CMaxHeap::Insert(ElemType e) {
    heap[heapSize] = e;
    heapSize++;
    FixUp(heapSize-1);
}
```

利用堆的插入操作，可以将给定的一个数组构造成堆。事实上，堆构造的过程是向堆尾插入元素，同时调整堆的过程。这种不断向堆尾插入新结点，并调用自底向上堆化操作构造堆的方法称为**自顶向下的堆构造**。显然，自顶向下的堆构造的时间复杂度小于 $O(n\log n)$，其中 n 为堆中结点的数目。图 3.36 给出了用 $A = \{4, 1, 3, 2, 16, 9, 10, 14, 8, 7\}$ 构造堆的过程。

除了自顶向下的堆构造之外，我们还可以首先将数组 A 视为一棵尚未满足堆性质的完全二叉树。此时，长度为 n 的二叉树 A 中，$A\left[\left\lfloor\dfrac{n}{2}\right\rfloor, \cdots, n-1\right]$ 已经是 $\left\lfloor\dfrac{n}{2}\right\rfloor$ 个堆了。然后，可以从 $\left\lfloor\dfrac{n}{2}\right\rfloor$ 到 0 反向遍历数组 (即二叉树的非叶子结点)，并采用自顶向下堆化操作，这就是**自底向上的堆构造**。仍以 $A = \{4, 1, 3, 2, 16, 9, 10, 14, 8, 7\}$ 为例，图 3.37 给出了自底向上的堆构造过程。对自底向上的堆构造，设堆的大小为 n，其高度为 h，第 i 层最多有 2^{i-1} 个结点，$n \leqslant 2^h - 1$。对于第 i 层的结点来说，自顶向下堆化操作最多是 $O(h-i)$。这样总的构造堆的时间复杂度为

$$
\begin{aligned}
T &= \sum_{k=1}^{n} 2^{k-1} O(h-k) = \sum_{k=0}^{n-1} 2^{h-k-1} O(k) = O\left(\sum_{k=0}^{n-1} 2^{h-k-1} k\right) \\
&= O\left(2^{h-1} \sum_{k=0}^{n-1} \frac{k}{2^k}\right) = O(n)
\end{aligned}
\tag{3.18}
$$

可见，自底向上的堆构造是线性复杂度的。

最后，我们讨论堆的删除操作。首先将堆的堆顶结点删除，将其值返回。然后，将堆尾结点放到堆顶，并通过自顶向下堆化来修复堆。该过程的具体代码如下：

```
ElemType CMaxHeap::Remove() {          //删除堆顶结点操作
    exch(heap[0],heap[heapSize-1]);    //交换堆顶和堆尾结点
    heapSize--;                        //堆的规模减一
    FixDown(0);                        //自顶向下堆化
    return heap[heapSize];             //将原堆顶元素返回
}
```

图 3.38 给出了堆删除的执行过程。

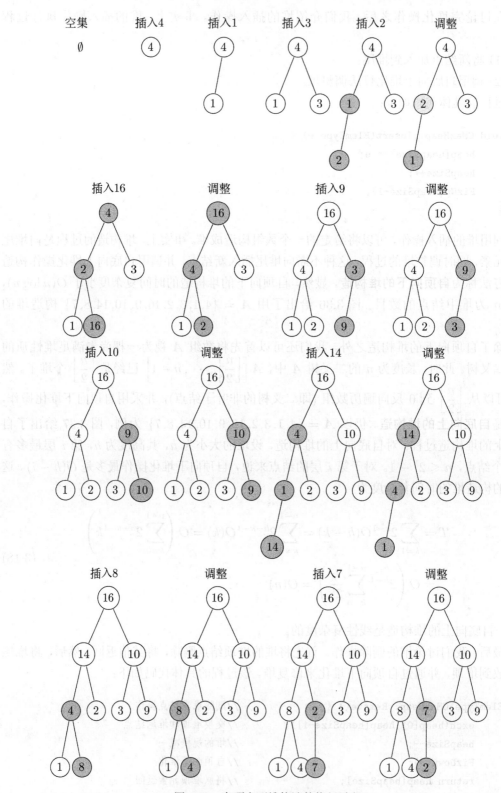

图 3.36　自顶向下堆构造的执行过程

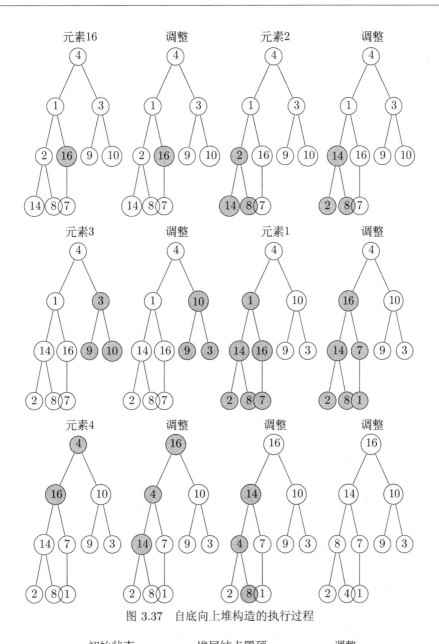

图 3.37　自底向上堆构造的执行过程

图 3.38　堆删除的执行过程

3.4 并查集

并查集是一种非常重要的数据结构,例如,在 Kruskal 算法的实现中进行环路检测,即一条边的加入是否会形成环/回路以及连通分量的维护[①]。具体来说,并查集是树型的数据结构,常用于处理不相交集合的合并及查询。并查集包括两种基本操作,即查找 (Find) 和合并 (Union)。查找操作判断两个元素是否属于同一个集合;合并操作则合并两个不相交的集合。并查集可以有多种实现方式,我们先讨论基于标志数组的实现,然后讨论基于树的实现。

考虑对某个大小为 n 的集合 $\mathcal{S}$ 用数组实现并查结构。首先,对 $\mathcal{S}$ 中的元素从 0 到 $n-1$ 进行编号。然后,建立长度为 n 的标志数组 Flag,数组项为元素所在集合的名字。初始化时,除非特别指定子集划分,每个元素都构成只有它自己的单元素集合。此时,查找操作 Find(v) 就是找到元素 v 对应的集合名,即 Flag 数组下标 v 中保存的元素。因此,对 $\mathcal{S}$ 中元素 v,初始化 Find(v) $= v$,则 Find 操作的复杂度为 $O(1)$。对于需要合并的两个集合,执行合并操作 Union($\mathcal{A}, \mathcal{B}$)。这里的合并操作,本质上是对标识数组 Flag 中对应元素进行改名。为了降低改名操作的复杂度,可以维护标识集合长度的数组,选择长度较小的集合进行改名。这样,一次 Union 操作的复杂度是 $O(n)$,而 k 次 Union 操作的复杂度至多为 $O(k \log k)$。

事实上,对于基于数组的并查结构,k 次 Union 操作最多涉及 $2k$ 个元素,即 k 对元素的合并。在 k 次 Union 操作中,如果保证每次 Union 操作都是对规模较小的集合进行改名操作,那么每个元素最多会经历的改名次数为 $\log_2 2k$。因此,基于数组的并查结构,k 次并查操作的复杂度为 $O(k \log_2 k)$。

为了更高效地实现并查结构,可以采用树结构表示集合来实现它。在这种实现方法中,以一棵树 T_i 表示并查集 $\mathcal{S}$ 中的一个子集 $\mathcal{S}_i$,树中的每个结点表示子集中的一个成员 v,以 n 棵子树 $T_1, T_2, \cdots, T_n$ 表示并查集 $\mathcal{S}$。为方便运算,设定树中每个结点包含元素和指向所属集合的指针,且令根结点的成员又是子集的名称。初始化每个记录的指针指向自己。这种方式可以很容易地实现并查集的操作,即每次合并操作将指针指向合并后的集合名。例如,设 $\mathcal{S}_1 = \{u, w, s\}$ 和 $\mathcal{S}_2 = \{v, t, z\}$,则它们的树结构如图 3.39 所示。它们的并集 $\mathcal{S}_3 = \mathcal{S}_1 \cup \mathcal{S}_2$ 如图 3.40 所示。可以看到,此时的 Union 操作的复杂度为 $O(1)$,而 Find 操作则需要沿着一系列指针,穿越集合改名的历史。事实上,在每次执行 Find 操作后,更改经过路径上记录的指针使之直接指向集合名。这样的代价是 Find 操作的复杂度提高,但是某些后续 Find 操作中深度减少,效率提高。改进的并查结构的复杂度上界是 $O(n\alpha(n))$,

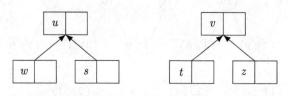

图 3.39 $\mathcal{S}_1 = \{u, w, s\}$ 和 $\mathcal{S}_2 = \{v, t, z\}$ 的树表示

[①] 有关 Kruskal 算法的详细讨论,可参阅本书第 5.3 节。

其中 $\alpha(n)$ 是一个随着 n 的增大而增长非常缓慢的函数。例如，对于 $n = 2^{80}$(宇宙中原子数之和)，$\alpha(n)$ 不大于 4。图 3.41 给出了改进的并查集的例子。

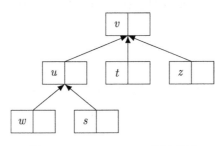

图 3.40　$\mathcal{S}_3 = \mathcal{S}_1 \cup \mathcal{S}_2$ 的树表示

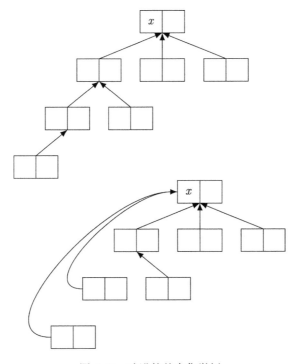

图 3.41　改进的并查集举例

3.5　本章小结

　　树和二叉树是广泛应用的非线性数据结构。一方面，许多实际数据对象都具有明显的层次结构；另一方面，一些数据保存为树形结构后可以大幅度地提高算法效率。本章首先给出了树的定义和性质。然后，定义了一类重要的树结构，即二叉树，并讨论了二叉树的重要性质。二叉树可以采用线性表存储，但对于非完全二叉树而言，线性表存储的空间效率很低。因此，通常二叉树采用链表存储。

　　二叉树的遍历是非常重要的二叉树操作。二叉树的先序遍历、中序遍历和后序遍历可采用递归的方法实现，区别仅仅在于访问根结点的时机。为了提高二叉树遍历的效率，可通过显式的栈结构实现其非递归算法。二叉树的层序遍历不同，需要通过队列实现。在二叉树遍历的基础上，本章介绍了二叉树的运算，包括输出二叉树、查找二叉树中值为 item 的结点、求二叉树的高度、清空二叉树等。随后，讨论了通过先序序列和中序序列建立二叉树的算法。接下来，本章讨论了二叉树的重要应用，包括表达式求值、二叉搜索树、Huffman 树及编码和堆。最后介绍了树的应用，即并查集。

　　在本章的学习中，要掌握树和二叉树的概念、算法和应用。同时需要提升利用树和二叉树描述实际问题，并设计相关算法解决问题的能力。

第 4 章　图

相比于我们前面学习的线性结构和树结构，图结构是一种更为复杂的数据结构。线性结构中的每个结点，除了首结点和尾结点外，存在唯一的前驱和唯一的后继；树结构中的结点，除根结点外，存在唯一的前驱，并且可能存在多个后继；而对于图结构来说，并不存在特殊的根结点，每个结点都可能存在多个相邻的结点。图结构的特性使得它相比于线性结构和树结构具有更强的描述能力，同时处理起来也更为复杂。换一个角度来说，我们可以认为线性结构和树结构都是图结构的特例，图是更一般的形式。

人们用图来描述许多重要和有趣的问题，其中最早的一个就是七桥问题 (柯尼斯堡七桥问题)。如图 4.1 所示，在东普鲁士的柯尼斯堡小镇，有一个小岛位于河的分叉处，有七座桥将这个小岛与河的两岸以及交叉口之间的陆地连接起来。有没有一种方法可以连续地穿过镇上的这七座桥，同时又不重复地走过每座桥呢？著名数学家欧拉研究并解决了这一问题，从而奠定了图论的基础。

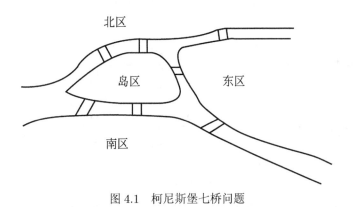

图 4.1　柯尼斯堡七桥问题

经过多年的发展，图已经成为数据结构，乃至计算机科学的重要组成部分之一，在很多理论和实际问题中都有着十分重要的应用。在本章中将介绍图的基本知识和基本算法。

4.1　图的基本概念

4.1.1　图的定义和概念

本节中介绍图的定义，并引入图的一些基本概念和术语。

1. 图的定义

图结构可以用二元组 $G = (V, E)$ 来表示，其中 V 是一个有限集合，而 E 是 V 中元素的二元组 $E = \{\langle v, w \rangle | v, w \in V, v \neq w\}$。$V$ 的元素称为顶点，E 的元素 $\langle v, w \rangle$ 为连接 v 和 w 的边，如果 $\langle v, w \rangle$ 是图的一条边，则称 v 与 w 互为邻接顶点。

V 称为图的顶点集，E 称为图的边集。因此，图是由两个有限集合构成，顶点集 V 和连接顶点的边所组成的边集 E。我们可以用 $\|V\|$ 和 $\|E\|$ 分别表示图的顶点数和边数。某些图的边具有与它相关的数，称之为权。这种带权图也称为网络。

如果一个图满足下面两个条件，我们称之为简单图：

(1) 图中不存在自环，即不存在从某个顶点到自身的边。

(2) 图中不存在多重边，即起点和终点相同的边不能多于一条。

在本书中，如果不特别说明，我们讨论的都是简单图。

2. 有向图和无向图

如果边集 E 的元素 $\langle v, w \rangle$ 为有序二元组，则称 G 为有向图，v 称为起点，w 称为终点。图 4.2(a) 是有向图的一个例子，图中有四个顶点和四条有向边。其顶点集和边集表示如下：

$$G_1 = (V_1, E_1)$$

$$V_1 = \{v_1, v_2, v_3, v_4\}$$

$$E_1 = \{\langle v_1, v_2 \rangle, \langle v_1, v_3 \rangle, \langle v_3, v_4 \rangle, \langle v_4, v_1 \rangle\}$$

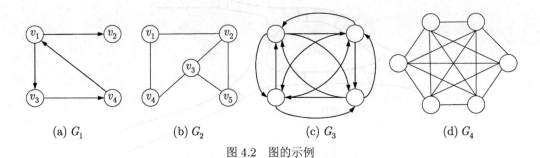

(a) G_1 (b) G_2 (c) G_3 (d) G_4

图 4.2   图的示例

如果边集 E 的元素 $\langle v, w \rangle$ 是无序的，则称 G 为无向图。图 4.2(b) 是无向图的一个例子，图中有 5 个顶点和 6 无向边条。其顶点集和边集表示如下：

$$G_2 = (V_2, E_2)$$

$$V_2 = \{v_1, v_2, v_3, v_4, v_5\}$$

$$E_2 = \{\langle v_1, v_2 \rangle, \langle v_1, v_4 \rangle, \langle v_2, v_3 \rangle, \langle v_2, v_5 \rangle, \langle v_3, v_4 \rangle, \langle v_3, v_5 \rangle\}$$

3. 完全图、稠密图和稀疏图

对图 G，令 $n = \|V\|$，$e = \|E\|$，分别表示图 G 的顶点数和边数。如果图 G 为有向图，则图 G 最多有 $n(n-1)$ 条边，当从图 G 的任意一个顶点到任何其他顶点都有有向边存在

时，满足 $e = n(n-1)$，这样的图就称为有向完全图。如果图 G 为无向图，则图 G 最多有 $n(n-1)/2$ 条边，当图 G 中任意两点之间都有边相连时满足 $e = n(n-1)/2$，这样的图称为无向完全图。图 4.2(c) 和图 4.2(d) 分别是 4 个顶点的有向完全图和 6 个顶点的无向完全图。

　　读者很容易想到有 n 个顶点的图，由于其边的数目和连接的顶点不同，可以构成许多不同的图。对于无向图来说，具有 n 个顶点的不同的图的个数共计为 $2^{n(n-1)/2}$(即对应于从 $n(n-1)/2$ 条可能的边中选择的不同子集)。其中有些图边很少，而有些图边很多，我们分别称之为稀疏图和稠密图。如果一个图有上万个顶点，只有数千条边，自然是稀疏的；如果一个图有数千个顶点，却有数百万条边，当然就是稠密的。具有相同顶点数的稀疏图和稠密图，图的复杂程度相去甚远。因此对于稠密图和稀疏图，从图的存储到算法设计上都有很大差别。

4. 子图

　　设有两个图 $G = (V, E)$ 和 $G^* = (V^*, E^*)$。如果 G^* 的顶点集和边集是 G 的顶点集和边集的子集，即 $V^* \subseteq V$ 且 $E^* \subseteq E$，那么我们就称图 G^* 是图 G 的子图。图 4.3 是图及其一个子图的例子。

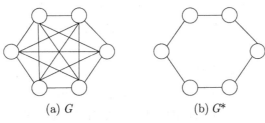

(a) G　　　　　　　　(b) G^*

图 4.3　图和子图

　　一个图可能有很多子图。每一个图都是它自身的子图，空图是任何一个图的子图。

　　具有 n 个顶点的图，不论边的情况如何，都是 n 个顶点的完全图的子图。

5. 顶点的度

　　下面我们引入一个重要的概念 —— 顶点的度。一个顶点 v 的度是与它相关联的边的条数。记作 $TD(v)$。

　　对于有向图，可以进一步建立入度和出度的概念，有向图中顶点 v 的入度是以 v 为终点的有向边的条数，记作 $ID(v)$；有向图中顶点 v 的出度是以 v 为起点的有向边的条数，记作 $OD(v)$。我们可以得到有向图顶点的度的两条性质：

　　(1) 有向图中顶点的度等于该顶点的入度与出度之和。

　　(2) 有向图中的所有顶点的入度之和等于所有顶点的出度之和。

　　性质 (1) 很直观，有向图中与某个顶点关联的边，要么是进入这个顶点，要么是从这个顶点发出，前者的数目等于顶点的入度，而后者的数目等于顶点的出度，因此有向图中的顶点的度等于这个顶点的入度和出度之和。对于性质 (2)，考虑到有向图中的每一条边，对于起点来说是出边，而对于终点来说是入边。因此，每一条边使得有向图的入度和出度同步加一。因此性质 (2) 也很容易理解。

对于具有 n 个顶点的无向图来说，图中某个顶点的度最多为 $n-1$；而对于具有 n 个顶点的有向图，图中某个顶点的度最多可以为 $2(n-1)$。

由于图中的每一条边都连接了两个顶点，因此我们可以得到**握手定理**：

图中所有顶点的度之和等于边数之和的 2 倍。

握手定理对于有向图和无向图都成立。对于有向图，所有顶点的入度之和等于所有顶点的出度之和，我们就能进一步得到如下推论。

推论一：有向图所有顶点的入度之和等于边数之和，所有顶点的出度之和也等于边数之和。

这个推论实际上也很直观，因为有向图中的每一条边都必然从图中某一个顶点出发，并且达到有向图中某一个顶点。

图中度为奇数的顶点称为奇度顶点，简称奇点；度为偶数的顶点称为偶度顶点，简称偶点。根据握手定理，图中所有顶点的度之和必为偶数，所以我们得到：

推论二：任意一个图一定有偶数个（或 0 个）奇点。

因为，如果存在一种情形使得推论二不成立，那么在这种情形下图中所有顶点的度之和就不是偶数了，因此不存在这样的情形，推论二一定成立。

利用这个性质，我们就可以解决一些有趣的问题。

有 10 个人参加一个聚会，参加聚会前有些人互相认识，而有些人互相不认识。组织者对这些人互相认识的情况进行了一个统计，每个人在聚会前认识的人数分别为 $3, 3, 3, 3, 5, 6, 6, 6, 6, 6$。请问统计是否有错？

这个问题看来和图结构没有什么直接的关系，但实际我们可以用图来描述这个问题。我们把每个人作为一个顶点，如果两个人互相认识，就用边把代表这两个人的顶点相连。于是每个顶点的度就是这个人所认识的人数。观察统计数据，我们发现其中有奇数个顶点的度为奇数。根据握手定理的推论二，我们可以判定这组统计数据一定有错。

从这个例子也可以看到，图作为一种描述能力很强的数据结构，可以用来作为很多问题的数学模型。而在面对抽象的数学模型时，我们往往可以更准确地把握问题的本质和关键，从而有利于找到解决问题的有效途径。

6. 路径与回路

在图 $G = (V, E)$ 中，从顶点 v 到 v^* 的路径是一个顶点的序列 $(v_{i_0} = v, v_{i_1}, v_{i_2}, \cdots, v_{i_m} = v^*)$，其中 $\langle v_{i_{j-1}}, v_{i_j} \rangle \in E, 1 \leqslant j \leqslant m$。路径长度是路径上包含边的数目。如果路径的顶点序列中没有重复出现的顶点，则称为简单路径，如图 4.4(a) 中的 $0-1-2-3$。如果路径的起点和终点相同 $(v = v^*)$，就称为回路或环。除了顶点 v 之外，其余顶点不重复出现的回路称为简单回路，如图 4.4(b) 中的 $0-1-2-0$。

7. 连通与连通分量

在无向图 G 中，如果从顶点 v 到顶点 w 有路径，则称 v 和 w 是连通的。如果图中任意两个顶点 v_i 和 v_j 都是连通的，则称图 G 是连通图，否则称图 G 是非连通图。无向图 G 的极大连通子图称为连通分量。

这里我们需要注意"极大"的含义，无向图的某个连通子图并不能称为连通分量。所谓

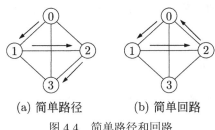

(a) 简单路径   (b) 简单回路

图 4.4 简单路径和回路

极大连通子图是指,图 G 中任何不属于这个子图的顶点与子图中的任何一个顶点都是不连通的。在一个无向图中,如果某个连通子图与尚不属于这个子图的顶点有路径相连接,那么这个顶点也属于这个连通子图所在的连通分量,我们可以不断加入这些有路径相连的顶点,直到不存在这样的顶点为止,这时我们就得到了一个连通分量。

显然,任何无向连通图的连通分量只有一个,就是其自身。而无向非连通图必然存在多于一个的连通分量,这些连通分量之间都是分离的。图 4.5 给出了一个非连通图 G 和它的 3 个连通分量。

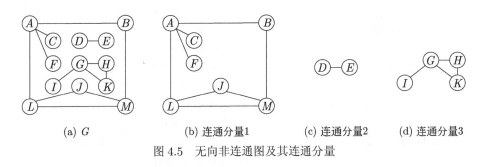

(a) G (b) 连通分量1   (c) 连通分量2   (d) 连通分量3

图 4.5 无向非连通图及其连通分量

在有向图 G 中,如果对于每一对 $v_i, v_j \in V$, $v_i \neq v_j$, 从 v_i 到 v_j 和从 v_j 到 v_i 都存在路径,则称 G 是强连通图。与无向图类似,有向图的极大强连通子图称为有向图的强连通分量。图 4.6 给出了一个有向图 G 和它的最大强连通分量。这里说的最大是指在这个图所有的强连通分量中这个分量所包括的顶点数最多。要注意这里的"最大"和极大连通子图中"极大"的含义是不同的。

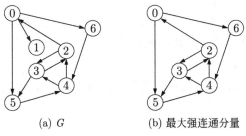

(a) G (b) 最大强连通分量

图 4.6 有向非连通图及其最大强连通分量

至此,我们已经对图的概念有了基本的认识。可以看到图结构与前面介绍过的线性结构和树结构有很大的不同。简单地说,对于线性结构,每个元素一般有一个前件和一个后件;对于树结构,每个元素一般有一个前件和多个后件;而对于图结构,每个元素可以有多个前件和多个后件。因此，图结构是一种更为复杂的数据结构，具有更强的描述能力，处理起来也更为困难。

4.1.2 图的抽象数据类型

在这里给出图结构的抽象数据类型，列出的成员函数是关于图的基本操作的集合。

```
ADT Graph
{ 数据:
     G=(V, E) 是可以用不同方式存储的图, V 为顶点集,
     E={⟨v, w⟩|v, w∈V, v≠w, ⟨v, w⟩ 表示连接 v 和 w 的边}
  操作:
     void Initialize(*G, V, d);        // 按顶点个数 n 和有向标志 d 构造图 G。
     void Dispose(*G);                 // 清除原有的图 G。
     int IsDirected(G);                // 判断图 G 是否为有向图, 若是有向图, 返回 1,
                                       // 否则返回 0。
     int Vcnt(G);                      // 求出并返回图 G 的顶点数。
     int Ecnt(G);                      // 求出并返回图 G 的边数。
     int FirstAdjVex(G, v);            // 返回 v 的第一个邻接点。若 v 没有邻接点,
                                       // 则返回 -1。
     int NextAdjVex(G, v, w);          // 返回 v 的 (相对于 w 的) 下一个邻接点。
                                       // 若 w 是 v 的最后一个邻接点, 则返回 -1。
     void Insert(*G, v, w);            // 在图 G 中插入边 ⟨v,w⟩。
     void Delete(*G, v, w);            // 在图 G 中删除边 ⟨v,w⟩。
     int Edge(G,v,w);                  // 判断 ⟨v,w⟩ 是否为图 G 的边, 若是,
                                       // 返回 1, 否则返回 0。
     void Traverse(G, v, visit());     // 从顶点 v 起遍历图 G, 对每个顶点
                                       // 调用函数 visit(visit 因遍历方法而异)。
}
```

其中，取图有向标志操作 IsDirected( )，求图的顶点数操作 Vcnt(G) 和求图的边数操作 Ecnt(G)，判边存在操作 Edge(G,v,w) 为引用型操作；插入边操作 Insert(G,v,w) 和删除边操作 Delete(G,v,w) 为加工型操作。

操作 FirstAdjVex(G,v) 取顶点 v 的第一个邻接点，操作 NextAdjVex(G,v,w) 取顶点 v 在顶点 w 后的下一个邻接顶点，这两个操作结合起来可以依次取出某个顶点的所有邻接顶点，这在图的处理算法是非常有用的。

图的遍历 Traverse(G,v,Visit( )) 是图基本的操作之一，在后面的章节中我们会专门介绍。

4.1.3 欧拉路径

在一个无向图中，是否存在一条路径连接了两个给定顶点，同时经过了图中每一条边并且只经过一次呢？这个问题就是著名的欧拉路径问题。给出其定义：欧拉路径 (Euler tour) 是遍历图中每条边且只访问一次的简单路径；终点回到起点的欧拉路径是欧拉回路。

一个图并不一定存在欧拉路径；即使存在欧拉路径，也不一定存在欧拉回路。如果存在的话，欧拉路径和欧拉回路并不一定唯一。图 4.7 给出了同一个无向连通图的两条欧拉回路：

① $0-1-2-0-6-4-3-2-4-5-0$

② $0-6-4-2-3-4-5-0-2-1-0$

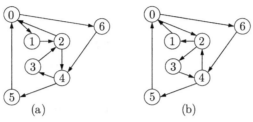

图 4.7　欧拉回路示例

在七桥问题 (柯尼斯堡七桥问题) 中，如果将小岛编号为 0，河岸编号为 1 和 2，交叉口之间的陆地编号为 3，并将每座桥定义为一条边，我们就得到了图 4.8 所示的图，这个图就成为七桥问题的模型，而求解七桥问题就可以抽象为在图 4.8 中寻找一条欧拉路径。1736年，著名数学家欧拉研究了这一问题，并发表了图论的首篇论文，不但解决了柯尼斯堡七桥问题，也奠定了图论的基础。

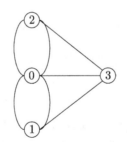

图 4.8　七桥问题的图表示

那么如何判定一个无向图是否存在欧拉路径和欧拉回路呢？欧拉的研究给出了答案：

一个图有欧拉回路的充分必要条件是：图是连通的且每一个顶点的度都是偶数。

一个图有欧拉路径的充分必要条件是：图是连通的且仅有两个奇数度顶点，或者没有顶点的度是奇数。

根据上述判据，七桥问题是无解的。

很多人小时候都玩过一笔画的游戏。所谓一笔画，就是平面上由曲线段构成的一个图形能不能一笔画成，使得在每条线段上都不重复？例如汉字"日"和"中"字都可以一笔画的，而"田"和"目"则不能。在有了图结构的知识以后，我们发现一笔画实际上可以归结为在一个特定的图上寻找欧拉路径的问题，根据图有欧拉路径的充分必要条件，我们很容易判定对于一个特定图形，一笔画是否可以实现。

一笔画和七桥问题是完全不同的两个问题，但是都可以归结为寻找图的欧拉路径，这体现了用数学模型描述和解决问题的威力。

4.2　图的存储结构

图的存储结构有很多种，下面对其中主要的几种进行讨论。

4.2.1　图的邻接矩阵表示

图的邻接矩阵表示是用一个矩阵来表示图中顶点之间的连接关系。如果图有 n 个顶点，其邻接矩阵是一个 n 行 n 列的矩阵，其中行表示边的起点，列表示边的终点。对于无权图，邻接矩阵的元素为布尔值。如果图中存在一条从顶点 v 到顶点 w 的边，则矩阵中处于 v 行、w 列的元素为 1，否则为 0。

无向图的邻接矩阵一定是对称的，而有向图的邻接矩阵则不一定。图 4.9 给出了无向图和有向图及相应邻接矩阵的例子。无向图的一条边由邻接矩阵中处于对称位置的两个元素表示，在对邻接矩阵表示的无向图进行操作时需要注意这一点。

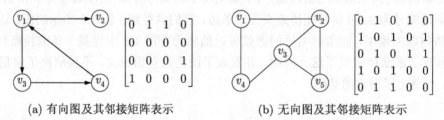

(a) 有向图及其邻接矩阵表示　　　　　　(b) 无向图及其邻接矩阵表示

图 4.9　图及其邻接矩阵表示

图的邻接矩阵表示需要与 n^2 成比例的存储空间，与图中边的数目无关，所以邻接矩阵适于表示稠密图。如果用邻接矩阵来表示稀疏图，我们得到邻接矩阵就是一个稀疏矩阵。

在有向图中，统计第 i 行中 1 的个数可得顶点 i 的出度，统计第 j 列中 1 的个数可得顶点 j 的入度。在无向图中，统计第 i 行或者第 i 列中 1 的个数可得顶点 i 的度，根据无向图邻接矩阵的对称性，第 i 行和第 i 列中 1 的个数一定是相等的。

只要将邻接矩阵中元素改为边的权值，邻接矩阵就可以用来表示网络，即带权图。如果边不存在，则将对应元素的值设为无穷。图 4.10 给出了一个网络及其邻接矩阵表示的例子。

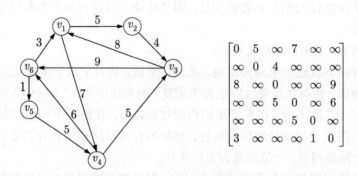

图 4.10　网络及其邻接矩阵表示

邻接矩阵表示的图的结构声明为

```
typedef struct tagGraph{
    int Vcnt, Ecnt;              // 图的顶点数和边数
    int digraph;                 // 有向图/无向图标志
    int *adj;                    // 指向邻接矩阵的指针
    int *visited;                // 顶点是否被访问过的标志
} Graph;
```

下面给出基于邻接矩阵的无权图的基本操作的实现：

```
void Initialize(Graph *graph, int V, int digraph) { // 图初始化操作
    int i,j;
    graph->adj = (int *) malloc(sizeof(graph->adj[0]) * V * V);
                                        // 为邻接矩阵分配空间
    graph->visited = (int *) malloc(sizeof(graph->visited[0]) * V);
                                        // 为顶点访问标志数组分配空间
    graph->digraph = digraph;           // 设置有向图/无向图标志
    graph->Vcnt = V;                    // 初始化顶点数
    graph->Ecnt = 0;                    // 初始化边数为 0
    for (i = 0; i < V; i++){
        for(j = 0; j < V; j++)
            graph->adj[i*V+j] = 0;      // 初始化邻接矩阵
        graph->visited[i] = 0;          // 初始化顶点访问标志
    }
}
void Dispose(Graph *graph)              // 清除图的操作
{ free(graph->adj);                     // 清除邻接矩阵
    graph->adj = NULL;
    free(graph->visited);               // 清除标志数组
    graph->visited = NULL;
    graph->Vcnt = 0;                    // 置顶点数为 0
    graph->Ecnt = 0;                    // 置边数为 0
}

    int V(Graph *graph) {
        if (graph!=NULL)
            return graph->Vcnt;         // 取图的顶点数
        else
            return -1;
    }

    int E(Graph *graph){
        if (graph!=NULL)
            return graph->Ecnt;         // 取图的边数
```

```
        else
            return -1;
    }

    int IsDirected(Graph *graph) {
        if (graph!=NULL)
            return graph->digraph;              // 返回有向图/无向图标志
        else
            return -1;
    }

int Edge(Graph *graph, int v, int w) {          // 判断连接 v 到 w 的边是否存在
    return graph->adj[v * graph->Vcnt + w];
}

    void Insert(Graph *graph, int v, int w) {    // 插入边的操作
        if (!Edge(graph, v, w)) {
            graph->Ecnt++;                       // 如果边不存在, 边数加一
            graph->adj[v * graph->Vcnt + w] = 1; // 加入边
            if (graph->digraph == 0) {           // 如果是无向图, 处理对称元素
                graph->adj[w * graph->Vcnt + v] = 1;
            }
        }
    }

    void Delete(Graph *graph, int v, int w) {    // 删除边的操作
        if (Edge(graph, v, w)) {
            graph->Ecnt--;                       // 边存在, 边数减一
            graph->adj[v * graph->Vcnt + w] = 0; // 删除边
            if (graph->digraph == 0) {           // 如果是无向图, 处理对称元素
                graph->adj[w * graph->Vcnt + v] = 0;
            }
        }
    }

    int FirstAdjVex(Graph *graph, int v) {       // 取图中顶点 v 的第一个邻接顶点
        int w = 0;
        if (graph==NULL) return -1;
        while ((w < graph->Vcnt) && (graph->adj[v * graph->Vcnt + w] == 0))
            w++;
        if (w == graph->Vcnt)                    // 未找到邻接顶点
            return -1;
        else                                     // 返回邻接顶点
            return w;
    }
```

```
int NextAdjVex(Graph *graph, int v, int w) {
                                // 取顶点 v 在顶点 w 后的下一个邻接顶点
    int u = w+1;
    if (graph==NULL)
        return -1;
    while ((u < graph->Vcnt) && (graph->adj[v * graph->Vcnt + u] == 0))
        u++;
    if (u == graph->Vcnt)
        return -1;                          // 未找到邻接顶点
    else
        return u;                           // 返回邻接顶点
}
```

从上面实现可以看到，基于邻接矩阵实现的大部分基本操作，例如插入边、删除边、判边存在等，其时间复杂度都是 $O(1)$ 的。访问图中某个结点的所有邻接顶点，时间复杂度为 $O(n)$；而要依次访问所有顶点的邻接顶点的时间复杂度为 $O(n^2)$。

4.2.2 图的邻接表表示

邻接矩阵适于表示稠密图。因为对于有 n 个顶点的图，无论其边的数目是多少，邻接矩阵的规模都是 $n \times n$。如果用邻接矩阵表示的是稀疏图，那么邻接矩阵中就会出现大量的零元素，空间效率就会因此降低。为了改善空间效率，很容易想到采用链式存储。我们可以为图中的每个顶点建立起一个表示邻接关系的单链表，用一组单链表来表示图结构，这就是图的邻接表表示。

图的邻接表表示采用一个链表数组来表示图，每个单链表的头结点对应于图的一个顶点，这个顶点所有的邻接顶点被链接在这个链表中。除了单链表的表头外，单链表的各个结点表示了图中存在从单链表头结点到某个相邻结点的一条边；因此单链表的各个结点实际上表示的是图中的一条边，所以链表结点被称为边结点，单链表也因此被称为边链表。对于无向图，以某个顶点为头结点的链表长度就等于这个顶点的度；而对于有向图，以某个顶点为头结点的链表长度就等于这个顶点的出度。图 4.11 分别给出了有向图和无向图的邻接表表示的例子。

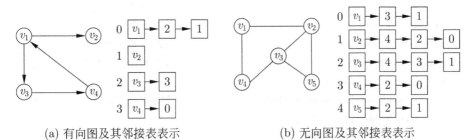

(a) 有向图及其邻接表表示　　　　　(b) 无向图及其邻接表表示

图 4.11　图及其邻接表表示

    对于有向图来说，一条边只存在于以其起点为头结点的单链表中；而对于无向图，一条边同时存在于其连接的顶点为头结点的两个单链表中。这一点与无向图的邻接矩阵表示相类似，在基于邻接表表示的无向图的操作中同样需要注意。

    再来看邻接表表示的空间复杂度。对于 n 个顶点，e 条边的有向图，邻接表表示需要 $(n+e)$ 个链表结点；而对于 n 个顶点，e 条边的无向图，邻接表表示需要 $(n+2e)$ 个链表结点。对于稀疏图来说，由于边的数目较少，采用邻接表表示就表现出了明显的优势。同样可以采用邻接表来表示稠密图，但由于此时边的数目较多，采用邻接表并没有优势。

    需要注意的是：在图的邻接表表示中，各个单链表的结点顺序任意，视单链表的建立过程而定。因此，图的邻接表表示不是唯一的。

    以下给出邻接表中链表结点的定义：

```
typedef struct tagGNode{
    int v;                      // 顶点
    struct tagGNode *next;      // 指向边的终端结点的指针
} GNode;
typedef GNode* GLink;           // 邻接表结点指针
```

邻接表的结构声明为

```
typedef struct tagGraph{
    int digraph;                // 有向图/无向图标识, 1=有向图, 0=无向图
    int Vcnt;                   // 顶点数
    int Ecnt;                   // 边数
    GNode *adj;                 // 邻接表
    int *visited;               // 访问标记
} Graph;
```

下面给出基于邻接表的图的基本操作的实现：

```
void Initialize(Graph *graph, int V, int digraph){// 图初始化
    int i;
    graph->adj = (GNode *) malloc(sizeof(graph->adj[0]) * V);
                                            // 为邻接表头分配空间
    graph->visited = (int *) malloc(sizeof(graph->visited[0]) * V);
                                            // 为顶点访问标志数组分配空间
    graph->digraph = digraph;               // 设置有向图/无向图标志
    graph->Vcnt = V;                        // 初始化顶点数
    graph->Ecnt = 0;                        // 初始化边数为 0
    for (i = 0; i < V; i++) {
        graph->adj[i].next = NULL;  // 初始化单链表头, 结点值为 i, 指针域为空
        graph->adj[i].v = i;
        graph->visited[i]=0;                // 初始化访问标志数组
    }
}
```

```
void Dispose(Graph *graph) {                    // 图的销毁操作
    int i;
    GNode *p, q;
    for (i = 0; i < graph->Vcnt; i++) {         // 依次释放各单链表
        p = graph->adj[i].next;
        while (p != NULL) {
            q = p->next;
            free(p);
            p = q;
        }
    }
    free(graph->adj);
    graph->adj = NULL;
    free(graph->visited);                       // 销毁标志数组
    graph->visited = NULL;
    graph->Vcnt = 0;                            // 置顶点数为 0
    graph->Ecnt = 0;                            // 置边数为 0
}

int V(Graph *graph){
    if (graph!=NULL)
        return graph->Vcnt;                     // 取图的顶点数
    else
        return -1;
}

int E(Graph *graph){
    if (graph!=NULL)
        return graph->Ecnt;                     // 取图的边数
    else
        return -1;
}

int directed(Graph *graph){
    if (graph!=NULL)
        return graph->digraph;                  // 返回有向图/无向图标志
    else
        return -1;
}

void Insert(Graph *graph, int v, int w) {       // 边插入操作
    GNode *newNode1, GNode *newNode2;
    if (!Edge(graph, v, w)) {
        newNode1 = (GNode *) malloc(sizeof(*newNode1));
```

```
            newNode1->v = w;
            newNode1->next = graph->adj[v].next;
            if (graph->digraph == 0 && v != w) {      // 处理无向图
                newNode2 = (GNode *) malloc(sizeof(*newNode1));
                newNode2->v = v;
                newNode2->next = graph->adj[w].next;
                graph->adj[w].next = newNode2;
            }
            graph->adj[v].next = newNode1;
            graph->Ecnt++;
        }
    }

    int Edge(Graph *graph, int v, int w) {            // 判边存在操作
        GNode *p;
        for (p = graph->adj[v].next; p != NULL; p = p->next)
        if (p->v == w) return 1;                      // 边存在
            return 0;
    }

    void Delete(Graph *graph, int v, int w) {         // 删除边操作
        GNode *p, q;
        for (p = &graph->adj[v]; p->next != NULL; p = p->next) {
            if (p->next->v == w) {                    // 寻找待删除的边
                graph->Ecnt--;
                q = p->next->next;
                free(p->next);                        // 删除操作
                p->next = q;                          // 指向下一邻接顶点
            }
        }
        if (graph->digraph == 0) {                    // 处理无向图
                for (p = &graph->adj[w]; p->next != NULL; p = p->next) {
                    if (p->next->v == v) {            // 寻找待删除的边
                        graph->Ecnt--;
                        q = p->next->next;
                        free(p->next);                // 删除操作
                        p->next = q;                  // 指向下一邻接顶点
                    }
                }
        }
    }
    int FirstAdjVex(Graph *graph, int v) {            // 取图中 v 的第一个邻接顶点
        GLink t;
        if (graph == NULL) return -1;
```

```
    t = graph->adj[v].next;                     // 取链表头
    if (t)
        return t->v;                            // 返回第一个邻接顶点
    else
        return -1;                              // 空表返回 -1
}

int NextAdjVex(Graph *graph, int v, int w) {    // 取 v 在 w 后的下一个邻接顶点
    GLink t;
    if (graph == NULL) return -1;
    t = graph->adj[v].next;                     // 取链表头
    while(t) {
        if (t->v == w && t->next)               // 寻找当前邻接顶点
        return t->next->v;                      // 返回下一个邻接顶点
        t = t->next;                            // 指向下一个邻接顶点
    }
    return -1;                                   // 未找到，返回 -1
}
```

从上面实现可以看到，在基于邻接表实现的操作中，边插入操作的时间复杂度为 $O(1)$，而边删除、判边存在等操作，其时间复杂度都是 $O(n)$ 的。要访问图中某个结点的所有邻接顶点，其时间复杂度为 $O(n)$；而要依次访问所有顶点的邻接顶点，其时间复杂度为 $O(n+e)$。

4.2.3 图的其他表示方法

1. 边集数组

图的边集数组表示是用数组来存储图的顶点和边，用一个一维数组存储顶点信息；用一个数组存储图中所有的边，数组中每个元素存储一条边的起点、终点、权值，并且次序任意。图 4.12 是一个用边集数组表示图的例子。

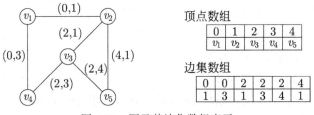

图 4.12 图及其边集数组表示

如果图有 e 条边，则在边集数组中查找一条边，或者求某个顶点的度都需要扫描整个数组，时间复杂度为 $O(e)$。所以边集数组表示适合对边依次处理的运算，但不适合对顶点的运算和对某一条边的随机运算。从空间复杂度的角度来看，边集数组也适合表示稀疏矩阵。

2. 邻接多重表

在无向图的邻接表表示中，每一条边 $\langle v, w \rangle$ 在邻接表中有两个结点，一个在 v 的边链表中，表示 $\langle v, w \rangle$，一个在 w 的边链表中，表示 $\langle w, v \rangle$。因此在操作过程中，必须同时处理这两个结点，而这两个结点又不在同一个边链表中，所以很不方便，也影响了效率。如果采用邻接多重表来表示无向图，则可简化上述问题的处理。

邻接多重表有两类结点，一类是链表结点，表示图中的边，其结构为

mark	vertex1	edge1	vertex2	edge2

链表结点一共包含五个域，mark 域用来标识在算法中这条边是否已经被处理或者搜索到。vertex1 和 vertex2 是顶点域，表示这条边的两个端点。edge1 和 edge2 是两个指针域，分别指向连接到 vertex1 和 vertex2 的下一条边。无向图有多少条边，其邻接多重表中就有多少个链表结点。

另一类是表头结点，表示图的顶点，其结构为

Info	FirstEdge

表头结点包含两个域，Info 域纪录顶点信息，FirstEdge 是指针域，指向连接此顶点的第一条边。图有多少个顶点，其邻接多重表就有多少个表头结点。

在邻接多重表中，从代表顶点 vertex1 的表头结点出发，通过指针指向一个链表结点，这个链表结点表示了一条以 vertex1 为出发顶点的边，接着这个链表结点的 edge1 指针又指向下一条以 vertex1 为出发顶点的边。这样从代表顶点 vertex1 的表头结点出发，通过若干个链表结点的 edge1 指针就形成了一条链，连接起了所有从 vertex1 出发的边。同样，也可以从代表顶点 vertex2 的表头结点出发，通过若干个链表结点的 edge2 指针就形成了一条链，连接起了所有到达 vertex2 的边。

图 4.13 是图及其邻接多重表表示的一个例子。图中一共有 5 个顶点，6 条边，因此其邻接多重表中就有 5 个表头结点和 6 个链表结点。从代表 v_1 的表头结点 0 出发，有指针指向了链表结点 (0,1)，这个链表结点表示了链接第 0 个和第 1 个顶点的边 $\langle v_1, v_2 \rangle$；接着链表结点 (0,1) 的第一个指针又指向了链表结点 (0,3)，这个链表结点表示了链接第 0 个和第 3 个顶点的边 $\langle v_1, v_4 \rangle$；这样与顶点 v_1 相关的两条边 $\langle v_1, v_2 \rangle$ 和 $\langle v_1, v_4 \rangle$ 就被链接起来了。同样，从代表 v_2 的表头结点 1 出发，有指针指向了链表结点 (0,1)，这个链表结点表示了链接第 0 个和第 1 个顶点的边 $\langle v_1, v_2 \rangle$；接着链表结点 (0,1) 的第二个指针又指向了链表结点 (2,1)，这个链表结点表示了链接第 2 个和第 1 个顶点的边 $\langle v_3, v_2 \rangle$；然后链表结点 (2,1) 的第二个指针又指向了链表结点 (4,1)，这个链表结点表示了链接第 4 个和第 1 个顶点的边 $\langle v_5, v_2 \rangle$；这样与顶点 v_2 相关的三条边 $\langle v_1, v_2 \rangle$、$\langle v_3, v_2 \rangle$ 和 $\langle v_5, v_2 \rangle$ 就被链接起来了。

由于每一条边只有唯一的一个链表结点与之对应，因此相比于邻接表表示，对无向图来说可以节省一半的链表结点。因此，邻接多重表适合对边的操作。

3. 十字链表

首先对有向图引入逆邻接表的概念。

逆邻接表与邻接表十分类似，逆邻接表也采用一组单链表来表示图。每个链表头结点

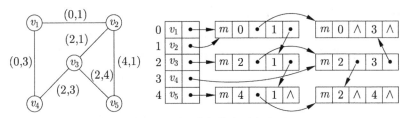

图 4.13 图及其邻接多重表表示

同样对应于图的一个顶点，不同的是，这里在边链表中加入的是链表头结点对应的顶点的入边，这样就将到达同一个顶点的边链接在一个链表中。逆邻接表中单链表的长度等于对应顶点的入度。图 4.14 是图的逆邻接表表示例子。

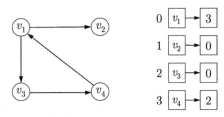

图 4.14 图及其逆邻接表表示

若把图的邻接表表示和逆邻接表表示结合起来，即可以构成图的十字链表表示。十字链表也有两类结点，一类是链表结点，表示图中的边，其结构为

vertex1	vertex2	edge1	edge2

链表结点一共包含四个域，vertex1 和 vertex2 是顶点域，表示这条边的起点和终点。edge1 和 edge2 是两个指针域，分别指向连接到 vertex1 的下一条出边和 vertex2 的下一条入边。图有多少条边，其十字链表就有多少个链表结点。

另一类是表头结点，表示图的顶点，其结构为

Info	FirstIn	FirstOut

表头结点包含三个域，Info 域记录顶点信息，FirstIn 是指针域，指向此顶点的第一条入边，FirstOut 是指针域，指向此顶点的第一条出边。图有多少个顶点，其十字链表就有多少个表头结点。

十字链表中的表头结点对应于图中的一个顶点，其他每个结点都对应了图中的一条从 vertex1 到 vertex2 的边。edge1 中的指针把终点相同的所有入边连接，而 edge2 中的指针把起点相同的所有出边连接。从表示顶点的表头结点出发，沿着边结点中的出边指针 edge2 搜索，可以遍历所有以此顶点为起点的边，恰好是邻接表中的边链表结构；如果沿着边结点中的入边指针 edge1 搜索，可以遍历所有以此顶点为终点的边，恰好是逆邻接表中的边链表结构。所以十字链表相当于把邻接表和逆邻接表组合起来。

图 4.15 给出了图的十字链表表示例子。图中一共有 4 个顶点，7 条边，因此其十字链表中就有 4 个表头结点和 7 个链表结点。从代表 v_1 的表头结点 0，其入边指针指向了链

表结点 (2,0)，这个链表结点表示了从第 2 个顶点到和第 0 个顶点的边 $\langle v_3, v_1 \rangle$；接着链表结点 (2,0) 的入边指针又指向了链表结点 (3,0)，这个链表结点表示了从第 3 个顶点到第 0 个顶点的边 $\langle v_4, v_1 \rangle$；这样顶点 v_1 两条入边 $\langle v_3, v_1 \rangle$ 和 $\langle v_4, v_1 \rangle$ 就被链接起来了。与此同时，从代表 v_1 的表头结点 0，其出边指针指向了链表结点 (0,1)，这个链表结点表示了从第 0 个顶点到第 1 个顶点的边 $\langle v_1, v_2 \rangle$；接着链表结点 (0,1) 的出边指针又指向了链表结点 (0,2)，这个链表结点表示了从第 0 个顶点到第 2 个顶点的边 $\langle v_1, v_3 \rangle$；这样顶点 v_1 的两条出边 $\langle v_1, v_2 \rangle$，$\langle v_1, v_3 \rangle$ 就被链接起来了。

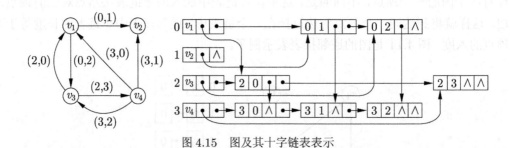

图 4.15 图及其十字链表表示

对于有向图，虽然十字链表表示和邻接表表示的表头结点数、链表结点数都相同。邻接表表示只把同一顶点发出的边链接起来了；十字链表则不但把同一顶点发出的边链接起来，而且把到达同一顶点的边也链接起来了。因此十字链表表示为有向图的处理提供了更多的灵活性。

十字链表适用于表示有向图，而邻接多重表适用于表示无向图。尽管十字链表和多重链表有其优点，但相对复杂。因此在图的存储和表示中，邻接矩阵和邻接表仍然是最常用的形式。

4.3 图的遍历

与前面介绍过数据结构的遍历类似，从给定的连通图中某一顶点出发，沿着一些边访问图中所有的顶点，且使每个顶点仅被访问一次，这个过程叫作图的遍历。

由于图结构中每个顶点可以有多条入边和多条出边，因此在遍历图时，一个顶点可能会多次到达。为了避免重复访问，可以设置一个标记顶点是否已被访问过的辅助数组visited[]。其初值为 0，在被访问过以后就被置为 1；从而避免顶点被再次访问。因此，在图的遍历中，某个顶点可能多次到达，但只会被访问一次。

图的遍历有两种最基本的方法，分别被称为深度优先遍历 (depth-first traversal) 和广度优先遍历 (breadth-first traversal)。这两种思想也经常被称为深度优先搜索 (depth-first search，DFS) 和广度优先搜索 (breadth-first search，BFS)，但搜索往往并不要求访问到所有顶点，在满足事先定义的要求后就会停止。但在使用中，我们一般不对搜索和遍历加以严格区分。

深度优先遍历和广度优先遍历对于有向图和无向图都适用。在本节中我们只讨论无向图的遍历，但把遍历的思想扩展到有向图并不困难。

4.3.1　图的深度优先遍历

图的深度优先遍历类似于树的先根遍历，其过程是：访问图中某一起始顶点 v，由 v 出发，访问它的任一邻接顶点 w_1；再从 w_1 出发，访问与 w_1 邻接但还没有访问过的顶点 w_2；然后再从 w_2 出发，访问与 w_2 邻接但还没有访问过的顶点 w_3；如此重复下去，直至到达所有的邻接顶点都被访问过的顶点 u 为止；然后回退一步，退到前一次刚访问过的顶点，看是否还有其他没有被访问的邻接顶点，如果有，访问此顶点；并从此顶点出发，访问与其邻接但还没有被访问过的顶点；重复上述过程，直到连通图中所有顶点都被访问过为止。

图 4.16 给出了深度优先遍历的示例。从顶点 0 出发做深度优先搜索，图中标出了遍历的过程。最后我们得到深度优先遍历序列：$0-2-6-4-3-5-7-1$。对于同一个图，如果从不同的顶点出发，就会得到不同的遍历序列；如果选择邻接顶点的顺序不同，即使从图中同一个顶点出发，也会得到不同的遍历序列。

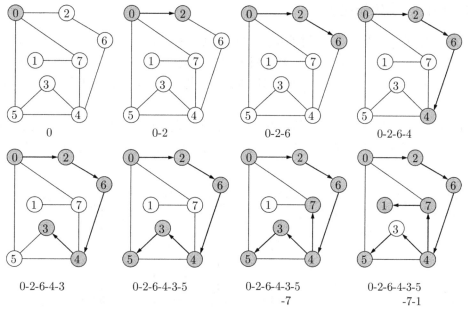

图 4.16　图的深度优先遍历示例

深度优先遍历是可以递归实现的，下面我们给出深度优先遍历的递归实现算法：

```
void DFS(Graph *graph, int v)          // 深度优先遍历函数
{ int t;
    graph->visited[v] = 1;             // 置访问标识，可插入顶点访问操作
    for (t = FirstAdjVex(graph,v); t != -1; t = NextAdjVex(graph,v,t))
                                       //依次访问顶点 v 的邻接顶点
    { if (graph->visited[t] == 0)
        Dfs(graph,t);                  //若未访问则递归调用
    }
}
```

由于已经对图的邻接矩阵和邻接表表示分别实现了同名函数FirstAdjVex(Graph *, int)和NextAdjVex(Graph *, int, int)，利用这两个函数可以依次取到某个顶点的所有邻接

顶点。所以这个深度优先遍历的实现对于图的邻接矩阵和邻接表的表示完全适用。这种通用性对于代码重用和软件易维护性很有价值。

也可以借助显式栈来实现非递归的深度优先遍历算法，有兴趣的读者可以自己尝试。非递归实现可以让我们更清楚地了解利用栈来保存尚未访问的邻接顶点，以及利用栈先进后出的特性来实现回退。

对于有 n 个顶点，e 条边的无向图，如果用邻接表表示，总共有 $2e$ 个边结点，加上对所有顶点的递归访问，所以遍历图的时间复杂度为 $O(n+e)$；如果用邻接矩阵表示，则查找每一个顶点的所有边，所需时间为 $O(n)$，遍历图中所有顶点的时间复杂度为 $O(n^2)$。

对于递归实现的深度优先遍历，其空间复杂度主要是递归调用对递归栈的使用，因此取决于递归调用的次数。因为深度优先遍历最多的递归调用次数为 n，所以对于邻接矩阵和邻接表表示，其空间复杂度都为 $O(n)$。

4.3.2　图的广度优先遍历

图的广度优先遍历类似于树的层序遍历，其过程是：首先访问遍历的起始顶点 v，由 v 出发，依次访问 v 的各个未曾被访问过的邻接顶点 $w_1, w_2, \cdots, w_t$，然后再顺序访问 $w_1, w_2, \cdots, w_t$ 的所有还未被访问过的邻接顶点；如此做下去，直到图中所有顶点都被访问到为止。

图 4.17 给出了广度优先遍历的示例。从顶点 0 出发对图作广度优先遍历，图中标出了遍历的过程，我们得到广度遍历序列：$0-2-5-7-6-3-4-1$。对于同一个图，如果从

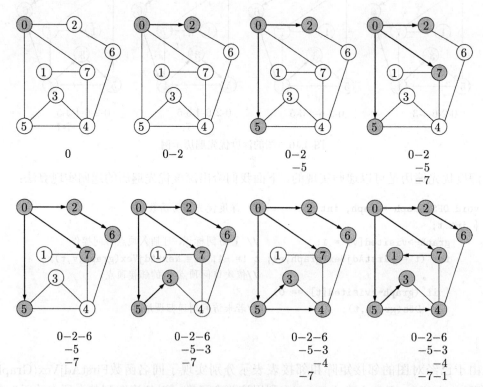

图 4.17　图的广度优先遍历示例

不同的顶点出发做广度优先遍历，会得到不同的遍历序列；如果选择邻接顶点的顺序不同，从同一个顶点出发也会得到不同的遍历序列。

广度优先遍历是一种分层的搜索过程，不像深度优先遍历那样有往回退的情况。因此，广度优先遍历不能递归实现。仿照树的层序遍历的实现方法，图的广度优先遍历可以使用先进先出的队列来实现。下面我们给出广度优先遍历的算法实现。

```
void BFS(Graph *graph, int v) {
    int i, j;
    CirQueue queue;
    Init_CirQueue(&queue, graph->Vcnt);      // 初始化循环队列
    graph->visited[v] = 1;                   // 置访问标志
    En_CirQueue(&queue, v);                  // 顶点入队列
    printf("%d ", v);                        // 访问起始顶点
    while (!CirQueue_Empty(&queue)) {
        i = Out_CirQueue(&queue);            // 队头元素出队
        for (j = FirstAdjVex(graph,i); j != -1; j = NextAdjVex(graph,i,j)) {
        // 依次访问邻接顶点
        if (graph->visited[j] == 0) {
                graph->visited[j] = 1;
                En_CirQueue(&queue, j);  // 刚访问过的元素入队列
                printf("%d ", j);
            }
        }
    }
    Clear_ CirQueue(&queue);                 // 销毁队列
}
```

在这个算法实现中，直接调用了循环队列的实现函数。图中各顶点被访问的顺序是由此顶点到遍历出发顶点的路径长度决定的。

在算法的实现中，同样借助邻接顶点访问函数 FirstAdjVex (Graph *, int) 和 NextAdjVex (Graph *, int, int)，借助这两个函数的不同实现，这个算法能够灵活适用于图的邻接矩阵表示和邻接表表示。

与深度优先遍历类似，如果图采用邻接矩阵表示，则广度优先遍历的时间复杂度为 $O(n^2)$，而对图的邻接表表示，广度优先遍历的时间复杂度为 $O(n + e)$。

广度优先遍历使用的辅助空间主要来自队列，而队列的使用规模与具体的实现有关。如果遍历过程中对于所有未访问的顶点都进行入队操作，则队列中的顶点数最多与图的边数相当，因此空间复杂度为 $O(e)$；如果遍历过程中对入队的顶点加入队与否的标志，则队列中的顶点数最多与图的顶点数相当，因此空间复杂度为 $O(n)$。

4.3.3 图遍历的应用

图的遍历是图的基本操作，在图的处理中有着广泛的应用。本节中给出两个例子。

例 4.1 寻找图中从顶点 v 到顶点 w 的简单路径。

　　求解这个问题基本思路是对依附于顶点 v 的每条边 $v-t$，寻找从 t 到 w 的一条简单路径，而且不经过 v；进一步考虑依附于顶点 t 的每条边 $t-s$，寻找从 s 到 w 的一条简单路径，并且不经过 v 和 t，如此下去直到找到解为止，所以这个问题可以利用深度优先遍历实现。

　　从顶点 v 出发做深度优先遍历，如果遇到顶点 w，回溯就可以得到从 v 到 w 的一条路径。现在的问题是如何保证这是一条简单路径。

　　其方法是：维护一条路径，依次记录深度优先遍历过程中访问过的顶点；在深度优先遍历过程中，如果某个顶点的所有邻接点都被访问过，仍然未能到达目标顶点，则将此顶点从路径中删除；这样到达目标顶点后，就可以得到一条简单路径。图 4.18 给出了一个具体的例子，在图中查找从顶点 2 到顶点 6 的简单路径。利用深度优先遍历，我们得到了从顶点 2 到顶点 6 的简单路径：$2-0-5-4-6$。

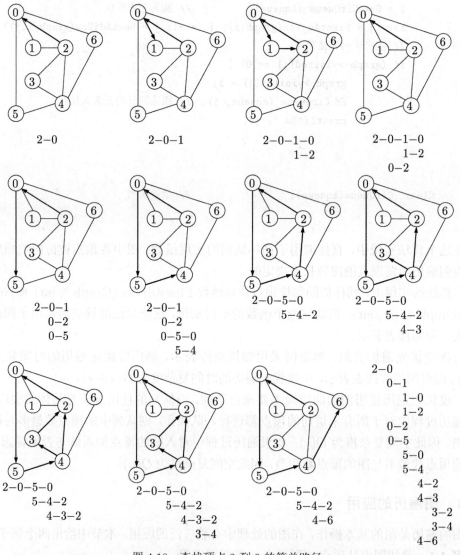

图 4.18　查找顶点 2 到 6 的简单路径

下面，给出具体的算法实现：

```
int SimplePath(Graph *graph, int v, int w, Stack1 *path) {
                                            // 简单路径查找，路径用 path 保存
    int t;
    graph->visited[v] = 1;                  // 设置访问标志
    Push _Stack(path,v);                    // 将当前顶点加入路径
    for(t = FirstAdjVex(graph,v);t != -1;t = NextAdjVex(graph,v,t)) {
                                            // 依次访问邻接顶点
        if (t == w) {
            Push _Stack(path,w);
            return 1;                       // 查找成功
        }
        if (!graph->visited[t])
            if (SimplePath(graph, t, w, path)) return 1;    // 递归调用
    }
    Pop _Stack(path);                       // 删除路径上最后一个结点
    return 0;
}
```

在找到图中从顶点 v 到顶点 w 的简单路径时，对图中顶点的遍历可能尚未完成，但因为已经得到了符合题目要求的解，遍历过程就可以提前终止了。

例 4.2　求无权图中从顶点 v 到顶点 w 的最短路径。

从前面广度优先遍历的介绍中知道，广度优先遍历是先访问到出发顶点路径长度较短的顶点，后访问到出发顶点路径长度较长的顶点，因此在无权图中寻找从顶点 v 到顶点 w 的具有最短路径长度的简单路径可以利用广度优先遍历实现。

图 4.19 给出了利用广度优先遍历求无权图中两点之间最短路径的例子。其过程是：先将起始顶点 2 入队，再将 2 的邻接顶点 0 和 1 入队，接着将 0 的邻接顶点 3 和 6 入队，此时 1 的邻接顶点 2 和 0 都已经被访问过，然后访问 3 的邻接顶点 4 和 5，由于 4 即为目标顶点；回溯就可以得到顶点 2 和 4 之间的最短路径：$2-0-3-4$。

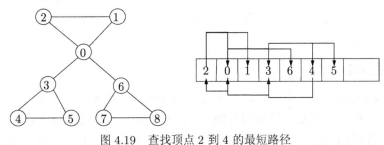

图 4.19　查找顶点 2 到 4 的最短路径

广度优先遍历的过程中可以利用队列来保存等待访问的顶点，在典型的广度优先遍历中，顶点是先出队然后被访问，因此凡是已经被访问的顶点在队列中就不存在了。而在这里求解从顶点 v 到顶点 w 的最短路径时，为了能够回溯得到两点之间的最短路径，必须在队列操作上稍加修改，使得被访问过的顶点仍然在队列中被保存。这在实现过程中需要

注意。

我们利用广度优先遍历的算法来求解这个问题,当得到第一个解的时候,并且可以确定这是符合要求的具有最短路径长度的解,遍历过程也就可以提前终止。

在交通查询系统中,一般都提供一项服务:查询从出发地到目的地公交最少换乘次数方案。我们这里提出的问题就可以成为描述这样一个服务的数学模型,因此采用基于广度优先遍历的算法就可以实现这项服务。

在这两个应用例子中,我们分别使用了深度优先遍历和广度优先遍历的思想。但在确认得到满足要求的解的情况下,已经不需要完成对图中所有顶点的遍历,因此这实际上是深度优先搜索和广度优先搜索。

4.3.4 图的连通性

1. 非连通图的遍历

前面介绍了对于连通图,可以采用深度优先遍历或者广度优先遍历来访问图中所有顶点。对于非连通图,同样可以从任意一个顶点开始进行深度优先遍历或者广度优先遍历。但是由于图是非连通的,并不能访问到图的所有顶点。但对深度优先遍历算法略作修改,就可以实现对非连通图的遍历。

```
void DFS(Graph *graph, int v) {          // 深度优先遍历函数
    int t;
    for(v=0; v<graph->Vcnt; v++){         // 从每个顶点开始进行遍历
        aph->visited[v] = 1;              // 置访问标识,可插入顶点访问操作
        for(t=FirstAdjVex(graph,v); t!=-1; t=NextAdjVex(graph,v,t))
            if(graph->visited[t]==0)
            DFS(graph,t);                 // 对未访问顶点,递归调用
    }
}
```

只需要依次把每个顶点作为起点进行深度优先遍历,就可以实现对非连通图的遍历。而从某个顶点出发进行遍历时,能够访问到的所有顶点都和这个出发顶点连通,也就是说,这些顶点属于同一个连通分量。因此,图的遍历也给出了一个确定图的连通性,以及寻找图中连通分量的方法。

2. 桥和边连通

如果删除连通图中的一条边将把一个连通图分解为不连通的两个子图,则称这条边为这个图中的桥。图 4.20 就是带桥的图的例子,其中的边 $v-w$ 就是图中的桥。

如果一个连通图中没有桥,则称这个图称为边连通的。对于边连通的图,删除图中任一条边,仍然是个连通图。

3. 关节点和重连通图

删去连通图的某个顶点和依附于这个顶点的所有边后,将把一个连通图分解为至少两个互不相交的子图,则称这个顶点为关节点。图 4.21(a) 中的顶点 v 就是一个关节点,容易

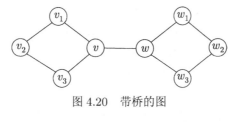

图 4.20 带桥的图

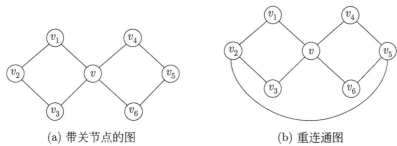

(a) 带关节点的图   (b) 重连通图

图 4.21 关节点和重连通图

看出,如果将顶点 v 和依附于 v 的所有边从图中删除,图 4.21(a) 所示的图就成为有两个连通分量的非连通图。

如果图中每一对顶点都由两条不相交的路径连接,则称该图是重连通的。一个连通图是重连通的充要条件是:当且仅当图中没有关节点。图 4.21(b) 所示的图就是一个重连通的图。

当用图对一些实际问题建模并加以深入研究时,边连通和重连通性的讨论具有重要意义。例如交通运输网、计算机网络等,很容易想象,如果某个顶点,或者某条边出现问题后就影响到整个网络的连通性,这样的网络显然是脆弱而不可靠的。

在连通性的研究中,深度优先遍历的方法扮演了很重要的角色;但这些问题超出了本书范围,在此就不再讨论,有兴趣的读者可以自行查阅其他文献。

4.4 有向图与有向无环图

有向图是由一个顶点集和一个有向边集组成,其中有向边连接一对有序顶点,我们称一条边是从其第一个顶点出发并到达第二个顶点。

可能的有向图数目极其庞大,n 个顶点的不同无向图的总数为 $2^{n(n-1)/2}$,而 n 个顶点的不同有向图总数更是达到了 $2^{n(n-1)}$。也就是说,三个顶点的有向图个数为 64,四个顶点的有向图个数为 4096 个,六个顶点的有向图个数已经超过了一亿个,这是十分惊人的。这也说明针对有向图的建模和算法设计较之无向图更为困难。

4.4.1 有向图的连通性和传递闭包

有向图中的一条路径是一个顶点序列,如果有一条从 v 到 w 的有向路径,则称顶点 w 由顶点 v 可达。如果有向图中的两个结点相互可达,则称它们是强连通的。

如果有向图中每个顶点从其余各个顶点均可达, 则称此有向图为强连通的。

如果图中任意两个顶点 v 和 w, 或者存在一条从 v 到 w 的有向路径, 或者存在一条从 w 到 v 的有向路径, 那么就称这个图是单向连通的。

如果忽略有向图中边的方向, 在将其视为无向图的情况下, 图是连通的; 那么就称这个有向图是弱连通的。

由定义可知: 若有向图 G 是强连通的, 则必是单向连通的; 若有向图 G 是单向连通的, 则必是弱连通的。但这两个命题, 其逆命题都不成立。

不是强连通图的有向图由一组强连通分量以及连接这些强连通分量的一组有向边组成。图 4.22 给出了一个具体的例子, 图中的有向图由四个强连通分量和连接这些分量的有向边组成。求有向图的强连通分量是一个重要的课题, 可以通过有向图的深度优先搜索实现, 也可以通过一些更为精巧的算法来得到。本书就不再专门讨论。

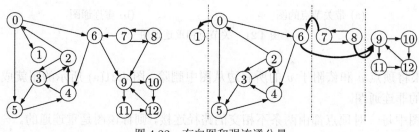

图 4.22   有向图和强连通分量

有向图的传递闭包也是一个有向图, 并且满足:

① 有向图和其传递闭包具有同样的顶点。

② 如果在传递闭包中存在从 v 到 w 的边, 条件是当且仅当在有向图中从 v 到 w 有一条有向路径。

讨论传递闭包是因为传递闭包涵盖了解决有向图可达性问题的所有必要信息。图 4.23 是一个有向图和其传递闭包。传递闭包中的一条有向边, 就说明在原图中从这条边的起点到终点存在着一条有向路径; 如果在传递闭包中不存在边连接, 就说明在原图中从起点到终点是不可达的。例如从顶点 2 到顶点 5 可达, 但从顶点 5 到顶点 2 不可达。

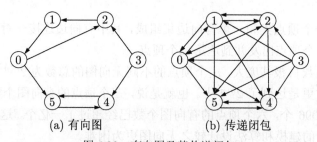

(a) 有向图   (b) 传递闭包

图 4.23   有向图及其传递闭包

为了求解有向图的传递闭包, 这里介绍 Warshall 方法, 这个方法适用于图的邻接矩阵表示。该方法的思想非常简单, 形式上类似于矩阵乘法。其核心代码片断如下:

```
for(i = 0; i < graph->Vcnt; i++)
```

```
{ for(v = 0; v < graph->Vcnt; v++)          // 行循环
for(w = 0; w < graph->Vcnt; w++)            // 列循环
    if(A[v][i] && A[i][w]) A[v][w] = 1;     // 若满足条件，置可达标志
}
```

读者可以写出矩阵相乘的代码，和 Warshall 算法的代码比较一下。

图 4.24 给出了采用 Warshall 算法求解有向图传递闭包的过程。图 4.24(a) 为原图及其邻接矩阵表示，图 4.24(b)~ 图 4.24(g) 是分步计算的过程。图 4.24(b) 中新增的边说明原图中从起点到终点，存在经过顶点 0，并且长度不大于 2 的有向路径；图 4.24(c) 中新增的边说明原图中从起点到终点，存在经过顶点 0 和 1，并且长度不大于 3 的有向路径；以此类推，凡是传递闭包中新增的边都表明原图中存在从起点到终点的有向路径。最后，图 4.24(h) 中给出了原图的传递闭包。

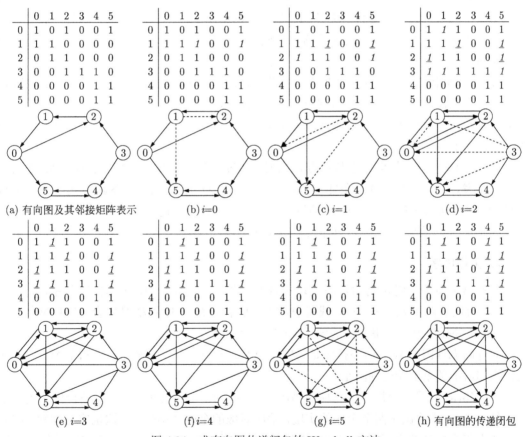

图 4.24　求有向图传递闭包的 Warshall 方法

容易确定 Warshall 算法的时间复杂度是 $O(n^3)$。所以利用 Warshall 算法，可以在与 n^3 成正比的时间内计算出一个有向图的传递闭包。Warshall 算法针对邻接矩阵实现，与图中边的数目无关，适用于稠密图的传递闭包求解。我们也可以利用有向图的 DFS 搜索来得到一个有向图的传递闭包。

4.4.2　有向无环图和拓扑排序

1. 有向无环图与偏序关系

图的有向环是从图中一个顶点出发,又回到自身的有向路径。如果一个有向图中不存在有向环,就称为有向无环图 (directed acyclic graph,DAG)。我们定义有向图中入度为零的顶点称为源点,出度为零的顶点称为汇点。一个有向无环图至少有一个源点和一个汇点。

实际上,有向无环图可以表示元素之间的偏序关系。回顾第 1 章中曾经讲到过的偏序的概念:如果集合 M 上的一个关系 R 满足自反性、传递性和反对称性,则称这个关系 R 为集合 M 上的偏序关系。子集包含 $\subseteq$ 就是一种偏序关系。如果把偏序关系中的自反性改成反自反性,我们就得到了所谓的严格偏序关系,也即满足反自发性、传递性和发对称性的二元关系,真子集包含 $\subset$ 就是一种严格偏序关系。在有向无环图中,顶点间"通过一条非空有向路径可达"的关系也是一种严格偏序关系,原因在于:

(1) 对于图中的任一顶点 a,如果从 a 出发存在一条非空有向路径可达顶点 a,这说明图中存在有向环,则与图是有向无环图矛盾;所以从图中任一点出发都不存在一条非空有向路径可达这个顶点,因此有向无环图中,顶点间"通过一条非空有向路径可达"的关系是反自反的。

(2) 在有向图中,如果存在从顶点 a 出发,通过一条非空有向路径可达顶点 b,同时存在从顶点 b 出发,通过一条非空有向路径可达顶点 c,那么从顶点 a 出发,一定可以通过一条非空有向路径可达顶点 c,因此有向无环图中,顶点间"通过一条非空有向路径可达"的关系是传递的。

(3) 在有向图中,如果存在从顶点 a 出发,通过一条非空有向路径可达顶点 b;那么从顶点 b 出发,一定不能通过一条非空有向路径可达顶点 a;否则这两条路径就形成一个有向环;因此有向无环图中,顶点间"通过一条非空有向路径可达"的关系是反对称的;

因此有向无环图 (DAG) 可以作为严格偏序的隐式模型。

2. 拓扑排序

回顾第 1 章中曾经讲到的全序关系的概念:假设 R 是集合 M 上的偏序关系,如果对于 M 中的任意两个元素 a 和 b,或者有 aRb,或者有 bRa,则称 R 是集合 M 上的全序关系。所谓拓扑排序就是将集合上的偏序变成全序的过程。

对有向无环图 DAG,拓扑排序是为图中所有顶点建立一个线性序,使得 DAG 中存在的前驱和后继关系都能得到满足。

图 4.25(a) 就是一个用有向无环图描述的偏序关系,而图 4.25(b) 中就是转化得到的全序。在 4.25(b) 中给出了两个全序的实现,偏序对应的全序并不唯一。这也容易理解,因为全序要求集合中任两个元素之间都要满足关系,而偏序并无此要求。因此偏序转化为全序时,原来并无关系的两个元素 a 和 b,无论设定为 aRb,还是 bRa,都是合理的。

对有向无环图进行拓扑排序的步骤是这样的:为无环有向图建立源点队列,从源点队列中取出一个源点加入排序序列,删除这个源点及所有从这个源点出发的边,将新生成的源点加入到源点队列的队尾;再从源点队列中取出一个队头元素加入排序序列,重复这个过程,直至源点队列为空。

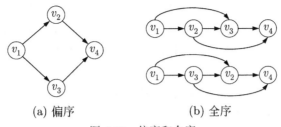

(a) 偏序　　　　　　　　　　　　(b) 全序

图 4.25　偏序和全序

图 4.26 给出了一个拓扑排序的过程。图中有两个源点，0 和 8。我们先从源点队列中取出顶点 0 加入排序序列，在图中删除 0 和从 0 出发的所有边，此时顶点 2 和 1 的入度都已经变为零，因此成为源点，将其加入到源点队列的队尾；然后从源点队列中取出位于队头

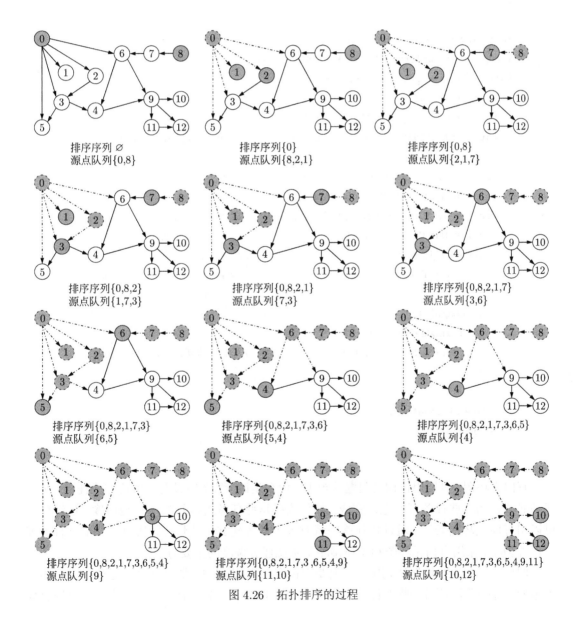

图 4.26　拓扑排序的过程

的顶点 8 加入排序序列，删除 8 和从 8 出发的所有边，这样顶点 7 就成为源点，将其加入源点队列；这样进行下去，当源点队列中只剩下最后两个顶点 10 和 12，将其分别从源点队列中取出加入排序序列。最后得到拓扑排序序列：{0, 8, 2, 1, 7, 3, 6, 5, 4, 9, 11, 10, 12}。

从拓扑排序的过程容易知道，对一个有向无环图作拓扑排序生成的顶点序列不是唯一的。这里我们给出对图 4.26 同样正确的两个拓扑排序序列：{0, 8, 1, 2, 7, 3, 6, 5, 4, 9, 10, 11, 12}和{8, 0, 7, 1, 2, 6, 3, 5, 4, 9, 11, 10, 12}。读者可以自行验证。

以下给出对有向无环图进行拓扑排序的算法实现：

```
void topoSort(Graph *graph, int *topoSeq)      // topoSeq 记录生成的拓扑排序序列
{ int j;
  int v, w, t;
  int *inEdge;                                 // 记录顶点输入边数
  CirQueue cq;                                 // 定义循环队列
  Init_CirQueue(&cq,graph->Ecnt+1);            // 初始化循环队列
  inEdge = malloc(graph->Vcnt * sizeof(int));
  for(v = 0; v < graph->Vcnt; v++)
    inEdge[v] = 0;                             // 初始化顶点输入边数
    for(v = 0; v < graph->Vcnt; v++)           // 遍历图得到顶点输入边数
      for(t= FirstAdjVex(graph,v); t!=-1; t = NextAdjVex(graph,v,t))
        inEdge[t]++;
    for(v = 0; v < graph->Vcnt; v++)           // 源点入源点队列
      if(inEdge[v] == 0) En_CirQueue(&cq,v);
    for(j = 0; !CirQueue_IsEmpty(&cq); j++)    // 开始拓扑排序
      { w = Out_CirQueue(&cq);                 // 队头元素出队
      topoSeq[j] = w;                          // 从源点队列中取元素入拓扑序列
        for(t= FirstAdjVex(graph,w); t!=-1; t = NextAdjVex(graph,w,t))
                                               // 遍历各邻接顶点
      { inEdge[t]--;                           // 源点邻接顶点的边计数减一
        if(inEdge[t] == 0)
          En_CirQueue(&cq,t);                  // 若成为新源点，入源点队列
      }
    }
  CirQueue_Dispose(&cq);
  free(inEdge);
}
```

有向无环图，可以用作调度问题的模型。什么是调度呢？假设有一组待完成任务，某些任务必须在另一些任务开始之前完成。如何安排这些任务的执行顺序就是调度。这组任务可以用有向无环图表示，通过拓扑排序就对各个任务建立了线性序，从而有助于进行合理的任务调度。采用有向无环图和拓扑排序是实现任务调度的重要方法。

例如，在大学的教学计划中，学生要学很多门课程，这些课程的学习是存在先后顺序关系的。有些课程是另一些课程的先修课程，图 4.27 表示教学计划的一部分。可以用有向

无环图对教学计划进行描述 (见图 4.28), 并用拓扑排序将其变成一个有序序列, 从而便于为学生设定每个学期的课程计划。

课程代号	课程名称	先修课程
C1	高等数学	
C2	程序设计基础	
C3	离散数学	C1,C2
C4	数据结构	C3,C2
C5	高级语言程序设计	C2
C6	编译方法	C5,C4
C7	操作系统	C4,C9
C8	普通物理	C1
C9	计算机原理	C8

图 4.27 教学计划

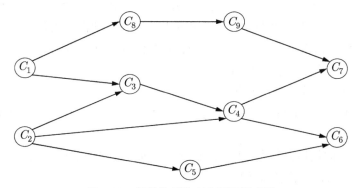

图 4.28 教学计划的有向无环图表示

我们已经知道这样的有序序列是不唯一的, 我们给出其中的一个: {C1, C2, C3,C4, C5, C6, C8, C9, C7}。

拓扑排序方法的另一个作用是用于检测有向图中是否存在环, 如果拓扑排序过程中, 发现源点队列为空, 但图的剩余顶点集不为空; 说明图的剩余点集中每个点都有入边, 所以剩余顶点集中一定有环存在, 所以此有向图中存在环。

4.4.3 关键路径

在把有向无环图用作调度模型时, 用顶点表示任务 (活动), 用有向边表示这些任务间的先后次序, 这样的有向无环图叫作 AOV 网络 (Activity On Vertices)。通过拓扑排序, 可以将图中顶点排成一个线性序列, 从而得到任务执行的顺序。

有向无环图还可以包含更加丰富的信息, 比如 AOE 网络 (Activity On Edges)。在 AOE 网络中, 用有向边表示一个工程中的各项任务 (活动), 用边上的权值表示活动的持续时间, 用顶点表示事件。这种 AOE 网络在某些工程估算方面非常有用。例如: 完成整个工程至少需要多少时间? 为缩短完成工程所需的时间, 应当加快哪些活动?

图 4.29(a) 中就给出了一个 AOE 网络。在这个工程中，一共有 11 项任务，我们用图中的 11 条边来表示，每项任务预计所需的时间单位用边权值表示；图中的顶点所代表的事件是：它的所有入边代表的任务都已经完成，它的所有出边代表的任务开始被执行。顶点 0 是有向无环图的源点，也是整个工程的开始点；顶点 8 是有向无环图的汇点，也是整个工程的完成点。所以这个 AOE 网络中实际上描述了整个工程进行的计划。其中有些任务可以并行进行，有些任务只能顺序进行。

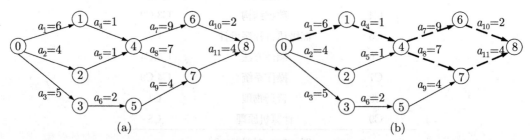

图 4.29 AOE 网络

在 AOE 网络中，从源点到汇点具有最长路径长度的路径，就叫做关键路径。完成整个工程所需的时间就取决于关键路径。关键路径上的所有活动都是关键活动，关键活动是没有时间余量的任务，既前一个任务一旦结束，后续任务必须立刻启动，否则会影响到整个工程的进度。下面讨论如何求解 AOE 网络的关键活动和关键路径。

这里需要引入一些变量作为标记：

$V_e[i]$：事件 V_i 的最早可能发生时间，就是图中是从源点 V_0 到顶点 V_i 的最长路径长度。

$V_l[i]$：事件 V_i 的最迟允许发生时间，就是在保证汇点 V_{n-1} 在 $V_e[n-1]$ 时刻完成的前提下，事件 V_i 允许的最迟发生时间。

$e[k]$：活动 a_k 的最早可能开始时间，即为 $V_e(i)$。

$l[k]$：活动 a_k 的最迟允许开始时间，是在不会引起时间延误的前提下，该活动允许的最迟开始时间。

$l[k] - e[k]$：时间余量，表示活动 a_k 的最早可能开始时间和最迟允许开始时间的余量。$l[k] = e[k]$ 表示活动 a_k 是没有时间余量的关键活动。

有了这些标记量，我们就可以进行求解了。首先还是要对 AOE 网络进行拓扑排序，得到排序序列为 $\{V_0, V_1, V_2, V_3, V_4, V_5, V_6, V_7, V_8\}$。然后递推求解事件 V_i 的最早发生时间 $V_e[i]$ 和最迟发生时间 $V_l[i]$，正向递推得到 $V_e[i]$，逆向递推得到 $V_l[i]$，递推结果见图 4.30(a)。

事件	V_0	V_1	V_2	V_3	V_4	V_5	V_6	V_7	V_8
$V_e[i]$	0	6	4	5	7	7	16	14	18
$V_l[i]$	0	6	6	8	7	10	16	14	18

活动	a_1	a_2	a_3	a_4	a_5	a_6	a_7	a_8	a_9	a_{10}	a_{11}
e	0	0	0	6	4	5	7	7	7	16	14
l	0	2	3	6	6	8	7	7	10	16	14

(a)　　　　　　　　　　　　　　　　　　(b)

图 4.30 求解关键路径和关键活动

接着求解活动 a_k 的最早可能开始时间 $e[k]$ 和最迟允许开始时间 $l[k]$；根据是顶点所代表事件的发生时间就是其出边所代表任务开始执行的时间。图 4.30(b) 给出了结果。最后

根据时间余量 $l[k] - e[k]$ 可以求得关键活动，图 4.30 中的关键活动为 $a_0, a_4, a_7, a_8, a_{10}, a_{11}$；而由关键活动组成的路径就是关键路径，如图 4.29(b) 所示。

这样我们就能回答本节开始时提出的问题，完成这个 AOE 网络表示的工程至少需要 18 个单位的时间，如果要想缩短工期，必须针对加快其中的关键活动：$a_0, a_4, a_7, a_8, a_{10}, a_{11}$。并且由于 $a_7 \sim a_{10}$，$a_8 \sim a_{11}$ 是并行的，必须同时加快才能缩短整体工期。

由于关键路径是从源点出发，到达汇点的最长路径，因此求解关键路径实际上也给出求解源点- 汇点最长路径的一种方法。后面还会讲述求解图的最短路径问题，读者可以考虑如何求解一般图中任意两个顶点之间的最长路径。

4.5 最小生成树

在用图描述的很多实际问题中，边上带有权值的加权图非常普遍。如航线图中边代表航线，而边权值可能是距离或者费用；电信网络建设中，边代表光缆等设备，权值代表建设成本；在这些问题中都经常面临成本最小化问题，我们将研究两类问题，一是找出连接所有点的最低成本路线，这就是本节要讨论的图的最小生成树；另一个是找出连接两个给定点的最低成本路径，这是下一节要讨论的最短路径问题。

在本节中，针对无向图讨论生成树，针对加权无向图讨论最小生成树。而在有向图中寻找有向生成树的问题要困难得多。

4.5.1 图的生成树与最小生成树

有 n 个顶点的连通图的生成树，是包含图中全部 n 个顶点，但只有 $n-1$ 条边的连通子图。如果在生成树上删去一条边，则不再连通；如果在生成树上添加一条边，必定构成一条回路。所以连通图的生成树是一个极小连通子图，这里的"极小"是说生成树具有构成连通图所需要的最少的边数。图 4.31 是连通图及其生成树的示例。

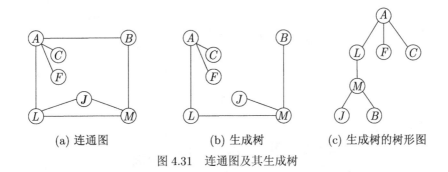

(a) 连通图　　　　　(b) 生成树　　　　　(c) 生成树的树形图

图 4.31　连通图及其生成树

如果图是非连通的，那么图必然存在若干个连通分量；每个连通分量都有生成树，这些生成树互不连通，组成了非连通图的生成森林。

对图进行遍历，并记录遍历的过程就可以得到图的生成树。使用不同的方法遍历图，可以得到不同的生成树；从不同的顶点出发对图进行遍历，也可能得到不同的生成树。所以图的生成树是不唯一的。在图 4.32 中，我们对图 4.31 的连通图从顶点 A 开始分别进行深度优先遍历和广度优先遍历，得到了两颗不同的生成树。深度优先遍历得到的生成树具有最大高度，而广度优先遍历得到的生成树具有最大的度和最小高度。

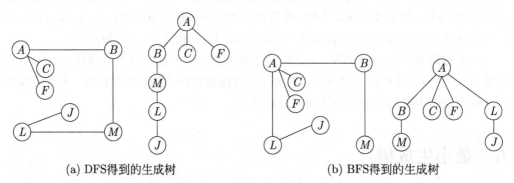

(a) DFS得到的生成树　　　　　　　　　　　(b) BFS得到的生成树

图 4.32　不同遍历方法得到的不同生成树

　　对于带权无向连通图，每条边都被赋予一个权值。其生成树的权就是组成生成树的 $n-1$ 条边的权值之和。最小生成树是一棵生成树，并且其权值不会大于其他任何生成树的权值。

　　现在考虑这样的一个实际问题：要建设一个全国性通信网络，其主干网要将一些选定的大城市联结起来，如图 4.33 所示；再通过这些大城市向其周围地区辐射，从而实现对全国的覆盖。在这些大城市两两之间都可以架设通信线路，但代价是不同的。如果要为通信主干网的建设设计一个成本最小的方案，我们就可以用图来描述这个问题。每个城市都是图中的一个顶点，连接城市的线路是边，边上的权值是建设成本。不同的通信线路建设方案实际上就是不同的生成树，而图的最小生成树 (minimum spanning tree, MST) 就对应于其中建设成本最小的方案。

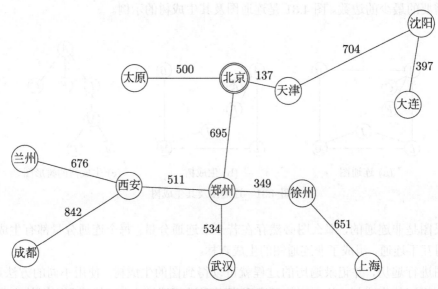

图 4.33　通信网络设计

构造最小生成树的准则是使用该图中的边来构造生成树。必须用且仅用 $n-1$ 条边来联结该图的 n 个顶点；并且不能使用产生回路的边。这两条实际上是一致的，因为如果采用了能够产生回路的边，那么 n 个顶点，$n-1$ 条边构成的子图必定不连通，因此这 $n-1$ 条边也不能构成生成树；如果这 $n-1$ 条边能使这 n 个顶点连通，那么其中也一定不存在回路。

如果带权无向连通图中所有边的权值都不相等，那么图的最小生成树是唯一的。但如果图中存在权值相同的边，那么图的最小生成树有可能不唯一，一个简单的例子如图 4.34 所示。

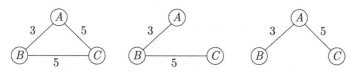

图 4.34　具有相同边权值的图和两棵最小生成树

当然并不是一个图只要具有相同权值的边，其最小生成树就一定不唯一。图 4.35 就是一个例子，图中虽然有权值相同的边，但其最小生成树是唯一的。

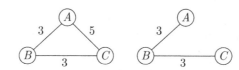

图 4.35　具有相同边权值的图及其唯一的最小生成树

对于最小生成树的构造问题，已经有很多经典的算法。其中，最著名的是普里姆 (Prim) 算法和克鲁斯卡儿 (Kruskal) 算法。

4.5.2　普里姆 (Prim) 算法

用 Prim 算法对带权无向图 G 求最小生成树的过程是：

(1) 初始化 MST 是一个空集，首先从图 G 中任取一个结点 a 加入 MST，MST 的顶点集为 $\{a\}$，边集为空。此时原图就被分成两个部分，一个是 MST，另一个则包括所有不属于 MST 的外部顶点和边。然后我们要确定当前 MST 的外部边集。从每一个属于当前 MST 的顶点到所有不属于当前 MST 的外部顶点，都存在一条最短边，当前 MST 中的这些顶点到外部顶点的最短边就组成了当前 MST 的外部边集，外部边集连接了当前的 MST 和所有可连接的外部顶点。

(2) 取出外部边集中的最短边 (a,b)，把这条边和非 MST 顶点 b 加入 MST，此时 MST 的顶点集为 $\{a,b\}$，而边集为 $\{\langle a,b \rangle\}$。MST 的顶点数目增加 1。

(3) 更新外部边集；

(4) 重复步骤 (2) 和 (3)，直到 MST 包括 G 中所有顶点。我们就得到了图的最小生成树。

以下通过一个具体的例子来进一步说明 Prim 算法的求解过程 (见图 4.36)，假设我们从顶点 0 开始求解，现将顶点 0 加入 MST，此时 MST 的外部边集为 $\{0-1(0.32)$，$0-2(0.29)$，$0-5(0.60)$，$0-6(0.51)$，$0-7(0.31)\}$，其中权值最小的边为 $0-2$，因此将顶点 2 加入 MST；更新 MST 外部边集，得到 {0−1(0.32), 0−5(0.60), 0−6(0.51), 0−7(0.31)}，其中权值最小的边为 0−7，将顶点 7 加入 MST；更新 MST 外部边集，由于边 7−1(0.21), 7−6(0.25) 的权值要小于相对应的边 0−1(0.32), 0−6(0.51)，并且可以通过边 7−4(0.46) 实现了从 MST 到顶点 4 的连接，因此得到新的外部边集：{7−1(0.21), 7−4(0.46), 0−5(0.60), 7−6(0.25)}；其中，权值最小的边是 7 − 1，将顶点 1 加入 MST；更新外部边集，得到 {7 − 4(0.46), 0 − 5(0.60), 7 − 6(0.25)}，其中，权值最小的边是 7 − 6，将顶点 6 加入 MST；更新外部边集，得到 {7 − 4(0.46), 0 − 5(0.60)}，其中，权值最小的边是 7 − 4，将顶点 4 加入 MST；由于边 4−5(0.40) 的权值要小于相对应的边 0−5(0.60)，并且可以通过边 4−3(0.34) 实现了从 MST 到顶点 3 的连接，因此可以更新得到新的外部边集：{4−3(0.34), 4−5(0.40)}，其中，权值最小的边是 4−3，将顶点 3 加入 MST；由于边 3−5(0.18) 的权值要小于相对应的边 4−5(0.40)，因此新的外部边集为 {3 − 5(0.18)}；取出这条唯一的边，将顶点 5 加入 MST。到此为止，我们已经把图中所有的顶点都加入了 MST，求解完成，依次取出的边就组成了原图的 MST：{0−2(0.29), 0−7(0.31), 7−1(0.21), 7−6(0.25), 7−4(0.46), 4−3(0.34), 3−5(0.18)}，最小生成树的权值为 2.04。

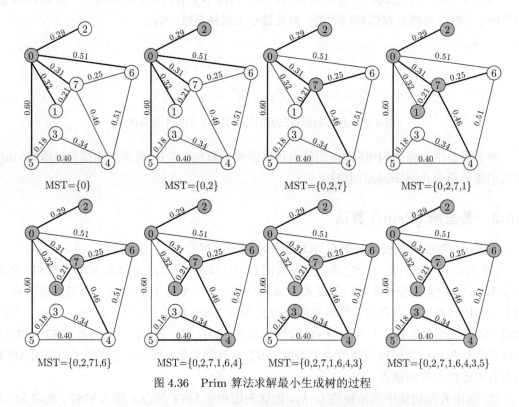

图 4.36　Prim 算法求解最小生成树的过程

　　Prim 算法的思路是将图分为两部分，MST 和非 MST，每次通过寻找连接两部分的最短边得到距离 MST 最近的顶点，并把最短边和这个顶点加入 MST，重复这个过程直至 MST 包含原图中所有顶点。而每次找到并加入 MST 的这些边就和图的顶点组成了 MST。

　　下面讨论 Prim 算法的实现。首先定义图中带权边。

```
typedef struct tagEDGE          // 带权边的结构定义
{ int begin;                    // 边的起点
```

```
    int end;                            // 边的终点
    float weight;                       // 边的权
} EDGE;
```

以下针对图的邻接矩阵表示，给出 Prim 算法的实现：

```
void Prim(Graph *graph, EDGE *mst){
    int i,j;
    EDGE *pEdge;                         // 维护非 MST 顶点到 MST 的最短距离
    int v = 0;                           // 假设从顶点 0 开始求 MST
    int edgeCount = 0;                   // 已经找到的 MST 的边数
    int edgeNum;
    pEdge = malloc(graph->Vcnt * sizeof(EDGE));// 内存分配, n 个顶点
    for(i = 0; i < graph->Vcnt; i++) {   // 初始化非 MST 顶点距离数组
        pEdge[i].begin = v;
        pEdge[i].end = i;
        pEdge[i].weight = graph->adj[v*graph->Vcnt+i];
    }
    pEdge[v].weight = 0.0f;              // MST 内顶点距离设为 0
    for(i = 1; i < graph->Vcnt; i++) {   // 需要找 n-1 条边
        edgeNum = minEdge(pEdge,graph->Vcnt); // 调用函数求最短边
        mst[edgeCount++] = pEdge[edgeNum];    // 保存最短边到结果数组，需另具体实现
        v = pEdge[edgeNum].end;          // 当前加入 MST 的顶点
        pEdge[v].weight = 0.0f;          // MST 内顶点距离设为 0
        for(j = 0; j <graph->Vcnt; j++)  // 更新非 MST 顶点到 MST 的最短距离
        if(graph->adj[v*graph->Vcnt+j] < pEdge[j].weight) {
            pEdge[j].begin = v;          // 更新起始顶点
            pEdge[j].weight = graph->adj[v*graph->Vcnt+j];  // 更新权重
        }
    }
    free(pEdge);
}
```

其中，选取最短边的操作的函数 minEdge( ) 实现如下：

```
int minEdge(EDGE *pEdge, int num) {      // num 图的边数
    int i;
    float min = INF;                     // 最短边权重初始化
    int minElem = -1;                    // 用于记录最短边序号
    for(i = 0; i < num; i++) {
        if(!pEdge[i].weight) continue;   // 权重为 0，表明已属于 MST，跳过
        if(pEdge[i].weight < min) {      // 比较权重
            min = pEdge[i].weight;
            minElem = i;                 // 记录权重较小的边
        }
    }
    return minElem;                      // 返回最短边的序号
}
```

Prim 算法的时间复杂度是 $O(n^2)$，因此对于稠密图来说是线性的。Prim 算法的实现很容易，对于稠密图，Prim 的邻接矩阵实现是首选方法。

4.5.3　克鲁斯卡尔 (Kruskal) 算法

Prim 算法是通过一次找出外部边集中的一条最短边来逐步构造 MST，Kruskal 算法也是如此，但寻找边的方法有所不同。Kruskal 算法的过程是：

(1) 首先对图中所有边按权值进行排序；令 MST 为空。

(2) 取出权值最小的一条边；如果这条边与 MST 中的边能构成环，则舍弃，否则将这条边加入 MST。

(3) 重复步骤 (2)，直至将 $n-1$ 条边加入 MST。构造完成，得到加权无向图的最小生成树。

图 4.37 给出了 Kruskal 算法求解的过程。首先对图中所有的边根据其权值从小到大进

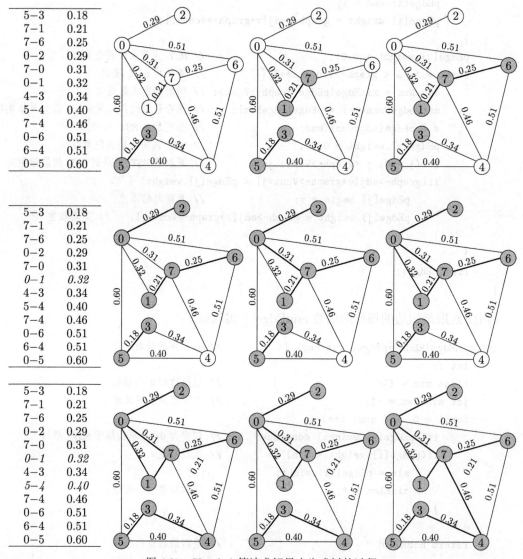

图 4.37　Kruskal 算法求解最小生成树的过程

行排序，得到了一个有序的边序列，这是 Kruskal 算法选取边的基础。首先将权值最小的边 $5-3(0.18)$ 放入 MST，然后依次加入 $7-1(0.21)$，$7-6(0.25)$，$0-2(0.29)$，$7-0(0.31)$；在试图向 MST 加入边的时候，要判断加入的边会不会使得 MST 中形成环；随后发现，如果将边 $0-1(0.32)$ 加入，则会形成 $7-0$，$7-1$ 和 $0-1$ 组成的环，所以边 $0-1$ 不能加入 MST，必须舍弃。根据同样的判断方法，加入了边 $4-3(0.34)$，舍弃了边 $5-4(0.40)$。最后当我们加入边 $7-4(0.46)$ 后，MST 已经有 7 条边；图共有 8 个顶点，所以边数已经满足 $n-1$ 的条件，因此这就是要求的 MST：$\{5-3(0.18), 7-1(0.21), 7-6(0.25), 0-2(0.29), 7-0(0.31), 4-3(0.34), 7-4(0.46)\}$，其权值为 2.04。

Kruskal 算法的思路非常直接，根据边权值大小的顺序，每次向 MST 中加入一条边，并保证 MST 中不构成回路。对于有 n 个顶点的图，如果找到了 $n-1$ 条边，则得到最小生成树；如果检查了所有边，而未找到 $n-1$ 条边，则说明此图是非连通的。所以，Kruskal 算法实际上也给出了一种判断图的连通性的方法。

下面给出图的邻接表表示下，Kruskal 算法的具体实现：

```
void Kruskal(Graph *graph, EDGE *mst) {
    int i;
    GLink g;
    EDGE edgeTmp, edge;                     // 存放边的序列指针
    int *vtxSet;                            // 顶点连通子集指针
    HeapSeq *hp;                            // 用于对边权值排序的堆结构
    int edgeNum = 0, edgeCount = 0;
    int cntVtx;
    vtxSet = malloc(graph->Vcnt * sizeof(int));
    InitHeap(&hp);                          // 初始化堆
    for(i= 0; i < graph->Vcnt; i++){        // 利用堆插入对边排序
        g = graph->adj[i];
        while(g) {
            if(g->v > i) {                  // 对称边只须取一条
            edgeTmp.begin = i;
            edgeTmp.end = g->v;
            edgeTmp.weight = g->weight;     // 构造边
            InsertHeap(hp, edgeTmp);        // 堆插入并调整
            }
            g = g->next;
        }
    }
    for(i = 0; i < graph->Vcnt; i++)
        vtxSet[i] = i;                      // 初始化顶点连通性集合
        while(!IsEmpty(&hp) && edgeNum < graph->Vcnt−1) {
                                            // MST 中边数尚不够并且堆不空
        edge = RemoveHeap(hp);              // 取出权值最小的边
        if(vtxSet[edge.begin] == vtxSet[edge.end]) continue;
                                            // 判断是否会构成环，若会将边舍弃
```

```
        mst[edgeCount++] = edge;                 // 保存有效的 MST 组成边
        edgeNum++;
        cntVtx = vtxSet[edge.end];               // 合并新边两个端点所在的顶点集合
        for(i = 0; i< graph->Vcnt; i++)
            if (vtxSet[i] == cntVtx) vtxSet[i] = vtxSet[edge.begin];
        }
        ClearHeap(hp);                           // 清除堆
        free(vtxSet);
    }
```

在这个实现中，我们使用了堆排序来对边进行排序，InsertHeap( ) 将元素插入到堆中，并保持堆特性；RemoveHeap( ) 取出堆中权值最小的元素，即最短边。读者可以参考第 7 章的内容；也可以选择其他排序方法。

环的判断应用了等价类和并查集的思想。将所有已经连通的顶点都用其中某一个顶点代表，如果新增边的两个端点已经连通，就意味着这条边的加入会形成环，所以应该舍弃。如果新增边的两个端点不连通，那么这条边加入后，两个端点所在的连通分量就连通了，所属的集合就可以合并。

Kruskal 算法由两部分的操作组成，分别是对 e 条边的排序，以及边的合并操作，包括是否构成回路的判断。如果采用高级排序方法 (将在本书第 7 章专门讨论)，则排序的时间复杂度为 $O(elog_2e)$；如果选取合适的方法，边的合并操作仅仅比线性略慢；所以 Kruskal 算法的时间复杂度为 $O(elog_2e)$。可以看到，Kruskal 算法的时间效率主要取决于边的数目，因此 Kruskal 算法对于稀疏图是一个好的选择。

Prim 算法通过寻找当前与 MST 距离最近的顶点，来逐步扩展 MST；而 Kruskal 算法则通过不断加入最短边来构建 MST。两者都是构造最小生成树的高性能算法，Prim 算法更适于稠密图，而 Kruskal 算法更适于稀疏图。

4.6   最短路径问题

对于带权有向图 (网) 中每条路径都可以定义路径权，其值为该路径上各条边的权值之和。在带权有向图中，从顶点 v 到顶点 w 的最短路径是从 v 到 w 的一条有向简单路径，而且不存在从 v 到 w 的其他有向简单路径具有更小的权值。最短路径问题的应用非常广泛，一个简单的例子是旅行线路设计问题。

在本节中要讨论两类最短路径问题，一是单源最短路径，即给定一个起始顶点 s，找出从 s 到图中其他各顶点的最短路径。这也可以看成是要构建一棵最短路径树 (shortest-path tree，SPT)，树的根结点就是起始顶点 s，其余各个顶点都是叶子结点，从树的根结点到各个叶子结点的路径就对应于原图中从顶点 s 到其余各个顶点的最短路径。经常把起始顶点 s 称为源点，这也是单源最短路径中"源"的来历，但这和我们在有向无环图中定义的源点是不同的。实际阅读时，读者不难根据上下文判断出"源点"的确实含义，因此在论述中也就不特别地加以区分。

另一个是全源最短路径，即找出图中任意一个有序顶点对的最短路径。

4.6.1　单源最短路径

求解单源最短路径的经典方法是迪克斯特拉 (Dijkstra) 算法，Dijkstra 算法通过构造带权有向图的最短路径树 SPT，来实现单源最短路径算法。其实现过程是：

(1) 初始化 SPT 顶点集 $S = \{0\}$，$s \in S$ 为源点，V 为图的顶点集；用 $V - S$ 表示图的顶点集与 SPT 顶点集的差集，即图中所有不属于 SPT 的顶点。

(2) 沿源点 s 发出的边进行扩展，更新源点 s 到 $V - S$ 中各顶点的最短距离。

(3) 找出 $V - S$ 中距源点 s 最近的顶点 v，将顶点 v 和相应的边放入 SPT。

(4) 沿顶点 v 发出的边更新源点 s 到 $V - S$ 中各顶点的距离。

(5) 不断重复上述步骤 (3) 和 (4)，SPT 顶点集 S 不断扩大，当 $S=V$，求解完毕，得到表示单源最短路径的 SPT。

图 4.38 给出了采用 Dijkstra 算法求解一个加权有向图以 0 为源点的单源最短路径的过程。

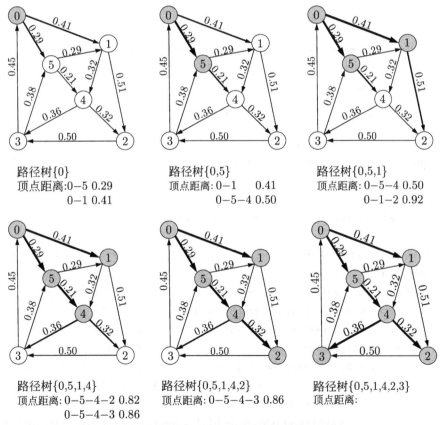

图 4.38　Dijkstra 算法求解过程

图 4.38 中，第一个加入 SPT 顶点集的是源点 0，源点 0 的出边为 $0 - 1(0.41)$ 和 $0-5(0.29)$，所以从源点到图的顶点集中其他顶点的最短路径分别为 $0-1(0.41)$，$0-5(0.29)$。由于 $0 - 5$ 的路径权小于 $0 - 1$，所以将顶点 5 加入 SPT 顶点集。

根据新增的关联边 $5 - 1(0.29)$ 和 $5 - 4(0.21)$ 更新源点到其他顶点的最短路径，得到

$0 - 1(0.41)$ 和 $0 - 5 - 4(0.50)$。由于 $0 - 1$ 的权较小，将顶点 1 加入 SPT 顶点集；新增关联边 $1 - 4$ 和 $1 - 2$，更新源点到其他顶点的最短路径，得到 $0 - 5 - 4(0.50)$（另一条路径 $0 - 1 - 4(0.73)$，权值大于 $0 - 5 - 4(0.50)$）和 $0 - 1 - 2(0.92)$。由于 $0 - 5 - 4(0.50)$ 的权值较小，将顶点 4 加入 SPT 顶点集；新增关联边 $4 - 2(0.32)$ 和 $4 - 3(0.36)$，更新源点到其他顶点的最短路径，得到 $0 - 5 - 4 - 2(0.82)$ 和 $0 - 5 - 4 - 3(0.86)$。由于 $0 - 5 - 4 - 2$ 的权值较小，将顶点 2 加入 SPT 顶点集；新增关联边 $2 - 3(0.50)$，源点对其他顶点的最短路径仍为：$0 - 5 - 4 - 3(0.86)$。最后将顶点 3 加入 SPT 顶点集，此时 SPT 顶点集已经和图的顶点集相等，求解完成，得到了最短路径树 SPT，也求得了单源最短路径。

可以看到 Dijkstra 算法与求解最小生成树的 Prim 算法是非常类似的。对 n 个顶点的图，Dijkstra 算法也是通过每次增加一条边来构建 SPT，取出 $n - 1$ 条边后构建完成。不同之处在于：Prim 算法中我们是取从 MST 顶点集中任一顶点到非 MST 中任一顶点的一条最小边；而 Dijkstra 算法是取从源点到非 SPT 顶点的最短路径的最后一条边。换句话说，Prim 算法是按顶点与 MST 顶点集的距离为顺序向 MST 加入顶点，而 Dijkstra 是按源点到顶点的距离为顺序来向 SPT 加入顶点。

针对图的邻接矩阵表示，Dijkstra 算法的实现如下：

```
void Dijkstra(Graph *graph,int v, EDGE *spt) {      // 保存 SPT 求解结果
    int i, j;
    int edgeCount;
    int pathNum;
    EDGE *path;                                      // 维护从源点到各顶点的最短距离
    path = malloc(graph->Vcnt * sizeof(EDGE));       // 内存分配，n 个顶点
    for(i = 0; i < graph->Vcnt; i++) {               // 初始化源点到各顶点距离数组
        path[i].begin = v;
        path[i].end = i;
        path[i].weight = graph->adj[v*graph->Vcnt+i];
    }
    path[v].weight = 0.0f;                            // SPT 内顶点距离设为 0
    edgeCount = 0;                                    // 已经找到的 SPT 的边数
    for(i = 1; i < graph->Vcnt; i++) {               // 需要找 n-1 条边
        pathNum = minEdge(path,graph->Vcnt);         // 求最短路径
        spt[edgeCount++] = path[pathNum];            // 保存最短路径到结果数组
        v = path[pathNum].end;                       // 当前加入 SPT 的顶点
        for(j = 0; j < graph->Vcnt; j++) {           // 更新源点到各顶点的最短距离
            if(path[v].weight+graph->adj[v*graph->Vcnt+j] < path[j].weight) {
                path[j].begin = v;                   // 记录边的起始顶点
                path[j].weight = path[v].weight + graph->adj[v*graph->Vcnt+j];
            }
        }
        path[v].weight = 0.0f;                        // SPT 内顶点不再参与比较
    }
    free(path);
}
```

在这个算法实现中，我们借用了 Prim 算法实现中的结构 EDGE，以及选取边的操作 minEdge( )；从这一点也看出这两个算法实现上是一脉相承的。

Dijkstra 算法的时间复杂度为 $O(n^2)$，所以 Dijkstra 算法可以在线性时间内实现稠密图的单源最短路径。

由于 Dijkstra 算法在执行过程中，只考虑用从新加入顶点发出的边更新源点到非 SPT 顶点的路径，并选择其中最小的路径来加入顶点和边，因此 Dijkstra 算法也属于贪心算法。

4.6.2 全源最短路径

全源最短路径要求出图中任意两个顶点之间的距离。在学习了求解单源最短路径的 Dijkstra 算法后，很容易想到的就是对图中每个顶点都用 Dijkstra 算法求单源最短路径，来得到全源最短路径，这当然是可行的。另外一种直接的算法就是弗洛伊德 (Floyd) 算法 (如果读者看过 5.4.2 节中有关传递闭包的知识，就可以看到 Floyd 算法实际上是 Warshall 算法的推广)。

Floyd 算法步骤是：对有 n 个顶点的图，初始化 $n \times n$ 的矩阵 D_0 为图的边值矩阵，按下面的公式进行迭代：

$$D_k[i][j] = \min\{D_{k-1}[i][j],\ D_{k-1}[i][k] + D_{k-1}[k][j]\} \quad k = 0, 1, \cdots, n-1 \tag{4.1}$$

$D_k[i][j]$ 是从顶点 i 到顶点 j 的路径长度，这条路径在所有不经过编号大于 k 的顶点的路径中时最短的。经过 n 次迭代，最后得到的就是全源最短路径矩阵。

图 4.39 给出了采用 Floyd 算法求解图的全源最短路径的示例。图 4.39(a) 为图及初始化边值矩阵，就是加权图的邻接矩阵表示。图 4.39(b)~ 图 4.39(g) 是求解过程。

图 4.39(b) 中关注的是邻接矩阵的第 1 行和第 1 列，即顶点 0 的入边和出边；考察矩阵中其他元素，如果元素 $D[i][j]$ 向第 1 行和第 1 列的投影 $D[1][j]$ 和 $D[i][1]$ 都有值，就说明原图中从 i 到 j 存在一条经过顶点 0 的有向路径 $i - 0 - j$，这样的路径包含的边数不会超过 2，如果其权值小于 $D[i][j]$，则应用这个权值更新 $D[i][j]$，表明图中有向路径 $i - 0 - j$ 相比原有路径 $i - j$ 更短。图 4.39(b) 中增加了通过顶点 0 的新路径，$3 - 0 - 1(0.86)$，因为其路径权小于原有路径 (路径不存在，所以其权值为无穷大)。

图 4.39(c) 中关注的是邻接矩阵的第 2 行和第 2 列，即顶点 1 的入边和出边，考察矩阵中地其他元素，增加了经过顶点 1 的路径，$0 - 1 - 2(0.92)$，$0 - 1 - 4(0.73)$，$3 - 1 - 2(1.37)$，$3 - 1 - 4(1.18)$，$5 - 1 - 2(0.80)$，其中顶点 3 到顶点 1 的路径是在图 4.39(b) 中刚刚加入的，这条路径实际上经过了顶点 0，应为 $3 - 0 - 1$；顶点 3 到顶点 2 的路径应为 $3 - 0 - 1 - 2(1.37)$，顶点 3 到顶点 4 的路径应为 $3 - 0 - 1 - 4(1.18)$。所以图 4.39(c) 中新增加的路径可能是同时通过了顶点 1 和顶点 0 或者其中一个，包含边数不会超过 3，并且路径权小于已有的简单路径。

同样可以类推，图 4.39(d) 中关注的是邻接矩阵的第 3 行和第 3 列，增加的路径是经过顶点 2，1 和 0(其中的一个或者多个)，并且包含边数不超过 4。

这样一直到图 4.39(g)，考察完了图中所有的顶点。即得到了图中连接任意两个顶点的最短路径，也就是全源最短路径。图 4.39(h) 中是最后的结果。

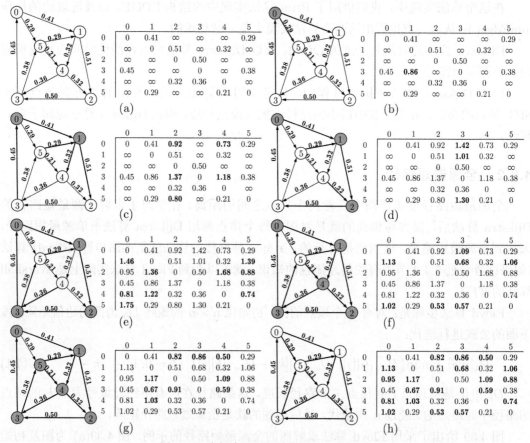

图 4.39 求解全源最短路径的 Floyd 算法

Floyd 算法实现如下：

```
void Floyd(Graph *graph, float *d, int *p) {          // d 为边值矩阵, p 为路径矩阵
    int v, w, i, s, t;
    for(v=0; v < graph->Vcnt; v++) {                  // 边值和路径矩阵初始化
        for(w = 0; w < graph->Vcnt; w++) {
            d[v*graph->Vcnt+w] = graph->adj[v*graph->Vcnt+w];
            p[v*graph->Vcnt+w] = v;
        }
    }
    for(v=0; v < graph->Vcnt; v++)
        d[v*graph->Vcnt + v] = 0.0;                   // 顶点到自身的距离定为 0
    for(i = 0; i < graph->Vcnt; i++) {                // 顶点循环
        for(s = 0; s < graph->Vcnt; s++) {            // 起点循环
            for(t = 0; t < graph->Vcnt; t++) {        // 终点循环
                if (d[s*graph->Vcnt+t] > d[s*graph->Vcnt+i]+d[i*graph->Vcnt+t]){
                    // 是否存在更短的路径
                    d[s*graph->Vcnt+t] = d[s*graph->Vcnt+i] + d[i*graph->Vcnt+t];
                    // 边值矩阵更新
```

```
                    p[s*graph->Vcnt+t] = p[i*graph->Vcnt+t]; // 路径矩阵更新
                }
            }
        }
    }
}
```

在算法实现中，我们用边值矩阵 d 和路径矩阵 p 来保存全源最短路径的路径权和顶点序列。如果从顶点 v 到顶点 w 的最短路径 P 中包含顶点 t，那么这条路径同时包含了从顶点 v 到顶点 t 的最短路径 P_1 和从顶点 t 到顶点 w 的最短路径 P_2。这个结论可以用反证法证明，如果存在从顶点 v 到顶点 t 的更短路径 P_1'，那么显然存在路径 $P' = P_1' + P_2$，要比路径 P 更短。所以 P_1 是从顶点 v 到顶点 t 的最短路径，同理 P_2 是从顶点 t 到顶点 w 的最短路径。这就使我们采用一个路径矩阵就可以记录全源最短路径的所有顶点序列。所以要获取任意两个顶点之间的最短路径，可用以下代码：

```
void path(int v, int w)
{ STACK S;
    InitStack(S);                        // 初始化栈
    push(S,w);                           // 终点入栈
    int t = p[v*G.Vcnt+w];               // 取终点的前驱为当前顶点
    while(t != v)                        // 当前顶点不是起点
        { push(S,t);                     // 当前顶点入栈
            t = p[v*G.Vcnt+t];           // 继续找当前顶点的前驱
        }
    push(S,v);                           // 起点入栈
    while(!IsEmpty(S))                   // 依次出栈
        cout << pop(S) << "-";
}
```

Floyd 算法可以在 $O(n^3)$ 的时间内计算出一个网中的所有最短路径。

4.7 最大流

最大流或网络流问题是一类重要的图论问题，可用来建模、分析和优化包括陆运、海运和空运在内的物流运输问题，石油和天然气等管道运输问题，以及电网络问题等。从图论的角度讲，各种网络的运输对象被统一地称为**流**，而承载流的运输网络称为**流网络**。一个最简单的流网络包含一个以固定速率发出流的**源结点**，以及一个以相同速率接收流的**宿结点**。流网络上的每条边都有一个由运输能力决定的最高流速率，称为**容量**。例如，某条公路的平均货运能力或者石油管道的输送能力等。在最大流或网络流问题中，我们期望在不违背任何一条边上容量约束的前提下，计算出从源结点到宿结点的最高运输速率。

本节将讨论最大流问题及其求解算法。在 4.7.1 节中，我们将给出网络流问题的正式定义。然后，在 4.7.2 节中描述寻找最大流的经典算法，即 Ford-Fulkerson 算法。

4.7.1 网络流的基本概念

在本小结中，我们首先给出流网络的图论定义及其性质。然后，给出最大流问题的准确描述。

一个流网络是一个有向图 $G = (V, E)$，其中边 $(u, v) \in E$ 有一个非负的容量 $c(u, v) \geqslant 0$。进一步地，我们要求边 (u, v) 和边 (v, u) 不能同时存在，且没有自环，即 $(u, u) \notin E$。为方便，如果 $(u, v) \notin E$，则定义 $c(u, v) = 0$。流网络中的源结点用 s 表示，宿结点用 t 表示。我们假设任意一个与 s 和 t 不同的结点 v 都在 s 到 t 的路径上。G 上的流定义为满足以下两个性质的实值函数 $f : V \times V \to \mathbb{R}$：

(1) **容量约束**：对于任意 $u, v \in V$，要求 $0 \leqslant f(u, v) \leqslant c(u, v)$，即从 u 到 v 的流量非负且不大于边 (u, v) 的容量。

(2) **保守性质**：对于任意 $u \in V - \{s, t\}$，要求

$$\sum_{v \in V} f(v, u) = \sum_{v \in V} f(u, v)$$

即对于非源结点和宿结点的任意顶点 u，流入顶点 u 的总流量等于流出 u 的总流量。我们称非负函数 $f(u, v)$ 为从顶点 u 到顶点 v 的流。流 f 的流量值 $|f|$ 定义为

$$|f| = \sum_{v \in V} f(s, v) \sum_{v \in V} f(v, t) \tag{4.2}$$

即流出源结点 s 的总流量或流入宿结点 t 的总流量。**最大流问题**是在包含源结点 s 和宿结点 t 的给定流网络 G 上，计算流 f 的最大流量值。

图 4.40 给出了一个最大流问题的实例。某公司在城市 s 有一个生产车间，而在城市 t 有一个仓库。该公司期望通过途经 v_1, v_2, v_3, v_4 等四座城市的公路运输网络将货物从 s 运送到 t。由于汽车运力所限，城市 v_i 和 v_j 之间每天最多运输 $c(v_i, v_j)$ 吨货物。计算该公司的每日最佳运输方案就是要求解该城市网络上 s 到 t 的最大流问题。

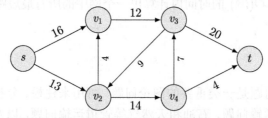

图 4.40 某公司期望计算从生产车间 s 到仓库 t 的每日最佳运输方案，即求解 s 到 t 的最大流问题

某些时候，两个城市之间可以双向通行，例如货物也可以经过 v_4 运往 v_2，而且 v_4 到 v_2 的运输能力不一定等于 $c(v_4, v_2)$。此时，边 (v_2, v_4) 和边 (v_4, v_2) 同时存在，故违反我们的约定。此时可通过引入虚拟结点 v'，将边 (v_4, v_2) 拆分成两条有向边 (v_4, v') 和 (v', v_2)。由此得到的等效流网络满足前述所有约定。

另一方面，在某些最大流问题中，可能有多个源结点和 (或) 多个宿结点，例如该公司有多个生产车间和 (或) 多个仓库。设源结点集为 $\{s_1, s_2, \cdots, s_m\}$，宿结点集为

$\{t_1, t_2, \cdots, t_n\}$。此时，我们增加一个虚拟源结点 s' 和 (或) 一个虚拟宿结点 t'，并增加有向边 (s, s_i), $i = 1, 2, \cdots, m$ 和 (或) (t_j, t), $j = 1, 2, \cdots, n$。仅需令 $c(s, s_i) = c(t_j, t) = \infty$ 即可将原问题转化为本节讨论的最大流问题。

4.7.2 Ford-Fulkerson 方法

本小节将介绍求解最大流问题的经典方法。该方法由 Ford 和 Fulkerson 于 1965 年提出，故称为 Ford-Fulkerson 方法。之所以不叫算法是因为它可以有多种实现方式，每种方式的时间复杂度不同。Ford-Fulkerson 方法依赖于三个非常重要的思想：残留网络、增广路和割。这些概念是解决更复杂的网络流及其相关问题的重要基础。

在详细讨论 Ford-Fulkerson 方法之前，我们先简要介绍一下其基本思想。简单来说，Ford-Fulkerson 方法就是从 $f(u, v) = 0, \forall u, v \in V$ 开始，逐步迭代地增加流量值。每一次迭代，我们都要在与流网络 G 相关联的"残留网络" G_f 上寻找"增广路"以增加流量值。一旦我们确定了 G_f 上的增广路，就可以很容易地确定 G 上的边。通过改变这些边上的流，我们就能增加总流量值。这样，我们可以反复增加流量值直到残留网络 G_f 上不存在增广路为止。可以证明，该过程在迭代终止时将得到 s 到 t 的最大流。

1. 残留网络

给定一个源结点在 s、宿结点在 t 的流网络 $G = (V, E)$，并令 f 是 G 上的流。定义顶点 u 和 v 之间的残留容量 $c_f(u, v)$ 为

$$c_f(u, v) = \begin{cases} c(u, v) - f(u, v), & (u, v) \in E \\ f(v, u), & (v, u) \in E \\ 0, & \text{其他} \end{cases} \tag{4.3}$$

由于我们假设 $(u, v) \in E$ 意味着 $(v, u) \notin E$，因此式 (4.3) 中有且仅有一种情况成立。流网络 $G = (V, E)$ 上由流 f 导出的残留网络为 $G_f = (V, E_f)$，其中

$$E_f = \{(u, v) \in V \times V : c_f(u, v) > 0\} \tag{4.4}$$

这意味着残留网络上的每一条边，即残留边，都能支持大于 0 的流。E_f 中的每条边，要么来自于 E，要么是其反向，故有 $|E_f| \leqslant 2|E|$。图 4.41 给出了图 4.40 所示流网络上的初始流量分配。据此，我们可以得到如图 4.42 所示的残留网络。需要注意的是，残留网络允许存在反向平行边。

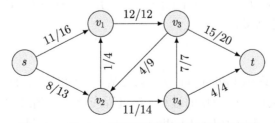

图 4.41 图 4.40 所示流网络上的初始流量分配

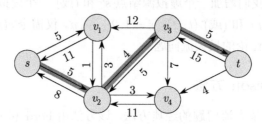

图 4.42 图 4.41 对应的残留网络和增广路

给定原始流网络 G 上的一个流 f 和相应残留网络 G_f 上的一个流 f'，则 f' 对 f 增广操作后的流 $f\uparrow f'$ 是满足下述定义的 $V\times V\to\mathbb{R}$ 的函数：

$$(f\uparrow f')(u,v)=\begin{cases} f(u,v)+f'(u,v)-f'(v,u), & (u,v)\in E \\ 0, & 其他 \end{cases} \tag{4.5}$$

可以证明，$|f\uparrow f'|=|f|+|f'|$。下面需要在残留网络 G_f 上找到合适的 f' 使得增广流 $(f\uparrow f')$ 不违背原始流网络 G 上任何一条边的容量约束。

2. 增广路

为了在残留网络上找到流量合适的增广流，Ford 和 Fulkerson 提出了增广路的概念。给定流网络 $G=(V,E)$ 和一个流 f，一条增广路 p 是残留网络 G_f 上从 s 到 t 的一条简单路。根据残留网络的定义，可以将增广路 p 上的边 (u,v) 流量增加到 $c_f(u,v)$ 而不违背原始流网络 G 上边 (u,v) 的流量约束。图 4.42 中由阴影标示的路，就是该残留网络的一条增广路。由于这条增广路上的最小残留容量是 $c_f(v_2,v_3)=4$，因此我们可以将该增广路上每条边的流量增加 4 而不违背原始网络的流量约束。我们把增广路 p 上每条边可增加的流量的最大值称为 p 的残留容量，即

$$c_f(p)=\min\{c_f(u,v):(u,v)\in p\} \tag{4.6}$$

对于任意一条增广路 p，我们定义 G_f 上的流 $f_p:V\times V\to\mathbb{R}$ 为

$$f_p(u,v)=\begin{cases} c_f(p), & (u,v)\in p \\ 0, & 其他 \end{cases} \tag{4.7}$$

由于 $|f_p|=|c_f(p)|>0$，故增广流 $|f\uparrow f_p|=|f|+|f_p|>|f|$。图 4.43 给出了基于图 4.42 中增广路执行的增广操作结果。

3. 割

根据前面的介绍，Ford-Fulkerson 方法就是基于原始网络上的已有流不断地构造残留网络、寻找增广路并执行增广操作的过程。该过程应该在找到最大流时终止。但是，如何判定已经找到了最大流就成为 Ford-Fulkerson 方法要解决的最后一个问题。为此我们先定义一些基本概念。流网络 $G=(V,E)$ 的 (S,T) 割是顶点集 V 的一个分割，且满足条件

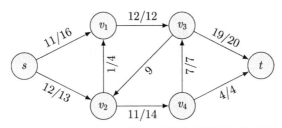

图 4.43 基于图 4.42 增广路所执行的增广操作结果

$S \cap T = \emptyset$, $S \cup T = V$, $s \in S$, $t \in T$。割 (S, T) 的容量定义为

$$c(S, T) = \sum_{u \in S} \sum_{v \in T} c(u, v) \tag{4.8}$$

最小割则是流网络中割容量最小的 (S, T) 割。下面我们不加证明地给出下述定理:

定理 4.1 (最大流最小割) 设 f 是流网络 $G = (V, E)$ 上的流,则下述条件等价:

(1) f 是 G 上的最大流;

(2) 残留网络 G_f 不包含任何增广路;

(3) $|f| = c(S, T)$,其中 (S, T) 是 G 的最小割。

4. Ford-Fulkerson 方法的 Edmonds-Karp 实现

Ford-Fulkerson 方法根据原始流网络 G 上的流 f 构造残留网络 G_f 之后,寻找增广路 p,并对流 f 执行增广操作。算法执行上述过程直到 G_f 上不存在增广路为止。算法的不同实现主要体现在寻找增广路的区别。在 Edmonds-Karp 的实现中,广度优先搜索被用来寻找残留网络 G_f 上从 s 到 t 的最短增广路 p。Edmonds 和 Karp 证明该算法需要执行 $O(VE)$ 次增广操作即可找到最大流。下面的代码是 Edmonds-Karp 的实现。

```
const int N = 1100;
const int INF = 0x3f3f3f3f;
struct Node {
    int to;          // 终点
    int cap;         // 容量
    int rev;         // 反向边
};
vector<Node> v[N];
bool used[N];

int AugPath(int s, int t, int f) {
    if(s==t) return f;
    used[s] = true;
    for(int i=0; i<v[s].size()-1; i++) {
        Node &tmp = v[s][i];
        if(used[tmp.to]==false && tmp.cap>0) {
            int d = AugPath(tmp.to, t, min(f,tmp.cap));
```

```
            if(d>0) {
                tmp.cap -= d;
                v[tmp.to][tmp.rev].cap += d;
                return d;
            }
        }
    }
    return 0;
}
int MaxFlow(int s, int t) {
    int flow = 0;
    do {
        int f = AugPath(s, t, INF);
        flow += f;
    } while(f>0);
    return flow;
}
```

4.8 匹配

在日常生活、社会生产和科学研究的过程中，人们经常需要解决所谓"指派问题"。在指派问题中，我们通常考虑多个工人 (生产设备、服务器或 CPU) 和多项任务，某个工人在单位时间内只能完成一项任务，而不同的工人由于能力差异，只能完成其擅长的任务。指派问题就是要研究一种指派方法使得每个工人都能分配到其擅长的任务。解决这种指派问题的方法就是**最大匹配**。该问题还有诸多变种，例如这些工人完成任务的时间不同。如果这些任务是串行执行的，则需要计算总时间花费最小的指派方案，即**最小权匹配**。如果这些任务是并行的，则需要最小化最长单项任务的完成时间，即**瓶颈匹配**。此外，还有解决稳定婚姻问题的**稳定匹配**，解决多任务分配的**半匹配**等多种类型。限于篇幅，本节仅介绍最基础的最大匹配。

4.8.1 二分图和匹配的基本概念

一个无向图 G 称为**二分图**，如果 G 的顶点集 V 可分为两个子集 L 和 R，且满足 $L \cap R = \emptyset$ 和 $L \cup R = V$，并且边集 E 中的每条边的两个端点必须在两个不同的子集内。为表示方便，二分图通常记为 $G = (L \cup R, E)$。如果 L 内的每个顶点都与 R 内的每个顶点有一条边，则称该二分图为**完全二分图**，并记为 K_{mn}，其中 $|L| = m$、$|R| = n$。显然，完全二分图 K_{mn} 共有 mn 条边。图 4.44 给出了二分图的一个例子。为叙述方便，本节假设二分图中没有孤立顶点。

一个**匹配** M 是边集 E 的子集 $M \subseteq E$，且对于每个顶点 $v \in V$，M 中至多有一条边与 v 相关联。因此，匹配 M 也可视为没有公共端点的边集。如果边 $(u,v) \in E$，则称 u 和 v 被匹配 M 饱和，否则称为非饱和的。如果匹配 M 包含最多的边，则该匹配称为最大

匹配,即对任意匹配 M' 有 $|M| \geqslant |M'|$。使每个顶点都饱和的匹配称为**完美匹配**。关于匹配,Hall 在 1935 年证明:二分图 G 包含一个能饱和 L 的匹配,当且仅当对 $\forall S \subseteq L$ 满足 $|N(S)| \geqslant |S|$ 时,其中 $N(S)$ 表示 S 的邻居顶点集和。

4.8.2 匈牙利算法

最大匹配是匹配问题中最重要和最基础的一种,也是人们系统解决的第一类组合优化问题。最大匹配的算法雏形最早出现于匈牙利数学家 König 和 Egerváry 的工作中。Kuhn 于 1955 年系统地论述了该算法,并命名为"匈牙利算法"。1977 年,Munkres 分析了匈牙利算法,并证明其复杂度为 $O(|V|^4)$。因此,匈牙利算法也称为 Kuhn-Munkres 算法。Edmonds 和 Karp 则改进了原始匈牙利算法,使其复杂度降至 $O(|V|^3)$。因此,改进的匈牙利算法也称为 Edmonds-Karp 算法。

类似于 Ford-Fulkerson 方法,匈牙利算法也基于增广路的思想。设 M 是二分图 G 的一个匹配,则 M-**交错路**是其边在 M 和 $E \setminus M$ 中交错出现的路。M-**增广路**是起点和终点都是 M-非饱和的 M-交错路。图 4.45 给出了 M-增广路的例子。由图 4.45 可见,如果将 M-增广路上的匹配边和非匹配边交换,则可以得到匹配边数增加 1 的新匹配。这一交换的过程称为**增广操作**。1957 年 Berge 证明当且仅当 G 不包含 M-增广路时,M 是二分图 G 的最大匹配。

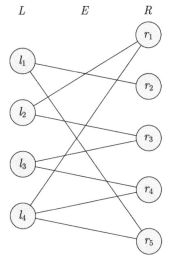

图 4.44 二分图举例

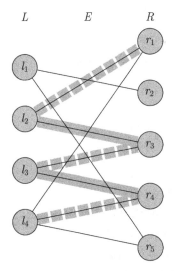

图 4.45 M-增广路举例 (其中粗实阴影线为匹配 M 中的边,粗虚阴影线为增广路上的非匹配边)

匈牙利算法的思想并不复杂。从任一匹配 M (可以是空集) 开始,在 L 中选择一个 M 非饱和顶点 u,并寻找以 u 为起点的增广路。如果该增广路存在,则执行增广操作,得到包含更多边的新匹配 M'。用 M' 代替 M,并重复上述过程。如果这样的增广路不存在,则可以找到通过 M-交错路与 u 相连接的那些顶点集和 Z。此时,$S = Z \cap L$ 满足 $|N(S)| < |S|$。

可以看出，匈牙利算法的核心是搜索以 u 为起点的增广路。Edmonds 和 Karp 对原始匈牙利算法的改进正是提出了新的增广路搜索方法。设 M 是 G 的一个匹配，u 是 L 的一个 M-非饱和顶点。包含顶点 u 的树 $H \subseteq G$ 称为以 u 为根的交错树，如果对于 H 上的任一顶点 v，u 到 v 的唯一路是一条 M-交错路。图 4.45 中以 l_4 为起点的交错树正是粗阴影线画出的单枝树。

寻找以 u 为起点的增广路，就是一个从 u 出发生长出一棵以 u 为根的交错树的过程。开始时，H 仅包含单一顶点 u，之后均按以下方式生长：

(1) 除 u 以外 H 的所有顶点都是 M-饱和的，并且在 M 下匹配；

(2) H 包含不同于 u 的 M-非饱和顶点。

如果是情形 (1)，则令 $S = V(H) \cap L$ 和 $T = V(H) \cap R$，从而有 $N(S) = T$ 或 $N(S) \supset T$。若 $N(S) = T$，由于 $S \setminus \{u\}$ 中的顶点与 T 中的顶点匹配，从而 $N(S) = |S| - 1$，故 G 中没有饱和 L 中所有顶点的匹配。若 $N(S) \supset T$，则存在 $R \setminus T$ 中的顶点 r 与 S 中的顶点 l 相邻。由于 H 除 u 之外的所有顶点都在 M 下匹配，则或者 $x = u$ 或者 x 与 H 的一个顶点匹配，从而 $(x, y) \notin M$。如果 y 是 M-饱和的，且 $(y, z) \in M$，则同时添加顶点 y 和 z 以及边 (x, y) 和 (y, z) 来生长 H，然后再回到情形 (1)。如果 y 是 M-非饱和的，则添加顶点 y 和边 (x, y) 来生长 H，结果得到情形 (2)。此时，H 中从 u 到 y 的路就是我们需要的以 u 为起点的 M-增广路。以上执行步骤概括为算法 1。

算法 1　匈牙利算法

初始化 M 为空集

选择 L 中的 M-非饱和顶点 u

$S \leftarrow \{u\}$

$T \leftarrow \emptyset$

if $N(S) = T$ **then**

    输出 M 并停止

else

    选择 $y \in N(S) \setminus T$

    if y 是 M-饱和的 **then**

        $S \leftarrow S \cup \{z\}$

        $T \leftarrow S \cup \{y\}$

        返回 5

    else

        存在增广路 P，并执行增广操作，得到 M'

        $M \leftarrow M'$

        返回 2

    end if

end if

4.8.3 最大匹配与最大流

最大匹配和最大流有深刻的内在联系。通过将最大匹配问题转化为最大流问题，我们就可以采用 Ford-Fulkerson 方法来求解最大匹配问题。对于给定的二分图 $G = (L \cup R, E)$，按照如下方式定义对应的流网络 $G' = (V', E')$。增加一个虚拟的源结点 s 和一个虚拟的宿结点 t，并令 $V' = V \cup \{s, t\}$。有向边集 E' 定义为

$$E' = \{(s, l) : l \in L\} \cup \{(l, r) : (l, r) \in E\} \cup \{(r, t) : r \in R\} \tag{4.9}$$

最后，令 E' 中每条边均为单位容量。图 4.46 给出了图 4.44 中二分图所对应的流网络。可以证明，二分图 G 上存在匹配 M，则其对应的流网络 G' 上一定存在整数流 f，满足 $|f| = |M|$，反之亦然。因此，在 G' 上找到最大整数流，等价于在 G 上找到最大匹配。可以证明，如果流网络的容量是整数，那么 Ford-Fulkerson 方法找到的最大流一定是整数流，并且对任意 $u, v \in V$ 有 $f(u, v)$ 是整数。因此，只需要在 G' 上运行 Ford-Fulkerson 方法的 Edmonds-Karp 实现即可找到二分图 G 上的最大匹配。由于二分图 G 中没有孤立顶点，因此 $|E| < |E'| = |V| + |E| \leqslant 3|E|$，从而利用 Ford-Fulkerson 方法计算最大匹配的复杂度为 $O(|V||E|) = O(|V|^3)$。

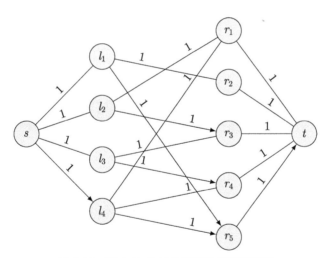

图 4.46　图 4.44 中二分图所对应的流网络

4.9　本章小结

图是一种描述能力很强的复杂数据结构，在实际工作中被用作各种问题的数学模型，得到了非常广泛的应用。邻接矩阵和邻接表是图结构最常用的表示方法，邻接矩阵表示比较直观，处理也相对容易；邻接表具有更好的空间效率，在表示顶点数目较大的稀疏图时是常用的选择，但处理邻接表表示的图需要非常熟悉链表的基本操作。

图的遍历是图最基本的操作，在图算法中应用广泛，深度优先和广度优先两种搜索策略的思想和实现都需要很好掌握。有向无环图是一类非常重要的图模型，可以作为严格偏

序的隐式模型，采用拓扑排序方法可以将其全序化；调度问题和工程进度管理都是有向无环图的重要应用。

接下来我们讨论了图论中几个重要的问题：无向图的最小生成树，加权有向图的最短路径，最大流和图匹配问题，这些问题都具有广泛的应用背景和巨大的实际价值。同时也让我们进一步看到基于图构建复杂模型的潜力。

在本章的学习中，除了要掌握图的基本概念和方法，还要提升利用图模型描述实际问题的能力，并练习选择、设计和优化相应的算法来求解问题。

第 5 章　查找和排序

查找和排序是符号处理中极为常见的问题，有着非常广泛的应用。在信息检索中，一般采用数据库保存大量的结构化数据，例如商户的交易数据库，学校的学生信息管理数据库，单位的人事管理数据库等；为了满足使用需要，数据库软件都需要提供丰富的工具帮助用户精确获取所需的数据，并以合理的方式展现给用户，针对不同的数据类型、数据规模和数据特点，会使用各种查找和排序的算法。对于已经进入人们日常生活的搜索引擎，首先检索是个复杂的查找问题。要在互联网数据中寻找包含与人们所输入的查询关键词匹配的网页数据，基础是查找匹配字符串的问题。为了应对互联网数据的巨大规模，以倒排索引为基础的索引查找技术发展起来。其次，能够匹配查询关键词的网页数量一般来说规模很大，为了真正满足人们对于高质量信息获取的需求，出现了以网页排名 (Page Rank)、排序学习 (Learning to Rank) 为代表的网页评价和排序算法。因此，查找和排序算法是搜索引擎的算法基础。通过信息检索的例子，我们也能看到算法和数据之间的相互作用关系：算法是为了特定目的对数据进行处理的系统；而数据的特点也在很大程度上决定了算法的设计和优化方向。

5.1　线性查找表

在一个数据元素的集合中，每个数据元素由若干个数据项组成，其中当前处理中关心的数据项称为关键字。查找就是在数据元素的集合中寻找特定的数据元素，其关键字与给定值相等。查找，也常被称为搜索，目的是通过关键字访问给定数据元素中的信息 (而不仅仅是关键字)，并进行处理。

查找技术的应用范围非常广泛。举例来说，银行有众多的客户，需要对这些客户的信息进行有效管理，并通过查找技术来检查账户或执行交易。另一个例子是学校的教学管理部门，需要对每个学生的个人信息、学习情况进行管理，并通过查找技术来进行成绩查询或者学分管理。第三个例子是电话查号台，根据用户给出的单位名称 (可能不完整或者不准确)，通过查找技术提供快速的号码查询服务。这些应用的要求有相似之处，也存在着很大的差异，但它们都需要高效的查找算法。

数据元素的集合，如果其数据组织方式只适合于查询包含给定关键字的数据元素是否存在，或者是检索包含给定关键字的数据元素的各种信息，那么我们称之为静态查找结构；如果其组织方式还能提供数据元素的插入和删除操作的高效实现，我们就称之为动态查找结构。

为了度量一个查找算法的性能，同样需要在时间复杂度和空间复杂度方面进行考查。

对于一般的查找算法，最重要的操作就是关键字的比较。比较操作的次数决定了算法的时间复杂度，因此我们引入平均查找长度作为衡量算法时间效率的准则。平均查找长度 (average search length, ASL) 是指在查找过程中，为确定目标数据的位置，需要进行关键字比较次数的期望值。平均查找长度的计算方法为

$$\text{ASL} = \sum_{i=0}^{n-1} P_i C_i \tag{5.1}$$

其中 P_i 和 C_i 分别为第 i 个元素被查找的概率和查找所需要的比较次数。平均查找长度实际上是查找任意数据元素所需比较次数的期望值。

式 (5.1) 并没有考虑查找不成功的情况，因此在必须考虑查找失败的场合，就需要根据查找失败的可能性对式 (5.1) 进行修正。

查找算法的空间复杂度是指对于一定规模的数据集合，为了有效组织数据以便于执行查找操作所需要的额外的存储空间。

用于查找的最简单的数据结构就是线性查找表。线性查找表是一种线性结构，数据元素依次连续存储在一个线性表中。表 5.1 就是一个学生信息的线性查找表。

表 5.1　线性查找表

序号	学号	姓名	班级
1	2001010150	李定南	无 17
2	2001010151	王炳文	无 14
3	2001010152	张毅	无 11
4	2001010153	田长青	无 11
5	2001010154	高树	无 12
6	2001010155	陈卫	无 15
⋮	⋮	⋮	⋮
217	2001010366	林天波	无 11
218	2001010367	赵逸清	无 13
219	2001010368	王贵	无 13
220	2001010369	何敏	无 13

5.1.1　顺序查找

如果线性查找表中的数据元素对于关键字来说是无序的，那么在进行查找时，就需要从线性查找表的一端开始，依次把每个数据元素的关键字同给定值进行比较，称为顺序查找，又称为线性查找。

假设每个数据元素的被查找概率相等，不考虑待查找的关键词在查找表中数据元素不存在的情形，则平均查找长度为

$$\text{ASL} = \sum_{i=0}^{n-1} P_i C_i = \sum_{i=0}^{n-1} \frac{1}{n}(i+1) = \frac{n+1}{2} \tag{5.2}$$

因此，对于长度为 N 的线性查找表，平均情况下顺序查找需要进行 $N/2$ 次比较。

当然，这是不考虑查找失败时的平均查找长度。对于长度为 N 的无序表，查找失败需要 N 次比较。

如果线性查找表是按从小到大有序排列的，那么当遇到关键字比给定值大的元素，即可确认查找失败，所以对于长度为 N 的有序表，平均来看，确认查找失败也只需要 $N/2$ 次比较。

显然，顺序查找属于蛮力算法。

5.1.2　折半查找

如果一个顺序存储的线性查找表对于关键字是有序的，那么就可以采用折半查找 (或称对分查找)。不失一般性，假设线性查找表对于关键字是从小到大有序的，那么折半查找的过程是这样的：先将线性查找表中间元素的关键字与给定关键字进行比较，如果给定关键字小于中间元素的关键字，则在前半部分继续进行折半查找；如果给定值大于中间元素的关键字，则在后半部分继续进行折半查找。重复此过程，直至找到与给定关键字匹配的数据元素，或者确定查找失败为止。

图 5.1 是一个关键字有序的线性查找表的示意图，图中只画出了数据元素的关键字部分。如果给定值为 75，查找的起始位置为 left $= 0$，终止位置为 right $= 10$，则中间元素的位置为 mid $= (\text{left} + \text{right})/2 = 5$，其关键字为 56，由于 $75 > 56$，所以待查找元素必在序列的后半部分；更新查找的起始位置为 left $= 6$，终止位置为 right $= 10$，则中间元素的位置为 mid $= (\text{left} + \text{right})/2 = 8$，其关键字为 80，由于 $75 < 80$，所以待查找元素必在当前序列的前半部分；更新查找的起始位置为 left $= 6$，终止位置为 right $= 7$，则中间元素的位置为 mid $= (\text{left} + \text{right})/2 = 6$，其关键字为 64，由于 $75 > 64$，所以待查找元素必在当前序列的后半部分；更新查找的起始位置为 left $= 7$，终止位置为 right $= 7$，则中间元素的位置为 mid $= (\text{left} + \text{right})/2 = 7$，其关键字为 75，查找成功。

0	1	2	3	4	5	6	7	8	9	10
5	13	19	21	37	56	64	75	80	88	92

图 5.1　关键字有序的线性查找表

可以用二叉树来描述折半查找的过程，称为折半查找树。图 5.2 所示的就是图 5.1 线性查找表的折半查找树。

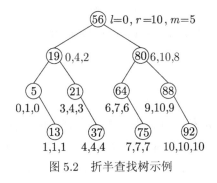

图 5.2　折半查找树示例

很容易想到采用递归来实现折半查找。我们先给出数据元素的结构：

```
struct NODE {
    int m_Key;
    ...
}
```

折半查找的递归实现如下：

```
int biSearchR(int x, NODE *elem, int left, int right) {
    int mid = -1;
    if (left <= right) {
        mid = (left + right)/2;
        if (elem[mid].m_Key < x)
            mid = biSearchR(x, elem, mid+1, right);
        else if(elem[mid].m_Key > x)
            mid = biSearchR(x, elem, left, mid-1);
    }
    return mid;
}
```

对折半查找采用非递归实现也不困难，下面给出程序实现：

```
int biSearch(int x, NODE *elem, int len){
    int left, right, mid;
    left = 0;
    right = len -1;
    while(left <= right)
    {
        mid = (left+right)/2;
        if(elem[mid].m_Key < x) left = mid + 1;
        else if(elem[mid].m_Key > x) right = mid -1;
        else return mid;
    }
    return -1;
}
```

很容易看出，折半查找算法属于减治算法。折半查找可以用二叉树结构来描述，二叉树的深度是折半查找需要的比较次数。所以，对于一次查找，无论成功还是失败，折半查找需要的比较次数不会超过 $\lfloor \log_2 n \rfloor + 1$。也可以证明，对于折半查找，平均查找长度为 $O(\log_2 n)$。

5.1.3 斐波那契查找

在折半查找中，实际上是利用查找表中关键字有序的条件，通过逐步缩减查找区间的办法来避免不必要的比较，从而提高查找效率。但折半查找并不是实现这种思想的唯一方法。

斐波那契 (Fibonacci) 查找同样是针对关键字有序的线性查找表，其缩减查找区间的规则利用了斐波那契数列。斐波那契数列的定义为

$$F(n) = \begin{cases} n, & n = 0, 1 \\ F(n-1) + F(n-2), & n > 1 \end{cases} \tag{5.3}$$

如果查找表的长度为 $F(k) - 1$，选择中间点 $F(k-1) - 1$。它将整个查找表分为两个子表，前一个子表的表长为 $F(k-1) - 1$，后一个子表的表长为 $F(k-2) - 1$。因此，通过一次比较就可以确认新的查找区间，不断重复这一过程，就能实现查找。

由于斐波那契数列的取值不能覆盖所有自然数，所以查找表的长度可能不等于斐波那契数列中的某一项，但总可以添加一些特定的关键字，使其长度达到斐波那契中的某一项的取值，然后对这个新的序列进行斐波那契查找。由此而增加的时间复杂度和空间复杂度是很有限的。

显然，斐波那契查找算法也属于减治算法。斐波那契查找的时间复杂度也是 $O(\log_2 n)$。对于表长较大的情况，斐波那契查找的平均性能要好于折半查找；而最坏情况则要比折半查找差。斐波那契查找的一个优点是寻找中间点时不需要做除法，只需要加减法就可以了，这在具体进行查找时是一个很明显的优势。

5.1.4　线性查找表的性能比较

对于线性查找表，可以有不同的实现形式，如无序顺序表、无序链表、有序顺序表和有序链表。不同的实现形式，查找算法的具体实现方法不同，其效率也不一样。考虑规模为 n 的查找表，无序顺序表和无序链表都只能采用顺序查找的方式，其时间复杂度为 $O(n)$；对于有序顺序表，可以采用折半查找，其时间复杂度为 $O(\log_2 n)$；而对于有序链表，虽然对于关键字是有序的，但由于不能直接根据位序确定链表元素，难以采用折半查找方式，所以有序链表的查找算法的时间复杂度也是 $O(n)$。假设在顺序查找过程中一直没有找到匹配的数据元素，如果此时遇到某个数据元素的关键字值已经大于给定的关键字，就可以确认序列的后续部分已经不可能找到匹配元素，因此可以确定查找失败。对于查找失败的情形，其平均时间复杂度为 $O(n/2)$，要好于无序查找表的情况。

考虑对线性查找表进行查找、插入和删除各种操作的时间复杂度，可以得到表 5.2 所示的各种实现方法的对比。

表 5.2　线性查找表操作的时间复杂度比较

	查　找	插　入	删　除
无序顺序表	$O(n)$	$O(1)$	$O(n)$
无序线性链表	$O(n)$	$O(1)$	$O(n)$
有序顺序表	$O(\log_2 n)$	$O(n)$	$O(n)$
有序线性链表	$O(n)$	$O(n)$	$O(n)$

从表格中可以清楚地看到，有序顺序表的查找效率较高，但是其插入和删除的时间复杂度都比较高；而无序线性表的查找效率和删除效率都比较高。这正是线性查找表更适合

作为静态查找结构的原因。只有对于查找、插入和删除等各种操作都具有比较好性能的查找结构，才适合作为动态查找结构。

5.2　静态索引结构

当线性表规模很大时，具有线性复杂度的线性查找仍然难以满足很多实际应用的需求。为了解决这个问题，就需要索引查找技术。索引思想在日常处理问题中用得很多。比如，图书馆的图书检索目录、字典的检字表、一本书的章节目录等，都是采用索引思想构成的。把这种思想引入到数据组织中就形成数据的索引结构。

5.2.1　索引查找

为了实现索引查找，首先要建立其索引结构。其基本思想是：将有 n 个结点的线性表划分为 m 个子表，分别存储各个子表。另设一个有 m 个索引项的索引表，索引表的每个结点存储对应各个子表第一个结点的地址及相关信息。

线性表的划分原则是将具有某种性质 P_i 的结点归并到子表 l_i 中；m 个子表的结点结合在一起，正好构成原线性表 L 的全部结点。

根据上述原则，若能对表中的每个关键字 k 和其在索引表中的序号 i 之间建立起对应关系，即有 $i = g(k)$，则称 g 为索引函数。显然，同一个索引项 i 对应于多个 k，索引查找的关键是确定索引函数。

例如，利用索引函数 $i = \text{INT}[(R - 190)/3] + 1$，可以将标称值为 200Ω，实际值为 $190 \sim 210\Omega$ 的电阻按实际测量值分为 7 组，如表 5.3(a) 所示。如果有一组电阻样本，其阻值如表 5.3(b) 所示，根据索引函数，可以得到表 5.3(c) 给出的索引表。

表 5.3　索引查找举例

	l_1	l_2	l_3	l_4	l_5	l_6	l_7
范围/Ω	190~192	193~195	196~198	199~201	202~204	205~207	208~210

(a) 索引函数确定的划分区间

	R_1	R_2	R_3	R_4	R_5	R_6	R_7	R_8	R_9	R_{10}
阻值/Ω	193	197	191	201	207	199	204	194	208	202

(b) 一组电阻样本值

l_1	l_2	l_3	l_4	l_5	l_6	l_7
R_3	R_1, R_8	R_2	R_4, R_6	R_7, R_{10}	R_5	R_9

(c) 索引表

5.2.2　索引存储方式

索引表和子表都可以采用顺序表或者链表进行存储，这样组合起来就得到了四种索引存储方式：

(1)"顺序索引-顺序存储"——索引表顺序表，子表顺序表；

(2)"顺序索引-链接存储"——索引表顺序表,子表链表;

(3)"链接索引-顺序存储"——索引表链表,子表顺序表;

(4)"链接索引-链接存储"——索引表链表,子表链表。

这四种方式都是可行的。由于索引表一般规模不大,而且作为一种静态索引结构,索引表中的元素不经常变动,因此在实际应用中,一般采用顺序表来储存索引表。

1. 顺序索引-顺序存储方式

这种方式的索引表为顺序表,子表也为顺序表。子表独立存放,子表之间无存储顺序要求。图 5.3 给出了一个顺序索引-顺序存储的索引结构的例子。

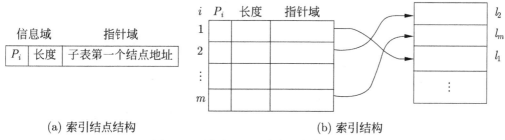

图 5.3 顺序索引 - 顺序存储的索引结构

在顺序索引- 顺序存储的索引结构中查找表中元素的步骤是:先根据索引函数计算 $i = g(k)$,然后读出索引表中第 i 个索引项的指针和子表长度值;如果子表 i 长度为 0,则查找失败;否则,在子表 i 中顺序查找,找到则查找成功,如果所查找的元素不在表中,则由子表长度控制查找结束,确认查找失败。

可以看到上述查找过程是一个两级查找过程,即先查找索引项,再查找子表。由于通过索引函数的计算确定了某个子表作为新的查找对象,使得顺序查找的规模大大减小,因此索引查找比全表顺序查找效率高。

2. 顺序索引-链接存储方式

这种方式的索引表采用顺序表,而子表采用链表。图 5.4 就是一个顺序索引-链接存储的索引结构的例子。

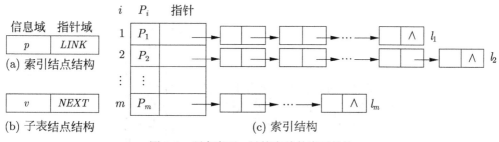

图 5.4 顺序索引 - 链接存储的索引结构

在顺序索引-链接存储的索引结构中查找表中元素的步骤是:先根据索引函数计算 $i = g(k)$,查找索引表,读出索引表中第 i 个索引项的指针项;然后查找子表,在第 i 个子表中顺链查找，如果找到关键字为 k 的元素，则查找成功，输出结点号；如果搜索完整个链还没有找到关键字为 k 的元素，则查找失败。

采用顺序索引-链接存储的索引结构的优点是索引表结构简单、便于查找；而子表结点插入、删除不需要移动表中元素。

3. 多重索引

当索引表的规模很大时，可以对索引表再做索引，以进一步提高查找效率。图 5.5 所示是一个多重索引结构的例子。这是一个顺序索引-顺序索引-链接存储方式的多重索引结构。

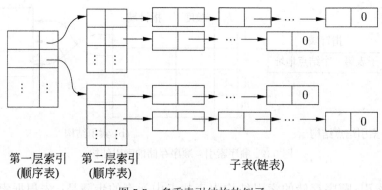

第一层索引　第二层索引　　　　　子表(链表)
(顺序表)　　(顺序表)

图 5.5　多重索引结构的例子

多重索引可以进一步提高对于规模很大的线性表的查找效率。

4. 分块查找

分块查找也称索引顺序查找，是顺序查找的改进。可以把线性表顺序划分为若干子表(块)，并且满足子表之间递增 (或递减) 有序，即后一子表的每一项大于前一子表的所有项，而块内元素可以无序。

图 5.6 给出了分块查找的索引结构的例子，把线性表均匀划分为若干子表，使子表之间有序；然后建立索引表 (有序表)。索引表结点中包括关键字项、指针项和子表长度信息；关键字项是每个子表元素的最大值，而指针项是子表中第一个元素在线性表中的位置。

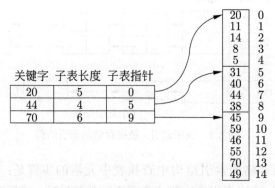

图 5.6　分块查找的索引结构

从索引结构和多重索引结构中可以看到,它们与多路搜索树存在某种程度的相似,都是通过分支选择以避免不必要的比较操作,从而提高了查找效率。在多路搜索树中,元素的顺序关系取决于关键字值的大小;而在索引结构中,索引函数则是根据关键字某方面的特性对数据元素进行分类并建立子表。从这一点上来说,索引结构存在其灵活之处。同时,由于索引结构作为一种静态查找结构,在数据组织上直接而简单,在对插入和删除等各种动态操作的支持方面也没有很高的要求。

5.2.3　索引文件结构

文件为具有相同性质的元素的集合。文件保存在外存储器上,当文件规模较大时,不能一次全部调入内存中。如果采用直接的顺序查找,就会反复读取外存,从而使查找效率很低。因而有必要引入具有索引存储结构的索引文件。

索引文件结构包括两部分,一部分是主文件,即原有的数据文件;另一部分是索引表,用于指示文件中元素与存放物理地址关系的表,索引表中每一表项称为索引项,各索引项按各元素的关键字有序排列。

1. 单关键字索引文件结构

如果把元素中的某一项作为关键字,利用这一个关键字建立索引文件,称为单关键字索引文件结构。图 5.7 给出了一个例子,主文件中的元素包含了学生的各种信息。如果采用学生的学号作为关键字,就可以得到索引文件。

物理地址	学号	姓名	班级		关键字	物理地址
100	1029	SHI	W02		1002	120
120	1002	WANG	W01		1005	160
140	1038	ZHANG	W04		1017	200
160	1005	LI	W01		1024	240
180	1031				1029	100
200	1017				1031	180
220	1043	M	M		1038	140
240	1024				1040	260
260	1040				1043	220
(a) 主文件					(b) 索引文件	

图 5.7　单关键字索引文件结构

利用索引文件结构查找元素的过程是:首先读入索引表,查找出关键字为 k 的元素的物理地址,然后从确定的物理地址处读入数据,就得到需查询的关键字为 k 的元素。显而易见,采用索引文件的好处是能够减少访问外存的次数,从而提高查找速度。

如果索引表的规模也很大,使得在内存中无法同时保存整个索引表,可以对索引表再建立索引,称之为查找表,查找表中的查找项为索引表的一组索引项。图 5.8 给出了利用分块查找为索引表建立索引的查找表的例子。

如果索引文件中的索引项与主文件中的元素是一一对应的,那么这个索引称为稠密索引;如果索引项只对应于主文件的部分元素,则称为稀疏索引,或者是非稠密索引。

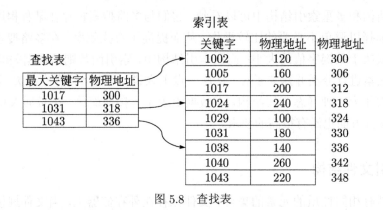

图 5.8 查找表

2. 多重链表文件的关键字索引文件结构

以元素中某一个数据项作为关键字，建立的索引文件是单关键字的索引文件结构。而在很多情况下，只利用一个数据项作为检索关键字是不够的。例如，要查询某次考试中某个班成绩在 90 分以上的同学名单，由于检索条件有班级和成绩两个，如果只有一个检索关键字就难以迅速有效地得到所需的查询结果。为解决这一问题，可以建立多关键字的索引文件结构。

最重要的检索关键字定义为主关键字项，除了主关键字外，把经常需要对其查询的数据项 (一项或多项) 定义为次关键字项。通过多个关键字，就可以对主文件建立起多个索引文件，从而方便检索。

主文件为顺序文件，并且在主文件中对每个次关键字项设定一个指针域，用以链接具有相同关键字的元素，这就形成了一系列的单链表，称为多重链表文件结构。针对主关键字建立的索引表，称为主索引表；对每个次关键字分别建立索引表，称为辅索引表。在图 5.9 中给出了一个多关键字索引文件结构的例子。主关键字是学号，根据学号和相应的地址信息，建立主索引表，如图 5.9(b) 所示；班级和成绩是次关键字，首先在主文件中把具有相同班级和成绩范围的元素通过单链表链接起来，形成了班级链和成绩链，如图 5.9(a) 所示，然后根据次关键字在主文件中的链接情况，建立起了班级和成绩两个辅索引表，分别如图 5.9(c) 和图 5.9(d) 所示，辅索引表中给出了次关键字、链表头指针和链表长度信息。

多关键字的索引文件结构适用于多关键字查询，能够很方便地实现复合条件的检索，但其问题是元素插入、删除不方便，因此适宜作为静态查找结构。

3. 倒排文件

倒排文件也是一种多关键字索引文件结构，同样适用于多关键字查询。倒排文件和多重链表文件的相同之处是都由主文件、主索引表和辅索引表构成；不同之处是辅索引表结构不同。倒排文件的辅助索引表为倒排表，其结构如图 5.10(a) 所示。物理地址序列为次关键字相同的元素物理地址的顺序排列。对图 5.9 中的例子，图 5.10(b) 和图 5.10(c) 中分别给出了"班级"倒排表和"平均成绩"倒排表。

倒排文件的优点是在处理多关键字查询时，可以通过集合运算直接查取元素。例如，要查 W01 班 80 ~ 90 分的学生，只要做 $\{W01\} \cap \{80 \sim 89\} = \{120, 260\}$，就可以根据运

物理地址	学号	姓名	班级	平均成绩	班级链	成绩链
100	1029	SHI	W02	90	0	0
120	1002	WANG	W01	82	0	0
140	1038	ZHANG	W04	94	0	100
160	1005	LI	W01	78	120	0
180	1031	ZHU	W02	73	100	160
200	1017	LU	W03	88	0	120
220	1043	XU	W04	70	140	180
240	1024	YANG	W03	68	200	0
260	1040	ZHOU	W01	85	160	200

(a) 主文件

关键字	物理地址
1002	120
1005	160
1017	200
1024	240
1029	100
1031	180
1038	140
1040	260
1043	220

班级	长度	头指针
W01	3	260
W02	2	180
W03	2	240
W04	2	220

平均成绩	长度	指针
≥90	2	140
80~89	3	260
70~79	3	220
60~69	1	240

(b) 主索引表　　　　　(c) "班级" 索引表　　　(d) "平均成绩" 索引表

图 5.9　多关键字索引文件结构

次关键字	物理地址序列

班级	物理地址序列
W01	120，160，260
W02	100，180
W03	200，240
W04	140，220

平均成绩	物理地址序列
≥90	100，140
80~89	120，200，260
70~79	160，180，220
60~69	240

(a) 倒排表索引结构　　　　(b) "班级" 倒排表　　　(c) "平均成绩" 倒排表

图 5.10　倒排表的索引结构

算结果直接查找到相应元素 120，260。显然，这要比多重链表文件的索引结构要方便得多。
倒排文件的缺点是倒排表中的各索引项长度不同，文件管理维护比较困难。

5.3　二叉搜索树查找性能

　　线性查找表和索引查找都属于静态查找结构，只有对于查找、插入和删除等各种操作
都具有比较好的性能的查找结构，才适合作为动态查找结构。通过第 4 章对二叉搜索树

基本运算的讨论已经知道：二叉搜索树的查找、插入和删除等基本运算的效率主要由查找操作决定。这是因为其插入和删除操作都是以查找操作为基础的，并且操作所消耗的时间也主要在查找待操作元素上，元素的插入和删除操作只是做必要的指针修改工作，花费时间很少。由于二叉搜索树具有分支结构的特点，很自然地会采用减治策略来实现查找操作，因而具有较高的效率。在第 4 章中已经给出了二叉搜索树基本运算实现的算法，通过分析它们的时间复杂度可知，二叉搜索树的查找、插入、删除操作具有相同的时间效率。为便于读者回忆二叉搜索树的插入过程，在此给出实现二叉搜索树插入运算的非递归算法：

```
BST-Node *insertD(BST-Node *head, ElemType item) {
    BST_Node *q, *newp;
    newp= malloc(sizeof( BST_Node));            // 构造新结点
    newp->data=item;
    newp->Lchild=Null; newp->Rchild=Null;
    if(head == Null) head=newp;                 // 空树，插入结点为根结点
    else{
        q = head;                               // 从根结点开始查找
        while(q) {                              // 未找到插入位置，继续查找
            if(item == q->data) return;         // 查找到相等元素，直接返回
            else if(item< q->data) {            // 插入元素小于当前结点值，在左子树中插入
                if( q->Lchild!=Null) q=q->Lchild;   // 不是叶子结点
                else{ q->Lchild=newp; return;}      // 找到插入位置，做插入
            }
            else {                              // 插入元素大于当前结点值，在右子树中插入
                if( q->Rchild!=Null) q=q->Rchild;   // 未到达叶子结点
                else{ q->Rchild=newp; return;}      // 找到插入位置，做插入
            }
        }
    }
    return head;
}
```

读者可以把该算法与第 4 章中给出的递归算法作比较，不难分析其时间复杂度是一样的。二叉搜索树不但便于查找，而且方便修改，因此是一种典型的动态查找结构。

既然二叉搜索树的运算性能取决于查找操作，那么二叉搜索树的查找操作效率如何就成为所要关心的重要问题。根据前面的知识，很容易知道对二叉搜索树查找操作的时间复杂度是由树的深度决定的。对于图 5.11 中所示的二叉搜索树，如果树中的结点数都为 n，那么图 5.11(a) 中的二叉搜索树，其查找操作的时间复杂度是 $O(\log_2 n)$，而图 5.11(b) 和图 5.11(c) 所示的 BST 都是单支树，其查找操作的时间复杂度是 $O(n)$。因此，从时间复杂度的角度，可以称图 5.11(a) 中的二叉搜索树为"好"的二叉搜索树，而称图 5.11(b) 和图 5.11(c) 中的二叉搜索树为"坏"的二叉搜索树。这就是说，二叉搜索树的形态直接决定

了查找操作的性能。如果采用元素逐个插入的方式来构建二叉搜索树，那么由建立过程可知，二叉搜索树的形态与元素的插入顺序有关，对于同一组数据元素集，插入顺序不同将得到不同形态的二叉搜索树，当然它们的查找效率也会不一样。

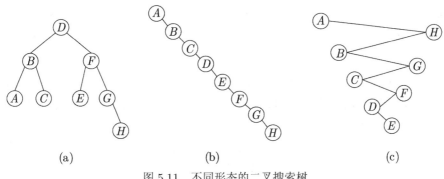

图 5.11　不同形态的二叉搜索树

由二叉搜索树的定义可知，如果对二叉搜索树进行中序遍历，可以得到一个有序序列，构造二叉搜索树的过程实质上就是对关键字进行特定形式排序的过程。当对二叉搜索树进行查找操作时，就利用了二叉搜索树所蕴含的有序信息，通过分支选择避免了不必要的比较，从而提高了查找效率。所谓"好"的二叉搜索树就是需要比较次数相对较少的，当二叉搜索树的每个分支结点其左、右子树的深度越接近相等，就越能减少更多不必要的比较次数，其查找效率就越高。对于满二叉搜索树，其查找过程与对有序序列的折半查找过程是一致的。相反，分支结点的左、右子树深度相差越大，二叉搜索树的平均查找性能就越差，当二叉树是一棵单枝树时，其查找性能最差，退化到与顺序查找的效率相同。为了提高查找的效率，我们总是希望使所建立的二叉搜索树尽可能"好"，这就是在下一节将要讨论的 AVL 树。

表 5.4 为二叉搜索树和线性查找表的性能比较。

表 5.4　二叉搜索树和线性查找表的性能比较

序　号	平均情况		最坏情况	
	查找	插入	查找	插入
无序顺序表	$O(n)$	$O(1)$	$O(n)$	$O(1)$
无序线性链表	$O(n)$	$O(1)$	$O(n)$	$O(1)$
有序顺序表	$O(\log_2 n)$	$O(n)$	$O(\log_2 n)$	$O(n)$
有序线性链表	$O(n)$	$O(n)$	$O(n)$	$O(n)$
二叉搜索树	$O(\log_2 n)$	$O(\log_2 n)$	$O(n)$	$O(n)$

从表 5.4 中可以看到，在平均情况下二叉搜索树在静态的查找操作和动态的插入操作之间形成了很好的平衡，具有明显的综合优势，这是二叉搜索树相比于线性查找表的优势。但是在最坏情况下，二叉搜索树的性能会产生恶化，这是我们希望避免的。

5.4　散列方法

5.4.1　散列技术的基本思想

查找技术一般是基于待查询关键字和数据元素关键字的比较，无论是基于线性查找表、二叉搜索树，还是多路搜索树，凡是基于关键字比较的方法，其时间复杂度的范围为 $O(\log_2 n) \sim O(n)$。

如果直接采用关键字作为存储地址，那么只需要访问一次存储器就可以完成查找操作。因此，希望能够在元素关键字和其存储位置之间建立起某种关系，从而得到更好的查找性能。称这种查找技术为散列技术，也称哈希 (Hash) 方法。

表 5.5 是一个学生信息表，假设学号为关键字。如果采用基于关键字比较的查找技术，那么查找某个学生信息的平均时间复杂度范围为 $O(\log_2 n) \sim O(n)$；但如果建立表长为 10000 的查找表，用学号的后 4 位作为元素的存储地址，那么在查找某个学号的学生信息时，就可以通过关键字后 4 位确定的存储位置直接从表中取到，查找操作的时间复杂度为 $O(1)$。因此，如果能够实现从关键字到存储地址的映射，就能大大提高查找操作的效率。

表 5.5　学生信息表

序　号	学　号	姓　名	班　级
1	2001010150	李定南	无 17
2	2001010151	王炳文	无 14
3	2001010152	张毅	无 11
4	2001010153	田长青	无 11
5	2001010154	高树	无 12
6	2001010155	陈卫	无 15
⋮	⋮	⋮	⋮
217	2001010366	林天波	无 11
218	2001010367	赵逸清	无 13
219	2001010368	王贵	无 13
220	2001010369	何敏	无 13

散列技术关心的是数据元素存放位置和关键字之间的对应关系，其中包含两个环节，散列函数和冲突处理。散列函数将关键字集合映射到某个地址集合上，理想的情况是不同的关键字应映射到不同的地址，但实际上经常出现两个或多个关键字映射到同一表地址的情况，这就是"冲突"现象，散列技术处理这种关键字冲突的过程就是冲突调节。

散列函数将一组关键字映象到一个有限的、地址连续的区间上，并以关键字在地址区间中的"象"作为相应元素在表中的存储位置，称这个元素的存储表为哈希 (Hash) 表。

容易想象，如果 Hash 表的规模很大，远远大于元素的数目，那么冲突就比较容易避免，查找操作的时间复杂度就低，但是空间复杂度就高；反之，如果 Hash 表的规模和元素的数目相当，那么尽管空间复杂度很低，但是冲突很难避免，就需要消耗更多的时间用于处理处突。因此，散列技术力求在存储量和查找时间上进行折中以达到两者合理的平衡，也希望哈希 (Hash) 表查找和插入操作的时间能够独立于表的大小而成为常数。

5.4.2　散列函数

散列函数实现从关键字到哈希表中存储位置的映射，散列函数将直接影响查找和插入操作的效率。散列函数的设计应该遵循以下原则：

- 散列函数应是简单的，能在较短的时间内计算出结果；
- 散列函数的定义域必须包括需要存储的全部关键字，如果散列表允许有 m 个地址，其值域必须在 $0 \sim m-1$ 之间；
- 理想的散列函数应近似为随机的，对每一个输入，相应的输出在值域上是等概率的，这样对于减少冲突的发生是有利的。

下面介绍几种典型的散列函数。

1. 乘法散列函数

典型的乘法散列函数如式 (5.4) 所示，针对关键字 $k \in (0,1)$，乘以一个常数，得到哈希表的存储地址，表 5.6 给出一个示例。

$$\text{Hash}(k) = Mk \tag{5.4}$$

如果对于更为一般的情况，关键字 $k \in (s,t)$，这时乘法散列函数为

$$\text{Hash}(k) = M(k-s)/(t-s) \tag{5.5}$$

只有当关键字在一定范围内平均分布时，乘法散列函数才是有效的；否则，就会出现关键字对应的存储地址"聚集"的现象，从而面临大量的冲突处理工作。

表 5.6　乘法散列函数示例

浮点型关键字	索　　引	浮点型关键字	索　　引
0.513870656	50	0.277230144	27
0.175725579	**17**	0.368053228	36
0.308633685	30	0.983458996	95
0.534531713	**52**	0.535386205	**52**
0.947630227	92	0.765678883	**74**
0.171727657	**17**	0.646473587	63
0.702230930	68	0.767143786	**74**
0.226416683	22	0.780236185	76
0.494766086	48	0.822962105	80
0.124698631	12	0.151921138	15
0.838953850	81	0.625476837	61
0.389629811	38	0.314676344	31

2. 模散列函数

如果关键字是整数，可以设定一个常数 M，用整型关键字 k 对 M 求模来得到存储地址：

$$\text{Hash}(k) = k \bmod M \tag{5.6}$$

这个常数 M 必须小于或等于表长；否则，就可能出现得到的存储地址超出表长范围的情况。一般来说，M 应该为素数，或者至少没有小于 20 的质因子，这样有利于减少冲突现象的发生。

也可以把乘法与取模两种算法加以结合，将关键字乘以 0~1 之间的一个常数，然后做模 M 运算：

$$\text{Hash}(k) = \lfloor ka \rfloor \bmod M \tag{5.7}$$

一个常用的 a 值是 0.618033(即黄金分割比)。表 5.7 给出了模散列函数的示例。

表 5.7　模散列函数示例

整型关键字	k%97	k%100	(int)(k*a)%100	整型关键字	k%97	k%100	(int)(k*a)%100
16838	57	38	6	9084	63	84	14
5758	35	58	58	12060	32	60	53
10113	25	13	50	32225	21	25	16
17515	55	15	24	17543	83	43	42
31051	11	51	90	25089	63	89	5
5627	1	27	77	21183	37	83	91
23010	21	10	20	25137	14	37	35
7419	47	19	85	25566	55	66	0
16212	13	12	19	4978	31	78	76
4086	12	86	25	20495	28	95	66
2749	33	49	98	10311	29	11	72
12767	60	67	90	11367	18	67	25

3. 数字分析法

设有 n 个 d 位数，每一位可能有 r 种不同的符号。这 r 种不同的符号在各位上出现的频率不一定相同。可根据哈希表的大小，选取其中各种符号分布均匀的若干位作为散列地址。一个简单的例子就是表 5.5 所示的学生信息表，学号一共有十位，其中前六位对于所有学生都是一样的，而主要依靠后三位进行区分，在后三位上数字的分布是比较均匀的，就可以取后三位作为存储地址。

数字分析法仅适用于事先明确知道表中所有关键字每一位符号的分布情况，具体策略完全依赖于特定的关键字集合。如果换一个关键字集合，选择哪几位要重新确定。

4. 平方取中法

平方取中法先计算构成关键字的标识符的内码的平方，然后按照哈希表的大小取中间的若干位作为散列地址。表 5.8 给出了平方取中法的示例。先取出标识符的内码，对内码求平方，然后取中间的三位作为散列地址，不足三位的就全取。

表 5.8　　平方取中法示例

标　识　符	内　　码	内码的平方	散 列 地 址
A	01	1	1
A1	0134	20420	42
A9	0144	23420	342
B	02	4	4
DMAX	04150130	21526443617100	443
DMAX1	0415013034	5264473522151420	352
AMAX	01150130	135423617100	236
AMAX1	0115013034	3454246522151420	652

　　平方取中法的性能较好,因为 k 的平方值中间几位数与 k 的每一位都有关。这对于减少冲突的发生是有利的。有研究认为,平方取中法的输出最接近于"随机化",所以具有较好的性能。

　　平方取中法的缺点在于计算比较复杂,从而在根据散列函数计算关键字对应的存储地址时有较多的时间消耗。

5. 折叠法

　　折叠法的具体步骤是这样的,把关键字自左到右分成位数相等的几部分,每部分的位数应与哈希表地址的位数相同,只有最后一部分的位数可以短一些;然后把这些部分的数据叠加起来,就可以得到具有该关键字的元素的散列地址。

　　在数据叠加时,有两种叠加方法,移位法和分界法。移位法是把各部分的最后一位对齐相加,得到散列地址;而分界法是把各部分数据沿各部分的分界来回折叠,然后对齐相加,将相加的结果当作散列地址。

　　可以用一个例子来具体说明折叠法:设给定的关键字为 key = 23938587841,若存储空间规模限定在千以内,则划分结果为每段 3 位。上述关键字可划分为 4 段:239, 385, 878, 41。把这 4 段的数据叠加,如果超出地址位数,则把超出部分删去,保留最低的 3 位,作为散列地址。

　　采用移位法得到的结果是:$239 + 385 + 878 + 41 = 1543 \Rightarrow 543$

　　采用分界法得到的结果是:$239 + 583 + 878 + 14 = 1714 \Rightarrow 714$

　　一般说来,当关键字的位数很多,而且关键字每一位上数字的分布大致比较均匀时,可用这种方法得到散列地址。

5.4.3　冲突处理

　　如果两个关键字散列到同一地址,就是发生了冲突。在散列技术中,无论如何仔细地设计散列函数,都不可能完全避免冲突的发生,因此冲突处理方法的选择会直接影响散列的性能。

　　冲突处理的方法可以分为开散列法和闭散列法。首先介绍开散列法。

1. 链地址法

开散列法也被称为链地址法,是最为直观的冲突处理方法。链地址法就是对每个散列地址建立一个链表,将散列到同一地址的不同关键字存入相应的链表中。

图 5.12 给出了用链地址法处理冲突的一个例子。关键字是英语字母,采用模散列法把字母的 ASCII 码值对 5 求余,得到存储地址,即

$$\text{Hash}(c) = \text{ASCII}(c) \bmod 5 \tag{5.8}$$

采用链地址法,建立一组链表,将存储地址相同的元素存入相应的链表中。

A	S	E	R	C	H	I	N	Q	X	M	P	L
65	83	69	82	67	72	73	78	81	88	77	80	76
0	3	4	2	2	2	3	3	1	3	2	0	1

(a) 关键字及散列结果   (b) 开散列表示

图 5.12 用链地址法处理冲突

如果元素的数目为 N,模散列法中对 M 求余,那么在一个采用链地址法的散列表中,有 M 个地址链和 N 个关键字,定义装载因子 $\alpha = N/M$。

对于链地址法,负载因子 α 大于 1,并表示了链表的平均长度。因此,相比于顺序搜索,比较次数减少的百分比与 M 成正比。另外,链地址法对于存储空间的利用率较高,只需要使用 M 个链表头的额外空间。

在链地址法中,M 的选择是很重要的,将直接影响算法的效率。一方面希望取 M 尽量小以避免空地址链浪费过多的内存空间,另一方面希望取 M 足够大,以避免链表长度过大,保证搜索效率。一般选择 M 大约为数据元素数目 N 的 1/5 或者 1/10,这样每个地址链长度的期望值为 5 ~ 10 个,但是当空间不是关键性资源时,不妨选择足够大的 M 以使搜索时间尽量接近常数,而当空间至关重要时,可以在我们能够承受的范围中选择 M。

2. 开放定址法

对表长 M 大于元素数目 N 的情况,依靠存储空间的冗余来解决冲突问题,这类方法称为开放定址法。开放定址法就是闭散列方法,因为所有的元素都直接存储在哈希表已经分配的空间中。

检查给定的表位置上是否存在一个与待搜索关键字不同的元素,称为探测。探测是开放定址法的基本操作,当表位置上已经存在另一个具有不同关键字的元素时,如何确定下一个检查位置是不同探测方法的主要差别。其中最简单的就是线性探测。

当冲突发生时,即元素插入的位置已经被另一个关键字不同的元素所占据,顺序检查表中的下一个位置,称为线性探测。

利用线性探测进行插入的过程是,如果表位置上含有与待插入元素关键字匹配的元素,搜索命中;如果表位置上为空,搜索失败;如果表位置上的元素与待插入元素的关键字不

匹配, 继续探测表的后续位置, 直到出现上述两种结果之一 (如果搜索到表尾要回到表头继续搜索); 如果搜索失败, 就在使搜索结束的空位置上插入含有待插入元素。

图 5.13 给出了线性探测散列的例子。关键字是英语字母, 仍然采用模散列法, $M = 13$, 得到存储地址如图 5.13(a) 所示。利用线性探测法进行哈希表的插入操作, 如图 5.13(b) 所示, 过程是从下到上, 粗斜体表示当前插入的元素, 最上面一行表示完成所有元素的插入操作后哈希表的状态。

H	D	J	W	I	R	L	U	X	M	A	V
72	68	74	87	73	82	76	85	88	77	65	86
7	3	9	9	8	4	11	7	10	12	0	8

(a) 关键字及散列结果　　　　　　　　　　(b) 线性探测

图 5.13　线性探测散列

采用线性探测散列, 随着哈希表中元素数目的增加, 会出现元素聚集的现象, 称为聚类。聚类会使哈希表的线性探测运行速度变得很慢。所以我们希望寻找其他的探测方法来改善开放定址法的性能。双重散列就是一个很好的选择。

双重散列不是检查冲突点后面紧邻的表位置, 而是采用第二个散列函数, 也称再散列函数, 得到一个固定增量序列来确定探测序列。

在再散列函数的选择上, 需要注意散列函数的取值必须与表长互素, 否则某些探测序列将会非常短; 另外, 散列函数的取值也不能为 0, 否则会使探测形成死循环。一个典型的再散列函数为

$$\text{Hash2}(k) = [k \bmod (M - 1)] + 1 \tag{5.9}$$

按照这个再散列函数, 取值范围属于 $[1, M - 1]$。如果表长 M 为素数, 那么再散列函数的取值一定与表长互素。

N 为元素数目, M 为表长, 对开放定址法同样定义装载因子 $\alpha = N/M$。对链地址法来说, α 是每个地址链的平均长度而且大于 1; 而对于开放地址法来说, α 表示表中位置被占据的百分比, 它一定是小于 1 的。

开放定址法的性能依赖于负载因子。当 α 很小时, 哈希表为稀疏表, 可以期望大多数搜索只需很少的探测就能找到目标元素或者是表中空位; 而当 α 接近 1 时, 哈希表接近满, 一次搜索将需要相当多次的探测。所以为了避免过长的搜索时间, 一般建议哈希表不要达到半满状态。

在合理设计的条件下, 相比于链地址法, 开放定址法具有更好的时间性能, 但是空间利用率会较低。

5.4.4 散列的删除

对于链地址法来说，删除操作很简单，只需要先查找到待删除元素，然后从链表中删除即可。但是对于开放定址散列，是否可以直接删除呢？

图 5.14(b) 中给出了图 5.14(a) 中的线性探测散列在删除元素 L 前后的状态。如果要在这个散列中查找元素 U 和 X，那么在删除元素 L 之前，查找能够成功实现；但在删除元素 L 之后，查找都以失败告终，在哈希表中无法找到元素 U 和 X，这显然是不合理的。

H	D	J	W	I	R	L	U	X	M	A	V
72	68	74	87	73	82	76	85	88	77	65	86
7	3	9	9	8	4	11	7	10	12	0	8

X	M	A	D	R	V		H	I	J	W	L	U
X	M	A	D	R	V		H	I	J	W		U
0	1	2	3	4	5	6	7	8	9	10	11	12

(a) 关键字及散列结果　　　　　　(b) 在哈希表中删除元素L前后的状态

图 5.14　开放定址散列的删除

值得注意的是：在开放定址散列中，元素除了自身携带的信息外，还起到了链接元素的功能。在建表过程中，晚于被删除元素插入的元素可能在被删除元素的位置上发生冲突，从而进入下一个地址，而在查找过程中，探测将在被删除元素形成的空位处停止。因此，在开放定址哈希表中，直接对元素进行删除是不行的。

解决方法有两种。一种解决方法是给被删关键字加上标志留在散列表中，而不是真的将其删除。这样，虽然能够保证对哈希表的正确操作，但是在按此方式进行大量删除操作之后，由于相当多的已被删除的元素却仍然实际占据存储空间，哈希表的空间效率会明显下降。

另一种解决方法是重新进行散列。重新散列能够保证新的哈希表的效率，但重新散列本身具有较高的时间复杂度，因此可以选择在满足一定条件时再进行重新散列。

5.4.5 散列的性能

哈希表的性能主要取决于散列函数、冲突处理的方法和哈希表的饱和程度，也就是装载因子 α 的大小。α 是哈希表中已填入元素个数与表长的比，即 $\alpha = $ 表中元素个数/表长度。

散列函数的选择对于散列的性能很重要，对于同样的散列函数，冲突处理方法的不同也极大地影响散列的性能。

在保证哈希表足够稀疏的情况下，线性探测散列具有最快的查找性能；但当散列表趋近于满时，性能下降较快。

双重散列使用内存最为有效，但时间复杂度高于线性探测散列。当散列表越趋近于满时，双重散列性能远优于线性探测散列

链地址法容易实现，不会随着表中元素的增加而出现性能迅速下降的情况。但其平均情况下的时间性能不如开放定址法。

散列技术具有非常广泛的应用，原因在于散列能够提供常数时间的查找性能，并且实现也很简单。但是散列技术也有其劣势。首先，寻找散列函数没有固定的方法，有的情况下好的散列函数不容易找到；其次，哈希表的动态性能不好，特别是对于开放定址散列的删

除操作; 另外, 哈希表在最坏情况下查找性能会恶化; 还有, 哈希表的存储方式忽略数据间的逻辑关系, 不利于排序等操作的实现。

5.5 排序的概念及算法性能分析

排序 (Sorting) 在计算机数据处理中经常遇到, 并且占据了很大的比重。在日常的数据处理中, 一般认为有 1/4 的时间用在排序上, 而对于安装程序, 多达 50%的时间花费在对表的排序上。那么, 什么是排序呢? 简单地说, 排序就是将一组杂乱无章的数据按一定的规律顺次排列起来。

在进一步讨论各种排序方法之前, 先引入几个概念。

■ 数据表 (DataList): 它是待排序数据元素的有限集合。例如, 作为升学考试的结果, 将产生 3 个表。第 1 个表按考生的报考号从小到大的顺序, 列出所有考生的成绩。第 2 个表按考生的考试成绩从大到小的顺序, 列出所有考生的报考号。第 3 个表顺序列出每道考题的分数统计 (答对的百分比、平均值、标准偏差)。这些表就是排序的对象。

■ 关键字 (Key): 通常数据元素由多个属性域, 即多个数据成员组成。其中有一个属性域可作为排序依据, 称这个域为关键字。例如, 在上面所讲的升学考试报表的例子中, 第 1 个表所依据的关键字是考生的报考号, 第 2 个表所依据的关键字是考生的考试成绩, 第 3 个表依据的关键字是题号。因此, 每个数据表用哪个属性域作为关键字, 要视具体的应用需要而定。即使是同一个表, 在解决不同问题时也可能取不同的域作关键字。

如果在数据表中各个元素的关键字互不相同, 那么对其进行排序的结果是唯一的。但数据表中有些元素的关键字有可能相同, 那么对其进行排序的结果可能并不唯一。例如, 按考生的报考号排序, 因为报考号不可能有重复, 所以排序结果是唯一的。如果按考生的考试成绩排序, 因为可能有一些考生的考试分数相同, 排序之后这些考生的数据就会排在一起, 谁在前谁在后都有可能, 因此排序结果并不唯一。

■ 排序: 设含有 n 个元素的序列为 $\{R_{[0]}, R_{[1]}, \cdots, R_{[n-1]}\}$, 其相应的关键字序列为 $\{K_{[0]}, K_{[1]}, \cdots, K_{[n-1]}\}$。所谓排序, 就是确定一种排列 $p_{[0]}, p_{[1]}, \cdots, p_{[n-1]}$, 使各关键字满足如下的非递减 (或非递增) 关系:

$$K_{[p[0]]} \leqslant K_{[p[1]]} \leqslant \cdots \leqslant K_{[p[n-1]]} \quad \text{或} \quad K_{[p[0]]} \geqslant K_{[p[1]]} \geqslant \cdots \geqslant K_{[p[n-1]]}$$

也就是说, 所谓排序, 就是根据关键字递增或递减的顺序, 把数据元素依次排列起来, 使一组任意排列的元素重新排列成一组按其关键字线性有序的元素。在本章的讨论中, 不失一般性, 设定排序的目标是使元素按关键字自小到大有序排列。如果待排序序列是自大到小有序的, 则称序列是反序的。

■ 逆序: 待排序序列中如果有两个数据元素的顺序不符合排序的要求, 则称为一个逆序, 逆序也叫倒置。具体来说, 假定的排序目标是使元素按关键字自小到大有序排列, 如果序列中存在两个元素, 排在较前位置的元素关键字的值大于排在较后位置的元素, 这就是一个逆序。待排序序列中逆序的数目可以反映当前序列和有序目标序列的差距。如果待排序序列已经有序, 则逆序数目为 0; 如果待排序序列为反序, 则逆序数目达到最大。

对于一些排序算法来说，待排序序列中逆序的数目直接决定了排序算法处理时的时间复杂度。

■ 排序算法的稳定性：如果在待排序序列中存在任意两个元素 $R_{[i]}$ 和 $R_{[j]}$，它们的关键字 $K_{[i]}$ 和 $K_{[j]}$ 相等，且在排序之前，元素 $R_{[i]}$ 排在 $R_{[j]}$ 前面，而在排序之后，能够确保元素 $R_{[i]}$ 仍然在元素 $R_{[j]}$ 的前面，则称这种排序方法是稳定的，否则称这种排序方法是不稳定的。例如，有两位同学袁某和于某，袁某的学号排在于某之前，两位同学的数学考试成绩都是 95 分，按成绩排序后谁排在前面呢？按照稳定的排序方法，袁某一定排在于某的前面；而按照不稳定的排序方法，于某有可能排在了袁某前面。虽然稳定的排序方法与不稳定的排序方法排序结果可能存在差别，但不能就说不稳定的排序方法一定不好，因为实际的应用背景对排序方法有着不同的要求。

■ 内排序与外排序：根据在排序过程中数据元素是否完全存放在内存中，排序方法可以分为两大类：内排序和外排序。内排序是指在排序期间数据元素全部存放在内存的排序；外排序是指在排序期间由于全部元素的规模太大，不能同时存放在内存，必须根据排序过程的要求，不断在内、外存之间移动元素的排序。适用于内排序的排序方法叫做内排序方法，适用于外排序的排序方法叫做外排序方法。

排序算法的执行时间是衡量算法好坏最重要的参数。排序的时间开销可用算法执行中的数据比较次数与数据移动次数来衡量。对算法运行时间代价的估算一般都按平均情况进行。对于那些受序列初始排列及序列规模影响较大的算法，则需要按最好情况和最坏情况分别进行估算。

在本章介绍的排序算法中，基本的排序算法，如直接插入排序、冒泡排序和选择排序在对有 n 个元素的序列进行排序时，时间开销均与 n^2 成正比。而更高效的排序方法，如快速排序、归并排序和堆排序算法，时间开销则与 $n\log_2 n$ 成正比。

排序算法所要消耗的额外内存空间是衡量排序算法性能的另一个重要特征。从额外空间开销的角度，有三种类型的排序算法：一种是除了可能使用一个规模很小的堆栈或者表外，不需要使用任何额外内存操作；另一种是使用链表和指针、数组索引来代表数据，存储这 n 个指针或索引需要额外的内存空间；第三种是需要额外的空间来存储要排序的元素序列的副本。

排序算法很多，寻找性能更好的排序算法一直是计算机科学领域的重要课题之一。简单地断言哪种排序算法更好是困难的。评价算法好坏的标准主要有两条：一是算法执行所需要的时间开销，即算法的时间复杂度；二是算法执行所需的附加存储，即算法的空间复杂度。其他如排序算法的稳定性等也是算法的重要特性，对于某些特定应用来说，这些特性是非常关键的。

5.6 基本排序方法

交换是排序算法中的基本操作，为了讲解和程序实现的方便，先给出交换操作的实现。

```
void exch(ElemType *e1, ElemType *e2)
{ ElemType tmp;              // 临时变量
    tmp = *e1;
```

```
    *e1= *e2;
    *e2 = tmp;
}
```

由于交换操作又往往与比较操作联系在一起, 下面给出比较-交换操作的实现。

```
void compExch(ElemType *e1, ElemType *e2)
{ if(*e1 > *e2) exch(e1,e2);                // 逆序则进行交换
}
```

按照前述的约定, 比较-交换操作保证了输出的二元组自小到大有序, 而不管其初始顺序如何。实际上, 可以把比较-交换操作看成是基于比较的排序算法的基本操作, 整个排序算法是由一系列的比较-交换操作所组成的。

5.6.1　冒泡排序

冒泡排序的基本方法是: 设待排序序列中的元素个数为 n, 首先比较第 $n-1$ 个, 即序列中最后一个元素和第 $n-2$ 个元素, 如果存在逆序, 则将这两个元素交换; 然后对第 $n-2$ 个和第 $n-3$ 个元素 (可能是刚交换过来的元素) 做同样处理; 重复此过程直到处理完第 1 个和第 0 个元素, 称它为一趟冒泡。如图 5.15 所示, 对一个整数序列排序, 经过一趟冒泡, 最小的元素 65 仍然保持在第一个位置, 其他元素也都向排序的最终位置移动。当然在个别情形下, 元素有可能在排序中途向相反的方向移动, 如第 1 趟起泡过程中的 $80, 76, 77$ 等。但元素移动的总趋势是向最终位置移动。正因为每一趟冒泡就能够把一个当前关键字最小的元素前移到它最后应在的位置, 所以叫做冒泡排序。这样最多做 $n-1$ 趟冒泡就能把所有元素排好序。

	65	83	79	82	84	73	78	71	69	88	65	77	80	76	69
1	65	*65*	83	79	82	84	73	78	71	69	88	69	77	80	76
2	65	65	*69*	83	79	82	84	73	78	71	69	88	76	77	80
3	65	65	69	*69*	83	79	82	84	73	78	71	76	88	77	80
4	65	65	69	69	*71*	83	79	82	84	73	78	76	77	88	80
5	65	65	69	69	71	*73*	83	79	82	84	73	78	77	80	88
6	65	65	69	69	71	73	*76*	83	79	82	84	77	78	80	88
7	65	65	69	69	71	73	76	*77*	83	79	82	84	78	80	88
8	65	65	69	69	71	73	76	77	*78*	83	79	82	84	80	88
9	65	65	69	69	71	73	76	77	78	*79*	83	80	82	84	88
10	65	65	69	69	71	73	76	77	78	79	*80*	83	82	84	88
11	65	65	69	69	71	73	76	77	78	79	80	*82*	83	84	88
12	65	65	69	69	71	73	76	77	78	79	80	82	*83*	84	88
13	65	65	69	69	71	73	76	77	78	79	80	82	83	*84*	88
	65	65	69	69	71	73	76	77	78	79	80	82	83	84	88

图 5.15　冒泡排序过程

冒泡排序的基本算法实现如下:

```
void bubble_sort(int *a, int left, int right) //对元素 a[left]~a[right]进行冒泡排序
{int i, j;
    for(i = left; i < right; i++)
```

```
{for(j = right; j > i; j--)
    compExch(a+j-1, a+j);          // 发现逆序，就进行交换操作
}
}
```

冒泡排序中，第 i 趟冒泡中需要执行 $n-i$ 次比较和交换操作。因此，i 从 1 到 $n-1$，执行的比较操作的次数为 $(n-1)+n-2+\cdots+2+1=n(n-1)/2$

同样，执行的交换操作的次数在最坏情况下也为 $n(n-1)/2$。

从算法执行过程中可以看到，基本的冒泡排序算法的效率与输入序列的特性无关。也就是说，无论输入序列的初始情况如何，是已经有序，还是完全逆序，采用基本的冒泡排序，所需要的比较次数都是 $n(n-1)/2$。因此，不论交换操作的执行次数，基本冒泡排序算法的时间复杂度都是 $O(n^2)$。

可以考虑对基本的冒泡排序算法进行改进。不难发现，对于某些待排序序列可能不需要 $n-1$ 趟冒泡就能完成排序。如图 5.15 所示的例子，待排序序列有 15 个元素，但在执行完 11 趟冒泡后，序列已经有序，因此排序过程实际上已经可以结束，而不需要再进行剩下的 3 趟冒泡。那么，如何确定经过若干趟冒泡过程后，序列已经有序了呢？为此，可以引入一个很简单的判据，就是在一趟冒泡过程中所进行的交换次数。如果在一趟冒泡过程中，没有进行交换，就说明此时序列中任意两个相邻元素已经有序。由于比较操作具有传递性，因此整个序列中必然已经不存在逆序，整个序列已经有序，排序过程可以结束。为此，可以在算法中增加一个标志，用以标识本趟冒泡结果是否发现相邻元素的逆序并进行了交换操作。如果没有，则表示序列中已经不存在逆序，序列已经有序，因而可以终止排序过程，结束算法。

在做了这样的改进之后，如果待排序序列初始已经有序，那么只需要一趟冒泡，算法就顺利结束了。因此，对于改进的冒泡算法，最好的情况下需要 n 次比较和 0 次交换操作，而在一般情况和最坏情况下，冒泡排序算法大约需要 $n^2/2$ 次比较和交换操作。

由于比较和交换操作都在相邻元素间进行，关键字相等的元素不会触发交换操作，因此冒泡排序是一种稳定的排序方法。

5.6.2　插入排序

插入排序的基本思想是每步将一个待排序的元素，按其关键字的值，插入到前面已经排好序的一组元素中的适当位置，使其仍然保持有序；当所有元素都完成插入，则整个序列必然有序。如图 5.16 所示，在打扑克时，在抓牌的同时把扑克牌按序排列的过程其实就是一个很好的插入排序的例子。

可以选择不同的方法在已经排好序的有序数据中寻找插入位置。依据确定插入位置的方法不同，有多种插入排序方法，包括直接插入排序、折半插入排序和希尔排序。

1. 直接插入排序

直接插入排序的基本思想是：当插入第 $i(i \geqslant 1)$ 个元素时，前面的 $a[0], a[1], \cdots, a[i1]$ 已经排序好。这时，用 $a[i]$ 的关键字与 $a[i1], a[i2], \cdots$ 的关键字顺序进行比较，找到插入位置即将 $a[i]$ 插入，原来位置上的元素向后顺移。

图 5.16 扑克牌的排序

图 5.17 给出了直接插入排序的过程。在顺序表中有 $n=15$ 个元素 $a[0], a[1], \cdots, a[n-1]$。排序过程从 $i=1$ 起，此时左边阴影部分 $a[0], \cdots, a[i-1]$ 已经是一组有序的元素，而右边无阴影的部分是待插入的元素，把第 i 个元素插入到前面有序的序列中去，使插入后序列 $a[0], a[1], \cdots, a[i]$ 仍保持有序，每趟排序执行完后 i 增加 1。这样，每执行一趟排序，序列中有序部分的长度就增加 1，最多经过 $n-1$ 次的插入操作就能使整个序列有序。

	65	83	79	82	84	73	78	71	69	88	65	77	80	76	69
1	65	83	79	82	84	73	78	71	69	88	65	77	80	76	69
2	65	79	83	82	84	73	78	71	69	88	65	77	80	76	69
3	65	79	82	83	84	73	78	71	69	88	65	77	80	76	69
4	65	79	82	83	84	73	78	71	69	88	65	77	80	76	69
5	65	73	79	82	83	84	78	71	69	88	65	77	80	76	69
6	65	73	78	79	82	83	84	71	69	88	65	77	80	76	69
7	65	71	73	78	79	82	83	84	69	88	65	77	80	76	69
8	65	69	71	73	78	79	82	83	84	88	65	77	80	76	69
9	65	69	71	173	78	79	82	83	84	88	65	77	80	76	69
10	65	65	69	71	73	78	79	82	83	84	88	77	80	76	69
11	65	65	69	71	73	77	78	79	82	83	84	88	80	76	69
12	65	65	69	71	73	77	78	79	80	82	83	84	88	76	69
13	65	65	69	71	73	76	77	78	79	80	82	83	84	88	69
14	65	65	69	69	71	73	76	77	78	79	80	82	83	84	88
	65	65	69	69	71	73	76	77	78	79	80	82	83	84	88

图 5.17 直接插入排序过程

下面给出直接插入排序算法的实现：

```
void insert_sort(int *a, int left, int right)
    { int i, j;
    int tTag;
    for(i = right; i > left; i--)          // 序列最小元素放到第一位
        if(a[i-1]>a[i]) exch(a+i-1, a+i);
    for(i = left+2; i <= right; i++)
    { j = i;
        tTag = a[i];                       // 保存待插入元素
        while(tTag < a[j-1])               // 不是插入位置
```

```
        { a[j] = a[j-1];                        // 元素向后移位
          j--;
        }
        a[j] = tTag;                            // 插入位置
    }
}
```

在这个实现中，略做了一些改进。首先，把当前待排序的元素暂时保存到临时元素 $tTag$ 中，以防前面元素后移时把它覆盖掉；然后从后向前依次比较寻找插入位置，循环变量为 j。如果 $V[j]$ 的关键字大于 $tTag$ 的关键字，就将 $V[j]$ 后移，直到某一个 $V[j]$ 小于或等于 $tTag$ 的关键字或序列比较完为止，最后把暂存于 $tTag$ 中的原来的 $V[i]$ 反填到第 j 个位置的直接后继位置，一趟插入就结束了。

其次，先把序列中的最小元素放到了序列的第 1 位。在进行插入位置判断时，当前有序序列中的所有元素都可能小于待插入元素，因此需要判断位置变量 j 是否会出现小于 0 的情况。一旦出现这种情况，进入待排序序列以外的存储区域，结果就无法预计了。而且由于 C 语言中不对数组越界进行检查，如果出现了数组下标小于 0 的情况，寻址时就有可能发生错误，这就是所谓的负溢。如果把最小元素放到了序列的第 1 位，这个最小元素就起到了"哨兵"的作用，它一定小于或等于待排序元素，从而保证负溢不会发生，也就避免了对未知变量 j 的反复判断，提高了算法的时间效率。

若设待排序的元素个数为 n，直接插入排序算法的排序过程需要执行 $n-1$ 趟元素插入操作。可以看到，关键字比较次数和元素移动次数与元素关键字的初始排列有关。在最好情况下，即在排序前元素已经是有序的，每趟待排序元素只需与前面的有序序列的最后一个元素的关键字比较 1 次，移动 2 次元素。因此总的关键字比较次数为 $n-1$，元素移动次数为 $2(n-1)$。

在最坏情况下，即待排序序列是反序的，那么第 i 趟时第 i 个元素必须与前面 $i-1$ 个元素都做关键字比较，并且每做 1 次比较就要做 1 次数据移动，则总的关键字比较次数和元素移动次数都是 $n(n-1)/2$。

可以看出，直接插入排序的时间和待排序序列的初始排列密切相关。若待排序序列中出现各种可能排列的概率相同，则可取上述最好情况和最坏情况的平均值。在平均情况下的关键字比较次数和元素移动次数约为 $n^2/4$。因此，直接插入排序的时间复杂度为 $O(n^2)$。

在直接插入排序中，待插入元素从后向前逐个比较，一旦当前元素的关键字值小于或等于待插入元素，待插入元素就会成为当前元素的直接后继，所以关键字指向的元素顺序不会改变，因此直接插入排序是一种稳定的排序方法。

2. 折半插入排序

折半插入排序的基本思想是：设在顺序表中有一个序列 $a[0], a[1], \cdots, a[n-1]$。其中，$a[0], a[1], \cdots, a[i-1]$ 是已经排好序的元素。在插入 $a[i]$ 时，利用折半查找法寻找 $a[i]$ 的插入位置。折半插入排序的算法如下：

```
void insert_bisort(int *a, int left, int right)
{ int i, j, r,l, middle;
    int e;
    for (i = left+1; i <= right; i++)
    { e = a[i]; l = left; r= i-1;                // 查找范围
        while(l <= r)                            // 折半查找
        { middle = (l + r)/2;                    // 中间位置
            if(e<a[middle]) r= middle-1;         // 向左缩小区间
            else l = middle+1;                   // 否则, 向右缩小区间
        }
        for(j = i-1; j >= l; j--)
            a[j+1] = a[j];                       // 成块移动, 空出插入位置
        a[l] = e;                                // 插入
    }
}
```

折半插入排序所需要的关键字比较次数与待排序序列的初始排列无关，仅依赖于元素个数。在插入第 i 个元素时，需要经过 $\lfloor \log_2 i \rfloor + 1$ 次关键字比较，才能确定它应插入的位置。

n 个元素的序列用折半插入排序需要进行的比较次数约为 $n\log_2 n$。当 n 较大时，总关键字比较次数比直接插入排序的最坏情况要好得多，但比其最好情况要差。所以，在元素的初始排列已经按关键字排好序或接近有序时，直接插入排序比折半插入排序执行的关键字比较次数更少。折半插入排序的元素移动次数与直接插入排序相同，依赖于元素的初始排列。因此折半插入排序总的时间复杂度仍然是 $O(n^2)$。

3. 希尔排序

在一个元素序列中，如果间距为 h 的元素都有序，就称这个序列为 h-排序的。

设步长序列 $h_0, h_1, \cdots, h_n$，这是一个单调递增序列，$h_0 = 1$。在指导排序时，反向使用这个步长序列，第 1 步将序列变成 h_n-排序，第 2 步将序列变成 h_{n-1}- 排序，进行完第 n 步后，排序完成。这个排序方法就称为希尔排序 (Shell sort)，由于步长不断减小，也称缩小增量排序。

缩小增量排序方法的基本思想是：设待排序序列有 n 个元素，首先取一个整数 $h_i < n$ 作为间隔，将全部元素分为 h_i 个子序列，相距为 h_i 的元素放在同一个子序列中，在每一个子序列中分别采用直接插入排序，使得每个子序列各自有序。然后缩小间隔，例如取 $h_{i-1} = \lceil h_i/2 \rceil$，重复上述的子序列划分和排序工作，使新得到的子序列也有序。直到最后取 $h_0 = 1$，这时所有元素都在同一个序列中，对其进行排序就能得到排序结果。

为什么要采用缩小增量的方式对序列进行多次排序，原因在于这种看似复杂的方式能够带来更高的排序效率。开始时 h_i 的取值较大，每个子序列中的元素较少，排序速度较快；待到排序的后期，h_i 取值逐渐变小，子序列中元素个数逐渐变多，但由于前面的工作基础，子序列中的大多数元素已基本有序，此时已经接近于直接插入排序最好情况下的性能，所以排序速度仍然很快。

　　图 5.18 是希尔排序的一个例子，设计的步长序列是 13，4，1。先对原始序列进行 13 排序，这时每个子序列长度为 2，很容易得到 13 有序的序列；然后进行 4 排序，这时每个子序列的长度也很短，然后就得到一个既是 13 有序，又是 4 有序的序列；最后对序列进行 1 排序，此时序列中的逆序大大减少，已经接近于直接插入排序的最好情况，所以排序过程也能很快完成。

```
13-排序
1   65  83  79  82  84  73  78  71  69  88  65  77  80  76  69
2   65  83  79  82  84  73  78  71  69  88  65  77  80  76  69
3   65  69  79  82  84  73  78  71  69  88  65  77  80  76  83

4-排序
1   65  69  79  82  84  73  78  71  69  88  65  77  80  76  83
2   65  69  79  82  84  73  78  71  69  88  65  77  80  76  83
3   65  69  78  82  84  73  79  71  69  88  65  77  80  76  83
4   65  69  78  71  84  73  79  82  69  88  65  77  80  76  83
5   65  69  78  71  69  73  79  82  84  88  65  77  80  76  83
6   65  69  78  71  69  73  79  82  84  88  65  77  80  76  83
7   65  69  65  71  69  73  78  82  84  88  79  77  80  76  83
8   65  69  65  71  69  73  78  77  73  88  79  82  80  76  83
9   65  69  65  71  69  73  78  77  80  88  79  82  84  76  83
10  65  69  65  71  69  73  78  77  80  76  79  82  84  88  83
11  65  69  65  71  69  73  78  77  80  76  79  82  84  88  83

1-排序
1   65  69  65  71  69  73  78  77  80  76  79  82  84  88  83
2   65  65  69  71  69  73  78  77  80  76  79  82  84  88  83
3   65  65  69  71  69  73  78  77  80  76  79  82  84  88  83
4   65  65  69  69  71  73  78  77  80  76  79  82  84  88  83
5   65  65  69  69  71  73  78  77  80  76  79  82  84  88  83
6   65  65  69  69  71  73  78  77  80  76  79  82  84  88  83
7   65  65  69  69  71  73  77  78  80  76  79  82  84  88  83
8   65  65  69  69  71  73  77  78  80  76  79  82  84  88  83
9   65  65  69  69  71  73  76  77  78  80  79  82  84  88  83
10  65  65  69  69  71  73  76  77  78  79  80  82  84  88  83
11  65  65  69  69  71  73  76  77  78  79  80  82  84  88  83
12  65  65  69  69  71  73  76  77  78  79  80  82  84  88  83
13  65  65  69  69  71  73  76  77  78  79  80  82  84  88  83
14  65  65  69  69  71  73  76  77  78  79  80  82  83  84  88
    65  65  69  69  71  73  76  77  78  79  80  82  83  84  88
```

图 5.18　希尔排序举例

　　最初 Shell 提出取 $h_{i-1} = \lfloor h_i/2 \rfloor$，直到 $h_0 = 1$。但由于直到最后一步，在奇数位置的元素才会与偶数位置的元素进行比较，因此排序效率并不高。后来 Knuth 提出取 $h_{i-1} = \lfloor h_i/3 \rfloor + 1$，使得希尔排序的效率大为提高。许多学者都在步长序列的选择上进行过细致的研究，有人提出都取奇数为好，也有人提出各 h_i 互质为好。大家意识到：希尔排序的性能决定于步长序列的选择，有些序列的效率会明显更高。例如，一个好的步长序列的例子是 $h_i = 4^i + 3 \times 2^{i-1} + 1, i \geqslant 1, h_0 = 1$，步长序列取值为 1 8 23 77 281 1073 4193 16577 $\cdots$。

　　对希尔排序进行时间复杂度的分析很困难，在特定情况下可以准确地估算关键字的比较次数和元素移动次数，但想要弄清关键字比较次数和元素移动次数与增量选择之间的依赖关系，并给出完整的数学分析，还没有人能够做到。Knuth 在所著的《计算机程序设计技巧》(第 3 卷) 中，利用大量的实验统计资料得出，当 n 很大时，关键字的平均比较次数和元素的平均移动次数在 $n^{1.25} \sim 1.6n^{1.25}$ 之间。需要说明的是，这个时间复杂度的估算值是在利用直接插入排序作为子序列排序方法的情况下得到的。

　　由于即使对于规模较大的序列 ($n \leqslant 1000$)，希尔排序都具有很高的效率，编码简单，容易执行，所以很多排序应用程序都选用了希尔排序算法。

5.6.3　直接选择排序

　　直接选择排序是一种简单的排序方法，它的基本步骤是：

　　(1) 在一组元素 $a[i] \sim a[n-1]$ 中选择具有最小关键字的元素；

　　(2) 若它不是这组元素中的第一个元素，则将它与这组元素中的第一个元素交换；

　　(3) 在这组元素中剔除这个具有最小关键字的元素，在剩下的元素 $a[i+1] \sim a[n-1]$ 中重复执行步骤 (1)、(2)，直到剩余元素只有一个为止。

　　图 5.19 给出了一个直接选择排序的例子。把待排序序列分为有序部分和未排序部分，开始时有序部分为 0，整个序列都属于未排序部分；排序过程中，每趟选择操作都是从未排序部分中选出具有最小关键字的元素加入到有序部分的末尾，每进行一趟选择就使序列的有序部分长度增加 1。如果待排序序列的规模为 n，那么经过 $n-1$ 趟选择就能使整个序列有序。

	65	83	79	82	84	73	78	71	69	88	65	77	80	76	69
1	65	83	79	82	84	73	78	71	69	88	**65**	77	80	76	69
2	65	65	79	82	84	73	78	71	**69**	88	83	77	80	76	69
3	65	65	69	82	84	73	78	71	79	88	83	77	80	76	**69**
4	65	65	69	69	84	73	78	**71**	79	88	83	77	80	76	82
5	65	65	69	69	71	**73**	78	84	79	88	83	77	80	76	82
6	65	65	69	69	71	73	78	84	79	88	83	77	80	**76**	82
7	65	65	69	69	71	73	76	84	79	88	83	**77**	80	78	82
8	65	65	69	69	71	73	76	77	79	88	83	84	80	**78**	82
9	65	65	69	69	71	73	76	77	78	88	83	84	80	**79**	82
10	65	65	69	69	71	73	76	77	78	79	83	84	**80**	88	82
11	65	65	69	69	71	73	76	77	78	79	80	84	83	88	**82**
12	65	65	69	69	71	73	76	77	78	79	80	82	**83**	88	84
13	65	65	69	69	71	73	76	77	78	79	80	82	83	88	**84**
14	65	65	69	69	71	73	76	77	78	79	80	82	83	84	88
	65	65	69	69	71	73	76	77	78	79	80	82	83	84	88

图 5.19　直接选择排序举例

　　下面给出直接选择排序的算法实现：

```
void select_sort(int *a, int left, int right)
{ int i, j, min;
for(i = left; i < right; i++)
    { min = i;
    for(j = i+1; j <= right; j++)         // 选择序列最小元素
        if(a[j] < a[min]) min = j;
    exch(a+i, a+min);                      // 交换操作
    }
}
```

　　直接选择排序的关键字比较次数与序列的初始排列无关。假定整个待排序序列有 n 个元素，那么第 i 趟选择具有最小关键字元素所需的比较次数总是 $n-i-1$ 次。因此，从第

一次选择的 $n-1$ 次比较，到最后一次选择的 1 次比较，选择排序中各趟选择中的比较次数是一个等差数列，累加起来就得到总的关键字比较次数为 $n(n-1)/2$。

元素的移动次数与待排序序列的初始排列有关。当序列的初始状态已经是按关键字从小到大有序的时候，元素的交换操作次数为 0，达到最少；而最坏的情况是每一趟都要进行交换，总的元素交换操作次数为 $n-1$。

选择排序的性能与序列特性基本无关，对于已经有序的序列或者各元素关键字完全相等的序列，直接选择排序所花的时间与随机排列的序列所花的时间基本相同。选择排序的优势是实现简单并且执行时间比较固定，并且选择排序对一类重要的序列具有较好的效率，这就是元素规模很大，而用于比较的关键字项规模却比较小的序列。例如对学生信息进行排序，每个数据元素是一名同学的全部信息，包括姓名、学号、班级、考试成绩等，而用于排序的关键字项是学生的学号。在对这种序列进行排序时，移动操作需要对整个元素进行，而比较操作只需要在关键字值之间进行，因此元素移动操作所花费的时间要比关键字项比较操作的时间长得多。对于这样的序列，选择排序由于需要的比较操作次数多，而移动操作次数少，因此能够表现出明显的时间效率优势。

因为选择排序中的交换操作不是在相邻元素间进行的，因此关键字相同的元素之间的相对位置在排序过程中不能得到保证，所以直接选择排序是一种不稳定的排序方法。

5.6.4　基本排序方法的比较

冒泡排序、直接插入排序和直接选择排序是基本的排序方法。它们在平均情况下的时间复杂度都是 $O(n^2)$，它们的实现也都非常简单。表 5.9 给出了这几种基本排序方法的性能比较。

表 5.9　基本排序方法的性能比较

排序方法	比较次数		移动次数		稳定性
	最好情况	最坏情况	最好情况	最坏情况	
直接插入排序	$O(n)$	$O(n^2)$	$O(n)$	$O(n^2)$	√
折半插入排序	$O(n\log_2 n)$		$O(n)$	$O(n^2)$	√
冒泡排序	$O(n)$	$O(n^2)$	0	$O(n^2)$	√
选择排序	$O(n^2)$		0	$O(n^2)$	×

直接插入排序对于规模很小的待排序序列 $(n \leqslant 25)$，可以说是非常有效的。在最好情况下，直接插入排序只需要 n 次比较操作就可以完成，而且不需要交换操作。而在平均情况下和最坏情况下，直接插入排序的比较和交换操作的时间复杂度都是 $O(n^2)$。折半插入排序是直接插入排序的改进，它的移动次数与直接插入排序是完全一样，但在寻找插入位置时具有更好的性能。在平均情况下，折半插入排序要比直接插入排序性能好；但在最好情况下，直接插入排序具有更好的性能。

冒泡排序的比较和交换操作的时间复杂度都是 $O(n^2)$，在平均情况下，直接插入排序要比冒泡排序快一倍。但改进的冒泡程序在最好情况下只需要一趟起泡过程就可以完成，此时也只需要 n 次比较操作就可以完成排序过程。

直接选择排序的最大特点是与待排序序列的特性无关，其比较操作的次数总是 $O(n^2)$，并且其交换操作的次数不超过 n 次。直接选择排序在最好情况下的性能不如插入排序，但对于数据项规模大而关键项规模小的待排序序列，选择排序具有更好的时间效率，因而是一个很好的选择。

从空间复杂度来看，这三种基本的排序方法除了使用一个辅助元素外，都不需要其他额外内存。

从稳定性来看，直接插入排序和冒泡排序是稳定的，但直接选择排序是不稳定的。

希尔排序的时间复杂度介于基本排序算法和高效算法之间。虽然迄今为止对其性能的分析还是不精确的，但是希尔排序代码简单，基本不需要什么额外内存，空间复杂度低；虽然希尔排序是一种不稳定的排序算法，但对于中等规模的序列 ($n \leqslant 1000$)，希尔排序是一种很好的选择。

5.7　快速排序

快速排序和冒泡排序都属于交换类排序。最基本的快速排序算法是由 C.A.R.Hoare 在 1960 年提出的，从那以后，快速排序的各种改进版本不断出现。快速排序算法由于其优良的性能获得了广泛的应用，成为最重要的排序算法之一。快速排序算法已经成为一些库函数中排序函数的实现方法，如标准 C++ 中的 qsort。本节将介绍快速排序的基本思想和一些重要的改进版本。

5.7.1　快速排序的过程

快速排序算法是一种基于分治 (divide-and-conquer) 策略的排序方法。其基本思路是取待排序序列中的某个元素作为划分元素，按照该划分元素的关键字，将整个序列划分为左、右两个子序列：左侧子序列中所有元素的关键字都小于或等于划分元素的关键字；右侧子序列中所有元素的关键字都大于划分元素的关键字；划分元素则放在这两个子序列中间，这也是该元素最终的正确位置。然后分别对这两个子序列重复进行上述划分操作，每次划分操作都至少将一个元素放到正确位置上，当所有的元素都已经在正确位置上时，排序完成。

下面给出快速排序的实现框架：

```
void quick_sort(int *a,int left,int right)
{ int pos;
    if(right <= left) return;              // 子序列长度少于 1
    pos = partition(a,left,right);         // 序列的划分操作
    quick_sort(a,left,pos-1);              // 对前半部分递归调用排序操作
    quick_sort(a,pos+1,right);             // 对后半部分递归调用排序操作
}
```

可以看到，快速排序算法可以采用递归方式实现，划分 (partition) 操作是其中的基本操作。快速排序可以通过递归调用划分操作来实现。

划分操作的实现过程如图 5.20 所示：设 l 和 r 分别指向待划分序列的第一个元素和最后一个元素，v 为划分元素，i 表示左侧指针，j 表示右侧指针。不失一般性，选择序列中最后一个元素作为划分元素。左侧指针 i 从序列的最左边向中间扫描，直到找到一个比划分元素大的元素；右侧指针 j 从序列的最右边 (不计划分元素) 向中间扫描，直至找到一个比划分元素小的元素；交换这两个元素。然后左侧指针 i 和右侧指针 j 从上一步的停止位置继续向中间扫描，当扫描指针 i 和 j 相遇时，把这个元素和划分元素交换，划分完成。

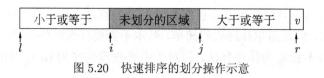

图 5.20   快速排序的划分操作示意

图 5.21 给出了划分操作的过程。首先选择序列的最后一个元素 69 作为划分元素，扫描指针 i 从序列的第一个元素 65 开始向后扫描，遇到元素 83 时，因为大于划分元素 69，扫描暂停；扫描指针 j 从序列除划分元素外的最后一个元素 76 开始向前扫描，遇到元素 65 时，因为小于划分元素 69，扫描暂停，把元素 83 和 65 交换。扫描指针 i 继续向后扫描，遇到元素 79 时，因为大于划分元素 69，扫描暂停；扫描指针 j 也继续向前扫描，遇到元素 69 时，因为不大于划分元素 69，扫描暂停，把元素 79 和 69 交换。继续扫描过程，发现扫描指针 i 和 j 在元素 82 处相遇，所以把元素 82 和划分元素 69 交换，划分完成。

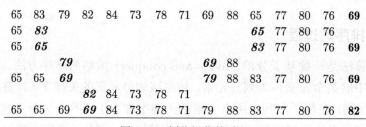

图 5.21   划分操作的过程

经过这次划分后，形成了两个子序列。可以分别对两个子序列递归调用划分操作，直至排序完成。图 5.22 给出了对这个序列进行快速排序的递归树。

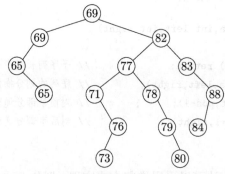

图 5.22   快速排序的递归树

基本划分操作的实现如下:

```
int partition(int *a, int left, int right)
{ int i = left-1, j = right;                    // 左右指针赋初值
    int e = a[right];                            // 最右端元素为划分元素
    while(1)
    { while(a[++i] <= e) if(i == right) break;   // 自左向右寻找
        while(e <= a[--j]) if(j == left) break;  // 自右向左寻找
        if(i >= j) break;                        // 确定划分位置
        exch(a+i, a+j);                          // 交换元素
    }
    exch(a+i, a+right);                          // 划分元素就位
    return i;
}
```

5.7.2 快速排序的性能分析

从图 5.22 所示的快速排序算法的递归树可知,快速排序的趟数取决于递归树的深度。如果每次划分对一个元素定位后,该元素的左侧子序列与右侧子序列的长度相同,则下一步将是对两个长度减半的子序列通过划分操作进行排序,这样得到的递归树就是一棵平衡的二叉树,这是快速排序最理想的情况。在 n 个元素的序列中,对整个序列进行划分操作所需的时间为 $O(n)$。若每次执行划分操作,使得一个元素正确定位,同时正好把序列划分为长度相等的两个子序列,那么递归操作的深度就是 $\log_2 n$。因此,快速排序总的时间复杂度为 $O(n\log_2 n)$。

在一般情况下,执行一次划分操作得到的两个子序列往往是不等长的,那么排序过程对应的递归树实际上是一棵并不平衡的二叉搜索树。但是可以证明,快速排序算法在平均情况下的时间复杂度也是 $O(n\log_2 n)$。此外,实验结果也表明:就平均时间复杂度而言,快速排序是我们所讨论的所有内排序方法中最好的一个。

在前面给出的快速排序实现中,每次都选用序列的最后一个元素作为比较的划分元素。在待排序序列已经有序的情况下,这样选择划分元素的方式将使得每次划分除了让一个元素达到其最终位置外,只能得到一个规模减一的子序列。因此,所有的划分操作都会退化,这样的排序过程对应的是一棵单枝树。在这种情况下,必须经过 $n-1$ 趟才能把所有元素定位,而且第 1 趟需要经过 $n-1$ 次比较才能找到第 1 个元素的正确位置,第 2 趟需要经过 $n-2$ 次关键字比较才能找到第 2 个元素的正确位置,整个快速排序的时间复杂度为 $O(n^2)$,其排序速度退化到基本排序算法的水平,甚至比直接插入排序还慢。这就是快速排序的最坏情况。

由于快速排序是递归的,需要有一个栈存放每层递归调用时的指针和参数,最大递归调用层次数与递归树的深度一致,理想情况为 $\lceil \log_2(n+1) \rceil$。平均情况下,附加存储量为 $O(\log_2 n)$;而在最坏情况下,划分操作退化,递归树成为一棵单枝树,其深度与序列规模相同,因此占用附加存储将达到 $O(n)$。

快速排序是一种不稳定的排序方法。

5.8　归并排序

5.8.1　二路归并

归并是将两个或两个以上的有序序列合并成一个新的有序序列,其中两个有序序列的保序归并,就称为二路归并。

二路归并的算法思路是:设两个有序序列 A 和 B 的元素个数分别为 n 和 m,变量 i 和 j 分别是序列 A 和序列 B 的当前检测指针。设 C 是归并后的新有序序列,变量 k 是指向它当前存放位置的指针。i 和 j 的初值都为 0,当 i 和 j 在两个序列长度内递增时,比较 $A[i]$ 与 $B[j]$ 的关键字的大小,把关键字小的元素排放到新序列的位置 $C[k]$ 中;当 i 与 j 中有一个已经达到序列长度时,将另一个序列中的剩余部分复制到新序列 C 中。算法实现如下:

```
void merge(int *c, int *a, int n, int *b, int m)
{ long i, j, k;
    for(i = 0, j = 0, k = 0; k < n+m; k++)
        { if(i == n) { c[k] = b[j]; j++; continue;}
        if(j == m) { c[k] = a[i]; i++; continue;}
        c[k] = (a[i] < b[j]) ?  a[i++]:  b[j++];
    }
}
```

若归并后的序列长度为 n,二路归并算法的时间复杂度为 $O(n)$。同时,二路归并算法需要规模为 n 的空间来存储归并得到的新序列。

5.8.2　自底向上的归并排序

假设初始序列有 n 个元素,首先把它看成是 n 个长度为 1 的有序子序列,先做两两归并,得到 $\lfloor n/2 \rfloor$ 个长度为 2 的有序子序列 (如果 n 为奇数,则最后一个有序子序列的长度为 1);再做两两归并,如此重复,最后就能得到一个长度为 n 的有序序列。

图 5.23 给出了对一个长度为 15 的字母序列进行自底向上归并排序的例子。首先把序列看成由 15 个长度为 1 的有序子序列组成,两个一组进行二路归并,得到 8 个有序子序列,其中前面 7 个子序列长度为 2,最后一个子序列长度为 1;继续两个一组进行二路归并,

	65	83	79	82	84	73	78	71	69	88	65	77	80	76	69
1	65	83	79	82	73	84	71	78	69	88	65	77	76	80	69
2	65	79	82	83	71	73	78	84	65	69	77	88	69	76	80
3	65	71	73	78	79	82	83	84	65	69	69	76	77	80	88
4	65	65	69	69	71	73	76	77	78	79	80	82	83	84	88
	65	65	69	69	71	73	76	77	78	79	80	82	83	84	88

图 5.23　自底向上归并排序举例

得到 4 个有序子序列，其中前面 3 个子序列长度为 4，最后一个子序列长度为 3；接着进行二路归并，得到 2 个有序子序列，前一个子序列长度为 8，后一个子序列长度为 7；最后进行一次二路归并，得到有序序列，排序完成。

可以看到，自底向上归并排序对整个序列进行 $m-m$ 的归并操作，每次归并操作完成后 m 的值都变成其两倍。每一步进行归并排序的子序列的大小都是 2 的幂数，只有最后一个子序列是一个例外，它的长度可能小于其他子序列。

图 5.24 给出了例子中自底向上归并排序的归并树。可以看到，对于自底向上归并算法，归并树是一棵完全二叉树。因此，如果序列长度为 n，则迭代调用二路归并的深度是 $\lfloor \log_2 n \rfloor$。

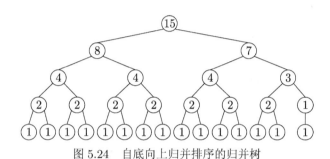

图 5.24　自底向上归并排序的归并树

定义二路归并函数：

```
void merge(int *a, int p1, int p2, int p3);
```

这个函数实现的功能是把数组的两个连续部分 $a[p_1] \sim a[p_2-1]$ 和 $a[p_2] \sim a[p_3]$ 进行二路归并，并且把归并得到的有序序列保存在 $a[p_1] \sim a[p_3]$；这个函数比 6.8.1 小节中原始的二路归并实现更适用于归并排序算法。

利用上面的二路归并函数，自底向上归并排序算法的实现如下：

```
void merge_sort(int *a, int left, int right)
{ int i, m;
    for(m=1; m<=right-left; m=m+m)            // 每次序列长度加倍
    { for(i=left; i<=right-m; i+=m+m)          // 归并每一对有序子序列
        merge(a,i, i+m, min(i+m+m-1,right));
    }
}
```

设序列长度为 n，在自底向上归并排序算法中，二路归并的时间复杂度是归并后序列长度的线性函数。从整体上看，对整个序列进行一遍归并操作的时间复杂度为 $O(n)$；需要进行归并的遍数为 $\lfloor \log_2 n \rfloor$。因此，自底向上归并排序算法的时间复杂度为 $O(n\log_2 n)$。自底向上的归并排序是一种高效的排序算法，而且其性能与序列的特性无关，不会由于序列特性的变化出现性能恶化的情况。

自底向上的归并排序算法的一个缺点是占用附加存储较多，需要使用与序列长度 n 成正比的额外内存空间，用于存放每步二路归并的结果。

如果采用归并算法是稳定的，那么自底向上归并排序是一个稳定的排序方法。

5.8.3　自顶向下的归并排序

与快速排序类似，归并排序也可以通过自顶向下不断缩小序列规模的方式来实现。首先要把整个待排序序列划分为两个长度大致相等的部分，分别称之为左子序列和右子序列。对这些子序列分别递归地进行排序，然后再把已经有序的两个子序列进行归并。我们称此方法为自顶向下的归并排序。不难看出，这个排序是基于分治法的思路。自顶向下的归并排序可以通过递归实现。

图 5.25 给出了自顶向下归并排序的例子。先递归调用排序算法，在递归调用过程逐步把序列分成长度大致相等的两个子序列，直至得到长度为 1 的子序列；然后逐步回退，在回退过程进行归并，实现排序。

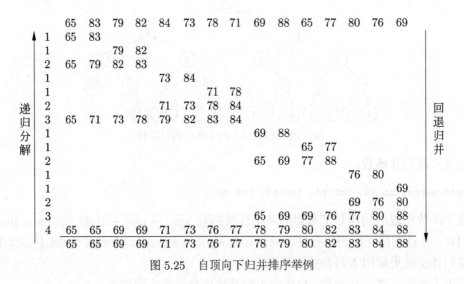

图 5.25　自顶向下归并排序举例

利用二路归并，自顶向下归并排序算法的实现如下：

```
void merge_sort(int *a, int left, int right)
{ int m;
    if(right <= left) return;            // 子序列长度小于 1
    m= (left+right)/2;                   // 求中点
    merge_sort(a,left,m);                // 对前半序列递归调用归并排序
    merge_sort(a,m+1,right);             // 对后半序列递归调用归并排序
    merge(a,left,m+1,right);             // 两个子序列的二路归并
}
```

自顶向下归并排序和自底向上归并排序具有非常类似的性能，对长度为 n 的序列进行排序，自顶向下归并排序同样需要进行 $n\log_2 n$ 次比较操作；自顶向下归并排序的运行时间也只与序列长度有关，与输入序列的特性无关，所以不会出现性能急剧恶化的情况。自顶向下归并排序也需要 $O(n)$ 的辅助空间，空间复杂度较高。

如果二路归并算法稳定，则自顶向下的归并排序是一种稳定的排序算法。

本章介绍的很多排序方法都是基于顺序存储的线性表的，并不适合于基于链表组织的

数据，而归并排序由于在执行过程中基本是顺序访问数据，因此也成为链表排序可选择的主要方法之一。

5.9　堆和堆排序

5.9.1　堆排序的思想

在 4.3 节中已经建立了堆的概念，并且讨论了如何用堆来表示优先级队列。实际上，堆是一种部分有序结构，并且便于选择操作的实现。将堆用于表示优先级队列就是利用了它的选择特性。从选择排序的思路出发，可以利用堆的结构特点实现排序。

前面介绍的直接选择排序，虽然实现简单，但是它的效率比较低。堆是满足堆性质的完全二叉树，每个结点都表示一个元素，利用堆来实现排序，一方面可以具有树结构选择排序效率高的优点，另一方面又可以做到原地工作，具有很高的空间效率。

为了实现堆排序，首先要针对待排序序列构造一个堆，在此再归纳一下构造堆的方法和步骤。

第一种构造堆的方法就是利用堆的插入操作。初始化一个空堆，建立堆的过程就是向这个堆中逐个插入元素，新插入元素首先被置为堆的最后一个结点，然后从这个新结点开始通过自底向上的调整操作保持堆的性质。图 5.26 给出了按照序列 $A = \{4, 1, 3, 2, 16, 9, 10, 14, 8, 7\}$，从空堆开始，不断向堆中插入新元素来构造堆的过程。

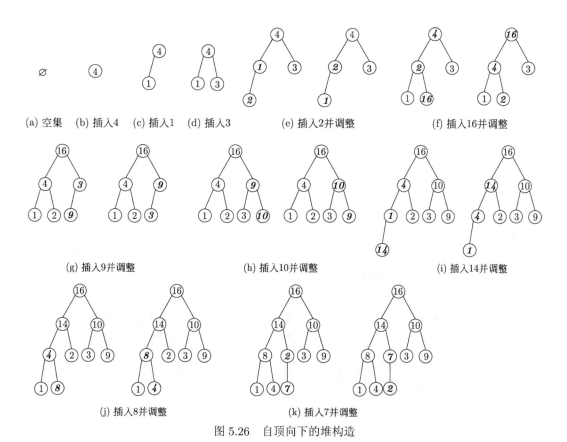

图 5.26　自顶向下的堆构造

上述方法构造堆的过程中，堆从只有一个根结点开始，不断增加新的结点。因此，这种不断向堆尾插入新结点，并调用自底向上调整堆操作构造堆的方法称为自顶向下的堆构造。

设堆的结点数目为 n，在自顶向下的堆构造中，一共进行了 n 次自底向上调整堆操作，所以自顶向下的堆构造的时间复杂度在最坏情况下是 $O(n\log_2 n)$。

第二种构造堆的方法是，首先把数据元素放入某数组 A 中，并将数组 A 视为一棵尚未满足堆性质的完全二叉树。此时，结点数为 n 的二叉树 A 中，$A[\lfloor n/2 \rfloor], \cdots, n-1]$ 是完全二叉树的叶子结点，因此 $A[\lfloor n/2 \rfloor, \cdots, A[n-1]$ 是 $\lfloor n/2 \rfloor$ 个单结点堆。

然后从 $\lfloor n/2 \rfloor - 1$ 到 0 自右向左、自下向上反向层序遍历二叉树的所有非叶子结点，并对从小到大的各棵子树通过筛运算使之成为堆。当处理完最后一个结点，即堆顶结点时，整个序列满足堆的性质，构造过程完成，这就是所谓的自底向上的堆构造。图 5.27 给出了自底向上堆构造的过程。

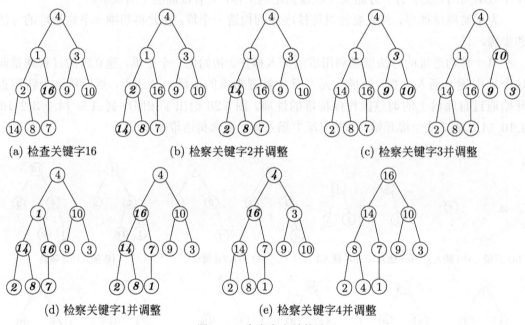

(a) 检查关键字16   (b) 检察关键字2并调整   (c) 检察关键字3并调整

(d) 检察关键字1并调整   (e) 检察关键字4并调整

图 5.27   自底向上堆构造

设堆的大小为 n，其高度为 h，由于堆是完全二叉树，所以必然满足 $n \leqslant 2^h - 1$。第 i 层最多有 2^{i-1} 个结点，对于第 i 层的结点来说，自顶向下堆化操作的时间复杂度是 $O(h-i+1)$。对自底向上的堆构造，总的构造堆的时间复杂度为

$$T = \sum_{k=1}^{h} 2^{k-1} O(h-k+1) = \sum_{k=1}^{h} 2^{h-k} O(k) = O\left(\sum_{k=1}^{h} k2^{h-k}\right)$$
$$= O\left(2^h \sum_{k=1}^{h} k/2^k\right) = O\left(2^{h+1} - h - 2\right) = O(n) \tag{5.10}$$

因此，自底向上的堆构造是线性时间复杂度的。

自顶向下的堆构造和自底向上的堆构造是构造堆的两种方法。观察图 5.26 和图 5.27，可以发现这两种构造方法所得到的堆是不同的，因此对应于一个输入序列的堆并不是唯一的。从时间复杂度来看，自底向上的堆构造方法具有更好的性能。而自底向上的堆构造方法是通过反复调用筛运算实现的，而且在堆排序的后续步骤中也要重复调用筛运算。因此，可以说筛运算是实现堆排序的核心运算。

5.9.2　堆排序的实现

利用堆及其操作，可以很容易地实现选择排序的思路。堆排序的步骤是：

(1) 对原始待排序序列，利用自底向上的堆构造方法构造初始的最大堆；

(2) 把堆尾和堆顶元素交换位置，堆序列长度减 1；这样，当前堆中关键字最大的元素被置于当前序列最后一个，并不再属于堆；

(3) 然后对堆顶元素进行筛运算，将其重新调整为一个堆；

(4) 重复这个过程，不断把当前堆中最大的元素从堆中删除，并置于当前堆之后；

(5) 当堆为空时，排序完成，得到一个从小到大的有序序列。

图 5.28 给出了一个堆排序的例子。图 5.28(a) 所示是数组存储的待排序序列直接视为尚不满足堆性质的完全二叉树；图 5.28(b) 所示是初始化形成的最大堆；然后删除堆顶元素，删除堆顶元素 X 后得到的堆如图 5.28(c) 所示，原来的堆顶元素 X 已不属于这个堆；再删除堆顶元素 T 后，得到的堆如图 5.28(d) 所示；再删除堆顶元素 S 后，得到的堆如图 5.28(e) 所示；这个过程一直进行下去，直到所有元素都从堆中删除，得到的是空堆和一个有序序列，如图 5.28(f) 所示。

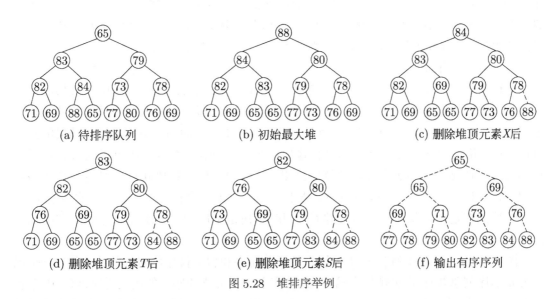

图 5.28　堆排序举例

堆排序的算法实现如下：

```
void heap_sort(int *a, int left, int right) {
    int k, N=right-left;                    // 堆的大小
    int *p=a+left;
```

```
    for(k = (N-1)/2; k >= 0; k--)           // 自底向上构造堆
        SiftDown(p, k, N);                   // 对以 k 为堆顶的元素做筛运算
        while(N > 0) {
            exch(p, p+N);                     // 堆顶和堆尾元素交换
            N--;                              // 堆规模减 1
            SiftDown(p,0,N);                  // 对当前处于堆中的元素做筛运算
        }
}
```

在堆排序算法中，如果待排序序列的规模为 n，自底向上构造堆的时间复杂度为 $O(n)$，删除堆顶元素并重新调整为新堆的时间复杂度为 $O(2\log_2 n)$，所以对 n 个元素进行堆排序的时间复杂度为 $O(n\log_2 n)$。

堆排序的一个重要优点是不需要额外的空间，完全是本地操作。

堆排序是不稳定的排序方法。

5.10　内排序方法分析

5.10.1　排序方法的下界

前面介绍了很多种排序方法，面对同样的待排序序列，它们的性能表现有很大差异。例如，直接插入排序、冒泡排序和直接选择排序在平均情况下的时间开销为 $O(n^2)$；而快速排序、归并排序和堆排序在平均情况下的时间开销为 $O(n\log_2 n)$。显而易见，后面几种排序算法的效率要高于前几种基本排序方法。于是我们自然会关心这样的问题：什么样的算法是高效的？有没有可能发现效率更高的排序算法？下面讨论排序方法的下界。

这里讨论的排序方法都是基于元素两两之间的比较操作，所以把比较操作作为这些算法比较的基本操作。需要研究的是：对于一个有 n 个元素的待排序序列，一般情况下需要多少次比较才能完成排序。为了讨论这个问题，在此借助决策树来描述排序算法的执行过程。决策树的每个分支结点包含一次比较操作，分支结点的两个分支是比较结果的两种可能性；决策树的每个叶子结点都是待排序序列的一种排序结果，决策树的所有叶子结点则包含了待排序序列所有可能的排序结果。这样的一棵决策树就可以描述一种排序算法的执行过程，当然不同规模的序列就需要不同深度的决策树。待排序序列的初始顺序，决定了算法在这棵决策树上执行的路径，同时也决定了序列中各个元素之间的实际比较次序。

图 5.29 给出了对序列 [a b c] 采用直接插入排序和冒泡排序所对应的决策树。一个规模为 n 的序列总共有 $n!$ 种排列方式，因此对应于 n 个元素的序列的决策树应该有 $n!$ 个有效的叶子结点。因此，对应于序列 [a b c] 的排序算法的决策树应该有 6 个有效的叶子结点。插入排序的决策树有 6 个叶子结点；而冒泡排序的决策树虽然有 8 个叶子结点，但其中有效结点为 6 个。

所以，决策树对应的叶子结点总数至少为 $n!$ 个，如果叶子结点数大于 $n!$ 个，那就一定存在无效结点或者重复结点。

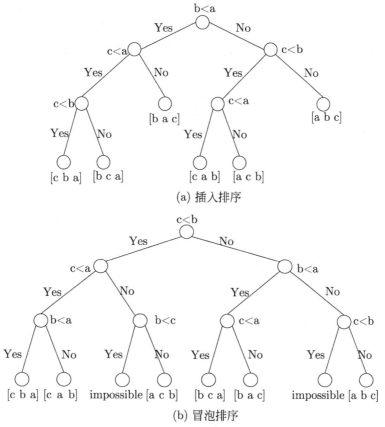

(a) 插入排序

(b) 冒泡排序

图 5.29 序列 [a b c] 排序的决策树

如果用决策树来描述一个 n 个元素序列的排序问题，假设这棵决策树共有 i 层，一个 i 层的二叉决策树最多可能有 2^{i-1} 的叶子结点。由上面的讨论知道，这棵决策树至少有 $n!$ 的叶子结点。因此，可以得到 $2^{i-1} \geqslant n!$。对此不等式两边取对数，即 $i-1 \geqslant \log_2(n!)$。可以证明，$\log_2(n!)$ 的时间复杂度是 $O(n\log_2 n)$。由于决策树的层数 i 其实是排序过程需要进行的比较次数，因此，一般情况下有 n 个元素的序列排序所需要的比较次数是 $O(n\log_2 n)$，这也是一般情况下排序算法可期待的最好的时间复杂度。

5.10.2 内排序方法的比较

前面已经对基本排序方法进行过比较，它们在平均情况下的时间复杂度都是 $O(n^2)$，其空间复杂度很低；从稳定性来看，直接插入排序和冒泡排序都是稳定的，但直接选择排序不是。

下面比较已经介绍过的几种高级排序方法。快速排序是最通用、最高效的内部排序算法，在平均情况下它的时间复杂度为 $O(n\log_2 n)$，在一般情况下所需要的额外内存也是 $O(\log_2 n)$。但快速排序是不稳定的排序算法，并且在有些情况下可能会退化 (例如待排序序列已经有序时)，时间复杂度会增加到 $O(n^2)$，空间复杂度也会增加到 $O(n)$。

堆排序也是一种高效的内部排序算法，其时间复杂度是 $O(n\log_2 n)$，而且没有什么最坏情况会导致堆排序的运行明显变慢，并且堆排序基本不需要额外的空间，但堆排序不太可能提供比快速排序更好的平均性能。堆排序是一种不稳定的排序算法。

归并排序也是一个重要的高效排序算法，它的一个吸引人的特性是性能与输入序列无关，时间复杂度总是 $O(n\log_2 n)$。归并排序的主要缺点是直接执行时需要 $O(n)$ 的附加内存空间，虽然有方法可以克服这个缺点，但是其代价是算法会很复杂，而且时间复杂度会增加，因此在实际应用中一般不这样做。归并排序相比于快速排序和堆排序的另一个优势是，它是一种稳定的高效排序算法。

内部排序方法的性能比较见表 5.10。

表 5.10　内排序方法的比较

排序方法	比较次数		移动次数		稳定性	附加存储	
	最好情况	最坏情况	最好情况	最坏情况		最好	最差
直接插入排序	$O(n)$	$O(n^2)$	$O(n)$	$O(n^2)$	√	1	
折半插入排序	$O(n\log_2 n)$		$O(n)$	$O(n^2)$	√	1	
冒泡排序	$O(n)$	$O(n^2)$	0	$O(n^2)$	√	1	
选择排序	$O(n^2)$		0	$O(n)$	×	1	
快速排序	$O(n\log_2 n)$	$O(n^2)$	$O(n\log_2 n)$	$O(n^2)$	×	$O(\log_2 n)$	$O(n)$
归并排序	$O(n\log_2 n)$		$O(n\log_2 n)$		√	$O(n)$	
锦标赛排序	$O(n\log_2 n)$		$O(n\log_2 n)$		√	$O(n)$	
堆排序	$O(n\log_2 n)$		$O(n\log_2 n)$		×	1	

前面介绍了众多的内部排序算法，如果无论面对什么样的运行环境和实际应用，都有一两种排序算法始终能够表现出更好的性能，这对我们的工作将非常有利。不幸的是，这样的排序算法不存在。实际上，每种算法都有自己的价值，即使是效率不高的基本排序算法，在很多情况下也会成为更好的选择。因此在实际应用中，必须根据实际任务的特点和各种排序算法的特性来作出最合适的选择。

另外需要注意的是，虽然排序问题是很常见的，但并不是在所有的应用中排序都是最关键的部件。如果排序模块不需要被反复执行很多次，或者需要排序的数据不是很多，那就不需要将精力耗费在调试复杂的方法以及各种排序算法的比较和选择上，这时直接选择最基本、最容易实现的排序算法可能是最经济的。因为在这种情况下，使用高效排序算法能够带来的收益非常有限。

5.11　本章小结

本章详细讲述了查找和排序算法的相关内容。对于查找，分别介绍了线性查找、索引查找、二叉树查找和散列技术。线性查找和索引查找都属于静态查找表，查找表和索引结构建立起来后，在查找过程不会被改变。而动态查找表需要同时高效地支持查找、插入和删除操作，二叉查找树是最简单的动态查找结构。除了二叉搜索树外，还存在其他一些重要的动态查找结构，如高度平衡的二叉搜索结构自平衡二叉查找 (AVL) 树，高效的二叉搜索结构红黑树，以及多路平衡的动态查找结构 B–树、B+树和 R 树等。限于本书篇幅和内容选择的原因，这些内容没有涉及，读者可以自行查阅其他教材和参考资料。散列函数实现从数据关键字到存储地址的映射，从而实现了不以比较操作为基本操作的散列查找。而散列技术实际上有更为广泛的应用，比如字符串匹配，信息安全中的内容鉴别等。

在排序部分，本章首先介绍了简单排序方法，包括冒泡排序、插入排序和选择排序，这些排序算法的时间复杂度都是 $O(n^2)$，在插入排序上发展出来的希尔排序时间性能会更好。然后介绍了快速排序、归并排序和堆排序三种高级排序方法。这些算法的时间复杂度都为 $O(n\log n)$，渐进性能要好于简单排序方法。在对基于比较的排序方法的性能下限进行分析之后，对上述内排序方法进行了细致的比较，分析各种算法的优缺点。

虽然基于比较的通用排序方法的时间复杂度下限是 $O(n\log n)$，但对于满足特定条件的排序问题，还是可以设计复杂度更低的算法，例如针对有限整数序列的计数排序和基于关键码分解的基数排序。除了针对待排序的数据元素都已经在内存的内排序方法，还有针对数据存放在外部存储器的外排序算法。这两部分内容在本书中也没有涉及，读者如有兴趣可以自行了解。

本章介绍了很多种查找和排序算法，但没有一种算法是普遍适用的，因此需要根据任务目标和数据特点设计最合适的算法。

第 6 章　数值计算问题

6.1　引言

数值计算是采用数学的方法对连续的数进行运算，从而模拟真实世界的过程。科学和工程领域中始终存在着大量的数值计算问题。随着通用计算平台的普及，数值计算方法已经逐步成为人类认识和改造世界的重要工具。数值计算与前面的章节中介绍的以表、树、图为主要数据对象的非数值计算有着根本的区别。非数值计算问题处理的主要是离散量，其解空间通常是有限的。这就意味着一个非数值问题的解如果存在，那么在时间和空间资源充足的情况下，总是可以通过有限步骤的计算达到问题的精确解。两个正确但实现方式不同的非数值算法在求解同一个非数值计算问题时往往可以得到相同的解，而区别它们的通常是对于时间、空间资源的消耗量，即时间、空间复杂度。而数值计算问题面对的往往是一些可以理解为取值无限的连续变量，诸如时间、距离、温度、压力、电压、电流等。总的来讲，基于连续变量的数值计算问题通常都不可能通过有限步骤的计算得到精确结果。实际上在当前的通用计算平台上，即便得到了某个连续变量的精确计算结果，其数值都很有可能无法精确地表示。例如，数学常数 $e = 1 + 1/1 + 1/1 \cdot 2 + 1/1 \cdot 2 \cdot 3 + \cdots = 2.71828\cdots$ 就是一个无法在计算机中精确表示的超越数，但这并不影响在数值计算中广泛使用该常数。

在难以得到精确结果的现实情况下，对于数值计算问题人们往往只能满足于获得一个足以符合实际需求的近似解。求解的基础通常是一些形式上无限的数学表达式或者是迭代形式，它们理论上可以收敛到问题的精确解。通过对它们进行有限长度的截断，或者有限次的迭代来得到一个可以估计精确度的近似解。这些数学形式的选择不仅会影响计算的过程，还将影响计算的结果以及对于结果的解读。数值计算问题的结果不再仅仅依赖于问题本身，它可以理解为源问题和所选用的数值算法相互作用的综合结果。因此，在数值计算中算法的选择除了能够影响计算的效率之外，还极可能决定了计算结果的精确程度。这是数值计算问题区别于非数值计算问题的一个关键点。例如，对函数 $\ln(1 + x)$ 和 $\ln[(1 + x)/(1 - x)]$ 在 $-1 < x < 1$ 区间内分别进行泰勒展开，并各自取前四项得到不同的函数值近似计算公式：

$$\ln(1 + x) \approx f_1(x) = x - \frac{1}{2}x^2 + \frac{1}{3}x^3 - \frac{1}{4}x^4 \tag{6.1}$$

$$\ln\left(\frac{1 + x}{1 - x}\right) \approx f_2(x) = 2x + \frac{2}{3}x^3 + \frac{2}{5}x^5 + \frac{2}{7}x^7 \tag{6.2}$$

式 (6.1) 和式 (6.2) 都可以被用来计算 $\ln 1.5 = 0.4054651\cdots$ 的近似值，其结果分别为

$f_1(x = 0.5) = 0.4010416\cdots$ 和 $f_2(x = 0.2) = 0.4054649\cdots$。尽管两种计算方式截取了数目相等的泰勒展开项，计算结果的精确度却出现了明显的差异。通过与"真值"对比，不难看出函数 $f_2(x)$ 给出了一个更加精确的计算结果。在数值计算中，称 $f_2(x)$ 的计算结果误差更小或者有效数字更多，这些概念的完整定义将在随后的章节给出。不过，首先要注意一个根本性的问题是，在实际的数值计算中结果的真值通常是未知的，否则计算本身就没有存在的意义了。在这种情况下，如何去判断计算结果的精确度呢？上述的两个泰勒展开都是在 x 越接近 0 的时候收敛得越快，而 $x = 0.2$ 显然要比 $x = 0.5$ 更加接近 0。另外，在同样保留前四个泰勒展开项的情况下，被 $f_1(x)$ 舍弃的高阶项为 $O(n^6)$，而被 $f_2(x)$ 舍弃的高阶项为 $O(n^9)$。综合看来，即便不知道结果的真值也不难得出 $f_2(x)$ 的计算结果更为有效的结论。还有一点需要注意，通过采用如式 (6.3) 和式 (6.4) 的等价形式计算，计算 $f_1(x)$ 和 $f_2(x)$ 的时间复杂度几乎一样，仅相差一次求 x^2 所需的乘法。

$$f_1(x) = x\left(1 - x\left(\frac{1}{2} - x\left(\frac{1}{3} - \frac{1}{4}x\right)\right)\right) \tag{6.3}$$

$$f_2(x) = x\left(2 + x^2\left(\frac{2}{3} + x^2\left(\frac{2}{5} + \frac{2}{7}x^2\right)\right)\right) \tag{6.4}$$

数值计算中，问题、算法和结果之间的复杂关联决定了在试图解决任何数值计算问题时都必须保持谨慎的态度和质疑的精神。在使用任何数值算法的时候都必须清晰地了解其自身的限制与适用范围。而在面对任何数值计算结果的时候都必须对其所包含的误差有充分的估计。在数值计算中，一个好的算法除了能够稳定而高效地完成计算之外，还应该可以提供对计算结果精确度的合理分析。

除了算法之外，数值计算结果当然也受到源问题性质的影响。一个数值计算问题的解，如果唯一存在且连续依赖于问题的输入，则称该问题**适定**(well-posed)，否则就称该问题**不适定**(ill-posed)。理论上，一个适定的数值计算问题有可能通过采用合适的算法加以解决。而求解不适定的数值计算问题往往需要补充额外的条件，实践当中这些额外条件往往都来自于特定领域的专门知识或者先验假设，而这一过程通常被称为规范化 (regularization)。对于适定的数值计算问题而言，如果其问题输入的微小变化会导致解出现高敏感度的连续响应，则称该问题是**病态**的 (ill-conditioned)，否则称该问题是**良态**的 (well-conditioned)。

一个数值计算问题的性质有可能随着其中参数取值的变化而改变。例如线性方程组求解问题 (6.5) 包含两个可变的输入参数 a 和 b。当 $a = b = 1$ 时，方程组退化为单一的二元一次方程，有无穷多个解，因此问题不适定；当 $a = b \neq 1$ 时，方程组包含的两条方程矛盾导致解理论上不存在，因此问题也是不适定的；当 $a \neq b$ 时，方程组有如式 (6.6) 所示的唯一解。显然，这个解是输入参数的连续函数，因此问题适定。需要注意的是，当 $a \approx b$ 时，方程组的解对输入参数的取值变化会变得高度敏感。固定 $a = 2$，当 $b = 1.999$ 时，$x = -999$；而当 $b = 2.001$ 时，$x = 1001$。也就是说，在 b 的取值仅仅变化了 0.002 的情况下，方程组的解 x 的值却变化了 2000。直观来看，解的变化将问题参数的变化放大了 100 万倍，可以认为问题是病态的。

$$\begin{cases} x + y = 1 \\ ax + by = 1 \end{cases} \tag{6.5}$$

$$x = \frac{b-1}{b-a}, \quad y = \frac{a-1}{a-b} \tag{6.6}$$

即便一个数值计算问题本质上是良态的，在选取算法的时候也需要十分谨慎。一个总体上的原则是算法的敏感程度不应该超过问题本身，或者说算法的选择不应该使计算问题变得更糟糕。另外，数值计算问题的性质可能通过特定的数学变换得到改善，这往往被数值算法利用以提高计算结果的精确度。

6.2 近似与误差

6.2.1 误差的定义

真实世界高度复杂，任何针对其的有限的表述都不可避免地存在近似，数值计算也不例外。实际上，数值计算的各个层面都可能存在近似。首先是对真实世界进行数学建模的过程中出现的近似。这类的近似可能是由于人类对于自然规律认知不足所造成的，但更常见的是解决不同尺度或者规模问题的时候主动忽略问题的次要或者细微方面的结果。例如，在中观尺度求解力学系统问题时采用牛顿力学来近似更为复杂的相对论力学，或者在电磁波波长远大于电路尺寸的情况下采用基尔霍夫定律来近似更为精确的麦克斯韦方程组。在实际工程中需要结合不同的应用需求来判断这类近似的合理性。其次由于任何的测量设备精度都是有限的，因此依据实验测量观测到的输入数据或者模型参数都存在近似。例如，很多被广泛采用的物理学常数，如光速或者普朗克常数等也都存在不同程度的近似。当然，随着科学的发展和诸如高稳定激光、量子霍尔效应等诸多新的测量方法的引入，很多基本物理常数的测量精度已经高达 10^{-8} 量级，足以满足大多数工程问题的需要。另外，在复杂的工程计算中，当前模块的输入数据可能来自前级的计算，这些数据很可能只是近似值。当然，我们重点关注的还是数值计算过程中产生的近似。这类近似主要有两种来源：首先是对于数学形式进行有限长度的截断引入的近似，最常见的是用有限的形式来实现理论上无限的表达。例如，用数值差分来替代定义在无限小尺度上的微分，以及如引言中举例的用有限项来近似无穷级数。其次，由于无论是何种计算方式中实数的表达都只能是有限的，因此对于数值计算的输入、中间过程以及最终结果往往都需要对实数通过舍入进行近似。

例 6.1 经过测量得到某体育场中的标准跑道周长为 400m，两端的半圆形内径为 36.5m，则其一侧的直道部分的长度可以通过公式 $L = (400 - 2\pi \times 36.5)/2$ 来计算。在这个计算过程中就可能包含了如下的多种近似：

(1) 将实际跑道的形状理想化近似为两端为半圆形而中间为矩形；

(2) 周长和半径通过测量或者设计标准要求得到，可能存在测量或者统计的偏差；

(3) π 的值理论上包含无限多位，实际计算中只能通过舍入取有限位；

(4) 公式在计算过程中出现的中间结果难以避免地会产生舍入。

数值计算结果的精确度由上述近似因素综合作用而决定。选择合适的算法将有助于对这些近似加以控制乃至抑制，进而得到精确度更好的计算结果。对数值计算中这些近似因素及其与计算结果关系的研究通常被称为误差分析, 其核心概念就是误差 (error)。误差是对数值计算中的近似进行定量分析的基础, 根据使用目的不同可以定义绝对误差和相对误差。

定义 6.1　已知 x 为真实值, 而 $\tilde{x}$ 为其近似值, 则定义 $E(x) = x - \tilde{x}$ 为近似值 $\tilde{x}$ 对于真实值 x 的**绝对误差**(absolute error)。

在大多数情况下, 绝对误差的符号对于误差分析的意义并不大, 或者说知道绝对误差取值范围就足够了。因此, 也可以直接用绝对值的形式来定义绝对误差, 即 $|E(x)| = |x - \tilde{x}|$。在 x 不是标量的情况下, 绝对值符号的含义通常被理解为向量或矩阵的范数, 这在本书中可以借助上下文描述加以区分。在实际的数值计算问题中, 真实值 x 一般都是未知的。因此, 绝对误差通常只能通过对测量和计算过程的具体情况进行分析来估计。工程中通常只需要估计出绝对误差幅度的上限。假设经过误差估计得到 $|E(x)| \leqslant \eta$, 则称 η 为绝对误差限。在不发生混淆的前提下, 可以将绝对误差限简称为绝对误差或者误差。绝对误差有时并不能充分体现近似程度的含义。例如, 同样是 1kg 的绝对误差, 在测量人的体重和一只成年大象的体重时表示出的近似程度的含义就有很大区别。为了能够更加确切地描述一个近似的准确程度, 需要引入相对误差的概念。

定义 6.2　已知 x 为真实值, 而 $\tilde{x}$ 为其近似值, 则定义 $E_r(x) = (x - \tilde{x})/x = E(x)/x$ 为近似值 $\tilde{x}$ 对于真实值 x 的**相对误差**(relative error)。很容易得到近似值的表达式 $\tilde{x} = x \cdot (1 + E_r(x))$。

相对误差本质上反映了近似值 $\tilde{x}$ 与真实值 x 之间的差异在 x 中所占的比例。直观看来, 当这个比例较低时, 近似值 $\tilde{x}$ 的准确程度更高。根据上述的定义, 当真实值 $x = 0$ 时, 相对误差不存在。因为真实值 x 通常未知, 因此可以将相对误差定义为 $E_r(x) = (x - \tilde{x})/\tilde{x}$。在实际使用中, 这两种定义所得到的结果应该是非常接近的, 毕竟对于一个有效的近似来说 $\tilde{x}$ 应该非常接近 x。与绝对误差一样, 相对误差一般也无法从定义中直接计算, 而只能估计出一个范围。假设经过误差估计得到 $|E_r(x)| \leqslant \delta$, 则称 δ 为相对误差限。在不发生混淆的前提下, 可以将相对误差限简称为相对误差。相对误差限也可以直接从绝对误差限计算得到, 即 $\delta = |\eta/\tilde{x}|$。

例 6.2　在日常表述中经常会使用 $\tilde{c} = 3 \times 10^8 \text{m/s}$ 来近似光速, 而人类目前公认的真空中的光速准确值为 $c = 299\,792\,458 \text{m/s}$, 则该近似的绝对误差 $|E| = 207\,542 \text{m/s}$ 实际上是一个非常高的速度值, 比飞行器脱离太阳系所需要的第三宇宙速度 ($1.66 \times 10^4 \text{m/s}$) 还要高一个数量级。然而, 从相对误差 $|E_r| = 207\,542/c = 0.069\%$ 来看, 该近似还是相当精确的。有趣的是, 目前 $c = 299\,792\,458 \text{m/s}$ 已经被用来定义长度单位 "m", 这也就是说该数值已经是真空中光速严格意义上的准确值了, 今后也无须再做测量。

如果将 x 视为可微函数 $f(x)$ 的自变量, 那么当 x 的取值包含误差时, $f(x)$ 的计算值也会产生误差。这两种误差之间的关系可以通过式 (6.7) 进行估计。式 (6.7) 可以被理解为对函数进行泰勒展开后仅保留线性项而得到的近似。考虑到误差 $E(x)$ 通常会是一个很小的值，这种近似算法在实践中相当精确。

$$E[f(x)] = f'(x)E(x) \tag{6.7}$$

例 6.3 假设 x 的绝对误差为 η，试估计 $f(x) = \cos x$ 的相对误差。

解： $|E_r(x)| = |E[f(x)]/f(x)| = |f'(x)E(x)/f(x)| = |\sin x/\cos x|\eta = |\tan x|\eta$
当 x 的值接近 $\pm\pi/2, \pm 3\pi/2, \cdots$ 时，$|\tan x| \to \infty$。这意味着在这些值附近求 $\cos x$ 的值非常不稳定，有可能产生极大的相对误差。

例 6.4 已知正方形的面积略大于 100cm^2，为了使其面积的计算误差不超过 1cm^2，测量边长 x 时允许的最大绝对误差是多少？

解： 正方形面积的计算公式为 $f(x) = x^2$，因此当边长的测量误差为 $|E(x)|$ 时，面积计算的误差为 $|E[f(x)]| = |f'(x)E(x)| = 2x|E(x)|$。根据题目的要求可以得到不等式：

$$|E[f(x)]| = 2x|E(x)| \leqslant 1$$

由已知条件可以知道 $x \geqslant 10\text{cm}$，因此可以得到 $|E(x)| \leqslant 1/20\text{cm}$。即测量的绝对误差不可以超过 0.05cm。

为了更加直观地反映一个近似值的精确程度，数值计算中也经常使用有效数字的位数来表征误差。有效数字直接由误差范围来定义，从某种意义上来说，有效数字的位数是误差的一种较为粗粒度的表述。特别要注意的是，一个近似值的每个数字可能是有效数字，也可能不是。在同样的进制表示下，一个近似值的有效数字的位数一定小于或等于其总的数字位数。在不做特殊说明的情况下，本书默认采用十进制表示。当然，如下给出的有效数字的定义也可以推广到不同的进制表示中。

定义 6.3 已知 x 为真实值，而 $\tilde{x}$ 为其近似值。如果 k 是使得下述公式成立的最大的整数，则称 $\tilde{x}$ 精确到小数点后第 k 位，而从小数点后第 k 位起直到最左侧的非零数字间的所有数字都称为**有效数字**(significant digits)。

$$|x - \tilde{x}| \leqslant \frac{1}{2} \times 10^{-k}$$

例 6.5 已知圆周率的某数值表示 $\pi = 3.14159265$ 具有 9 位有效数字，试确定以下的近似值各自具有多少位的有效数字。

(1) $\tilde{\pi} = 4$；　(2) $\tilde{\pi} = 3.14$；　(3) $\tilde{\pi} = 3.1415$；　(4) $\tilde{\pi} = 3.1416$。

解： 根据有效数字的定义，需要对不同近似值的误差范围进行分析。

(1) $|\pi - \tilde{\pi}| = |3.14159265 - 4| = 0.85840735 \leqslant 0.5 \times 10^1$，因此 $k = -1$。也就是说，该近似值中连唯一的个位数字也是不精确的，或者说该近似值没有任何的有效数字，有效数字位数为 0。这个例子比较极端，在真实计算中很少出现。

(2) $|\pi - \tilde{\pi}| = |3.14159265 - 3.14| = 0.001526 \leqslant 0.5 \times 10^{-2}$，因此 $k = 2$，该近似值精确到小数点后两位，共有 3 位有效数字。

(3) $|\pi - \tilde{\pi}| = |3.14159265 - 3.1415| = 0.00009265 \leqslant 0.5 \times 10^{-3}$，因此 $k = 3$，该近似值精确到小数点后 3 位，共有 4 位有效数字。

(4) $|\pi - \tilde{\pi}| = |3.14159265 - 3.1416| = 0.00000735 \leqslant 0.5 \times 10^{-4}$，因此 $k = 4$，该近似值精确到小数点后 4 位，共有 5 位有效数字。

从例 6.5 中可以看出，有效数字的位数很多时候都可能与总的位数不同，而且数值表示的细微差异都有可能造成有效数字位数的变化。虽然 3.1415 和 3.1416 看起来非常接近，但两者的有效数字却不同。也就是说，在数值计算问题中采用这两个不同的近似值进行计算时，引入的误差范围也不同，进而会影响到对整个计算结果的误差估计。在数值计算中给定一个近似值的同时需要说明其误差。直接给出绝对误差或者相对误差是可行的方式，但更普遍的方式则是给出其有效数字的位数。在没有任何说明的情况下，一般默认近似值准确到最末尾的数字。数值计算中 0.34 和 0.3400 应该理解为不同的近似值，前者的绝对误差不超过 0.005 而后者的绝对误差则不会超过 0.00005，相差了两个数量级。

综合定义 6.2 和定义 6.3 可以发现，有效数字的位数和相对误差都是基于绝对误差来定义的，这就意味着这两种误差度量之间存在着关联。表 6.1 对比了例 6.5 中后 3 个近似值的有效数字位数和相对误差，从中可以发现这两种误差度量之间存在着明显的相关性。相对误差随着有效数字位数的增加而单调地递减。定理 6.1 定量地描述了这种关联。

表 6.1　有效位数与相对误差

近似值 $\tilde{\pi}$	3.14	3.1415	3.1416
有效数字的位数	3	4	5
相对误差	$0.05\% \leqslant \frac{1}{6} \times 10^{-2}$	$0.003\% \leqslant \frac{1}{6} \times 10^{-3}$	$0.0002\% \leqslant \frac{1}{6} \times 10^{-4}$

定理 6.1 已知 x 的近似值 $\tilde{x}$ 具有 n 位有效数字，则相对误差满足如下不等式：

$$|E_r(x)| \leqslant \frac{1}{2x_1} \times 10^{1-n}$$

其中，x_1 为最左侧的有效数字值。

证明： 假设 $\tilde{x}$ 可以展开表示为如下的形式：

$$\tilde{x} = \pm 10^m (x_1 \times 10^{-1} + x_2 \times 10^{-2} + \cdots + x_n \times 10^{-n} + \cdots)$$

其中，$x_i \geqslant 0 (i = 1, \cdots, n)$ 是全部的 n 位有效数字。特别地，$x_1 > 0$ 是最左侧的有效数字值。

已知 $\tilde{x}$ 有 n 位有效数字，对于括号中的部分，最右侧的有效数字 x_n 恰处于小数点后的第 n 位，因此根据定义 6.3 可以得到

$$|x - \tilde{x}| \leqslant 10^m \left(\frac{1}{2} \times 10^{-n} \right) = \frac{1}{2} \times 10^{m-n}$$

因此近似值 $\tilde{x}$ 的相对误差为

$$|E_r(x)| = \left| \frac{x - \tilde{x}}{\tilde{x}} \right| \leqslant \frac{\frac{1}{2} \times 10^{m-n}}{x_1 \times 10^{m-1}} = \frac{1}{2x_1} \times 10^{1-n} \tag{6.8}$$

■

要注意的是，定理 6.1 给出的是充分条件而非必要条件，满足不等式 (6.8) 的近似值未必具有 n 位的有效数字，下面的例子很好地说明了这个问题。

例 6.6 为圆周率 π 取一个近似值 $\tilde{x}$ 使得其相对误差不超过 0.2%，试估计该近似值需要具有多少位有效数字。

解： 假设这个近似值具有 n 位有效数字，则其相对误差就会满足：

$$|E_r(x)| \leqslant \frac{1}{2x_1} \times 10^{1-n}$$

要确保相对误差满足条件，可以使得

$$\frac{1}{2x_1} \times 10^{1-n} = \frac{1}{6} \times 10^{1-n} \leqslant 0.2\%$$

求解上面的不等式可以得到 $n \geqslant 3$，即取 $n = 3$ 位有效数字就可以确保近似值的相对误差不超过 0.2%。但这并不是必要的，如取近似值 $\tilde{x} = 3.1365$ 时，相对误差为 $|3.1365 - \pi|/\pi \approx 0.162\%$，不仅同样满足条件，甚至满足不等式 (6.8) 在 $n = 3$ 时的情况 $(0.162\% < 0.166\% < 1/6 \times 10^{-2})$。然而，$\tilde{x} = 3.1365$ 并不具有 3 位有效数字，这可以从下面的公式中看出：

$$|3.1365 - \pi| = 0.00509\cdots > \frac{1}{2} \times 10^{-2}$$

定理 6.2 部分解决了这个问题，给出了依据相对误差范围来估计有效数字位数的方法。显然，定理 6.2 也是一个充分而非必要条件的表述。

定理 6.2 已知 x 的近似值 $\tilde{x}$ 的相对误差满足以下条件：

$$|E_r(x)| \leqslant \frac{1}{2(x_1 + 1)} \times 10^{1-n}$$

则 $\tilde{x}$ 至少具有 n 位的有效数字，其中 x_1 为最左侧的有效数字值。

证明： 假设 $\tilde{x}$ 具有 k 位有效数字，可以将 $\tilde{x}$ 展开表示为如下的形式：

$$\tilde{x} = \pm 10^m (x_1 \times 10^{-1} + x_2 \times 10^{-2} + \cdots + x_n \times 10^{-k} + \cdots)$$

其中，$x_i \geqslant 0 (i = 1, \cdots, k)$ 是全部的 k 位有效数字。特别地，$x_1 > 0$ 是最左侧的有效数字值。不难看出，$\tilde{x}$ 满足如下的不等式：

$$|\tilde{x}| \leqslant 10^m (x_1 \times 10^{-1} + 10^{-1}) = (x_1 + 1) \times 10^{m-1}$$

根据已知条件有如下不等式：

$$|E_r(x)| = \left| \frac{x - \tilde{x}}{\tilde{x}} \right| \leqslant \frac{1}{2(x_1 + 1)} \times 10^{1-n}$$

综合上面的两个不等式可以得到

$$|x - \tilde{x}| \leqslant \frac{|\tilde{x}|}{2(x_1 + 1)} \times 10^{1-n} \leqslant \frac{1}{2} \times 10^{m-n}$$

采用反证法，假设 $\tilde{x}$ 的有效数字位数 $k < n$，根据上面的展开形式以及定义 6.3 可以得到

$$|x - \tilde{x}| > 10^m \left(\frac{1}{2} \times 10^{-n}\right) = \frac{1}{2} \times 10^{m-n}$$

矛盾。这就意味着 $k \geqslant n$。

■

6.2.2　误差的分类

在数值计算中，根据近似的来源不同，可以将误差总体上分为**数据误差**与**计算误差**。虽然这两种误差之间的界限有时候并不十分明确，但还是可以粗略地理解为总误差 = 数据误差 + 计算误差。对计算误差而言，根据其产生的数学原理的不同，可以分为**截断误差**(truncation error) 和**舍入误差**(round-off error)。

数据误差是由输入的数据的近似，或者在计算过程中采用一些常数的近似产生的。计算误差是在计算过程中由于数学模型的近似或者中间结果的近似表示而产生。当然，从严格意义上讲，输入的数据也可以是前级计算的结果，因此也可能包含前级的计算误差。因此，数据误差可以被理解为误差在不同的计算中传播的主要方式。实际的计算问题中更多的时候只会关心总的误差而很少会细分这两种误差。下面给出的简单例子仅仅为了说明这两种误差在一定的条件下也是可能被单独分析的。

考虑一个简单的一元标量函数 $f : \mathbb{R} \mapsto \mathbb{R}$ 的求值问题。用 x 表示输入变量的真实值，而 $\tilde{x}$ 表示其近似值；用 f 表示函数精确计算过程，而 $\tilde{f}$ 表示函数的近似计算过程。对总误差 E 进行数学形式上的变换可以用误差的分解公式 (6.9)。

$$E = f(x) - \tilde{f}(\tilde{x}) = (f(x) - f(\tilde{x})) + (f(\tilde{x}) - \tilde{f}(\tilde{x})) = E_d + E_c \tag{6.9}$$

可以看到 $E_c = f(\tilde{x}) - \tilde{f}(\tilde{x})$ 仅包含了由计算过程的不精确性导致的误差，即为计算误差。而 $E_d = f(x) - f(\tilde{x})$ 则是在假设计算过程精确的条件下反映出了单纯由于输入数据的不精确而产生的误差，即为数据误差。

例 6.7　不借助任何计算工具而粗略估计 $\cos(7\pi/75)$ 的值，并分析结果的误差。

解：这个问题看起来比较复杂，但通过一系列的近似实际上可以很方便地得到一个相当精确的解。首先根据问题的描述，精确地输入变量值 $x = 7\pi/75$，而精确的函数计算为 $f(x) = \cos x$。

首先考虑对于输入变量 x 的近似。尽管采用诸如 3.14 这样的数值来近似 π 会使得输入值较为精确，但其中包含的小数部分的计算会相当烦琐。因此，通过粗略地将 π 近似地取值为 3，可以得到输入的近似值 $\tilde{x} = 21/75 = 7/25$。再考虑函数计算的近似。根据三角计算公式在 $x \in [-\pi/2, \pi/2]$ 区间内，总有 $\cos x = \sqrt{1 - \sin^2 x}$。而在 $x = 0$ 附近对 $\sin x$ 进行泰勒展开并保留首项可以得到近似计算公式 $\sin x \approx x$。综合起来可以得到原问题的近似计算公式 $\cos x \approx \tilde{f}(x) = \sqrt{1 - x^2}$。将输入变量的近似值代入近似计算公式可以得到如下的估值结果，这是因为 $(7, 24, 25)$ 恰为一组勾股数。

$$\cos(7\pi/75) \approx \tilde{f}(\tilde{x}) = \sqrt{1 - (7/25)^2} = 24/25 = 0.96$$

利用计算机平台计算出 $\cos(7\pi/25)$ 的值并保留 4 位有效数字得到的结果是 0.9573，则估值结果总的绝对误差保留两位有效数字后仅为 $E = -0.0027$，估值结果小数点后的两位均为有效数字，相对误差为 $|E_r| = 0.27\%$。深入分析可知，由输入变量的近似导致的数据误差为

$$E_\mathrm{d} = f(x) - f(\tilde{x}) = \cos(7\pi/75) - \cos(7/25) \approx -0.0037$$

而由计算过程近似而产生的计算误差为

$$E_\mathrm{c} = f(\tilde{x}) - \tilde{f}(\tilde{x}) = \cos(7/25) - 0.96 \approx 0.0010$$

总的误差由这两部分的误差相加得到。可以看到，由于这两部分误差的符号相反，实际上产生了误差相互抵消的效果，客观上提高了结果的精确程度。当然，在不同的计算问题中，不同类型的误差可能相互抵消，也可能相互增强。另外，在不同的计算问题中，不同类型的误差所占的比重也可能不同。不难想见在本例中，输入变量 x 越接近于零，计算误差所占的比重就应该越低。

根据产生的机理不同，计算误差又可以分为截断误差和舍入误差。无论是手工计算还是利用计算机平台进行计算，对于数学形式的表述以及对于实数的表示都只可能是有限。例如，很多数学模型无法直接进行计算，利用无限级数对它们进行逼近，再根据需要截取有限的项进行计算是数值计算的常用方法。即便截取之后的计算是精确的，截取过程中舍弃的项就会造成截断误差的出现。再如，目前通用的计算机平台采用二进制表示，诸如 2 和 10 这样的整数以及 0.5 和 1/128 这样的小数通常可以准确表示，但大多数的实数，如 1/3 和 $\sqrt{2}$，一般都无法准确表示。如果计算过程或者结果中出现了这样的数，通常会利用舍入的方式找到尽可能接近的可以表示的数来替代，这就产生了舍入误差。实际上，由于实际数值计算问题需求特定，计算过程往往只需要保持一定的精确程度就足够了，因此也可能在计算中主动地产生舍入误差。

例 6.8 试计算 $\mathrm{e}^{0.1}$ 并使得结果的相对误差不超过 0.01%。

解：显然 $\mathrm{e}^{0.1}$ 很难直接计算，因此考查 e^x 的泰勒级数：

$$\mathrm{e}^x = 1 + x + \frac{x^2}{2!} + \frac{x^3}{3!} + \frac{x^4}{4!} + \cdots = \sum_{k=0}^{\infty} \frac{x^k}{k!}$$

通过上面的公式不难观察出 $1.1 < \mathrm{e}^{0.1} < 1.2$，则 0.01% 的相对误差对应的绝对误差不会超过 0.00012。而泰勒展开的第五项在 $x = 0.1$ 时取值为 $x^4/4! = 0.0001/24 < 0.00012$。因此，保留泰勒展开的前四项应该就足以保证截断误差不会超过要求，从而得到如下的近似计算公式：

$$\mathrm{e}^{0.1} \approx 1 + 0.1 + \frac{0.01}{2} + \frac{0.001}{6}$$

该公式的前三项都可以精确表示，但最后一项的计算结果是一个无限循环小数，必须进行舍入。为保证最终结果的有效性，最后一项的舍入误差也不可以超过 0.00012，换算成相对误差上限为 72%。仿照例 6.6 可以计算出保留一位有效数字就足以满足条件，即 $0.001/6 \approx 0.0002$。代入后可以得到 $\mathrm{e}^{0.1} \approx 1 + 0.1 + 0.005 + 0.0002 = 1.1052$。最终计算的

总误差约为 -0.000029，其中截断误差约为 0.000004，而舍入误差约为 -0.000033。舍入误差占据主导，而两种误差也出现了相互抵消的现象。

在某些数值计算问题中，截断误差和舍入误差之间可能会存在相互制约的关系。比如在数值计算中经常用有限差分形式来近似计算函数的导数。假设要求解高阶可导连续函数 $f : \mathbb{R} \mapsto \mathbb{R}$ 在点 x 的一阶导数。对于给定的一个步长值 $h > 0$，利用泰勒展开可以得到式 (6.10) 和式 (6.11)。

$$f(x+h) = f(x) + f'(x)h + \frac{f''(x)}{2}h^2 + \frac{f'''(x)}{6}h^3 + \mathcal{O}(h^4) \tag{6.10}$$

$$f(x-h) = f(x) - f'(x)h + \frac{f''(x)}{2}h^2 - \frac{f'''(x)}{6}h^3 + \mathcal{O}(h^4) \tag{6.11}$$

从式 (6.10) 可以直接得到前向差分公式 (6.12)。

$$f'(x) = \frac{f(x+h) - f(x)}{h} + \frac{f''(x)}{2}h + \mathcal{O}(h^2) \approx \frac{f(x+h) - f(x)}{h} \tag{6.12}$$

而将式 (6.10) 和式 (6.11) 相减可以得到三中点差分公式 (6.13)。

$$f'(x) = \frac{f(x+h) - f(x-h)}{2h} - \frac{f'''(x)}{6}h^2 + \mathcal{O}(h^3) \approx \frac{f(x+h) - f(x-h)}{2h} \tag{6.13}$$

忽略高阶项，前向差分公式的截断误差为 $f''(x)h/2$，而三中点差分公式的截断误差为 $f'''(x)h^2/6$。假设计算函数值的舍入误差为 $\epsilon > 0$，则两个函数值相减的舍入误差上限为 2ϵ。从而可以得到前向差分公式的总计算误差为 $Mh/2 + 2\epsilon/h$，其中 M 为求值点附近 $|f''(x)|$ 的上界；三中点差分公式的总计算误差为 $Th^2/6 + \epsilon/h$，其中 T 为求值点附近 $|f'''(x)|$ 的上界。可以看到在两种差分公式的计算误差中均存在截断误差和舍入误差此消彼长的关系。当步长 h 较大时，截断误差占据主导；而当 h 变小时，舍入误差的比重会增加。因此无论采用哪种计算公式，步长 h 都不是越小越精确，这与直观的感觉是不同的。实际上，可以通过最小化计算误差来得到两种算法的最优步长，前向差分公式为 $h^* = 2\sqrt{\epsilon/M}$，三中点差分公式为 $h^* = \sqrt[3]{3\epsilon/T}$。要注意的是，在实际计算中 ϵ 的值也会随着 x 和 h 的不同而改变。因此最优步长的公式仅可以作为一种粗略的估计。总的来说，三中点差分公式的截断误差比前向差分公式的截断误差阶次更高，而舍入误差也只有前向差分公式的一半，因此三中点差分公式给出了精确度更高的一阶导数算法。

例 6.9 分别用前向差分公式和三中点差分公式计算 $f'(0.8)$，其中 $f(x) = \sin x$，函数值的计算保留五位有效数字。

解：选取步长序列 $h = 0.0002, 0.0022, 0.0200, 0.2000$，计算对应 $\sin x$ 的值如表 6.2 所示，取 $\sin 0.8 = 0.71736$，并采用 $\cos 0.8 = 0.69671$ 作为真实值来估计计算误差。

用前向差分公式 (6.12) 进行计算得到表 6.3 中的结果，用三中点差分公式 (6.13) 进行计算得到表 6.4。在区间 $[0.8000, 1.0000]$ 中 $M = \max(|f''(x)|) = \max(\sin x) = \sin 1.0 \approx 0.84147$，因此可以得到前向差分公式的理论最优步长 $h^* = 2\sqrt{\epsilon/M} \approx 0.0049$，这与表 6.3 中观察到的最低误差出现在 $h = 0.0020$ 附近一致。同样地，在区间 $[0.6000, 1.0000]$

表 6.2 $\sin x$ 在 $x = 0.8$ 附近的取值

x	0.6000	0.7800	0.7980	0.7998
$\sin x$	0.56464	0.70328	0.71596	0.71722
x	0.8002	0.8020	0.8200	1.0000
$\sin x$	0.71750	0.71875	0.73115	0.84147

中 $T = \max|f'''(x)| = \max(\cos x) = \cos(0.6000) \approx 0.56464$,可以得到三中点差分公式的理论最优步长 $h^* = 0.026$,这也与表 6.4 中观察到的最低误差出现在 $h = 0.0200$ 附近一致。总体上看,三中点差分方法的误差更低。

表 6.3 前向差分公式估计值及误差

h	0.0002	**0.0020**	0.0200	0.2000
$f'(2)$	0.70000	**0.69500**	0.68950	0.62055
误差 $|E|$	0.00329	**0.00171**	0.00721	0.07616

表 6.4 三中点差分公式估计值及误差

h	0.0002	0.0020	**0.0200**	0.2000
$f'(2)$	0.70000	0.69750	**0.69675**	0.69208
误差 $|E|$	0.00329	0.00079	**0.00004**	0.00463

6.2.3 条件数与敏感性

数值计算问题的敏感性可以用解对于输入微小变化的反应程度来衡量。实际数值计算问题中输入数据的误差往往不可避免,这种情况下通常希望问题本身对于输入数据误差不敏感。要注意的是敏感性是数值计算问题本身的属性,与计算过程中选择的算法无关。也就是说,在数值计算中,造成解不精确的原因既可能是算法选取不当,也可能是源问题高度敏感。问题的敏感性主要反映了数值计算过程中数据误差传播的特性。在假设计算过程完全精确的前提下,如果输入数据的相对变化对于解的相对变化影响不大,就称问题是不敏感或者良态的;而如果解的相对变化程度远超输入数据的变化,就称问题是敏感或者病态的。

数值计算问题的敏感性可以利用误差进行定量分析。考虑一元标量函数 $f : \mathbb{R} \mapsto \mathbb{R}$ 的求值问题。用 x 表示输入变量的真实值,而 $\tilde{x}$ 表示其近似值,则在计算过程精确的前提下,$f(\tilde{x})$ 就是数值计算问题的解。由此可以定义条件数来度量问题的敏感性。

定义 6.4 已知 x 为输入数据的真实值,而 $\tilde{x}$ 为其近似值,假设计算过程精确,则函数 $f : \mathbb{R} \mapsto \mathbb{R}$ 的求值问题的**条件数**(condition number) 的定义如下:

$$\text{cond}(f) = \frac{|(f(x) - f(\tilde{x}))/f(x)|}{|(x - \tilde{x})/x|}$$

如果函数 $f : \mathbb{R} \mapsto \mathbb{R}$ 是可微的,利用泰勒展开可以得到式 (6.14) 所示的条件数的近似计算公式。可以看到,函数求值问题的条件数总体上由函数本身的性质以及输入数据的取值共同决定。

$$\mathrm{cond}(f) \approx \frac{|f'(x)(x-\tilde{x})/f(x)|}{|(x-\tilde{x})/x|} = \left| \frac{xf'(x)}{f(x)} \right| \tag{6.14}$$

假设 $y = f(x)$，考虑函数求值问题的反问题 $x = f^{-1}(y) = g(y)$，即 g 是 f 的反函数。很容易知道只要满足 $f'(x) \neq 0$，就有 $g'(y) = 1/f'(x)$，即函数的导数和反函数的导数互为倒数，则函数 g 求值的条件数可以由式 (6.15) 计算。可以看到反函数 g 求值问题的条件数是原函数 f 求值问题的倒数。

$$\mathrm{cond}(g) \approx \left| \frac{yg'(y)}{g(y)} \right| = \left| \frac{f(x)}{xf'(x)} \right| = \frac{1}{\mathrm{cond}(f)} \tag{6.15}$$

从更为一般的意义上看，条件数是数值问题解的相对误差与输入数据的相对误差之间的比值。这样，定义 6.4 可以很容易地被扩展到函数求值之外的数值计算问题。数值计算问题的条件数越大，解的相对误差会远远超过输入数据的相对误差，则称这个问题高度敏感或者说问题更趋病态；反之，如果 s 条件数很小，输入数据的相对误差在求解的过程中可以理解为被抑制了，有利于得到更为精确的解，这时候称问题不敏感或者说是良态的。一般情况下，如果条件数远大于 1，就称问题是病态的；如果条件数接近 1 或者小于 1，就称问题是良态的。诸如反函数求值这样的反问题的输入数据恰是原问题的解，而反问题的解正好是原问题的输入数据。这样，式 (6.15) 所揭示的规律可以扩展到一般的数值计算问题中，即反问题的条件数和原问题的条件数互为倒数。因此，原问题和反问题的敏感性常常展现出互补的特性。如果原问题病态，则其反问题一般是良态的，反之亦然。只有当数值计算问题的条件数接近 1 时，原问题和反问题才同时为良态。如果将定义 6.4 中的绝对值符号的含义理解为向量或者矩阵的范数，这一定义也可以涵盖多元输入和多元输出的数值计算问题。如果在某些条件下相对误差没有定义，也可以使用绝对误差来定义绝对条件数。

例 6.10 求幂函数 $f(x) = x^a (x \neq 0)$ 的条件数。

解：

$$\mathrm{cond}(f) \approx \left| \frac{xf'(x)}{f(x)} \right| = \left| \frac{x \cdot ax^{a-1}}{x^a} \right| = |a|$$

利用式 (6.14) 估计条件数，可以得到上面的公式，即幂函数求值条件数为指数的绝对值 $|a|$。如果 $|a| < 1$，则相应的求值问题较为良态；反之，如果 $|a| \gg 1$，则求值问题病态。例如，求平方根 $(f(x) = \sqrt{x})$ 或者三次方根 $(f(x) = \sqrt[3]{x})$ 都是良态的问题，输入变量的相对误差在经过计算之后有望被缩小；反之，$f(x) = x^{100}$ 就是高度病态的问题，输入的相对误差在结果中会被放大 100 倍！例如，用 $\tilde{x} = 1.00$ 来近似 $x = 1.01$ 时相对误差仅有 1%，但经过求值 $f(1.00) = 1.00$ 而 $f(1.01) \approx 2.70$，结果的相对误差高达 170%。不过，此时对应的反问题 $g(x) = \sqrt[100]{x}$ 就是一个非常良态的问题。

条件数的思想也可以扩展到对算法稳定性的分析上。算法稳定性指的是某种算法所得的计算结果的误差受到计算误差的影响。如果一个算法是稳定的，就说明在计算过程中产生误差不会对计算结果的精确度产生重大影响。数值计算结果是源问题和所选取的数值算法相互作用的结果。总体上来说，对良态的问题选择稳定的算法通常才可以得到精确的结果。因此，在选择数值算法的过程中要尽可能保证其稳定性。

例 6.11 计算如下的定积分族：

$$I_n = \int_0^1 \frac{x^n}{x+k}\mathrm{d}x, \quad n = 0, 1, 2, \cdots, 20; k > 0$$

解： 直接利用牛顿－莱布尼茨公式计算全部的定积分值过于烦琐，一种可行的方法是利用如下的递推公式进行计算：

$$I_n = \int_0^1 \frac{x^n}{x+k}\mathrm{d}x = \int_0^1 \frac{x^{n-1}}{x+k}(x+k-k)\mathrm{d}x = \int_0^1 x^{n-1} - k\int_0^1 \frac{x^{n-1}}{x+k} = \frac{1}{n} - kI_{n-1}$$

上面的递推公式的绝对条件数为 k，或者说 I_n 的绝对误差是 I_{n-1} 的绝对误差的 k 倍。如果 $k < 1$，这样的计算过程是相当稳定的。递推的初始值可以由下面的公式计算。在递推过程中，初值的计算误差会被逐步压缩。

$$I_0 = \int_0^1 \frac{1}{x+k}\mathrm{d}x = \ln\left(1 + \frac{1}{k}\right)$$

然而，如果 $k > 1$，上面的计算过程会变得非常不稳定，初值的计算误差会被逐级放大。如果 $k = 2$，计算到 I_{20} 时，初值的绝对误差将会被放大 $2^{20} > 1\,000\,000$ 倍！可行的解决方案是将递推公式重写成如下反向形式：

$$I_{n-1} = \frac{1}{kn} - \frac{1}{k}I_n$$

此时的问题是如何选择初始值。从定义不难推导出 $0 < I_n \leqslant I_0 < \ln 2$。也就是说，在 $(0, \ln 2]$ 区间中任意选取一个初值的绝对误差都不会超过 $\ln 2$。不妨选择 $I_{40} = 0.5$，则用反向递推公式计算到 I_{20} 时的绝对误差不会超过 $\ln 2/k^{20}$。

6.3　实数的表示与运算

6.3.1　浮点数系统

理论表明实数有无穷多个，而当前的计算机平台对数据普遍采用有限的二进制表示，这就意味着计算机平台上实数只能采用有限近似的方式来表示。1985 年 IEEE(电气和电子工程师协会) 颁布了《二进制浮点算术标准》(Binary Floating Point Arithmetic Standard 754—1985) 规定了用于实数表示的二进制或十进制**浮点数**(floating point number) 体系。这个标准规范了浮点数的数据交换格式、舍入操作算法以及特殊情况的处理，定义了单精度、双精度和扩展精度浮点数表示。这个标准的最新版本 IEEE 754—2008 颁布于 2008 年，目前为绝大多数计算机生产厂商所遵循。

浮点数系统通常采用类似科学记数法的形式来表示数。例如在十进制中，将 3265 表示成为 3.265×10^3，将 0.008327 表示成为 8.327×10^{-3}。其中小数点的位置随着幂值的变化而浮动，这就是其被称为浮点数的原因。一个浮点数系统由表 6.5 所示的 4 个整数参数共同定义。

表 6.5　　浮点数系统参数

参数	β	p	U	L
含义	基数	精度	指数值上界	指数值下界

在这样一个系统中, 任意一个浮点数 x 都可以表示为式 (6.16) 的形式, 其中整数 $d_i(i = 0, \cdots, p-1)$ 满足不等式 $0 \leqslant d_i \leqslant \beta - 1$, 而整数 E 满足不等式 $L \leqslant E \leqslant U$。一般称 p 位的 β 进制数 $d_0 d_1 \cdots d_{p-1}$ 为**尾数**(mantissa), 而称 E 为**指数**(exponent) 或者**特征**(characteristic)。为方便描述, 称 $d_1 \cdots d_{p-1}$ 为尾数的小数部分。如果要求 $d_0 > 0$, 则称该浮点数系统是正规化的。

$$x = \pm \left(d_0 + \frac{d_1}{\beta} + \frac{d_2}{\beta^2} + \cdots + \frac{d_{p-1}}{\beta^{p-1}} \right) \beta^E \tag{6.16}$$

在计算机表示中, 基数 β 通常等于 2, 即采用二进制表示。浮点数的不同组成部分被保存在二进制数的不同位置。以 IEEE 64 位双精度浮点数为例, 首位 s 用来表示浮点数的符号, 随后的 11 位 c 用来表示指数, 剩余的 52 位 f 用来表示尾数的小数部分。对指数而言, 11 位二进制数的表值区间为 $[0, 2047]$, 为了保证非常接近 0 的数也能表示, 定义 $E = c - 1023$。另外, IEEE 浮点数体系中将 $c = 0$ 和 $c = 2047$ 留给了特殊值的表示, 因此指数的取值下限 $L = -1022$, 取值上限 $U = 1023$。在正规化方式下, 每个浮点数可以被唯一表示, 即 $d_0 = 1$。此时 d_0 也无须被存储, 客观上提高了表示的利用率。由此可以得到 IEEE 浮点数取值的计算公式 (6.17)。

$$x = (-1)^s (1 + f) 2^{c-1023} \tag{6.17}$$

从上述分析可知, IEEE 双精度浮点数系统的参数为: $\beta = 2$, $p = 52 + 1 = 53$, $L = -1022$, $U = 1023$。考虑到符号有正负两种取值, 在正规化系统中 d_0 有 $\beta - 1$ 种取值, 而 $d_i(0 < i \leqslant p-1)$ 均有 β 种取值, 指数 E 有 $U - L + 1$ 种取值, 另外系统中还包含零 (通常用全零表示), 所以式 (6.16) 所定义的浮点数系统能够表示的不同浮点数的个数可以由式 (6.18) 计算。代入 IEEE 双精度浮点数系统的参数可以得到 $N_{\text{machine}} \approx 1.84 \times 10^{19}$。尽管这个数量已经非常大, 但毕竟还是有限的。在浮点数系统中可以被精确表示的实数称为**机器数**(machine number), 而其他不能被精确表示的实数只能通过寻求最接近的机器数来加以近似。

$$N_{\text{machine}} = 2(\beta - 1)\beta^{p-1}(U - L + 1) + 1 \tag{6.18}$$

例 6.12　求 IEEE 双精度浮点数系统中下述机器数的十进制取值。

$x = 0\ 10000000001\ 1001001000000010000000000000000000000000000000000000$

解: 符号位 $s = 0$ 表明这是一个正数, 指数部分可以如下计算:

$$c = 2^{10} + 2^0 = 1025$$

尾数的小数部分可以如下计算:

$$f = \frac{1}{2} + \frac{1}{2^4} + \frac{1}{2^8} + \frac{1}{2^{16}} = 0.5664215087890625$$

根据式 (6.17) 可以计算出该机器数的十进制表示：

$$x = (-1)^s(1+f)2^{c-1023} = 2^{1025-1023}(1+f) = 6.26568603515625$$

定义 6.5 一个正规化浮点数系统中可以表示的最小的正数称为该系统的**下溢限** (underflow level, UFL)：$\text{UFL} = \beta^L$

定义 6.6 一个正规化浮点数系统中可以表示的最大的正数称为该系统的**上溢限** (overflow level, OFL)：$\text{OFL} = \beta^{U+1}(1 - \beta^{-p})$。

例 6.13 计算 IEEE 双精度浮点数系统的上溢限和下溢限。

解：下溢限出现在 $s = 0, c = 1$ 和 $f = 0$ 时：

$$\text{UFL} = 2^{1-1023}(1+0) \approx 2.225 \times 10^{-308}$$

上溢限出现在 $s = 0, c = 2046$ 和 $f = 1 - 2^{-52}$ 时：

$$\text{OFL} = 2^{2046-1023}(1 + 1 - 2^{-52}) \approx 1.798 \times 10^{308}$$

任何绝对值超过上溢限或者低于下溢限的数都无法表示。

如果某个实数 x 不能用浮点数精确表示，则就要用某个"邻近"的浮点数加以近似。记 x 的浮点数近似为 $fl(x)$，选择 $fl(x)$ 的过程就称为舍入。最近舍入法最为常用，即 $fl(x)$ 是距离 x 最近的浮点数。如果最近的浮点数不唯一，通常选择最后一个存储位为偶数的浮点数，这种方式也称为偶数舍入法。在 IEEE 双精度浮点数系统中与例 6.12 中的机器数 x 紧邻的两个机器数为

$x_+ = 0\ 10000000001\ 1001000100000001000000000000000000000000000000000001$

$x_- = 0\ 10000000001\ 1001000100000000111111111111111111111111111111111111$

由于 x 的最末存储位为 0 是偶数，如果采用偶数舍入法，则在区间 $[(x + x_-)/2, (x + x_+)/2]$ 内所有的实数都会被舍入到 x。具体说来，这个区间的十进制表示为

$$[6.2656860351562501110223024625156540423631668090820312 5,$$
$$6.2656860351562498889776975374843459576368331909179687 5]$$

定义 6.7 在特定的舍入方式下，浮点数系统的**机器精度**(machine precision)，记为 ϵ_{mach}，定义为舍入造成的相对误差上限：

$$\left| \frac{fl(x) - x}{x} \right| \leqslant \epsilon_{\text{mach}}$$

如果采用最近舍入方式，机器精度 $\epsilon_{\text{mach}} = \beta^{1-p}/2$。在 IEEE 双精度浮点数系统中 $\epsilon_{\text{mach}} \approx 1.11 \times 10^{-16}$。在浮点数系统中通常有 $0 < \text{UFL} < \epsilon_{\text{mach}} < \text{OFL}$。机器精度也可以被理解为在浮点数运算中使得 $1 + \epsilon > 1$ 的最小正数 ϵ。

例 6.14　IEEE 单精度浮点数字长 32 位，其中符号 1 位，指数部分 8 位，正规化的尾数的小数部分 23 位。求它的下溢限、上溢限和机器精度。

解：从定义可知 IEEE 单精度浮点数系统的参数为：$\beta = 2, p = 23 + 1 = 24$，$L = -126, U = 127$，由此可以计算出：

$$\text{UFL} = 2^{1-127} \approx 1.175 \times 10^{-38}$$
$$\text{OFL} = 2^{254-127}(1 + 1 - 2^{-23}) \approx 3.403 \times 10^{38}$$
$$\epsilon_{\text{mach}} = 2^{-23}/2 \approx 5.96 \times 10^{-8}$$

6.3.2　浮点运算

假设 a 和 b 是两个实数，在浮点数系统中对这两个数进行运算主要由三个步骤组成：通过舍入方式得到浮点数表示 $fl(a)$ 和 $fl(b)$，用浮点数运算方法进行计算，对运算结果进行舍入。为了与实数运算加以区分，这里特意使用操作符 $\oplus, \ominus, \otimes, \oslash$ 分别表示浮点数加、减、乘、除。这些操作符的定义如下：

$$\left. \begin{array}{l} a \oplus b = fl(fl(a) + fl(b)), a \ominus b = fl(fl(a) - fl(b)) \\ a \otimes b = fl(fl(a) \times fl(b)), a \oslash b = fl(fl(a)/fl(b)) \end{array} \right\} \tag{6.19}$$

实数域对加、减、乘、除是封闭的，但上述这些操作在浮点数集合上却并不封闭。或者说两个浮点数加、减、乘、除的结果可能无法在同一个浮点数系统中精确表示。另外，大家所熟知的实数域上的加法和乘法的结合律与交换律，以及乘、除法对加、减法的分配律等计算准则也并不适用于浮点数的这些操作。总之，浮点数上定义的这些运算和实数域上的相应的运算可以理解为相关但又不同的操作。因此，浮点数运算的结果通常与对应的实数运算结果不同。具体来说，两个浮点数相加减时，需要首先通过尾数的小数点浮动使得它们的指数相匹配，然后再对尾数进行加减。而两个浮点数相乘、除需要将指数相加、减，尾数相乘、除。

例 6.15　某正规化浮点数系统 $\beta = 10, p = 4$，采用最近舍入方式。假设有实数 $a = 5/7, b = 4998/7000, c = 1/30000$。计算 $a \oplus b, a \ominus b, a \otimes b, a \ominus c, (a \ominus c) \ominus b, (a \ominus b) \ominus c$ 并分析计算结果的相对误差。

解：通过最近舍入得到输入实数的浮点数表示为

$$fl(a) = 7.143 \times 10^{-1}, fl(b) = 7.140 \times 10^{-1}, fl(c) = 3.333 \times 10^{-5}$$

因此

$$\begin{aligned}
a \oplus b &= fl(7.143 \times 10^{-1} + 7.140 \times 10^{-1}) = 1.428 \times 10^{0} \\
a \ominus b &= fl(7.143 \times 10^{-1} - 7.140 \times 10^{-1}) = 3.000 \times 10^{-4} \\
a \otimes b &= fl(7.143 \times 10^{-1} \times 7.140 \times 10^{-1}) = 5.100 \times 10^{-1} \\
a \ominus c &= fl(7.143 \times 10^{-1} - 3.333 \times 10^{-5}) \\
&= fl(7.143 \times 10^{-1} - 0.000 \times 10^{-1}) = 7.143 \times 10^{-1} \\
(a \ominus c) \ominus b &= fl(7.143 \times 10^{-1} - 7.140 \times 10^{-1}) = 3.000 \times 10^{-4} \\
(a \ominus b) \ominus c &= fl(3.000 \times 10^{-4} - 3.333 \times 10^{-5}) \\
&= fl(3.000 \times 10^{-4} - 0.333 \times 10^{-4}) = 2.667 \times 10^{-4}
\end{aligned}$$

运算结果的相对误差如下:

	$a \oplus b$	$a \ominus b$	$a \otimes b$	$a \ominus c$	$(a \ominus c) \ominus b$	$(a \ominus b) \ominus c$
相对误差	0.02%	5.00%	0	0.007%	18.9%	5.67%

在这个浮点数系统中, b 可以被精确表示, 但 a, c 的表示都引入了舍入误差。可以看出, 浮点数运算的结果大多不同程度地受到了舍入误差的影响。其中 $a \otimes b$ 是一个特例, 其结果精确, 这是由于 a 的浮点数表示中引入的舍入误差在浮点运算结果的第二次舍入中恰好被补偿了。在计算 $a \ominus b$ 的过程中, 由于两个操作数非常接近, 左起的三个有效数字位求差后为零, 这种情况被称为**抵消**(cancellation)。抵消会导致舍入误差在计算结果中主导, 在数值计算中通常应该避免。在本例中虽然抵消之后的计算结果相对误差并不夸张, 但结果中此时仅仅包含一位有效数字。在计算 $a \ominus c$ 的过程中, 由于参与运算的两个数差异过大, 在移位的过程中较小的操作数 c 实际上完全不起作用。这样的结果对于计算 $(a \ominus c) \ominus b$ 产生了严重影响, 导致了很高的相对误差的出现。在实数域中显然有 $(a - b) - c \equiv (a - c) - b$, 但对应浮点数运算中却出现了 $(a \ominus b) \ominus c \neq (a \ominus c) \ominus b$。这表明, 在浮点数运算中通过改变运算顺序有可能改变运算结果, 甚至大幅度提高解的精确度。这也是很多数值计算问题中改善结果精确度的常用思路。

例 6.16 下面的这个级数被称为调和级数:

$$\sum_{n=1}^{\infty} \frac{1}{n}$$

不难证明这个级数在实数域上发散到正无穷。欧拉曾经给出了调和级数前 k 项和的近似公式:

$$S_k = \sum_{n=1}^{k} \frac{1}{n} = \ln k + \gamma + \epsilon_k$$

其中, $\gamma \approx 0.5772156649015328606$ 被称为欧拉-马歇罗尼常数; $\epsilon_k \approx 1/2k$。然而在浮点数系统中计算调和级数时却会出现收敛的情况。这几乎是一定的, 最明显的问题是一旦 $1/n$ 出现下溢, 累加的结果就不会再变化。不过, 实际的情况是级数的收敛会远早于下溢的出现。如果采用 IEEE 单精度浮点数系统, 调和级数的值会在 $n \geqslant 2097152$ 之后停止变化, 收敛到 15.40 附近的一个值。此时 $1/n \approx 4.77 \times 10^{-7} \gg \text{UFL}(10^{-38})$, 因此计算的收敛并不是下溢造成的。真正的问题类似于例 6.15 中 $a \ominus c$ 的情况。由于 $S_{2097152} \approx 15.40 \gg 1/2097152$, 因此这两个数相加时较小的数会完全不起作用。实际上, 此时这两个操作数的比值为 $1/(15.40 \times 2097152) \approx 3.10 \times 10^{-8}$, 已经显著地低于 IEEE 单精度浮点数系统下的机器精度 $\epsilon_{\text{mach}} \approx 5.96 \times 10^{-8}$。

例 6.17 在 $\beta = 10, p = 4$ 的正规化浮点数系统中求解一元二次方程 $ax^2 + bx + c = 0$, 其系数分别为 $a = 6.413 \times 10^{-2}, b = -8.642 \times 10^{1}, c = 3.277 \times 10^{0}$。

解: 一元二次方程的解析求根公式如下:

$$x = \frac{-b \pm \sqrt{b^2 - 4ac}}{2a}$$

从数值计算的角度看，上面的求根公式存在一些问题。首先，如果方程的系数过大或者过小，b^2 和 $4ac$ 有可能会上溢或者下溢。这时需要调整系数，例如方程两侧同除以绝对值最大的系数。另外，如果 b^2 和 $4ac$ 的值非常接近，在根号内部会出现抵消，进而导致求解精确度下降。这种情况本质上说明该方程的两个根非常接近，求解问题本身病态。本例中给出的参数并不涉及上述两种情况，但其反映出的问题则更具普遍意义。

不难求得 $\sqrt{b^2 - 4ac} = 8.641 \times 10^1$，代入求根公式后得到方程的两个解：

$$x_1 = (8.642 \times 10^1 + 8.641 \times 10^1)/(2 \times 6.413 \times 10^{-2}) = 1.347 \times 10^3$$
$$x_2 = (8.642 \times 10^1 - 8.641 \times 10^1)/(2 \times 6.413 \times 10^{-2}) = 7.797 \times 10^{-2}$$

观察上面的计算公式可以发现 x_2 的分子出现了严重的抵消，由此可以怀疑 x_2 结果的精确度。采用更高精度的浮点运算可以得到方程的两个更为精确的解分别为：$x_1 = 1347.53$，$x_2 = 0.0379205$。上述的 x_2 计算结果相对误差超过 100%，没有任何一位的有效数字。为了解决这个问题，可以将求根公式改写为如下的等价形式：

$$x = \frac{2c}{-b \mp \sqrt{b^2 - 4ac}}$$

此时再重新计算 x_2 的时候抵消就可以被避免，进而得到了一个精确度很高的解，全部 4 位数字都有效。显然，新的求根公式并不适合用来求解 x_1。

$$x_2 = (2 \times 3.277)/(8.642 \times 10^1 + 8.641 \times 10^1) = 3.793 \times 10^{-2}$$

通过这个例子可以看到，数学理论上等价的计算方法在数值计算中可能表现不同。求解一元二次方程的时候需要根据方程系数的正负性合理地选择公式，避免抵消的出现，并将结果进行合并。

6.4 一元方程求解

6.4.1 一元方程

一元方程 $f(x) = 0$ 是基础的数学模型，在科学和工程计算中被广泛采用。例 6.17 所列举的一元二次方程就是典型的一元代数方程。求解一元方程的主要思路有解析法和数值法两种。众所周知，除了二次代数方程外，三次代数方程和四次代数方程也都具有通用的代数解析解。这些方程的解当然可以通过向解析解中直接代入方程参数而得到。即便如此，正如例 6.17 所展示的，在利用解析方式求解的过程中也需要充分考虑其数值性质以得到精确度更高的解。实际上，绝大多数的一元方程很难给出通用的解析解，即便存在解析解其形式通常也极其复杂，包含着本身就难以计算的超越函数形式。最著名的例子就是被阿贝尔和伽罗华所证明的五次或以上的代数方程不存在通用的代数解析解。然而，在实际的科学和工程计算中往往会出现大量的难以给出解析解形式的一元方程，而本节所介绍的数值方法则可以足够高的精确度获得这些方程的近似解。若不做特别说明，本章仅考虑一元方程在实数域上的解。一元方程的解不一定存在，即便解存在，解的个数也有很多种情况。

例 6.18 下面的一元方程解的个数各异:

$e^x + 1 = 0$	不存在根
$e^{-x} - x = 0$	存在唯一根
$x^2 + 2x + 1 = 0$	存在一对重根
$x^2 - \sin x = 0$	存在两个不同的根
$x^3 + 5x^2 + 4x - 6 = 0$	存在三个不同的根
$\sin x = 0.1$	存在无穷个不同的根

一元方程求根问题绝对条件数在单根的条件下与 $f(x)$ 的导数有关。假设 x^* 是 $f(x) = 0$ 的精确解，而 $\tilde{x}$ 是输入参数出现误差后的方程 $f(x) = \epsilon$ 的解。对 $f(x)$ 在 x^* 附近泰勒展开保留并保留一次项可以得到 $\epsilon = f(\tilde{x}) = f(x^*) + f'(x^*)(\tilde{x} - x^*) = f'(x^*)(\tilde{x} - x^*)$。由此可以得到绝对条件数 $|(\tilde{x} - x^*)/\epsilon| = |1/f'(x^*)|$。显然在重根的情况下，绝对条件数将会由 $f(x)$ 更高阶的导数值决定。

用数值方法求解一元方程的根通常是利用迭代关系逐步收敛到问题的解。迭代是数值问题求解的基本方法，其思路是构造一个收敛于根的序列 $x_0, x_1, \cdots, x_k, x_{k+1}, \cdots$，其中第 $k+1$ 项可以通过迭代函数由前 k 项来计算: $x_k = g(x_0, x_1, \cdots, x_k)$。在特定的迭代函数形式下，前 k 项当中可能只有部分参与运算。例如，最简单和常见的迭代形式为 $x_{k+1} = g(x_k)$。

6.4.2 二分法

对于连续函数 $f(x)$ 来说，一元方程 $f(x) = 0$ 的根可以被理解为函数 $f(x)$ 穿过数轴的点。显然，$f(x)$ 在穿过数轴的前后取值的符号会发生变化。换一种方式来理解就是，如果 $f(x)$ 在两个点取值的符号不同，则其在这两个点之间至少穿过数轴一次，或者说 $f(x) = 0$ 在这两个点之间至少存在一个根。这实际上是定理 6.3 在 $u = 0$ 条件下的特例。

定理 6.3 (介值定理) 已知闭区间 $[a, b]$ 属于连续函数 f 的定义域，如果 u 满足 $f(a) > u > f(b)$ 或者 $f(a) < u < f(b)$，则一定存在 $c \in (a, b)$ 使得 $f(c) = u$。

证明: 假设集合 $S \subset [a, b]$ 包含所有使得 $f(x) < u$ 的 x，则由 $a \in S$ 可知 S 非空，且对 $\forall x \in S$ 都有 $x < b$。由实数完备性可知，非空有上界的集合 S 存在上确界，记 $c = \sup S$; 再由连续函数的定义可知，对于 $\forall \epsilon > 0$，存在 $\delta > 0$，使得对 $\forall x, |x - c| < \delta$ 都满足 $|f(x) - f(c)| < \epsilon$。即对于所有 $x \in (x - \delta, x + \delta)$ 下式成立:

$$f(x) - \epsilon < f(c) < f(x) + \epsilon$$

由上确界的定义可知，存在 $\grave{a} \in (c - \delta, c]$ 使得 $\grave{a} \in S$，于是有

$$f(c) < f(\grave{a}) + \epsilon < u + \epsilon$$

总可以选择 $\ddot{a} \in [c, c + \delta)$ 使得 $\ddot{a} \in [c, b)$ 且 $\ddot{a} \notin S$:

$$f(c) > f(\ddot{a}) - \epsilon \geqslant u - \epsilon$$

综上可以得到，对 $\forall \epsilon > 0$，都有 $u - \epsilon < f(c) < u + \epsilon$，于是唯一的可能性就是 $f(c) = u$。 ∎

算法 1　二分法求根

设置 TOL 为误差容限
设置 $N_{\max}$ 为最大迭代步数
初始化循环变量 $i \leftarrow 1$
$f_a \leftarrow f(a)$
while $i \leqslant N_{\mathrm{MAX}}$ **do**
　　$m \leftarrow a + (b-a)/2$
　　$f_m \leftarrow f(m)$
　　if $f_m = 0$ **or** $(b-a)/2 < \mathrm{TOL}$ **then**
　　　　输出 m 并停止
　　end if
　　$i \leftarrow i + 1$
　　if $f_a \cdot f_m > 0$ **then**
　　　　$a \leftarrow m$
　　　　$f_a \leftarrow f_m$
　　else
　　　　$b \leftarrow m$
　　end if
end while

　　二分法就是利用介值定理，通过将取值区间不断地一分为二，最终逼近方程的根。假设连续函数 f 在闭区间 $[a,b]$ 上有定义，而且 $f(a)f(b) < 0$，则考查区间中点 $m = a+(b-a)/2$ 的函数取值。如果 $f(m)$ 与 $f(a)$ 符号相同，则说明区间 $[m,b]$ 中存在方程的根；反之，区间 $[a,m]$ 中存在方程的根。无论选择哪个区间，其总长度都是原区间 $[a,b]$ 的一半。如此反复将区间二分，最终就可以得到方程的根。算法 1 给出了详细的步骤。

　　在二分法的迭代过程中所考查的求根区间长度逐次减半：$(b-a)/2 \to (b-a)/2^2 \to \cdots \to (b-a)/2^k$。这表明经过 k 次的迭代之后，求根结果的绝对误差不会超过区间长度 $(b-a)/2^k$。在算法中设置了求根的误差容限 TOL，当 $(b-a)/2^k < \mathrm{TOL}$ 时，算法满足停止条件并输出。此时迭代步数的期望值为 $k = \lceil \log_2[(b-a)/\mathrm{TOL}] \rceil$。除此之外，算法还设置了迭代次数的上限作为停止条件。这种做法在迭代型的数值算法中十分常见，主要是为了避免由于发散而导致的无限循环。

　　在实际使用过程中，二分法也存在一些问题。首先是二分法每迭代一步，估计的误差只会下降一半，得到符合精确度要求的解的速度较慢。这个问题后续还会讨论。另外，如果方程的根本身非常接近零，有可能导致解的相对误差很大，从而使得解的有效数字位数不足。通过相对误差 $(b-a)/\min(|a|,|b|) > \mathrm{TOL}$ 来控制迭代可以部分解决该问题。但如果 $0 \in [a,b]$，则又有可能在计算过程中出现除零错。试位法可以视为二分法的一个变种，其核心思想是用 $(a, f(a))$ 和 $(b, f(b))$ 的连线与数轴的交点 $c = a - (b-a)f(a)/(f(b) - f(a))$ 来取代区间的中点 $m = a + (b-a)/2$。

例 6.19　已知方程 $x^4 + x^2 - 8 = 0$ 在区间 $[1, 2]$ 中存在一个根，用二分法求解这个根并要求绝对误差不超过 10^{-3}。

解： 由误差限可以估计出所需的迭代步数 $k = \lceil \log_2((b-a)/\text{TOL}) \rceil = 10$，采用二分法求解的计算过程如下：

k	a_k	b_k	m_k	$f(m_k)$
1	1.000000	2.000000	1.500000	-0.687500
2	1.500000	2.000000	1.750000	4.441406
3	1.500000	1.750000	1.625000	1.613525
4	1.500000	1.625000	1.562500	0.401871
5	1.500000	1.562500	1.531250	-0.157531
6	1.531250	1.562500	1.546875	0.118421
7	1.531250	1.546875	1.539062	-0.020484
8	1.539062	1.546875	1.542969	0.048735
9	1.539062	1.542969	1.541016	0.014068
10	1.539062	1.541016	**1.540039**	-0.003222

二分法输出的结果为 $\tilde{x} = 1.540039$，利用卡当公式可以计算出更为精确的结果为 1.540221，从而得到绝对误差约为 1.8×10^{-4}，符合求解要求。

6.4.3　不动点法

对于函数 g，如果其定义域上的点 p 满足 $g(p) = p$，则称该点 p 为函数 g 的**不动点**(fixed-point)。不动点是函数的重要数学性质，其概念可以扩展到高维空间乃至一般的拓扑空间上。不动点理论被广泛地应用于力学、控制论、博弈论和数理经济学等诸多领域。对于特定的函数而言，不动点不一定存在，而定理 6.5 给出了不动点存在性和唯一性的充分条件。定理 6.5 的证明需要利用微积分中著名的**中值定理**，这里仅给出该定理的描述供参考。

定理 6.4 (中值定理)　闭区间 $[a, b]$ 上的连续函数 f 在开区间 (a, b) 上可导，则存在 $c \in (a, b)$ 使得下式成立：

$$f'(c) = \frac{f(b) - f(a)}{b - a}$$

定理 6.5　已知区间 $[a, b]$ 上的连续函数 g，如果对 $\forall x \in [a, b]$ 都有 $g(x) \in [a, b]$，则 g 在区间 $[a, b]$ 中至少存在一个不动点。同时，如果 $g'(x)$ 在区间 (a, b) 上存在，且存在一个正的常数 $\gamma < 1$ 使得对 $\forall x \in (a, b)$ 都有 $|g'(x)| \leqslant \gamma$，则该不动点唯一。

证明： 如果 $g(a) = a$ 或者 $g(b) = b$，则说明 g 在区间 $[a, b]$ 两端存在不动点；否则，就一定有 $g(a) > a$ 且 $g(b) < b$。构造区间 $[a, b]$ 上的连续函数 $h(x) = g(x) - x$，则

有 $h(a) = g(a) - a > 0$ 且 $h(b) = g(b) - b < 0$。由定理 6.3 可知，存在 $c \in (a,b)$ 使得 $h(c) = 0 = g(c) - c$。进而得到 $g(c) = c$，或者说 c 是函数 g 在区间 (a,b) 中的一个不动点。

不动点的唯一性采用反证法。如果 $|g'(x)| \leqslant \gamma < 1$ 且区间 $[a,b]$ 中存在 g 的两个不同的不动点 $p \neq q$，不妨假设 $p < q$，则根据定理 6.4，存在 $c \in [p,q]$ 使得 $g'(c) = (g(p) - g(q))/(p - q)$。结合不动点的定义，有下式：

$$|p - q| = |g(p) - g(q)| = |g'(c)||p - q| \leqslant \gamma|p - q| < |p - q|$$

矛盾。因此可以知道 $p \neq q$ 不成立，或者说 $p = q$ 为唯一的不动点。∎

需要注意的是，定理 6.5 给出的是充分而非必要条件，即便定理中给定的条件不满足，也不能否认函数不动点的存在或者唯一。

例 6.20　分析函数 $g(x) = 3^{-x}$ 在区间 $[0,1]$ 中的不动点情况。

解：显然 $g(x)$ 是区间 $[0,1]$ 上的连续递减函数，因此其取值 $g(x) \in [1/3, 1] \subset [0,1]$。因此，由定理 6.5 可知 $g(x)$ 在 $[0,1]$ 中一定存在不动点。然而 $g'(0.01) = -\ln 3 \cdot 3^{-0.01} \approx -1.0866$，并不满足定理 6.5 中的唯一性条件 $|g'(x)| < 1$。假设 $g(x)$ 在 $[0,1]$ 中存在两个不同的不动点 $p \neq q$，不妨假设 $p < q$。由 $g(x)$ 的单调递减性，有 $p < q \Rightarrow g(p) > g(q) \Rightarrow p > q$，矛盾。也就是说，$g(x)$ 在 $[0,1]$ 区间中存在唯一的不动点。选择初值 $x_0 = 1$，采用迭代公式 $x_{k+1} = 3^{-x_k}$ 计算该不动点的前 20 步迭代结果如下：

k	x_k	k	x_k	k	x_k	k	x_k
1	0.333333	6	0.566054	11	0.546378	16	0.547922
2	0.693361	7	0.536938	12	0.548670	17	0.547741
3	0.466856	8	0.554390	13	0.547290	18	0.547850
4	0.598761	9	0.543862	14	0.548121	19	0.547784
5	0.517987	10	0.550189	15	0.547621	20	0.547823

代入验证结果：$3^{-0.547823} \approx 0.547800$。

给定一个一元方程求解问题 $f(x) = 0$，可以有很多种方法将其转换为求解另一个函数 g 的不动点问题，例如 $g(x) = x + f(x)$ 或者 $g(x) = x - 3f(x)$ 等。而不动点问题的求解非常适合采用迭代方法，即 $x_{k+1} = g(x_k)$。需要注意的是，要保证迭代的过程收敛，函数需要满足一些特定的条件。也就是说，在将一元方程求解问题进行不动点转换的时候必须慎重选择转换形式。

例 6.21　求函数 $g(x) = x^2 - 6$ 的不动点。

解：这个问题本身非常简单，可以通过解析的方法直接求解。假设不动点为 $x = p$，则有方程 $p = p^2 - 6$。调整之后可以得到 $p^2 - p - 6 = (p-3)(p+2) = 0$。因此函数 g 有两个不动点，分别是 $x = 3$ 和 $x = -2$。如果取初值 $x_0 = 1$ 并利用迭代的形式 $x_{k+1} = x_k^2 - 6$ 求解，则会发现产生的序列很快就发散了。实际上，即便采用 IEEE 双精度表示，x_{10} 也会出现上溢。

k	x_k
1	-5
2	19
3	355
4	126019
5	15880788355
6	252199438776303616000
7	63604556919082518070205476555613580296192

因此，在求解一元方程的过程中需构造适当的不动点形式，以保证迭代过程可以收敛。定理 6.6 给出了不动点迭代收敛的充分条件。

定理 6.6 (不动点定理)   已知区间 $[a, b]$ 上的连续函数 g，且对 $\forall x \in [a, b]$ 都有 $g(x) \in [a, b]$。如果 $g'(x)$ 在区间 (a, b) 上存在，且存在一个正的常数 $\gamma < 1$ 使得对 $\forall x \in (a, b)$ 都有 $|g'(x)| \leqslant \gamma$，那么选择初值 $x_0 \in [a, b]$，迭代序列 $x_0, x_1, \cdots, x_{k-1}, x_k, \cdots$ 收敛于函数 g 在 $[a, b]$ 区间中的唯一的不动点。其中迭代关系满足：$x_k = g(x_{k-1})$。

证明: 由条件及定理 6.5 可知函数 g 在 $[a, b]$ 上有唯一的不动点，假设该不动点为 p。由于 $g(x) \in [a, b]$，而迭代初值 $c \in [a, b]$，可以知道迭代序列中的每一项都满足 $x_k \in [a, b]$。根据定理 6.4，仿照定理 6.5 的证明过程有

$$|x_k - p| = |g(x_{k-1}) - g(p)| = |g'(c)||x_{k-1} - p| \leqslant \gamma |x_{k-1} - p|$$

其中 $c \in (a, b)$。

将上面的不等式递归展开可以得到

$$|x_k - p| \leqslant \gamma |x_{k-1} - p| \leqslant \gamma^2 |x_{k-2} - p| \leqslant \cdots \leqslant \gamma^k |x_0 - p|$$

已知 $\gamma < 1$，因此有 $\lim_{k \to \infty} \gamma^k = 0$，进而得到 $\lim_{k \to \infty} |x_k - p| = 0$。也就是说，迭代序列收敛于 p。由于 $x_0 \in [a, b]$ 且 $p \in [a, b]$，因此用 x_k 来近似 p 的绝对误差不会超过 $\gamma^k \cdot \max(|x_0 - a|, |x_0 - b|)$。 ∎

定理 6.6 实际上为不动点形式的选择提供了简单的准则。首先应该使得 g 将区间 $[a, b]$ 映射回自身，其次应考虑函数 g 在不动点 p 附近的导数值。如果 $|g'(p)| < 1$，则采用迭代形式可以有效地计算出不动点的近似值。从另一个角度来说，尽管定理 6.6 给出的是充分而非必要条件，在选择不动点函数形式的时候也应该避免使得 $|g'(p)| > 1$。例 6.21 中 $g'(3) = 6$ 而 $g'(-2) = -4$，均不满足导数的取值限制，因此迭代序列不收敛的情况完全可以被预期。

例 6.22   已知方程 $x^4 + x^2 - 8 = 0$ 在区间 $[1, 2]$ 中存在一个根，用不动点法求解这个根。

解: 如题，所求的根大于零，则用如下三种方式可以得到不同的不动点函数：

(a) $x^4 + x^2 - 8 = 0 \Rightarrow x^2 = 8/(x^2 - 1) \Rightarrow x = \sqrt{8/(x^2 - 1)} = g_1(x)$
首先 $g_1(1) = \sqrt{7} > 2$，即 g_1 并不能将 $[1, 2]$ 映射回自身。由例 6.19 可知所求的根约为 1.54，而 $|g_1'(1.54)| \approx 1.047 > 1$。可以预计迭代过程将会发散。

(b) $x^4 + x^2 - 8 = 0 \Rightarrow (x^2 + 1)x^2 = 8 \Rightarrow x = \sqrt{8/(x^2 + 1)} = g_2(x)$

首先 $g_2(1) = 2 \in [1, 2]$ 且 $g_2(2) = \sqrt{4/3} \in [1, 2]$，因此 g_2 确实将 $[1, 2]$ 映射回自身。而 $g_2'(x) = -2\sqrt{2}x(x^2 + 1)^{-3/2}$，对 $\forall x \in (1, 2)$ 都有 $|g_2'(x)| < |g_2'(1)| = 1$。根据定理 6.6，在区间 $[1, 2]$ 中任意选择初值，迭代过程都可以收敛到原方程的根。

(c) $x^4 + x^2 - 8 = 0 \Rightarrow (x^4 + x^2 - 8)/(4x^3 + 2x) = 0 \Rightarrow x = x - (x^4 + x^2 - 8)/(4x^3 + 2x) = g_3(x)$

函数 g_3 的形式较为复杂，但也不难验证 $5/3 \leqslant g_3(x) \leqslant 2, \forall x \in [1, 2]$，即 g_3 将 $[1, 2]$ 映射回自身。而 $g_3'(x) = (12x^2 + 2)(x^4 + x^2 - 8)/(4x^3 + 2x)^2$，可以验证 $-2.33 < g_3'(x) < 0.463, \forall x \in [1, 2]$。这就意味只有选取合适的初值才能保证迭代过程收敛。实际上，当 $x > 1.2$ 时，$|g_3'(x)| < 1$。因此，在 $[1.2, 2]$ 区间内选取初值都能保证收敛。特别要注意的是，在方程根的位置 $g_3'(x) = 0$，这实际上导致了 $g_3'(x)$ 可以更快地收敛，相关内容将在后面介绍。

选择初值 $x_0 = 1.5$，三种不动点函数迭代的结果如下：

	g_1	g_2	g_3
x_1	1.598611	1.568929	1.541667
x_2	1.459601	1.520234	1.540223
x_3	1.659850	1.554383	1.540221
x_4	1.379748	1.530309	
x_5	1.789507	1.547219	
x_6	1.224001	1.535311	
x_7	2.083224	1.543681	
x_8	0.918365	1.537790	
x_9	2.912986	1.541933	
x_{10}	$\sqrt{-0.05721}$	1.539018	

可以看出，g_1 很快就超出了 $[1, 2]$ 区间，甚至出现了虚数的中间结果，而 g_2 和 g_3 都成功收敛到了方程的根。比较而言，g_3 收敛得非常快，仅用了 3 步迭代就获得了至少 7 位有效数字，而 g_2 迭代到第 10 步的结果也仅有 3 位有效数字。

6.4.4　牛顿法

牛顿法 (Newton's Method) 可以说是方程求根问题最常用和有效的方法。牛顿法本质上就是一种特定的不动点法，对应一种规范的将方程转换为不动点函数形式的过程。已知函数 f 在区间 $[a, b]$ 上连续可导，如果 $p \in (a, b)$ 是方程 $f(x) = 0$ 的根，而 $p_0 \in [a, b]$ 是对 p 的近似且 $f'(p_0) \neq 0$，则对 $f(x)$ 在 $x = p_0$ 附近进行泰勒展开并保留线性项得到公式 (6.20)。

$$f(p) \approx f(p_0) + (p - p_0)f'(p_0) \tag{6.20}$$

已知 $f(p) = 0$ 可以推导出式 (6.21)。

$$0 \approx f(p_0) + (p - p_0)f'(p_0) \Rightarrow p \approx p_0 - \frac{f(p_0)}{f'(p_0)} \tag{6.21}$$

将 p_0 视为迭代的初始值，则式 (6.21) 实际上是给出了一种特定的不动点函数形式，见式 (6.22)。利用该不动点公式求解原方程的根的方法就称为牛顿法。实际上，例 6.22 中的 g_3 就是牛顿法的不动点函数形式。

$$g(x) = x - \frac{f(x)}{f'(x)} \tag{6.22}$$

定理 6.7 已知函数 f 在区间 $[a, b]$ 上二阶连续可导。如果 $p \in (a, b)$ 可以使得 $f(p) = 0$ 且 $f'(p) \neq 0$，则一定存在 $\delta > 0$，使得对任意初值 $x_0 \in [p - \delta, p + \delta]$，牛顿法产生的序列 $x_0, x_1, \cdots, x_{k-1}, x_k, \cdots$ 收敛于 p，即 $\lim_{k \to \infty} x_k = p$。

证明：由已知条件，f' 在区间 $[a, b]$ 上连续。根据连续函数的定义，一定存在 $\delta_1 > 0$ 使得对于 $\forall x \in [p - \delta_1, p + \delta_1]$ 下式成立：

$$|f'(x) - f'(p)| < \frac{|f'(p)|}{2} \Rightarrow f'(p) - \frac{|f'(p)|}{2} < f'(x) < f(p) + \frac{|f'(p)|}{2}$$

如果 $f'(p) > 0$，则 $f'(x) > f'(p)/2 > 0$；如果 $f'(p) < 0$，则 $f'(x) < f'(p)/2 < 0$。总之，$f'(x) \neq 0, \forall x \in [p - \delta_1, p + \delta_1]$，总可以适当缩小 δ_1 使得 $[p - \delta_1, p + \delta_1] \subseteq [a, b]$，进而对于 $\forall x \in [p - \delta_1, p + \delta_1]$，$g(x)$ 存在且连续可导，其导数为连续函数：

$$g'(x) = 1 - \frac{(f'(x))^2 - f(x)f''(x)}{(f'(x))^2} = \frac{f(x)f''(x)}{(f'(x))^2}$$

根据假设 $f(p) = 0$，可以得到 $g'(p) = 0$。再由 $g'(x)$ 的连续性可以得到，对 $\forall k \in (0, 1)$，存在 $\delta > 0$ 使得对 $\forall x \in [p - \delta, p + \delta]$ 下式成立：

$$|g'(x) - g'(p)| = |g'(x)| \leqslant k$$

同样可以缩小 δ 使得 $[p - \delta, p + \delta] \subseteq [p - \delta_1, p + \delta_1] \subseteq [a, b]$。对于 $\forall x \in [p - \delta, p + \delta]$，根据定理 6.4，总会存在 c 处于 x 和 p 中间使得 $|g(x) - g(p)| = |g'(c)||x - p|$。再根据 $g(p) = p$ 可以得到：

$$|g(x) - p| = |g'(c)||x - p| \leqslant k|x - p| < |x - p| \leqslant \delta$$

也就是说，函数 g 将区间 $[p - \delta, p + \delta]$ 映射到自身。至此，定理 6.6 全部条件都得到满足，即对任意初值 $x_0 \in [p - \delta, p + \delta]$，由牛顿法迭代公式 $x_k = x_{k-1} - f(x_{k-1})/f'(x_{k-1}), k = 0, 1, \cdots, \infty$ 产生的序列收敛到 p。 ∎

定理 6.7 实际上说明，如果方程 $f(x) = 0$ 在某点 p 存在单根，即 $f'(p) \neq 0$，那么只要能找到一个距离 p 足够近的初值，牛顿法总可以收敛到方程的根。换句话说，如果采用牛顿法，初值的选取应该尽可能靠近试图求解的那个根。

例 6.23 用牛顿法求解方程 $x^2 - \sin x = 0$ 的根。

解：显然 $x = 0$ 是方程的一个根。对于 $x > 1$ 有 $x^2 > 1 \geqslant \sin x$，因此可以推断方程的另外一个根在区间 $(0, 1)$ 上。选择初值 $x_0 = 0.5$，牛顿法公式如下：

$$x_k = x_{k-1} - \frac{x_{k-1}^2 - \sin x_{k-1}}{2x_{k-1} - \cos x_{k-1}} = x_{k-1} + h(x_{k-1})$$

下表中列出了前 4 步迭代的结果。迭代到第 4 步时，牛顿法的增量 $h(x_4) \ll 10^{-11}$，结果的有效数字已经超过 9 位。

k	x_k	$f(x_k)$	$f'(x_k)$	$h(x_k)$
1	0.885637845	0.010035622	1.138479955	-0.008814931
2	0.876822914	0.000107714	1.114049200	-0.000096687
3	0.876726227	0.000000013	1.113781505	-0.000000012
4	0.876726215	0.000000000	1.113781472	-0.000000000

在使用牛顿法的过程中，如果初值选择不当，有可能造成迭代过程无法收敛。然而初值的选择实际上没有确保成功的方法，很多时候需要在迭代的过程中关注导数 f' 及增量 h 取值的变化趋势。此外，即便结果过程收敛，也要注意检查计算结果是否为目标根。

例 6.24　方程 $x^3 - 3x^2 + x + 3 = 0$ 在区间 $[-1, 0]$ 中存在一个实数根，采用不同的初值，用牛顿法求此根。

解：牛顿法求解公式如下：

$$x_k = \frac{2x_{k-1}^3 + 9x_{k-1}^2 - 2x_{k-1} - 3}{3x_{k-1}^2 + 6x_{k-1} - 1}$$

分别采用初值 $x_0 = -1$，$x_0 = 1$ 和 $x_0 = 3$，牛顿法迭代过程如下表。采用初值 $x_0 = -1$ 时收敛最快，仅用 4 步就获得了超过 9 位有效数字的精确度；而采用初值 $x_0 = 1$ 时，迭代过程始终在振荡，无法收敛；初值 $x_0 = 3$ 尽管距离根更远，但迭代过程还是成功地收敛了，只是消耗了更多的迭代步骤而已。可见，牛顿法初值的选取原则并非绝对，因问题不同而异。

x_0	-1.000000000	1.000000000	3.000000000
x_1	-0.800000000	2.000000000	2.400000000
x_2	-0.769948187	1.000000000	1.898969072
x_3	-0.769292663	2.000000000	-0.288779328
x_4	-0.769292354	1.000000000	-1.105767299
x_6		2.000000000	-0.829199950
x_7		1.000000000	-0.771715812
x_8		2.000000000	-0.769296561
x_9		2.000000000	-0.769292354

不动点法以及牛顿法的迭代停止条件可以有多种选择。一种常见的做法是选择一个容限 TOL，当 $|x_k - x_{k-1}| < \text{TOL}$ 或者 $|x_k - x_{k-1}|/|x_k| < \text{TOL}$ 时迭代停止。但要注意的是，与二分法不同，这些条件和解的误差之间的关系通常并不清晰。从式 (6.22) 可以看出，使用牛顿法时必须在每一步迭代中计算 $f'(x)$。对于复杂的函数形式而言，导数往往难以计算

或者运算量过大。有很多的研究是关于在牛顿法中如何更简便地近似计算导数，产生了一系列的准牛顿法 (quasi-Newton Methods)。例如，**割线法**(secant method) 就是一种典型的准牛顿法。根据导数的定义可以有式 (6.23)。

$$f'(x_{k-1}) = \lim_{x \to x_{k-1}} \frac{f(x) - f(x_{k-1})}{x - x_{k-1}} \tag{6.23}$$

在牛顿法迭代过程中，如果认为 x_{k-2} 非常接近 x_{k-1}，则可以得到式 (6.24) 中的近似。直观上看，这就是用 $(x_{k-2}, f(x_{k-2}))$ 和 $(x_{k-1}, f(x_{k-1}))$ 两点连线的斜率来近似 $f'(x_{k-1})$。将此近似代入牛顿法公式就可以得到割线法的式 (6.25)。与牛顿法不同，割线法需要选择两个初值。

$$f'(x_{k-1}) \approx \frac{f(x_{k-2}) - f(x_{k-1})}{x_{k-2} - x_{k-1}} \tag{6.24}$$

$$x_k = x_{k-1} - \frac{f(x_{k-1})(x_{k-1} - x_{k-2})}{f(x_{k-1}) - f(x_{k-2})} \tag{6.25}$$

例 6.25　方程 $x^3 - 3x^2 + x + 3 = 0$ 在区间 $[-1, 0]$ 中存在一个实数根，用割线法求此根。

解：选择初值 $x_0 = 0$，$x_1 = -1$，迭代结果如下表。与牛顿法相比，割线法收敛的速度明显要慢一些。可以看出在迭代过程中对于导数的近似逐渐变得精确。

k	x_k	$f'(x_{k-1})$	$\dfrac{f(x_{k-2}) - f(x_{k-1})}{x_{k-2} - x_{k-1}}$
1	-1.000000000	10.000000000	5.000000000
2	-0.600000000	5.680000000	7.760000000
3	-0.742268041	7.106493783	6.383126793
4	-0.772955988	7.430118804	7.267835418
5	-0.769220365	7.390422101	7.410263475
6	-0.769292165	7.391184297	7.390803197
7	-0.769292354	7.391186304	7.391185303

割线法的优点是每一步迭代只需要计算一次函数值。一般说来，函数值的计算比导数的计算代价要低。因此尽管割线法收敛比牛顿法要慢，通常其总的计算开销还是要比牛顿法低。在割线法迭代的过程中，相邻的两步迭代的结果 x_{k-1} 和 x_{k-2} 会逐渐接近，因此在计算式 (6.25) 时可能会造成抵消和上溢，这也是在实现时需要注意的问题。

割线法的本质是计算相邻的 $(x_{k-2}, f(x_{k-2}))$ 和 $(x_{k-1}, f(x_{k-1}))$ 两点连线的过零点作为对 x_k 的估计。一个自然的扩展是将迭代过程中相邻的三个点拟合成为一个二次多项式，并用该多项式的过零点来估计下一步的迭代值。但是，二次多项式可能没有过零点，而且求解二次多项式的根也包含了较多的计算 (见例 6.17)。一个可行的解决方案是采用反向插值，即将 x_k 视作 $f(x_k)$ 的函数。假设前三步迭代值分别为 $x_{k-3}, x_{k-2}, x_{k-1}$，则式 (6.26) 定义了一个同时通过三个点 $(f(x_{k-3}), x_{k-3}), (f(x_{k-2}), x_{k-2}), (f(x_{k-1}), x_{k-1})$ 的二次多项式。

为了表述的简洁，记这三个点为 $(A, a), (B, b), (C, c)$。

$$P(y) = a\frac{(y-B)(y-C)}{(A-B)(A-C)} + b\frac{(y-A)(y-C)}{(B-A)(B-C)} + c\frac{(y-A)(y-B)}{(C-A)(C-B)} \tag{6.26}$$

实际上 $P(y)$ 就是后面将会介绍的拉格朗日多项式插值的结果。显然，二次曲线 $P(y)$ 的过零点可以直接计算，如式 (6.27) 所示，即可以作为对 x_k 的估计值。

$$x_k = P(0) = \frac{aBC(B-C) + bAC(C-A) + cAB(A-B)}{(A-B)(B-C)(A-C)} \tag{6.27}$$

利用式 (6.27) 进行迭代求根的方法称为**反插法**(Inverse Iterpolation Method)。与牛顿法和割线法不同，反插法需要设定三个初值。与割线法一样，反插法同样要考虑抵消和上溢的问题。

例 6.26 方程 $x^3 - 3x^2 + x + 3 = 0$ 在区间 $[-1, 0]$ 中存在一个实数根，用反插法求此根。

解：选择初值 $x_0 = 0, x_1 = -1, x_2 = -2$，迭代结果如下表。反插法收敛的速度介乎牛顿法和割线法之间。

x_3	x_4	x_5	x_6	x_7
-0.638502674	-0.754697179	-0.770373797	-0.769294441	-0.769292354

总体上看，如果初值选取合适，前面介绍的牛顿法、割线法和反插法都能快速地收敛到方程的根。但如果初值选取不当，这些方法也都可能不熟练。相反地，二分法则总可以保证收敛，但收敛的速度比较慢。因此在实际工程中经常将两类方法混合使用，称为**保护法**(Safeguarded Methods)。这类方法通常是首先利用二分法得到靠近根的一个初值，再利用收敛性更优的牛顿法、割线法或者反插法快速地得到一个足够精确的解。

6.4.5 迭代误差分析

在上一节的内容中可以观察到同样是一元方程求根，不同的方法达到同样精确度的解所需要的迭代步数不同。如果以迭代的步数作为度量复杂度的单位，这就意味着不同方法的时间复杂度存在差异。在数值计算中，评价这种差异的方式是分析不同迭代方法的**收敛速度**(Convergence Rates)。

定义 6.8 已知序列 $x_0, x_1, \cdots, x_{k-1}, x_k, \cdots$ 在 $k \to \infty$ 时收敛于 p，而且 $x_k \neq p, \forall k$。如果存在常数 $\lambda > 0$ 和 $r > 0$ 使得下式成立，就称序列 r **阶收敛**于 p，称 λ 为收敛的渐进误差常数。

$$\lim_{k \to \infty} \frac{|x_{k+1} - p|}{|x_k - p|^r} = \lambda \tag{6.28}$$

式 (6.28) 是利用序列误差的变化趋势来定义收敛速度。一般来说，r 的值越大意味着序列的误差下降越快，或者说收敛的速度越快。如果 $r = 1$ 且 $\lambda < 1$，称序列**线性收敛**(linearly convergent)；如果 $r > 1$，则称序列**超线性收敛**(super-linearly convergent)；特别地，如果 $r = 2$ 则称序列**平方收敛**(quadratically convergent)。一个迭代过程产生的序列如果 r 阶收敛于问题的解，就称对应的方法为 r 阶方法。前面介绍过二分法中每步迭代之后的绝对误差下降一半，因此二分法稳定地线性收敛于方程根，且渐进误差常数为 0.5。直观理解，二分法每步迭代可以使得结果增加一个二进制有效数字位，或者大约每三步增加一个十进制有效数字位。

定理 6.8 已知区间 $[a, b]$ 上的连续函数 g，且对 $\forall x \in [a, b]$ 都有 $g(x) \in [a, b]$。如果 $g'(x)$ 在区间 (a, b) 上存在且连续，且存在一个正的常数 $\gamma < 1$ 使得对 $\forall x \in (a, b)$ 都有 $|g'(x)| \leqslant \gamma$。假设 p 是函数 g 在区间 $[a, b]$ 中的唯一不动点，且 $g'(p) \neq 0$，则对任意初值 $x_0 \in [a, b]$，迭代序列 $x_0, x_1, \cdots, x_{k-1}, x_k, \cdots$ 线性收敛于 p，序列中 $x_k = g(x_{k-1})$。

证明：根据定理 6.6，序列收敛于 p。由于 $g'(x)$ 连续，根据定理 6.4，对 $\forall k$ 总存在 p_k 和 p 之间的一个数 c_k 使得下式成立。

$$x_{k+1} - p = g(x_k) - g(p) = g'(c_k)(x_k - p) \Rightarrow g'(c_k) = \frac{x_{k+1} - p}{x_k - p}$$

显然由 c_k 组成的序列也收敛于 p，同时 $g'(x)$ 连续，因此有 $\lim_{k \to \infty} g'(c_k) = g'(p)$。综合起来可以得到下式：

$$\lim_{k \to \infty} \frac{|x_{k+1} - p|}{|x_k - p|} = |g'(p)|$$

根据定义 6.8，序列 $x_0, x_1, \cdots, x_{k-1}, x_k, \cdots$ 线性收敛于 p，且渐进误差常数为 $|g'(p)|$。 ∎

定理 6.8 说明如果函数 g 在不动点的导数 $g'(p) \neq 0$，那么不动点迭代最理想的情况也就是线性收敛。要获得更高阶数的收敛性，必须要求 $g'(p) = 0$。

定理 6.9 已知 p 是函数 $g(x)$ 的不动点，且 $g'(p) = 0$。在包含 p 的一个开区间 I 上 $g''(x)$ 是连续函数且存在 $M > 0$ 使得 $|g''(x)| < M$。那么存在 $\delta > 0$ 使得对于 $\forall p_0 \in [p - \delta, p + \delta]$，序列 $x_0, x_1, \cdots, x_{k-1}, x_k, \cdots$ 至少二阶收敛于 p，其中 $x_k = g(x_{k-1})$。而且当 k 足够大的时候，下式成立。

$$|x_{k+1} - x_k| < \frac{M}{2} |x_k - p|^2$$

证明：由定理条件可以知道 $g'(x)$ 在区间 I 上连续，因此对 $\forall \gamma \in (0, 1)$ 总可以找到 $\delta > 0$ 使得 $[p - \delta, p + \delta] \subseteq I$ 且 $|g'(x)| \leqslant \gamma, \forall x \in [p - \delta, p + \delta]$。由定理 6.4 可知，对 $\forall x \in [p - \delta, p + \delta]$，总可以找到 x 和 p 之间的一个数 c 使得下式成立。

$$|g(x) - p| = |g(x) - g(p)| = |g'(c)||x - p| \leqslant \gamma |x - p| < |x - p|$$

也就是说如果迭代初值 $x_0 \in [p - \delta, p + \delta]$，则整个迭代序列也都包含于区间 $[p - \delta, p + \delta]$ 中。因此对 $x \in [p - \delta, p + \delta]$ 将 $g(x)$ 泰勒展开可以得到

$$g(x) = g(p) + g'(p)(x - p) + \frac{g''(c)}{2}(x - p)^2 \Rightarrow g(x) = p + \frac{g''(c)}{2}(x - p)^2$$

其中 c 是 x 和 p 之间的一个数，进而可以得到

$$x_{k+1} = g(x_k) = p + \frac{g''(c_k)}{2}(x_k - p)^2 \Rightarrow \frac{|x_{k+1} - p|}{|x_k - p|^2} = \frac{|g''(c_k)|}{2}$$

其中 c_k 是 x_k 和 p 之间的一个数。由上述分析可以知道 $|g'(x)| \leqslant \gamma, \forall x \in [p - \delta, p + \delta]$，且函数 g 将 $[p - \delta, p + \delta]$ 映射回自身。因此由定理 6.6 可以知道序列 $x_0, x_1, \cdots, x_{k-1}, x_k, \cdots$ 收敛于 p，那么 $\lim_{k \to \infty} c_k = p$。于是有

$$\lim_{k \to \infty} \frac{|x_{k+1} - p|}{|x_k - p|^2} = \frac{|g''(p)|}{2}$$

这就表明当 $g''(p) \neq 0$ 的时候，迭代序列二阶收敛于 p；否则收敛的阶数更高。另外由于 $|g''(x)| < M$，当 k 足够大的时候就会有

$$\frac{|x_{k+1} - p|}{|x_k - p|^2} < \frac{M}{2} \Rightarrow |x_{k+1} - x_k| < \frac{M}{2}|x_k - p|^2$$

∎

考察牛顿法的不动点函数形式 $g(x) = x - f(x)/f'(x)$，其导数形式为 $g'(x) = f(x)f''(x)/(f'(x))^2$。如果在 g 的不动点 p 处有 $f'(p) \neq 0$，则 p 一定是 $f(x) = 0$ 的单根，而且牛顿法迭代至少平方收敛。当然其前提条件是初值充分接近方程的根。如果 p 是 $f(x) = 0$ 的 m 重根，这就意味着 $f(p) = f'(p) = \cdots = f^{m-1}(p) = 0$ 且 $f^m(p) \neq 0$。此时对 $f(x)$ 在 p 附近进行泰勒展开可以得到式 (6.29)。

$$\begin{aligned} f(x) &= \frac{1}{m!} f^m(c)(x - p)^m \\ f'(x) &= \frac{1}{(m-1)!} f^m(c)(x - p)^{m-1} \\ f''(x) &= \frac{1}{(m-2)!} f^m(c)(x - p)^{m-2} \end{aligned} \tag{6.29}$$

此时不动点函数的导数可以用式 (6.30) 计算。由定理 6.8 可知此时牛顿法退化为线性收敛，且渐进误差常数为 $1 - 1/m$。

$$g'(p) = \lim_{x \to p} \frac{f(x)f''(x)}{(f'(x))^2} = 1 - \frac{1}{m} \tag{6.30}$$

当 p 是 $f(x) = 0$ 的 m 重根时，总可以将 $f(x)$ 改写为 $(x - p)^m q(x)$，且 $q(p) \neq 0$。解决牛顿法在重根附近收敛性退化的方法之一是构造如式 (6.31) 所示的函数形式。

$$\bar{f}(x) = \frac{f(x)}{f'(x)} = \frac{(x - p)q(x)}{mq(x) + (x - p)q'(x)} \tag{6.31}$$

因为 $q(p) \neq 0$，因此 p 是 $\bar{f}(x) = 0$ 的单根。对 $\bar{f}(x)$ 采用牛顿法可以得到式 (6.32) 所示的改进后的不动点函数。理论上讲改进后的牛顿法即便对于重根也可以得到平方收敛的效果。但计算二阶导数通常会较为繁琐，而且分母部分可能是两个接近零的数之差，进而造成抵消。

$$\bar{g}(x) = x - \frac{\bar{f}(x)}{\bar{f}'(x)} = x - \frac{f(x)f'(x)}{(f'(x))^2 - f(x)f''(x)} \tag{6.32}$$

例 6.27 用牛顿法和改进牛顿法分别计算方程 $x^3 + x^2 - 5x + 4 = 0$ 的根,用 $x_0 = 0$ 作为初值。

解: 将 $f'(x) = 3x^2 + 2x - 5$ 和 $f''(x) = 6x + 2$ 分别代入牛顿法公式和改进牛顿法公式可以得到下表中的计算结果。显然方程在 $x = 1$ 处有一个二重根,这直接导致了牛顿法迭代收敛速度变慢,经过了 10 步迭代才得到了 3 位有效数字,而改进牛顿法只用了 3 步迭代就得到了 5 位有效数字。

	牛顿法	改进牛顿法
x_1	0.769230769	0.789473684
x_2	0.888259109	0.993836672
x_3	0.944944061	0.999995237
x_4	0.972665472	
x_5	0.986379918	
x_6	0.993201613	
x_7	0.996603702	
x_8	0.998302573	
x_9	0.999151467	
x_{10}	0.999575778	

需要注意的是,度量一个迭代方法的总的时间复杂度更为合理的方法应该是综合考虑迭代的步数和每步迭代的计算代价。例如改进牛顿法虽然大幅度减少了迭代步数,但其每步的计算要比牛顿法更多,因此总体上时间复杂度的降低并没有迭代步数的减少那么明显。

6.5 线性方程组求解

6.5.1 线性方程组

在一维空间中,线性关系指的是问题的输出变量正比于问题的输入变量。在高维空间中这种正比关系表现为通过线性变换将输入向量转化为输出向量。自然界中存在着大量的规律可以采用线性模型来表述或者近似。例如在牛顿力学的第二定律中,施加在物体上的力 F 和物体因此而获得的加速度 a 之间存在着线性关系,两者间的比例常数为物体的质量 m,即 $F = ma$。在电路理论的欧姆定律中,导体两端的电势差 V 和通过导体的电流 I 之间也存在线性关系,两者间的比例系数称为导体的电阻 R,即 $V = IR$。在弹性力学中,固体材料受力之后,材料的应力 F 和其弹性形变量 Δx 之间存在线性关系,两者之间的比例系数称为材料的弹性系数 k,即 $F = k\Delta x$。线性关系是人类研究得最为透彻,应用也最为广泛的数学模型。即便是非线性问题,也常常在局部采用线性近似加以求解,这也是微积分理论中引入导数概念的基本思路。

实际应用中的复杂系统往往包含诸多需要求解的变量,用若干线性关系将这些变量关联起来就得到了**线性方程组**(Linear System)。例如电路理论中利用基尔霍夫定律就可以将一个复杂电路不同位置的电势和不同通路上的电流构建成为方程组，再利用电路中某些位置的测量结果和边界条件进行求解。大量的科学和工程计算问题，最终都会被转化为一系列的线性方程组求解问题。可以这样理解，线性方程组求解构成了解决大部分现代数值计算问题的基础，而现代计算平台可以非常高效地求解大多数常见的线性方程组问题。

$$\begin{cases} a_{11}x_1 + a_{12}x_2 + \cdots + a_{1n}x_n = b_1 \\ a_{21}x_1 + a_{22}x_2 + \cdots + a_{2n}x_n = b_2 \\ \qquad\qquad\vdots \\ a_{m1}x_1 + a_{m2}x_2 + \cdots + a_{mn}x_n = b_m \end{cases} \tag{6.33}$$

一个包含 n 个变量和 m 条线性方程的线性方程组可以由式 (6.33) 来表达，利用矩阵形式可以将其更加简洁地表示成为 $\boldsymbol{Ax} = \boldsymbol{b}$。其中 $\boldsymbol{x} \in \mathbb{R}^n$ 为待求解的向量：

$$\boldsymbol{x} = \begin{bmatrix} x_1 \\ x_2 \\ \vdots \\ x_n \end{bmatrix}$$

在本章中如果没有特别说明，所有的向量都为列向量。为了表述方便，用转置方式记 $\boldsymbol{x} = [x_1, x_2, \cdots, x_n]'$。$\boldsymbol{b} \in \mathbb{R}^m$ 为输入向量 $\boldsymbol{b} = [b_1, b_2, \cdots, b_m]'$。$\boldsymbol{A}$ 是 $m \times n$ 的系数矩阵：

$$\boldsymbol{A} = \begin{bmatrix} a_{11} & a_{12} & \cdots & a_{1n} \\ a_{21} & a_{22} & \cdots & a_{2n} \\ \vdots & \vdots & \ddots & \vdots \\ a_{m1} & a_{m2} & \cdots & a_{mn} \end{bmatrix}$$

从线性空间的角度理解，求解 $\boldsymbol{Ax} = \boldsymbol{b}$ 的本质是检验向量 $\boldsymbol{b}$ 能否被矩阵 $\boldsymbol{A}$ 的列向量线性表示，或者说 $\boldsymbol{b}$ 是否位于 $\boldsymbol{A}$ 的列向量所张成的空间 $\text{span}(\boldsymbol{A}) = \{\boldsymbol{Ax} : \boldsymbol{x} \in \mathbb{R}^n\}$ 中。如果 $\boldsymbol{b} \in \text{span}(\boldsymbol{A})$，则称该线性方程组是**相容的**(consistent)，否则称不相容。总体来看，线性方程组解的数目存在三种情况：无解，存在唯一解，存在无穷多解。一般说来，如果线性方程组中方程的个数小于变量的个数，即 $m < n$，通常会有无穷多个解，此时称方程组是**欠定的**(underdetermined)。反之，如果方程的个数多于变量个数，即 $m > n$，通常无解，此时称方程组是**过定的**(overdetermined)。要注意上述的说法并不完全准确，还需要考察方程的相容性。在本章中重点考察的是 $m = n$ 的情况，即 $\boldsymbol{A}$ 为方阵。

定义 6.9　已知 $\boldsymbol{A}$ 为 $n \times n$ 的方阵，如果存在 $n \times n$ 的方阵 $\boldsymbol{A}^{-1}$ 使得 $\boldsymbol{AA}^{-1} = \boldsymbol{A}^{-1}\boldsymbol{A} = \boldsymbol{I}$，其中 $\boldsymbol{I}$ 为单位阵，则称矩阵 $\boldsymbol{A}$**非奇异**(nonsigular)，并称 $\boldsymbol{A}^{-1}$ 为矩阵 $\boldsymbol{A}$ 的**逆矩阵**(inverse matrix)；否则称矩阵 $\boldsymbol{A}$**奇异**(sigular)。

对于系数矩阵 $\boldsymbol{A}$ 为方阵的线性方程组而言，如果 $\boldsymbol{A}$ 非奇异，则方程组存在唯一解；如果 $\boldsymbol{A}$ 奇异且方程组是相容的，则存在无穷多解；若果 $\boldsymbol{A}$ 奇异但方程组是不相容的，则无解。

例 6.28 分析下列的线性方程组的解的情况。

$$A_1 x = \begin{bmatrix} 1 & 3 \\ 2 & 5 \end{bmatrix} x = b_1, \quad A_2 x = \begin{bmatrix} 1 & 3 \\ 2 & 6 \end{bmatrix} x = b_2, \quad A_3 x = \begin{bmatrix} 1 & 3.0001 \\ 2 & 6 \end{bmatrix} x = b_3$$

解: 矩阵 A_1 是可逆的,容易求得其逆矩阵为

$$A_1^{-1} = \begin{bmatrix} -5 & 3 \\ 2 & -1 \end{bmatrix}$$

因此,第一个线性方程组存在唯一解。系数矩阵 A_2 的两个行向量仅差一个常数倍,因此 A_2 是奇异矩阵。此时第二个线性方程组的解情况取决于 b_2 的取值。例如,如果 $b_2 = [1, 2]'$ 则方程组存在无穷多解,如果 $b_2 = [1, 3]'$ 则方程组无解。系数矩阵 A_3 和 A_2 非常接近,但由于其两个行向量之间线性无关,A_3 也是非奇异矩阵,因此理论上第三个线性方程组也存在唯一解。假设 $b_3 = [1, 1]'$,用高斯消去法可以得到该方程组的解为

$$x = \begin{bmatrix} 1/(3.0001 \times 2 - 6) \\ 1 - 3.0001/(3.0001 \times 2 - 6) \end{bmatrix}$$

在计算过程中,分母部分出现了相近的数相减的情况,可能引发抵消导致计算结果精确度不足。更大的问题是,如果输入参数略有误差,例如 $3.0001 \rightarrow 2.9999$,计算结果就会偏差严重。可见同样是非奇异矩阵,系数矩阵 A_1 和 A_3 对应的线性方程组求解问题的敏感性是不同的。这个问题将在随后讨论。

6.5.2　向量与矩阵范数

要定量地分析线性方程组的数值计算敏感性问题,首先需要将误差的概念扩展到向量空间。分别考察向量的每个维度的误差是可行的,但是会相当繁琐且导致分析结论的不一致。假设向量空间中某真值为 $x = [1, 1]'$,其两个不同的近似值分别为 $\tilde{x}_1 = [1.1, 1.1]'$ 和 $\tilde{x}_2 = [1.15, 1.05]'$,那么两个近似值的误差哪个更小呢?如果从第一个维度的误差看,$\tilde{x}_1$ 是更好的近似;而从第二个维度的误差看,$\tilde{x}_2$ 是更好的近似,这就会给问题的分析带来不确定性。一种更为合理的方式是利用向量的范数来度量近似值和真值在向量空间中的距离作为误差。向量的范数并不唯一,只要是满足定义 6.10 给出的三个条件的函数都可以被视为一种范数。

定义 6.10 n 维向量空间 $\mathbb{R}^n$ 中的**向量范数**(vector norm)是从 $\mathbb{R}^n$ 到 $\mathbb{R}$ 的函数,记作 $\|\cdot\|$。对于向量 $x \in \mathbb{R}^n$,其范数符合下面的条件:

(1) $\|x\| \geqslant 0$,且 $\|x\| = 0$ 当且仅当 $x = 0$ (正定性)

(2) 对 $\forall \lambda \in \mathbb{R}$,都有 $\|\lambda x\| = |\lambda| \|x\|$ (齐次性)

(3) $\|x + y\| \leqslant \|x\| + \|y\|$ (三角不等式)

例 6.29 证明下式定义的是 $\mathbb{R}^3$ 上的一个范数,其中 $x = [x_1, x_2, x_3]'$。

$$\|x\| = 2|x_1| + \sqrt{\max(|x_2|, 2|x_3|^2)}$$

证：显然上式的定义满足正值性和齐次性，尚需证明其满足三角不等式：

$$2|x_1 + y_1| + \sqrt{\max(|x_2 + y_2|, 2|x_3 + y_3|^2)}$$
$$\leqslant 2|x_1| + \sqrt{\max(|x_2|, 2|x_3|^2)} + 2|y_1| + \sqrt{\max(|y_2|, 2|y_3|^2)}$$

由绝对值的性质可知 $|x_1 + y_1| \leqslant |x_1| + |y_1|$，因此只需证明：

$$\sqrt{\max(|x_2 + y_2|, 2|x_3 + y_3|^2)} \leqslant \sqrt{\max(|x_2|, 2|x_3|^2)} + \sqrt{\max(|y_2|, 2|y_3|^2)}$$

不等式两边同时平方，可以得到不等式右侧为

$$\max(|x_2|, 2|x_3|^2) + \max(|y_2|, 2|y_3|^2) + 2\sqrt{\max(|x_2|, 2|x_3|^2) \cdot \max(|y_2|, 2|y_3|^2)}$$
$$\geqslant \max(|x_2|, 2|x_3|^2) + \max(|y_2|, 2|y_3|^2) + 4|x_3||y_3|$$
$$\geqslant \max(|x_2| + |y_2|, 2|x_3|^2 + 2|y_3|^2) + 4|x_3||y_3|$$
$$\geqslant \max(|x_2| + |y_2|, 2|x_3|^2 + 2|y_3|^2 + 4|x_3||y_3|)$$
$$\geqslant \max(|x_2 + y_2|, 2|x_3 + y_3|^2)$$

∎

例 6.29 中定义的范数形式过于复杂，不太适合用于计算或者分析。在解决数值计算问题的时候，通常会尽量采用形式统一的且计算较为方便的范数。下面定义的 p-范数就是最为常用的范数形式。

定义 6.11 已知向量 $\boldsymbol{x} \in \mathbb{R}^n$ 的第 i 维元素为 x_i，而实数 $p \geqslant 1$，则下面的函数形式称为 $\boldsymbol{x}$ 的 p-范数：

$$\|\boldsymbol{x}\|_p = \left(\sum_{i=1}^n |x_i|^p\right)^{1/p} \tag{6.34}$$

不难证明 p-范数满足正值性和齐次性，较为困难的是证明其满足三角不等式，其中需要利用式 (6.35) 所示的赫德尔不等式。赫德尔不等式是柯西不等式的一种扩展，其证明过程需要利用凸函数性质，这里不再赘述。

$$\sum_{i=1}^n x_i y_i \leqslant \left(\sum_{i=1}^n |x_i|^p\right)^{1/p} \left(\sum_{i=1}^n |y_i|^q\right)^{1/q}, \quad p > 1, \frac{1}{p} + \frac{1}{q} = 1 \tag{6.35}$$

定理 6.10 已知向量 $\boldsymbol{x}, \boldsymbol{y} \in \mathbb{R}^n$，则下面的三角不等式成立：

$$\|\boldsymbol{x} + \boldsymbol{y}\|_p = \left(\sum_{i=1}^n |x_i + y_i|^p\right)^{1/p} \leqslant \left(\sum_{i=1}^n |x_i|^p\right)^{1/p} + \left(\sum_{i=1}^n |y_i|^p\right)^{1/p} = \|\boldsymbol{x}\|_p + \|\boldsymbol{y}\|_p$$

证明：如果 $\boldsymbol{x} = \boldsymbol{0}$ 且 $\boldsymbol{y} = \boldsymbol{0}$，显然等号成立。否则采用如下的构造型证明：

$$\sum_{i=1}^n |x_i + y_i|^p = \sum_{i=1}^n |x_i + y_i||x_i + y_i|^{p-1}$$
$$\leqslant \sum_{i=1}^n |x_i||x_i + y_i|^{p-1} + \sum_{i=1}^n |y_i||x_i + y_i|^{p-1}$$

令 $1/p + 1/q = 1$，并利用赫德尔不等式可以得到

$$\sum_{i=1}^{n} |x_i||x_i + y_i|^{p-1} \leqslant \left(\sum_{i=1}^{n} |x_i|^p\right)^{1/p} \left(\sum_{i=1}^{n} |x_i + y_i|^{(p-1)q}\right)^{1/q}$$

$$= \left(\sum_{i=1}^{n} |x_i|^p\right)^{1/p} \left(\sum_{i=1}^{n} |x_i + y_i|^p\right)^{1-(1/p)}, \quad pq = p + q$$

同样可以得到

$$\sum_{i=1}^{n} |y_i||x_i + y_i|^{p-1} \leqslant \left(\sum_{i=1}^{n} |y_i|^p\right)^{1/p} \left(\sum_{i=1}^{n} |x_i + y_i|^p\right)^{1-(1/p)}$$

将上面的两个不等式相加，合并同类项之后可以得到

$$\sum_{i=1}^{n} |x_i + y_i|^p \leqslant \left[\left(\sum_{i=1}^{n} |x_i|^p\right)^{1/p} + \left(\sum_{i=1}^{n} |y_i|^p\right)^{1/p}\right]\left(\sum_{i=1}^{n} |x_i + y_i|^p\right)^{1-(1/p)}$$

$\boldsymbol{x}$ 和 $\boldsymbol{y}$ 至少有一个不是零向量，因此有 $\left(\sum_{i=1}^{n} |x_i + y_i|^p\right)^{1-(1/p)} > 0$。在不等式两侧同时除以该项就可以得到待证明的不等式。 ■

要注意的是定义 6.11 中明确规定了 $p \geqslant 1$。实际上，在 $p < 1$ 时三角不等式可能不成立，此时式 (6.34) 定义的就不再是向量范数。最为常用的 p-范数有如下三种：

(1) 1-范数：$\|\boldsymbol{x}\|_1 = \sum_{i=1}^{n} |x_i|$

(2) 2-范数：$\|\boldsymbol{x}\|_2 = \left(\sum_{i=1}^{n} x_i^2\right)^{1/2}$

(3) ∞-范数：$\|\boldsymbol{x}\|_\infty = \max_{i=1}^{n} |x_i|$

向量的范数可以理解为对向量长度或者说大小的度量。例如上述的 2-范数就是大家最为熟悉的欧式空间中一个向量距离原点的长度。不同的范数定义下，向量空间具备不同的结构特性。例如在二维欧式空间中，由 $\|\boldsymbol{x}\|_2 \leqslant 1$ 所定义的 2-范数球就是一个以原点为中心，半径为 1 的圆；而由 $\|\boldsymbol{x}\|_1 \leqslant 1$ 所定义的 1-范数球以及由 $\|\boldsymbol{x}\|_\infty \leqslant 1$ 所定义的 ∞-范数球则都是以原点为中心的正方形，所不同的是 1-范数球的边与数轴呈 45° 夹角且边长为 $\sqrt{2}$，而 ∞-范数球的边垂直于数轴且边长为 2。不同的范数之间也可能存在某种联系，例如可以证明 $\|\boldsymbol{x}\|_1 \leqslant \sqrt{n}\|\boldsymbol{x}\|_2 \leqslant n\|\boldsymbol{x}\|_\infty$。向量范数可以直接被用来度量向量空间中近似的误差，如果在向量空间中用 $\tilde{\boldsymbol{x}}$ 来近似 $\boldsymbol{x}$，则该近似的绝对误差就可以用 $\|\boldsymbol{x} - \tilde{\boldsymbol{x}}\|$ 来计算，而相对误差就可以用 $\|\boldsymbol{x} - \tilde{\boldsymbol{x}}\|/\|\boldsymbol{x}\|$ 来计算。用类似的思想可以定义矩阵的范数。

定义 6.12 在所有由 $m \times n$ 的实矩阵构成的空间 $\mathbb{R}^{m \times n}$ 中，**矩阵范数**(matrix norm) 是从 $\mathbb{R}^{m \times n}$ 到 $\mathbb{R}$ 的函数，记作 $\|\cdot\|$。对于矩阵 $\boldsymbol{A}, \boldsymbol{B} \in \mathbb{R}^{m \times n}$，矩阵范数满足如下条件。

(1) $\|\boldsymbol{A}\| \geqslant 0$，且 $\|\boldsymbol{A}\| = 0$ 当且仅当 $\boldsymbol{A}$ 为全零矩阵。

(2) 对 $\forall \lambda \in \mathbb{R}$，都有 $\|\lambda \boldsymbol{A}\| = |\lambda| \|\boldsymbol{A}\|$

(3) $\|\boldsymbol{A} + \boldsymbol{B}\| \leqslant \|\boldsymbol{A}\| + \|\boldsymbol{B}\|$

如果 $m = n$，而且矩阵范数还满足乘法条件 $\|\boldsymbol{AB}\| \leqslant \|\boldsymbol{A}\| \|\boldsymbol{B}\|$，则称该矩阵范数为乘法服从范数。如果对 $\forall \boldsymbol{x} \in \mathbb{R}^n$，都满足 $\|\boldsymbol{Ax}\| \leqslant \|\boldsymbol{A}\| \|\boldsymbol{x}\|$，则称该矩阵范数为相容性范数。

例 6.30　在线性代数中十分常用的 Frobenius 范数定义如下。可见这就是将矩阵元素视为向量元素之后的 2-范数。这种范数也称为 Hilbert-Schmidt 范数或者 Schur 范数。由于其计算比下面要定义的诱导范数要相对简单，因此使用很广泛。可以证明 Frobenius 范数是一种乘法服从范数。

$$\|\boldsymbol{A}\|_F = \left(\sum_{i=1}^{m} \sum_{j=1}^{n} |a_{ij}^2| \right)^{1/2}$$

与向量范数类似，矩阵 $\boldsymbol{A}$ 和其近似 $\tilde{\boldsymbol{A}}$ 之间的误差也可以用矩阵范数 $\|\boldsymbol{A} - \tilde{\boldsymbol{A}}\|$ 来计算。矩阵范数的种类非常多，最为常用的是由向量范数诱导出的矩阵范数。

定义 6.13　对于给定的向量范数，矩阵 $\boldsymbol{A} \in \mathbb{R}^{m \times n}$ 的**诱导范数**(induced norm) 为

$$\|\boldsymbol{A}\| = \max \frac{\|\boldsymbol{Ax}\|}{\|\boldsymbol{x}\|}, \qquad \boldsymbol{x} \in \mathbb{R}^n, \boldsymbol{x} \neq \boldsymbol{0}$$

利用向量范数的性质很容易证明矩阵的诱导范数满足范数定义的条件。特别地，由向量的 p-范数得到的矩阵诱导范数 $\|\boldsymbol{A}\|_p = \max \frac{\|\boldsymbol{Ax}\|_p}{\|\boldsymbol{x}\|_p}$ 也满足乘法条件和相容性条件，是最为常用的相容性乘法服从范数。在本章随后的描述中，在不特别标明的情况下所有的矩阵范数都默认为诱导范数。要注意的是并非所有的范数都可以等价为诱导范数，例如 Frobenius 范数就不属于诱导范数。如果将向量范数视为向量的长度，那么诱导范数 $\|\boldsymbol{A}\|_p$ 直观上反映了矩阵 $\boldsymbol{A}$ 对应的线性变换对向量可能的最大拉伸情况。一般来说诱导范数的计算由于包含了对向量空间所有的变量取极大值的过程，因此比较困难。但是由几种常用的 p-范数诱导出的矩阵范数的计算则颇为简洁。

定理 6.11　矩阵 $\boldsymbol{A} \in \mathbb{R}^{m \times n}$，则由向量 1-范数诱导的矩阵范数满足如下公式，即等于矩阵的列绝对值和的最大值。

$$\|\boldsymbol{A}\|_1 = \max_{1 \leqslant j \leqslant n} \sum_{i=1}^{m} |a_{ij}|$$

证明：

$$\|\boldsymbol{A}\|_1 = \max_{\boldsymbol{x} \neq \boldsymbol{0}} \frac{\|\boldsymbol{Ax}\|_1}{\|\boldsymbol{x}\|_1} = \max_{\boldsymbol{x} \neq \boldsymbol{0}} \frac{\displaystyle\sum_{i=1}^{m} \left(\sum_{j=1}^{n} |a_{ij} x_j| \right)}{\displaystyle\sum_{k=1}^{n} |x_k|}$$

$$= \max_{\boldsymbol{x} \neq \boldsymbol{0}} \sum_{i=1}^{m} \sum_{j=1}^{n} \left(\frac{|x_j|}{\sum_{k=1}^{n} |x_k|} |a_{ij}| \right) = \max_{\boldsymbol{x} \neq \boldsymbol{0}} \sum_{j=1}^{n} \left(\frac{|x_j|}{\sum_{k=1}^{n} |x_k|} \sum_{i=1}^{m} |a_{ij}| \right)$$

令 $s_j = \sum_{i=1}^{m} |a_{ij}|$ 为第 i 列的绝对值和，令 $w_j = \dfrac{|x_j|}{\sum_{k=1}^{n} |x_k|}$，则可以得到

$$\|\boldsymbol{A}\|_1 = \max_{\boldsymbol{x} \neq \boldsymbol{0}} \sum_{j=1}^{n} w_j s_j$$

因此 $\|\boldsymbol{A}\|_1$ 可以理解为列绝对值和的加权平均。而考虑到 $\sum_{j=1}^{n} w_j = 1$，该加权平均不会超过列绝对值和的最大值。只有当向量 $\boldsymbol{x}$ 的元素在最大列绝对值的对应位置取非零，而其他元素都取零的时候可以取到该最大值，即

$$\|\boldsymbol{A}\|_1 = \max_{1 \leqslant j \leqslant n} \sum_{i=1}^{m} |a_{ij}|$$

∎

定理 6.12　矩阵 $\boldsymbol{A} \in \mathbb{R}^{m \times n}$，则由向量 ∞-范数诱导的矩阵范数满足如下公式，即等于矩阵的行绝对值和的最大值。

$$\|\boldsymbol{A}\|_\infty = \max_{1 \leqslant i \leqslant m} \sum_{j=1}^{n} |a_{ij}|$$

对 ∞-范数诱导的矩阵范数而言，仿照定理 6.11 的证明过程可以证明定理 6.12。向量 2-范数诱导的矩阵范数的计算较为复杂，定理 6.13 的证明这里略去。

定理 6.13　矩阵 $\boldsymbol{A} \in \mathbb{R}^{m \times n}$，则由向量 2-范数诱导的矩阵范数满足下面的公式，其中 $\lambda_{\max}(\,\cdot\,)$ 表示最大的特征值，而 $\sigma_{\max}(\,\cdot\,)$ 表示最大的奇异值。

$$\|\boldsymbol{A}\|_2 = (\lambda_{\max}(\boldsymbol{A}'\boldsymbol{A}))^{1/2} = \sigma_{\max}(\boldsymbol{A})$$

例 6.31　已知矩阵 $\boldsymbol{A}$ 取值如下，计算其范数 $\|\boldsymbol{A}\|_1, \|\boldsymbol{A}\|_2, \|\boldsymbol{A}\|_\infty$ 和 $\|\boldsymbol{A}\|_F$。

$$\boldsymbol{A} = \begin{bmatrix} 0 & -3 & -2 \\ 4 & -3 & 1 \\ -4 & -3 & 1 \end{bmatrix}$$

解：$\boldsymbol{A}$ 的列绝对值之和的最大值出现在第二列，因此 $\|\boldsymbol{A}\|_1 = 3 + 3 + 3 = 9$。$\boldsymbol{A}$ 的行绝对值之和的最大值出现在第二行或者第三行，因此 $\|\boldsymbol{A}\|_\infty = 4 + 3 + 1 = 8$。将 $\boldsymbol{A}$ 的所有元

素平方之后求和再开方可以得到 $\|\boldsymbol{A}\|_F = \sqrt{65} \approx 8.062$。将 $\boldsymbol{A}$ 转置再与自身相乘可以得到

$$
\boldsymbol{A}'\boldsymbol{A} = \begin{bmatrix} 0 & -3 & -2 \\ 4 & -3 & 1 \\ -4 & -3 & 1 \end{bmatrix} \begin{bmatrix} 0 & 4 & -4 \\ -3 & -3 & -3 \\ -2 & 1 & 1 \end{bmatrix} = \begin{bmatrix} 32 & 0 & 0 \\ 0 & 27 & 0 \\ 0 & 0 & 6 \end{bmatrix}
$$

显然 $\lambda_{\max}(\boldsymbol{A}'\boldsymbol{A}) = 32$，因此 $\|\boldsymbol{A}\|_2 = \sqrt{32} \approx 5.65685$。

6.5.3 线性方程组敏感性

参考定义 6.4 可以考察线性方程组求解问题的敏感性。假设非奇异线性方程组 $\boldsymbol{Ax} = \boldsymbol{b}$ 的右端被误差所影响，在精确求解的前提下得到近似解 $\tilde{\boldsymbol{x}} = \boldsymbol{x} + \Delta\boldsymbol{x}$ 使得 $\boldsymbol{A}\tilde{\boldsymbol{x}} = \boldsymbol{b} + \Delta\boldsymbol{b}$。解误差和输入误差之间的关系可以由以下推导得到

$$
\boldsymbol{A}\tilde{\boldsymbol{x}} = \boldsymbol{A}(\boldsymbol{x} + \Delta\boldsymbol{x}) = \boldsymbol{b} + \Delta\boldsymbol{b} \Rightarrow \boldsymbol{Ax} + \boldsymbol{A}\Delta\boldsymbol{x} = \boldsymbol{b} + \Delta\boldsymbol{b}
$$

$$
\Rightarrow \boldsymbol{A}\Delta\boldsymbol{x} = \Delta\boldsymbol{b} \Rightarrow \Delta\boldsymbol{x} = \boldsymbol{A}^{-1}\Delta\boldsymbol{b}
$$

$$
\Rightarrow \|\Delta\boldsymbol{x}\| = \|\boldsymbol{A}^{-1}\Delta\boldsymbol{b}\| \leqslant \|\boldsymbol{A}^{-1}\|\,\|\Delta\boldsymbol{b}\| \tag{6.36}
$$

另一方面，由原线性方程组可以得到

$$
\boldsymbol{Ax} = \boldsymbol{b} \Rightarrow \|\boldsymbol{Ax}\| = \|\boldsymbol{b}\|
$$

$$
\Rightarrow \|\boldsymbol{A}\|\,\|\boldsymbol{x}\| \geqslant \|\boldsymbol{b}\| \Rightarrow \|\boldsymbol{x}\| \geqslant \|\boldsymbol{b}\|/\|\boldsymbol{A}\| \tag{6.37}
$$

在不等式 (6.36) 和式 (6.37) 的推导中都利用了诱导范数的乘法服从特性。将两个不等式两侧对应做除法，可以得到式 (6.38)。

$$
\frac{\|\Delta\boldsymbol{x}\|}{\|\boldsymbol{x}\|} \leqslant \|\boldsymbol{A}\|\,\|\boldsymbol{A}^{-1}\|\frac{\|\Delta\boldsymbol{b}\|}{\|\boldsymbol{b}\|} \tag{6.38}
$$

类似的结论也可以通过假设系数矩阵受到的误差的影响而得到。假设 $\tilde{\boldsymbol{A}} = \boldsymbol{A} + \Delta\boldsymbol{A}$，用几乎一样的推导可以得到式 (6.39)。

$$
\frac{\|\Delta\boldsymbol{x}\|}{\|\tilde{\boldsymbol{x}}\|} \leqslant \|\boldsymbol{A}\|\,\|\boldsymbol{A}^{-1}\|\frac{\|\Delta\boldsymbol{A}\|}{\|\boldsymbol{A}\|} \tag{6.39}
$$

观察式 (6.38) 和式 (6.39) 可以发现它们具有共同的项 $\|\boldsymbol{A}\|\,\|\boldsymbol{A}^{-1}\|$，而且该项在两个公式中都反映了输入参数的误差和近似解的误差之间的比例关系。参考定义 6.4 可以将 $\|\boldsymbol{A}\|\,\|\boldsymbol{A}^{-1}\|$ 定义为线性方程组求解问题的条件数。

定义 6.14 线性方程组 $\boldsymbol{Ax} = \boldsymbol{b}$ 的系数矩阵 $\boldsymbol{A}$ 为非奇异方阵，则求解该方程组的**条件数**定义为

$$
\mathrm{cond}(\boldsymbol{A}) = \|\boldsymbol{A}\|\,\|\boldsymbol{A}^{-1}\|
$$

从定义 6.14 可以看出非奇异线性方程组求解问题的敏感性仅与系数矩阵 $\boldsymbol{A}$ 相关。因此在不发生歧义的情况下可以直接称 $\mathrm{cond}(\boldsymbol{A})$ 为矩阵 $\boldsymbol{A}$ 的条件数。系数矩阵的条件数越大，其求解结果对于输入的误差越敏感，或者说方程组求解问题趋于病态；反之则趋于良态。如果参数矩阵奇异，就意味着方程组无解或者有无穷多解，也就是说求解问题不适定。此时可以理解为问题的敏感度极高，所以一般对奇异矩阵 $\boldsymbol{A}$ 定义 $\mathrm{cond}(\boldsymbol{A}) = \infty$。

在采用诱导范数的情况下，条件数具备一些简单的性质。则由定义可以得到单位矩阵 $\boldsymbol{I}$ 的条件数为 $\mathrm{cond}(\boldsymbol{I}) = \|\boldsymbol{I}\| \|\boldsymbol{I}^{-1}\| = 1 \cdot 1 = 1$。由此得到 $\mathrm{cond}(\boldsymbol{A}) = \|\boldsymbol{A}\| \|\boldsymbol{A}^{-1}\| \geqslant \|\boldsymbol{A}\boldsymbol{A}^{-1}\| = \|\boldsymbol{I}\| = 1$。另外对于任何非零标量 $\lambda \neq 0$，都有 $\mathrm{cond}(\lambda\boldsymbol{A}) = \mathrm{cond}(\boldsymbol{A})$。特别地对于对角矩阵 $\boldsymbol{D} = \mathrm{diag}(d_i)$，其条件数为 $\mathrm{cond}(\boldsymbol{D}) = \max(|d_i|)/\min(|d_i|)$。实际上计算矩阵条件数极少采用诱导范数以外的范数，因此上述的这些性质被广泛应用。如果是采用 p-范数诱导的矩阵范数，则可以简单记对应条件数为 $\mathrm{cond}_p(\cdot)$。

例 6.32 已知矩阵 $\boldsymbol{A}$ 取值如下，计算其条件数 $\mathrm{cond}_1(\boldsymbol{A})$，$\mathrm{cond}_2(\boldsymbol{A})$ 和 $\mathrm{cond}_\infty(\boldsymbol{A})$。

$$\boldsymbol{A} = \begin{bmatrix} 0 & -3 & -2 \\ 4 & -3 & 1 \\ -4 & -3 & 1 \end{bmatrix}$$

解：由定义 6.14 可知，求解条件数的方法之一是首先得到逆矩阵 $\boldsymbol{A}^{-1}$。由例 6.31 可知 $\boldsymbol{A}'\boldsymbol{A}$ 为对角矩阵。

$$\boldsymbol{A}'\boldsymbol{A} = \mathrm{diag}(32, 27, 1) = \boldsymbol{D} \Rightarrow \boldsymbol{D}^{-1}\boldsymbol{A}'\boldsymbol{A} = \boldsymbol{I}$$

$$\Rightarrow \boldsymbol{A}^{-1} = \boldsymbol{D}^{-1}\boldsymbol{A}' = \mathrm{diag}\left(\frac{1}{32}, \frac{1}{27}, 1\right)\boldsymbol{A}' = \begin{bmatrix} 0 & 1/8 & -1/8 \\ -1/9 & -1/9 & -1/9 \\ -1/3 & 1/6 & 1/6 \end{bmatrix} \tag{6.40}$$

因此可以得到

$$\mathrm{cond}_1(\boldsymbol{A}) = \|\boldsymbol{A}\|_1 \|\boldsymbol{A}^{-1}\|_1 = 9(1/9 + 1/3) = 4$$

$$\mathrm{cond}_\infty(\boldsymbol{A}) = \|\boldsymbol{A}\|_\infty \|\boldsymbol{A}^{-1}\|_\infty = 8(1/3 + 1/6 + 1/6) = 16/3 \tag{6.41}$$

$\|\boldsymbol{A}^{-1}\|_2$ 的求解相对比较麻烦，利用定理 6.13 和特征值分解可以得到 $\|\boldsymbol{A}^{-1}\|_2 \approx 0.40825$。由此可以得到

$$\mathrm{cond}_2(\boldsymbol{A}) = \|\boldsymbol{A}\|_2 \|\boldsymbol{A}^{-1}\|_2 \approx 2.3094$$

从例 6.32 可以看出采用不同的矩阵范数得到的条件数的数值一般是不同的，但从衡量线性方程组求解问题的敏感度来看，通常可以得到比较一致的结论。在实际应用中，选定一种矩阵范数进行计算即可。在采用诱导范数的情况下，矩阵的条件数有着明确的几何含义。考察 $\boldsymbol{A}^{-1}$ 的范数，按照诱导范数的定义有 $\|\boldsymbol{A}^{-1}\| = \max(\|\boldsymbol{A}^{-1}\boldsymbol{x}\|/\|\boldsymbol{x}\|)$。令 $\boldsymbol{A}^{-1}\boldsymbol{x} = \boldsymbol{y} \Rightarrow \boldsymbol{x} = \boldsymbol{A}\boldsymbol{y}$，代入得到 $\|\boldsymbol{A}^{-1}\| = \max(\|\boldsymbol{y}\|/\|\boldsymbol{A}\boldsymbol{y}\|) = (\min(\|\boldsymbol{A}\boldsymbol{y}\|/\|\boldsymbol{y}\|))^{-1}$。在 $\boldsymbol{A}$

非奇异的情况下，y 也可以取到所有的向量。综合之后可以得到式 (6.42)。

$$\operatorname{cond}(\boldsymbol{A}) = \left(\max\frac{\|\boldsymbol{A}\boldsymbol{x}\|}{\|\boldsymbol{x}\|}\right)\bigg/\left(\min\frac{\|\boldsymbol{A}\boldsymbol{x}\|}{\|\boldsymbol{x}\|}\right), \qquad \boldsymbol{x}\in\mathbb{R}^n, \boldsymbol{x}\neq\boldsymbol{0} \tag{6.42}$$

可见矩阵的条件数可以理解为其对应的线性变换对于非零向量的最大相对拉伸和最小相对压缩的比例，更直观的理解就是线性空间经过变换后的变形程度。以范数球为例，条件数越大则变换后范数球形变越剧烈，反之则越轻微。如果是条件数为 1 的变换，例如单位矩阵，则范数球的形状在变换后保持不变。否则的话，以二维空间为例，2-范数球会变形称为椭圆，而 1-范数球和 ∞-范数球会变形成为平行四边形。更极端的是如果矩阵奇异，则条件数为无穷大，范数球会坍塌成为一条直线。

从例 6.32 中可以看出，由于需要计算矩阵的逆，直接从定义出发计算矩阵的条件数代价很高。对 2-范数意义下的条件数而言，可以利用矩阵的奇异值分解 (SVD) 来得到，但是该过程一样也是复杂度很高的。考虑到计算条件数的目的往往只是用于定性分析，因此在实际使用中大多采用估计的方法。假设 x 是线性方程组 $\boldsymbol{A}\boldsymbol{x}=\boldsymbol{y}$ 的解，利用乘法服从性有 $\|\boldsymbol{x}\|=\|\boldsymbol{A}^{-1}\boldsymbol{y}\|\leqslant\|\boldsymbol{A}^{-1}\|\,\|\boldsymbol{y}\|$，于是有 $\|\boldsymbol{A}^{-1}\|\geqslant\|\boldsymbol{x}\|/\|\boldsymbol{y}\|$。也就是说 $\|\boldsymbol{A}^{-1}\|$ 是 $\|\boldsymbol{x}\|/\|\boldsymbol{y}\|$ 的上界，如果 x 取值合适，有可能会得到对于这个上界的一个很好的估计。一种最为简单的方法是随机选取一系列的 x 值，从中选择出 $\|\boldsymbol{x}\|/\|\boldsymbol{y}\|$ 最大的那个作为估计值。也存在一类的方法是将条件数的估计问题转化为凸优化问题来求解。

例 6.33 已知矩阵 A 取值如下，估计其条件数 $\operatorname{cond}_1(\boldsymbol{A})$。

$$\boldsymbol{A} = \begin{bmatrix} 0.48 & 0.78 & 0.77 \\ 0.29 & 0.44 & 0.59 \\ 0.11 & 0.09 & 0.53 \end{bmatrix} \tag{6.43}$$

解： 很容易得到 $\|\boldsymbol{A}\|_1=0.77+0.59+0.53=1.89$。为了估计 $\|\boldsymbol{A}^{-1}\|$，取 $\boldsymbol{x}=[-6234,3076,774]'$ 可以得到 $\boldsymbol{y}=\boldsymbol{A}\boldsymbol{x}=[2.94,2.24,1.32]'$，从而可以估计出 $\|\boldsymbol{A}^{-1}\|_1\geqslant(6234+3076+774)/(2.94+2.24+1.32)\approx1.55\times10^3$。进而可以得到 $\operatorname{cond}(\boldsymbol{A})=\|\boldsymbol{A}\|_1\|\boldsymbol{A}^{-1}\|_1\geqslant1.89\times1.55\times10^3\approx2.93\times10^3$。可见以 $\boldsymbol{A}$ 为系数矩阵的线性方程组是相当病态的。

验证方程组解有效性的常见方法是将其代入方程中并观察等号两侧数值差异，称为**残差**(residual)。考虑到线性放缩对于残差绝对数值的影响，更加常用的是**相对残差**。对于近似解 $\tilde{\boldsymbol{x}}$，线性方程组的相对残差 r 可以由式 (6.44) 来计算。

$$r = \frac{\|\boldsymbol{b}-\boldsymbol{A}\tilde{\boldsymbol{x}}\|}{\|\boldsymbol{A}\|\,\|\tilde{\boldsymbol{x}}\|} \tag{6.44}$$

相对残差和解的相对误差之间的关系可以由下面的推导来得到。式 (6.45) 表明相对残差和相对误差之间的关系与条件数相关。如果线性方程组是良态的，或者说系数矩阵的条件数比较小，那么较小的相对残差就一定意味着较小的相对误差。反之，在条件数很大的时候利用残差来判断解的精确度则并不可取。

$$\|\Delta \boldsymbol{x}\| = \|\boldsymbol{x} - \tilde{\boldsymbol{x}}\| = \|\boldsymbol{A}^{-1}(\boldsymbol{b} - \boldsymbol{A}\tilde{\boldsymbol{x}})\| \leqslant \|\boldsymbol{A}^{-1}\|\|(\boldsymbol{b} - \boldsymbol{A}\tilde{\boldsymbol{x}})\|$$

$$\Rightarrow \frac{\|\Delta \boldsymbol{x}\|}{\|\tilde{\boldsymbol{x}}\|} \leqslant \|\boldsymbol{A}^{-1}\|\frac{\|(\boldsymbol{b} - \boldsymbol{A}\tilde{\boldsymbol{x}})\|}{\|\tilde{\boldsymbol{x}}\|} = \|\boldsymbol{A}^{-1}\|\|\boldsymbol{A}\|\frac{\|(\boldsymbol{b} - \boldsymbol{A}\tilde{\boldsymbol{x}})\|}{\|\boldsymbol{A}\|\|\tilde{\boldsymbol{x}}\|}$$

$$\Rightarrow \frac{\|\Delta \boldsymbol{x}\|}{\|\tilde{\boldsymbol{x}}\|} \leqslant \mathrm{cond}(\boldsymbol{A}) \cdot \boldsymbol{r} \tag{6.45}$$

6.5.4 线性方程组直接解法

某些系数矩阵具有特殊结构的线性方程组是非常容易求解的。例如系数矩阵为对角矩阵时，方程的变量都是相互独立的，直接求解每一个方程就可以得到对应变量的解。更一般地，当系数矩阵为上三角矩阵 (矩阵中对角线以下的元素都为零) 或者上三角矩阵 (矩阵中对角线以上的元素都为零) 时，只要始终选取仅有一个变量的方程求解，再将解代入剩余的方程迭代求解。对系数矩阵为上三角矩阵的方程而言，这一过程称为**回代**(backward-substitution)。例 6.34 展示了一个简单的回代求解的过程。类似地，可以得到下三角矩阵方程的**前代法**(forward-substitution)。

例 6.34 用回代法求解如下线性方程组：

$$\begin{bmatrix} 2 & 4 & -2 \\ 0 & 1 & 1 \\ 0 & 0 & 4 \end{bmatrix} \begin{bmatrix} x_1 \\ x_2 \\ x_3 \end{bmatrix} = \begin{bmatrix} 2 \\ 4 \\ 8 \end{bmatrix}$$

解：首先求解最底端的方程 $4x_3 = 8$ 得到 $x_3 = 2$。将结果回代入第二个方程得到 $x_2 + 2 = 4$，进而得到 $x_2 = 2$。将前面两步的结果代入最顶端的方程得到 $2x_1 + 4 \cdot 2 - 2 \cdot 2 = 2$，进而得到 $x_1 = -1$。因此最终的解为 $\boldsymbol{x} = [-1, 2, 2]'$。

算法 2 上三角矩阵方程回代法

$\boldsymbol{A} \in \mathbb{R}^{n \times n}$ 为上三角矩阵，a_{ij} 为 $\boldsymbol{A}$ 第 i 行第 j 列的元素

$\boldsymbol{b} \in \mathbb{R}^n$ 的第 i 个元素为 b_i

方程组解 $\boldsymbol{x} \in \mathbb{R}^n$ 的第 i 个元素为 x_i

for $i = n$ **to** 1 **do**

    if $a_{ii} = 0$ **then**

        矩阵奇异，报错并停止

    end if

    $s \leftarrow b_i$

    for $j = i+1$ **to** n **do**

        $s \leftarrow s - a_{ij} \cdot x_j$

    end for

    $x_i \leftarrow s/a_{ii}$

end for

算法 2 给出了回代法的过程，其中主要的计算步骤包括第 10 行的乘法和减法以及第 12 行的除法。在不中途退出的情况下，除法执行的次数显然为 n 次，而乘法和减法执行的次数为 $\sum_{k=0}^{n-1}(n-k)=(n^2-n)/2$。因此总的计算时间复杂度为 $\mathcal{O}((n^2+n)/2)$，或者简略地表示为 $\mathcal{O}(n^2/2)$。

求解普通线性方程组的一般思路是将其转化为解相同且容易求解的对角或者三角形线性方程组。理论上说在线性方程组两侧同时左乘同一个非奇异的变换矩阵 $\boldsymbol{H}$ 后得到的方程组的解不变，这可以通过式 (6.46) 中的推导看出。

$$\boldsymbol{H}\boldsymbol{A}\boldsymbol{x}=\boldsymbol{H}\boldsymbol{b}\Rightarrow \boldsymbol{x}=(\boldsymbol{H}\boldsymbol{A})^{-1}\boldsymbol{H}\boldsymbol{b}=\boldsymbol{A}^{-1}\boldsymbol{H}^{-1}\boldsymbol{H}\boldsymbol{b}=\boldsymbol{A}^{-1}\boldsymbol{b} \tag{6.46}$$

因此直接求解线性方程组的关键就是寻找一系列非奇异的变换矩阵，将原问题转化为特殊形式的线性方程组。其中使用最多的两类变换矩阵分别是**排列矩阵**(permutation matrix) 和**初等消去阵**(elementary elimination matrix)。

定义 6.15　方阵 $\boldsymbol{P}\in\mathbb{K}^{n\times n}$ 被称为**排列矩阵**，如果其每行每列都仅仅包含一个值为 1 的非零元素。

排列矩阵总是非奇异的，实际上很容易证明排列矩阵是一种正交矩阵，或者说其逆矩阵等于其转置 $\boldsymbol{P}^{-1}=\boldsymbol{P}'$。从式 (6.47) 展示的例子可以看出排列矩阵和向量相乘会起到改变元素顺序的作用。左乘排列矩阵会改变元素的行顺序，而右乘排列矩阵会改变元素的列顺序。相应地，对矩阵左乘一个排列矩阵会改变行向量的顺序，而对矩阵右乘一个排列矩阵会改变列向量的顺序。对线性方程组而言，每条方程所安排的顺序理论上与方程组的解无关。因此即便直观理解，线性方程组两侧左乘排列矩阵也不会改变其解。而如果系数矩阵右乘排列矩阵，方程组的解就会发生变化。假设方程组 $\boldsymbol{A}\boldsymbol{x}=\boldsymbol{b}$ 的系数矩阵右乘排列矩阵得到的新方程组为 $\boldsymbol{A}\boldsymbol{P}\boldsymbol{z}=\boldsymbol{b}$，可以推导出其解为 $\boldsymbol{z}=(\boldsymbol{A}\boldsymbol{P})^{-1}\boldsymbol{b}=\boldsymbol{P}^{-1}(\boldsymbol{A}^{-1}\boldsymbol{b})=\boldsymbol{P}'\boldsymbol{x}$，或者说 $\boldsymbol{x}=\boldsymbol{P}\boldsymbol{z}$。可见新方程组的解和原方程组相比仅仅是分量的顺序发生了变换。

$$\begin{bmatrix}0&0&1\\1&0&0\\0&1&0\end{bmatrix}\begin{bmatrix}a_1\\a_2\\a_3\end{bmatrix}=\begin{bmatrix}a_3\\a_1\\a_2\end{bmatrix},\quad \begin{bmatrix}a_1&a_2&a_3\end{bmatrix}\begin{bmatrix}0&0&1\\1&0&0\\0&1&0\end{bmatrix}=\begin{bmatrix}a_2&a_3&a_1\end{bmatrix} \tag{6.47}$$

定义 6.16　下三角矩阵 $\boldsymbol{M}\in\mathbb{K}^{n\times n}$ 被称为**初等消去阵**，如果其对角线元素均为 1，且除对角线之外仅有一列中存在非零元素。除对角线之外仅有第 k 列存在非零元素的初等消去阵记为 $\boldsymbol{M}_k$，其形式如下：

$$\boldsymbol{M}_k=\begin{bmatrix}1&\cdots&0&0&\cdots&0\\\vdots&\ddots&\vdots&\vdots&\ddots&\vdots\\0&\cdots&1&0&\cdots&0\\0&\cdots&m_{k+1}&1&\cdots&0\\\vdots&\ddots&\vdots&\vdots&\ddots&\vdots\\0&\cdots&m_n&0&\cdots&1\end{bmatrix}$$

初等消去阵是对角线元素为 1 的下三角矩阵，因此一定是非奇异的。实际上，可以令 $e_k \in \mathbb{R}^n$ 为仅有第 k 个元素非零且为 1 的 n 维向量，同时令向量 $m_k = [0, \cdots, 0, m_{k+1}, \cdots, m_n]' \in \mathbb{R}^n$，则可以得到式 (6.48)。因此有 $M_k = I + m_k e_k'$，其中 I 是单位阵。此时 $(I + m_k e_k')(I - m_k e_k') = I - m_k e_k' m_k e_k' = I - m_k(e_k' m_k)e_k' = I$。可见初等消去阵 M_k 的逆矩阵很容易得到，就是将其第 k 列对角线以下的元素都取负值，即 $M_k^{-1} = I - m_k e_k'$。显然 M_k^{-1} 也是初等消去阵。

$$m_k e_k' = \begin{bmatrix} 0 & \cdots & 0 & 0 & \cdots & 0 \\ \vdots & \ddots & \vdots & \vdots & \ddots & \vdots \\ 0 & \cdots & 0 & 0 & \cdots & 0 \\ 0 & \cdots & m_{k+1} & 0 & \cdots & 0 \\ \vdots & \ddots & \vdots & \vdots & \ddots & \vdots \\ 0 & \cdots & m_n & 0 & \cdots & 0 \end{bmatrix}, \qquad e_k' m_k = 0 \tag{6.48}$$

如果 M_j $(n \geqslant j > k)$ 是另外一个初等消去阵，则 M_k 和 M_j 的乘积可以由式 (6.49) 得到。可见 $M_k M_j$ 并不需要通过一般意义上的矩阵乘来得到，其结果是两个矩阵的并，或者说将两个矩阵的非零元素保留而得到。要注意的是乘法的次序是不能改变的，或者说一般情况下 $M_k M_j \neq M_j M_k$。

$$\begin{aligned} M_k M_j &= (I + m_k e_k')(I + m_j e_j') = I + m_k e_k' + m_j e_j' + m_k e_k' m_j e_j' \\ &= I + m_k e_k' + m_j e_j' + m_k(e_k' m_j)e_j' \\ &= I + m_k e_k' + m_j e_j' \end{aligned} \tag{6.49}$$

从式 (6.50) 展示的例子可以看出，对向量左乘初等消去阵的结果是将向量对应的元素乘上对应的系数叠加到向量的其他元素上。在式 (6.50) 中，如果 $m_2 = -a_2/a_1$，$m_3 = -a_3/a_1$，则最终的乘法结果为 $[a_1, 0, 0]'$，相当于向量的某些项被消去了，这也是初等消去阵名字的来源。如果左乘的初等消去阵为 M_k，则在结果中产生叠加效果的是向量的第 $k + 1$ 个元素及其后的元素。相应地，对矩阵左乘初等消去阵则是对矩阵的对应行进行叠加。

$$\begin{bmatrix} 1 & 0 & 0 \\ m_2 & 1 & 0 \\ m_3 & 0 & 1 \end{bmatrix} \begin{bmatrix} a_1 \\ a_2 \\ a_3 \end{bmatrix} = \begin{bmatrix} a_1 \\ a_2 + m_2 a_1 \\ a_3 + m_3 a_1 \end{bmatrix} \tag{6.50}$$

利用一系列的初等消去阵可以将一个矩阵转化为上三角的形式，例 6.35 中给出了一个实例。这样的过程就被称为**高斯消去** (Gaussian elimination)。

例 6.35 利用初等消去阵将如下的矩阵转化为上三角的形式：

$$A = \begin{bmatrix} 2 & 4 & -2 \\ 4 & 9 & -3 \\ -2 & -3 & 7 \end{bmatrix}$$

解：

$$M_1 A = \begin{bmatrix} 1 & 0 & 0 \\ -2 & 1 & 0 \\ 1 & 0 & 1 \end{bmatrix} \begin{bmatrix} 2 & 4 & -2 \\ 4 & 9 & -3 \\ -2 & -3 & 7 \end{bmatrix} = \begin{bmatrix} 2 & 4 & -2 \\ 0 & 1 & 1 \\ 0 & 1 & 5 \end{bmatrix}$$

$$M_2 M_1 A = \begin{bmatrix} 1 & 0 & 0 \\ 0 & 1 & 0 \\ 0 & -1 & 1 \end{bmatrix} \begin{bmatrix} 2 & 4 & -2 \\ 0 & 1 & 1 \\ 0 & 1 & 5 \end{bmatrix} = \begin{bmatrix} 2 & 4 & -2 \\ 0 & 1 & 1 \\ 0 & 0 & 4 \end{bmatrix}$$

在高斯消去的过程中，左乘 M_1 会将矩阵第一列中第二个元素及其之后的元素消为零，而左乘 M_2 会将矩阵第二列中第三个元素及其之后的元素消为零，以此类推。因此总共需要 $n-1$ 个初等消去阵 $M_1, M_2, \cdots, M_{n-1}$ 来完成三角矩阵的转化。对线性方程组 $Ax = b$ 采用上述的高斯消去过程之后可以得到如式 (6.51) 所展示的上三角方程，再利用回代法就可以求解。

$$M_{n-1} \cdots M_2 M_1 A x = M_{n-1} \cdots M_2 M_1 b \tag{6.51}$$

在实际使用中，高斯消去并不需要通过矩阵乘的形式来实现。算法 3 给出了高斯消去的全过程，其输出结果是消去之后三角矩阵 $U = M_{n-1} \cdots M_2 M_1 A$ 和常数项 $M_{n-1} \cdots M_2 M_1 b$。高斯消去的主要计算步骤包括算法 3 中第 8 行的除法，第 10 行的乘加，以及第 13 行的乘加。在不中途退出的情况下，第 8 行和第 13 行均会被执行 $\sum_{i=1}^{n-1}(n-i) = (n^2-n)/2$ 次，而第 10 行的乘加则会被执行 $\sum_{i=1}^{n-1}(n-i)^2 = (2n^3-3n^2+n)/6$。因此总的计算时间复杂度为 $\mathcal{O}((2n^3 + 3n^2 - 5n)/6)$，或者简略表示为 $\mathcal{O}(n^3/3 + n^2/2)$。再考虑三角方程回代法求解的复杂度，采用高斯消去的线性方程组直接求解法的总时间复杂度为 $\mathcal{O}(n^3/3 + n^2)$。

在实际的应用中常常会需要求解一系列系数矩阵相同但常数项不同的线性方程组 $Ax_1 = b_1, Ax_2 = b_2, \cdots, Ax_K = b_K$。如果对每个方程单独采取高斯消去法，则总的计算时间复杂度为 $\mathcal{O}(K(n^3/3 + n^2))$。然而，由于这些方程的系数矩阵相同，上述求解过程本质上在重复着几乎完全相同的消去过程。如果可以利用一种合理的方式将高斯消去过程记录下来在不同方程组之间实现复用，就可以极大地降低总的计算复杂度。

考察高斯消去之后得到的上三角矩阵 $U = M_{n-1} \cdots M_2 M_1 A$，利用初等消去阵的非奇异性可以得到式 (6.52)。参照式 (6.49) 的结论可以得到 $L = M_{n-1}^{-1} \cdots M_2^{-1} M_1^{-1}$ 是一个对角线元素均为 1 的下三角矩阵，实际上 $L = I - m_1 e_1' - m_2 e_2' - \cdots - m_{n-1} e_{n-1}'$。这一矩阵分解的过程就称为 **LU 分解**(LU factorization)。显然下三角矩阵 L 的非零元素就对应了高斯消去过程中算法 3 第 8 行所计算的比例值，而上三角矩阵 U 就是高斯消去的结果。因此实现 LU 分解的算法 4 实际上是通过对高斯消去的算法稍作修改而得到的。算法 4 中采用了一种压缩式的矩阵存储方法。由于 U 为上三角矩阵，因此其下三角本应该为全零的部分正好可以用来存储 L 的对角线以下的部分。而 L 的对角线元素全部为 1，因此不用存储。因此在算法 4 完整执行的情况下，最终的 A 矩阵的上三角部分即为 U，而对角线以下的部分则存储了 L 对应的位置。实现这一存储方式的核心操作是算法 4 的第 7 行。容易得到 LU 分解的计算时间复杂度为 $\mathcal{O}(n^3/3)$。

算法 3　高斯消去法

$\boldsymbol{A} \in \mathbb{K}^{n \times n}$ 为系数矩阵，a_{ij} 为 $\boldsymbol{A}$ 第 i 行第 j 列的元素

$\boldsymbol{b} \in \mathbb{R}^n$ 的第 i 个元素为 b_i

for $i = 1$ **to** $n - 1$ **do**

    if $a_{ii} = 0$ **then**

        停止并退出

    end if

    for $k = i + 1$ **to** n **do**

        $s \leftarrow -a_{ki} / a_{ii}$

        for $j = i + 1$ **to** n **do**

            $a_{kj} \leftarrow a_{kj} + s \times a_{ij}$

        end for

        $a_{ki} \leftarrow 0$

        $b_k \leftarrow b_k + s \times b_i$

    end for

end for

$$\boldsymbol{A} = (\boldsymbol{M}_{n-1} \cdots \boldsymbol{M}_2 \boldsymbol{M}_1)^{-1} \boldsymbol{U} = (\boldsymbol{M}_{n-1}^{-1} \cdots \boldsymbol{M}_2^{-1} \boldsymbol{M}_1^{-1}) \boldsymbol{U} = \boldsymbol{L}\boldsymbol{U} \qquad (6.52)$$

在已经得到系数矩阵的 LU 分解的前提下，线性方程组可以很高效地求解。令 $\boldsymbol{A} = \boldsymbol{L}\boldsymbol{U}$，则线性方程组 $\boldsymbol{A}\boldsymbol{x} = \boldsymbol{b}$ 就转化为 $\boldsymbol{L}\boldsymbol{U}\boldsymbol{x} = \boldsymbol{b}$。则先利用前代法求解下三角线性方程组 $\boldsymbol{L}\boldsymbol{y} = \boldsymbol{b}$，再利用回代法求解上三角线性方程组 $\boldsymbol{U}\boldsymbol{x} = \boldsymbol{y}$ 即可。同样是 K 个系数矩阵相同的线性方程组，通过复用 LU 分解结果可以使得总的计算时间复杂度降低到 $\mathcal{O}(n^3/3 + (K+1)n^2/2)$。

算法 4　LU 分解

$\boldsymbol{A} \in \mathbb{K}^{n \times n}$ 为待分解矩阵，a_{ij} 为 $\boldsymbol{A}$ 第 i 行第 j 列的元素

for $i = 1$ **to** $n - 1$ **do**

    if $a_{ii} = 0$ **then**

        停止并退出

    end if

    for $k = i + 1$ **to** n **do**

        $a_{ki} \leftarrow -a_{ki} / a_{ii}$

        for $j = i + 1$ **to** n **do**

            $a_{kj} \leftarrow a_{kj} + a_{ki} \times a_{ij}$

        end for

    end for

end for

例 6.36　对如下的矩阵进行 LU 分解：

$$A = \begin{bmatrix} 2 & 4 & -2 \\ 4 & 9 & -3 \\ -2 & -3 & 7 \end{bmatrix}$$

解：由例 6.35 的结果可以直接给出 LU 分解的结果。将两个初等消去阵对角线以下的元素取负值后合并即可得到 L，而高斯消去后的结果即是 U。采用压缩方式存储的 LU 分解结果记为 $[L|U]$ 也同样给出。

$$L = \begin{bmatrix} 1 & 0 & 0 \\ 2 & 1 & 0 \\ -1 & 1 & 1 \end{bmatrix}, \quad U = \begin{bmatrix} 2 & 4 & -2 \\ 0 & 1 & 1 \\ 0 & 0 & 4 \end{bmatrix}, \quad [L|U] = \begin{bmatrix} 2 & 4 & -2 \\ 2 & 1 & 1 \\ -1 & 1 & 4 \end{bmatrix}$$

如算法 3 的第 8 行所示，每步高斯消去过程中需要执行除法运算 a_{kj}/a_{ii}。通常称除法的分母 a_{ii} 为该步消去操作的**主元**(pivot)。在消去过程中如果出现主元为零的情况，则高斯消去法就无法继续执行。在实际应用中更加容易出现的情况是主元 $|a_{ii}| \approx 0$。此时 a_{ki}/a_{ii} 可能出现上溢，而且在随后的叠加过程中，例如算法 3 的第 10 行，$|(a_{ki}/a_{ii}) \times a_{ij}|$ 可能会远大于 $|a_{kj}|$，进而导致明显的舍入误差的出现。而这些舍入误差在进行回代的过程中将会被取值过小的主元进一步放大。上述问题在计算精度受限的条件下或者会导致高斯消去法失败，或者会导致最终得到的结果精度不足。例 6.37 给出了一个典型的高斯消去法失效的例子。解决该问题的方法之一就是对系数矩阵施加排列变换，通过调整行列顺序选择绝对值尽量大的元素作为主元。这一过程被称为**选主元**(pivoting)。

选主元主要有两种方式：列选主元和全选主元。参考算法 3 的第 8 行，如果在计算过程中发现当前主元 a_{ii} 的绝对值相对于 a_{kj} 的绝对值过小，可以从系数矩阵中 a_{ii} 所在列的下方的元素中选择取绝对值最大的元素作为主元，这种方式就称为列选主元。在实现中通常简单地总是选择对应列中对角线及以下元素中绝对值最大的元素作为主元，即选取主元为 a_{pi} 使得 $|a_{pi}| = \max\limits_{i \leqslant u \leqslant n} |a_{ui}|$。之后将系数矩阵及输入向量的第 i 行和第 p 行进行交换即可。列选主元需要从同一列中选取绝对值最大的元素，总共的比较次数为 $\sum\limits_{i=1}^{n-1}(n-i) = (n^2 - n)/2$。考虑到高斯消去的算法时间复杂度为 $\mathcal{O}(n^3)$，因此增加的比较操作并不会本质地改变算法复杂度。同时针对绝大多数的输入，计算过程的稳定性会极大提高，因此在高斯消去的实现中列选主元十分常用，其实现过程见算法 5。采用列选主元的 LU 分解的算法也可以类似地得到。要注意的是算法 5 第 6 行的行交换无须真的去移动数据，采用额外的变量存储当前实际的行序号对应关系就可以了。

列选主元过程中，如果出现当前列所有可以选择的主元 $a_{ii}, \cdots, a_{in}$ 的绝对值都非常小乃至为零的情况时，列选主元也可能失效。此时可以就采用全选主元的方式来改进。全选主元的基本思想就是从以当前主元 a_{ii} 为左上角元素的系数矩阵子矩阵中寻找绝对值最大的元素作为主元，即 $\max\limits_{i \leqslant u, v \leqslant n} |a_{uv}|$。再对系数矩阵进行行、列交换，对输入向量进行列交换

即可。显然全选主元较列选主元适应性更强，算法更为稳定。但其增加的额外比较次数为 $\sum_{i=1}^{n-1}((n-i+1)^2-1)=(2n^3+3n^2-5n)/6$，会本质改变高斯消去法的复杂度。因此只有在为了强调算法稳定性可以牺牲效率的情况下，全选主元才会是更好的选择。另外，由于在全选主元的过程可能产生列交换，要注意对最终的结果的分量顺序进行相应的调整。

例 6.37 用高斯消去法求解下面的线性方程组，假设采用的浮点数系统 $\beta=10$ 而 $p=4$，采用最近舍入。

$$\begin{bmatrix} 0.002000 & 88.71 \\ 7.129 & -4.330 \end{bmatrix} \begin{bmatrix} x_1 \\ x_2 \end{bmatrix} = \begin{bmatrix} 88.73 \\ 66.96 \end{bmatrix}$$

解： 不难验证该方程组的解为 $x_1=10.00$，$x_2=1.000$。如果直接利用高斯消去法，则第一步选择的主元为 $a_{11}=0.002000$。与其他元素相比较，主元的值明显过小。第一步消去计算中的比例值为

$$\frac{a_{21}}{a_{11}} = \frac{7.129}{0.002000} = 3564.5 \approx 3565$$

在叠加计算中由于参与减法运算的两个数相差太大，减法操作可能不起作用。

$$a_{22} - a_{12} \times \frac{a_{21}}{a_{11}} = -4.330 - 88.71 \times 3565 \approx -6.130 - 316300 \approx -316300$$

$$b_2 - b_1 \times \frac{a_{21}}{a_{11}} = 66.96 - 88.73 \times 3565 \approx 66.96 - 316300 \approx -316200$$

高斯消去之后得到的上三角方程为

$$\begin{bmatrix} 0.002000 & 88.71 \\ 0 & -316300 \end{bmatrix} \begin{bmatrix} x_1 \\ x_2 \end{bmatrix} = \begin{bmatrix} 88.73 \\ -316200 \end{bmatrix}$$

用回代法可以首先得到 $x_2 = 316200/316300 \approx 0.9997$，这是一个相当精确的解，相对误差只有 0.3%。舍入误差对于结果精确度的严重影响体现在 x_1 的计算过程中。分母部分由于前面舍入误差的影响导致了计算结果和真实结果之间发生严重差异，而分母部分取值过小的主元 $a_{11}=0.002000$ 此时又起到了将该差异进一步放大的作用。最终得到了完全失效的计算结果，没有任何的有效数字。

$$x_1 = \frac{88.73 - 0.9997 \times 88.71}{0.002000} \approx \frac{88.73 - 88.68}{0.002000} = 25.00$$

采用列选主元的方法可以改善计算过程的稳定性，显然在第一列中 $a_{21}=7.129$ 更加适合作为主元。对应的叠加计算结果如下：

$$a_{12} - a_{22} \times \frac{a_{11}}{a_{21}} = 88.71 + 4.330 \times \frac{0.002000}{7.129} \approx 88.71 + 0.001215 \approx 88.71$$

$$b_1 - b_2 \times \frac{a_{11}}{a_{21}} = 88.73 - 66.96 \times \frac{0.002000}{7.129} \approx 88.73 - 0.01879 \approx 88.71$$

行交换并完成高斯消去之后得到的上三角方程为

$$\begin{bmatrix} 7.129 & -4.330 \\ 0 & 88.71 \end{bmatrix} \begin{bmatrix} x_1 \\ x_2 \end{bmatrix} = \begin{bmatrix} 66.96 \\ 88.71 \end{bmatrix}$$

采用回代法首先可以得到更为精确的 $x_2 = 1.000$，进而在计算 $x_1 = (66.96 + 4.330)/7.129 = 71.29/7.129 = 10.00$ 的过程中，前面叠加计算的可能产生舍入误差又将会被较大的分母进一步抑制。最终的结果全部数字均为有效数字。

算法 5　采用列选主元的高斯消去法

$A \in \mathbb{K}^{n \times n}$ 为系数矩阵，a_{ij} 为 A 第 i 行第 j 列的元素

$\boldsymbol{b} \in \mathbb{R}^n$ 的第 i 个元素为 b_i

for $i = 1$ **to** $n - 1$ **do**

 $p = \mathrm{argmax}_{i \leqslant u \leqslant n}\{|a_{ui}|\}$

 if $p \neq i$ **then**

   交换系数矩阵和输入向量的第 i 行和第 p 行

 end if

 if $a_{ii} = 0$ **then**

   停止并退出

 end if

 for $k = i + 1$ **to** n **do**

  $s \leftarrow -a_{ki}/a_{ii}$

  for $j = i + 1$ **to** n **do**

   $a_{kj} \leftarrow a_{kj} + s \times a_{ij}$

  end for

  $a_{ki} \leftarrow 0$

  $b_k \leftarrow b_k + s \times b_i$

 end for

end for

  高斯消去和 LU 分解适用于一般形式的非奇异系数矩阵，但如果系数矩阵具有某些特殊的性质，求解线性方程组的计算复杂度可能会更低一些。一个典型的情况是当系数矩阵 A 对称正定时，其 LU 分解的结果形式可以更为简明，即 $A = LL'$，其中 L 是对角线元素为正数的下三角矩阵。作为 LU 分解的一个特例，这种分解形式也被称为**乔列斯基分解**(Cholesky factorization)。实际上在这种情况下，无须选主元也可以保证高斯消去的数值稳定性。借助特殊的矩阵形式，乔列斯基分解可以通过相对简洁的运算获得，如例 6.38 所示。

例 **6.38** 求如下矩阵的乔列斯基分解:

$$
\boldsymbol{A} = \begin{bmatrix} 4 & 1 & -1 \\ 1 & 4.25 & -3.25 \\ -1 & -3.25 & 3.5 \end{bmatrix}
$$

解: 假设乔列斯基分解结果如下:

$$
\boldsymbol{A} = \begin{bmatrix} 4 & 1 & -1 \\ 1 & 4.25 & -3.25 \\ -1 & -3.25 & 3.5 \end{bmatrix} = \boldsymbol{LL'} = \begin{bmatrix} l_{11} & 0 & 0 \\ l_{21} & l_{22} & 0 \\ l_{31} & l_{32} & l_{33} \end{bmatrix} \begin{bmatrix} l_{11} & l_{21} & l_{31} \\ 0 & l_{22} & l_{32} \\ 0 & 0 & l_{33} \end{bmatrix}
$$

$$
= \begin{bmatrix} l_{11}^2 & l_{11}l_{21} & l_{11}l_{31} \\ l_{11}l_{21} & l_{21}^2 + l_{22}^2 & l_{21}l_{31} + l_{22}l_{32} \\ l_{11}l_{31} & l_{21}l_{31} + l_{22}l_{32} & l_{31}^2 + l_{32}^2 + l_{33}^2 \end{bmatrix}
$$

进而可以得到

$$
\begin{aligned}
l_{11}^2 &= 4 \Rightarrow l_{11} = 2 \\
l_{11}l_{21} &= 1 \Rightarrow l_{21} = 0.5 \\
l_{11}l_{31} &= -1 \Rightarrow l_{31} = -0.5 \\
l_{21}^2 + l_{22}^2 &= 4.25 \Rightarrow l_{22} = 2 \\
l_{21}l_{31} + l_{22}l_{32} &= -3.25 \Rightarrow l_{32} = -1.5 \\
l_{31}^2 + l_{32}^2 + l_{33}^2 &= 3.5 \Rightarrow l_{33} = 1
\end{aligned} \tag{6.53}
$$

算法 6 乔列斯基分解

$\boldsymbol{A} \in \mathbb{K}^{n \times n}$ 为待分解矩阵,a_{ij} 为 $\boldsymbol{A}$ 第 i 行第 j 列的元素

for $i = 1$ **to** n **do**

    if $a_{ii} \leqslant 0$ **then**

        停止并退出

    end if

    $a_{ii} \leftarrow \sqrt{a_{ii}}$

    for $k = i + 1$ **to** n **do**

        $a_{ki} \leftarrow a_{ki} / a_{ii}$

        for $j = i + 1$ **to** k **do**

            $a_{kj} \leftarrow a_{kj} - a_{ki} \times a_{ji}$

        end for

    end for

end for

参考例 6.38 的求解思路，算法 6 给出了乔列斯基分解的过程。算法执行完之后 L 就存储于矩阵 A 的下三角部分。乔列斯基分解的计算复杂度要本质的低于 LU 分解。简单起见，仅考虑算法 6 第 10 行的乘加操作，其总共的执行次数为 $\sum_{i=1} n((n-i)^2/2 + (n-i)/2) = (2n^3 - 3n^2 + n)/12 + (n^2 - n)/4 = (n^3 - n)/6$。因此乔列斯基分解的计算复杂度为 $\mathcal{O}(n^3/6)$，约为 LU 分解的一半。

高斯消去、LU 分解或者 Cholesky 分解均属于线性方程组求解的直接解法。总体上说这些方法的计算复杂度都在 $\mathcal{O}(n^3)$，并不适合大规模线性方程组的求解。当然如果系数矩阵的分解已知，或者系数矩阵具有某些特殊结构，这些方法的实际计算复杂度可能会远低于 $\mathcal{O}(n^3)$。在一些实际应用中可能出现线性方程组系数矩阵发生微小变化的情况，这时候对系数矩阵进行重新分解是可以避免的。这种情况称为线性方程组的增量求解，其基础就是例 6.39 中给出的 Sherman-Morrison 公式。

例 6.39　已知非奇异矩阵 $A \in \mathbb{R}^{n \times n}$，向量 $u, v \in \mathbb{R}^n$，证明 Sherman-Morrison 公式成立：

$$(A - uv')^{-1} = A^{-1} + A^{-1}u(1 - v'A^{-1}u)^{-1}v'A^{-1} \tag{6.54}$$

证明： 构造方程组 $(A - uv')x = b$，展开后两侧左乘 A^{-1} 得到 $x - A^{-1}uv'x = A^{-1}b$。不妨令 $A^{-1}b = y$，$A^{-1}u = z$，可以得到简化表示 $x - zv'x = y$，并有以下推导：

$$x - zv'x = y$$
$$\Rightarrow v'x - v'zv'x = v'x(1 - v'z) = v'y$$
$$\Rightarrow v'x = \frac{v'y}{1 - v'z}$$
$$\Rightarrow x = zv'x + y = z\frac{v'y}{1 - v'z} + y$$
$$\Rightarrow x = A^{-1}b + A^{-1}u(1 - v'A^{-1}u)^{-1}v'A^{-1}b$$
$$\Rightarrow x = (A^{-1}u(1 - v'A^{-1}u)^{-1}v'A^{-1})b \tag{6.55}$$

结合方程组构造方式可以得到

$$(A - uv')^{-1} = A^{-1} + A^{-1}u(1 - v'A^{-1}u)^{-1}v'A^{-1}$$

假设线性方程组的系数矩阵发生了微小变化后得到新的方程组 $(A - uv')x = b$，则变化后的线性方程组的解可以由式 (6.56) 得到。注意到 $A^{-1}b$ 是 $Ax = b$ 的解，且 $A^{-1}u$ 是 $Ax = u$ 的解。那么如果矩阵 A 已经完成分解，则式 (6.56) 的计算复杂度是很低的，仅有 $\mathcal{O}(n^2)$。在实际应用中，构造合适的向量 u 和 v 是使用增量法的关键。

$$x = (A - uv')^{-1}b = A^{-1}b + A^{-1}u\frac{v'A^{-1}b}{1 - v'A^{-1}u} \tag{6.56}$$

例 6.40　用增量法求解下面的线性方程组：

$$\tilde{A}x = \begin{bmatrix} 2 & 4 & -2 \\ 4 & 9 & -3 \\ -2 & -1 & 7 \end{bmatrix} x = \begin{bmatrix} 2 \\ 8 \\ 10 \end{bmatrix}$$

解：仔细观察可以发现 $\tilde{A}$ 和例 6.36 中的 A 非常接近：

$$\tilde{A} = \begin{bmatrix} 2 & 4 & -2 \\ 4 & 9 & -3 \\ -2 & -1 & 7 \end{bmatrix} = \begin{bmatrix} 2 & 4 & -2 \\ 4 & 9 & -3 \\ -2 & -3 & 7 \end{bmatrix} - \begin{bmatrix} 0 & 0 & 0 \\ 0 & 0 & 0 \\ 0 & -2 & 0 \end{bmatrix}$$

令 $u = [0, 0, -2]'$，$v = [0, 1, 0]'$ 就可以得到 $\tilde{A} = A - uv'$。利用例 6.36 中的 LU 分解结果可以分别求解 $Ax = b$ 和 $Ax = u$：

$$\begin{bmatrix} 2 & 4 & -2 \\ 4 & 9 & -3 \\ -2 & -3 & 7 \end{bmatrix} x = \begin{bmatrix} 2 \\ 8 \\ 10 \end{bmatrix} \Rightarrow A^{-1}b = \begin{bmatrix} -3/2 \\ 1/2 \\ -1/2 \end{bmatrix}$$

$$\begin{bmatrix} 2 & 4 & -2 \\ 4 & 9 & -3 \\ -2 & -3 & 7 \end{bmatrix} x = \begin{bmatrix} 0 \\ 0 \\ -2 \end{bmatrix} \Rightarrow A^{-1}u = \begin{bmatrix} -1 \\ 2 \\ 2 \end{bmatrix}$$

代入式 (6.56) 可以得到方程组的解：

$$x = \begin{bmatrix} -1 \\ 2 \\ 2 \end{bmatrix} + \begin{bmatrix} -3/2 \\ 1/2 \\ -1/2 \end{bmatrix} \times \frac{\begin{bmatrix} 0 & 1 & 0 \end{bmatrix} \times \begin{bmatrix} -1 \\ 2 \\ 2 \end{bmatrix}}{1 - \begin{bmatrix} 0 & 1 & 0 \end{bmatrix} \times \begin{bmatrix} -3/2 \\ 1/2 \\ -1/2 \end{bmatrix}} = \begin{bmatrix} -7 \\ 4 \\ 0 \end{bmatrix}$$

6.5.5　线性方程组迭代解法

对于大规模的线性方程组来说，直接解法的时间复杂度过高，往往难以适应实际使用的需求。另外对于在实际工程常见的稀疏系数矩阵，无论是消元还是矩阵分解，都有可能破坏矩阵的稀疏性而使得存储空间代价变高。在这种情况下一个更为合理的选择是采用迭代法求解。与之前介绍过的一元方程的迭代解法类似，线性方程组的迭代解法的核心也是利用不动点函数形式。其基本思路是对于线性方程组 $Ax = b$，寻求一个不动点函数形式 $g(x) = Gx + c$，使得该函数的不动点和原方程组的解重合。任意选取初始值 x_0，再利用式 (6.57) 的迭代形式逐步逼近问题的解。虽然理论上说通常需要经过无穷多次迭代才能最终收敛到问题的精确解，但在实际使用中只需要按照某种方式对误差进行估计并在适当的时机终止迭代就可以得到符合精确度要求的解。

$$x_k = Gx_{k-1} + c \tag{6.57}$$

与求解一元方程时构造不动点函数的情况类似，一个线性方程组可以对应很多不同不动点函数形式。然而这些不动点函数引导出的迭代序列未必都可以收敛。实际上由式 (6.57) 得到的迭代序列的收敛情况由矩阵 G 的**谱半径**(spectral radius) 来决定。

定义 6.17　矩阵 $\boldsymbol{A}$ 的**谱半径**$\rho(\boldsymbol{A})$ 定义如下式，其中 λ 为 $\boldsymbol{A}$ 的特征值。

$$\rho(\boldsymbol{A}) = \max(|\lambda|)$$

矩阵的谱半径可以理解为对应的线性变换对向量空间的最大拉伸比例。特别地，如果 $\boldsymbol{A}$ 的特征值不是实数，则定义 6.17 中的绝对值符号的含义是复数的模。矩阵的谱半径和矩阵的收敛性有很强的关联。直观上理解，一个矩阵是收敛的就表示其无穷多次的连乘结果趋近全零矩阵。定理 6.14 表明了矩阵的谱半径和收敛性之间的关系，其证明这里略去。

定义 6.18　已知矩阵 $\boldsymbol{A} \in \mathbb{R}^{n \times n}$，如果下式成立，则称 $\boldsymbol{A}$ 是**收敛的**(convergent)，其中 $\boldsymbol{A}^k$ 表示矩阵 $\boldsymbol{A}$ 的 k 次连乘，而 $(\boldsymbol{A}^k)_{i,j}$ 则表示该连乘结果矩阵的第 i 行第 j 列的元素。

$$\lim_{k \to \infty} (\boldsymbol{A}^k)_{i,j} = 0, \quad i, j = 1, 2, \cdots, n$$

定理 6.14　已知矩阵 $\boldsymbol{A} \in \mathbb{K}^{n \times n}$，则下面的三种描述是等价的:

(1) $\boldsymbol{A}$ 是收敛的

(2) $\rho(\boldsymbol{A}) < 1$

(3) $\lim_{k \to \infty} \boldsymbol{A}^k \boldsymbol{x} = \boldsymbol{0}, \quad \forall \boldsymbol{x} \in \mathbb{R}^n$

例 6.41　矩阵 $\boldsymbol{A}$ 如下所示，分析其收敛性。

$$\boldsymbol{A} = \begin{bmatrix} 0.1 & 0 \\ 0 & 0.2 \end{bmatrix}$$

解：很容易得到

$$\boldsymbol{A}^k = \begin{bmatrix} 0.1^k & 0 \\ 0 & 0.2^k \end{bmatrix}$$

显然 $\lim_{k \to \infty} 0.1^k = 0$ 且 $\lim_{k \to \infty} 0.2^k = 0$，因此 $\boldsymbol{A}$ 是收敛的。注意到 $\rho(\boldsymbol{A}) = \max(0.1, 0.2) = 0.2 < 1$。

基于上述的定义，式 (6.57) 的收敛性由定理 6.15 来保证。

定理 6.15　对于任意的迭代初始值 $\boldsymbol{x}_0 \in \mathbb{R}^n$，由式 (6.57) 所得到的迭代序列 $\boldsymbol{x}_0, \boldsymbol{x}_1, \cdots, \boldsymbol{x}_k, \cdots$ 收敛于不动点方程 $\boldsymbol{x} = \boldsymbol{G}\boldsymbol{x} + \boldsymbol{c}$ 的唯一解，当且仅当 $\rho(\boldsymbol{G}) < 1$。

证明：首先证明**充分性**，如果 $\rho(\boldsymbol{G}) < 1$，假设 λ 为 $\boldsymbol{G}$ 的特征值，则有 $|\lambda| < 1$。考察矩阵 $\boldsymbol{I} - \boldsymbol{G}$，由 $\boldsymbol{G}\boldsymbol{x} = \lambda\boldsymbol{x}$ 可以得到 $(\boldsymbol{I} - \boldsymbol{G})\boldsymbol{x} = (1 - \lambda)\boldsymbol{x}$，也就是说 $1 - \lambda$ 是 $\boldsymbol{I} - \boldsymbol{G}$ 的特征值。由于 $\lambda \neq 1$，因此 $1 - \lambda \neq 0$，也就是说 $\boldsymbol{I} - \boldsymbol{G}$ 所有的特征值非零，即 $\boldsymbol{I} - \boldsymbol{G}$ 非奇异。令 $\boldsymbol{S}_m = \boldsymbol{I} + \boldsymbol{G} + \boldsymbol{G}^2 + \cdots + \boldsymbol{G}^m$，则有 $(\boldsymbol{I} - \boldsymbol{G})\boldsymbol{S}_m = \boldsymbol{S}_m - \boldsymbol{G}\boldsymbol{S}_m = \boldsymbol{I} - \boldsymbol{G}^{m+1}$。由定理 6.14 可以得到下式，也就是说 $(\boldsymbol{I} - \boldsymbol{G})^{-1} = \lim_{m \to \infty} \boldsymbol{S}_m = \sum_{m=0}^{\infty} \boldsymbol{G}^m$。

$$\lim_{m \to \infty} (\boldsymbol{I} - \boldsymbol{G})\boldsymbol{S}_m = \lim_{m \to \infty} (\boldsymbol{I} - \boldsymbol{G}^{m+1}) = \boldsymbol{I}$$

考察式 (6.57), 可以得到以下迭代结果:

$$
\begin{aligned}
\boldsymbol{x}_k &= \boldsymbol{G}\boldsymbol{x}_{k-1} + \boldsymbol{c} \\
&= \boldsymbol{G}(\boldsymbol{G}\boldsymbol{x}_{k-2} + \boldsymbol{c}) + \boldsymbol{c} \\
&= \boldsymbol{G}^2\boldsymbol{x}_{k-2} + (\boldsymbol{G} + \boldsymbol{I})\boldsymbol{c} \\
&\ \ \vdots \\
&= \boldsymbol{G}^k\boldsymbol{x}_0 + (\boldsymbol{G}^{k-1} + \cdots + \boldsymbol{G} + \boldsymbol{I})\boldsymbol{c} \\
&= \boldsymbol{G}^k\boldsymbol{x}_0 + \boldsymbol{S}_{k-1}\boldsymbol{c}
\end{aligned}
$$

由定理 6.14 可知 $\lim\limits_{k \to \infty} \boldsymbol{G}^k\boldsymbol{x}_0 = \boldsymbol{0}$, 于是有

$$
\lim_{k \to \infty} \boldsymbol{x}_k = \lim_{k \to \infty} \boldsymbol{S}_{k-1}\boldsymbol{c} = (\boldsymbol{I} - \boldsymbol{G})^{-1}\boldsymbol{c}
$$

而 $(\boldsymbol{I} - \boldsymbol{G})^{-1}\boldsymbol{c}$ 恰是不动点方程 $\boldsymbol{x} = \boldsymbol{G}\boldsymbol{x} + \boldsymbol{c}$ 的唯一解。

再证明**必要性**, 令 $\hat{\boldsymbol{x}}$ 是不动点方程 $\boldsymbol{x} = \boldsymbol{G}\boldsymbol{x} + \boldsymbol{c}$ 的唯一解, 令 $\boldsymbol{y} \in \mathbb{R}^n$ 是任意向量。取迭代初值 $\boldsymbol{x}_0 = \hat{\boldsymbol{x}} - \boldsymbol{y}$, 则由式 (6.57) 得到的迭代序列收敛于 $\hat{\boldsymbol{x}}$, 即 $\lim\limits_{k \to \infty} \boldsymbol{x}_k = \hat{\boldsymbol{x}}$。考虑如下等式:

$$
\hat{\boldsymbol{x}} - \boldsymbol{x}_k = (\boldsymbol{G}\boldsymbol{x} + \boldsymbol{c}) - (\boldsymbol{G}\boldsymbol{x}_{k-1} + \boldsymbol{c}) = \boldsymbol{G}(\hat{\boldsymbol{x}} - \boldsymbol{x}_{k-1}) = \cdots = \boldsymbol{G}^k(\hat{\boldsymbol{x}} - \boldsymbol{x}_0) = \boldsymbol{G}^k\boldsymbol{y}
$$

于是对任意向量 $\boldsymbol{y}$ 都有

$$
\lim_{k \to \infty} \boldsymbol{G}^k\boldsymbol{y} = \lim_{k \to \infty} (\hat{\boldsymbol{x}} - \boldsymbol{x}_k) = \boldsymbol{0}
$$

由定理 6.14 可知 $\rho(\boldsymbol{G}) < 1$。 ∎

与定理 6.8 以及定理 6.9 中所展示的一元方程不动点法的收敛性质不同, 求解线性方程组的不动点法对于初值的选取没有任何要求。这本质上是由求解问题的线性特性所决定的。此外矩阵 $\boldsymbol{G}$ 的谱半径值实际上影响着不动点迭代的收敛速度。一般说来 $\rho(\boldsymbol{G})$ 越小, 则迭代过程收敛得越快。得到不动点形式最为常用的方法是将系数矩阵进行适当的分裂。令系数矩阵 $\boldsymbol{A} = \boldsymbol{A}_1 - \boldsymbol{A}_2$, 则方程组变为 $(\boldsymbol{A}_1 - \boldsymbol{A}_2)\boldsymbol{x} = \boldsymbol{b}$。假设 $\boldsymbol{A}_1$ 非奇异, 则可以得到 $\boldsymbol{x} = \boldsymbol{A}_1^{-1}\boldsymbol{A}_2\boldsymbol{x} + \boldsymbol{A}_1^{-1}\boldsymbol{b}$, 于是有 $\boldsymbol{G} = \boldsymbol{A}_1^{-1}\boldsymbol{A}_2$, $\boldsymbol{c} = \boldsymbol{A}_1^{-1}\boldsymbol{b}$。不同的系数矩阵分裂的方式, 可以得到收敛性和收敛速度不同的不动点解法。

令 $\boldsymbol{D}$ 为系数矩阵 $\boldsymbol{A}$ 的对角线元素所组成的对角矩阵, 而 $\boldsymbol{L}$, $\boldsymbol{U}$ 分别为对角线之外的 $\boldsymbol{A}$ 的下三角部分和上三角部分, 于是有 $\boldsymbol{A} = \boldsymbol{D} + (\boldsymbol{L} + \boldsymbol{U})$。当 $\boldsymbol{A}$ 的对角线元素非零时, $\boldsymbol{D}$ 非奇异, 因此可以得到 $\boldsymbol{G} = -\boldsymbol{D}^{-1}(\boldsymbol{L} + \boldsymbol{U})$, $\boldsymbol{c} = \boldsymbol{D}^{-1}\boldsymbol{b}$。此时得到的不动点迭代形式成为**雅可比迭代**(Jacobi iterative), 其迭代的向量形式为 $\boldsymbol{x}_k = \boldsymbol{D}^{-1}(\boldsymbol{b} - (\boldsymbol{L} + \boldsymbol{U})\boldsymbol{x}_{k-1})$。观察该形式不难发现, 雅可比迭代形式实际上就是将方程组的第 i 个方程改写为求解 $\boldsymbol{x}$ 的第 i 个元素 $\boldsymbol{x}[i]$ 的形式。式 (6.58) 给出了雅可比迭代的分量形式。

$$
\boldsymbol{x}[i]_k = \frac{\boldsymbol{b}[i] - \sum\limits_{j \neq i} a_{ij}\boldsymbol{x}[j]_{k-1}}{a_{ii}} \tag{6.58}
$$

如果将系数矩阵的分裂方式调整为 $\boldsymbol{A} = (\boldsymbol{D} + \boldsymbol{L}) + \boldsymbol{U}$，则可以得到 $\boldsymbol{G} = -(\boldsymbol{D} + \boldsymbol{L})^{-1}\boldsymbol{U}$，$\boldsymbol{c} = (\boldsymbol{D} + \boldsymbol{L})^{-1}\boldsymbol{b}$。由此得到的迭代形式 $\boldsymbol{x}_k = (\boldsymbol{D} + \boldsymbol{L})^{-1}(\boldsymbol{b} - \boldsymbol{U}\boldsymbol{x}_k)$ 被称为**高斯-塞德尔迭代**(Gauss-Seidel iterative)。其分量形式较为复杂，如式 (6.59) 所示。本质上来说式 (6.59) 与式 (6.58) 是一致的，其区别仅仅是高斯-塞德尔迭代中第 k 步更新过的分量会更早地参与到计算中来。这样的话，迭代收敛的速度往往会更快。无论是雅可比迭代还是高斯-塞德尔迭代都不能保证收敛，其收敛性还是依靠定理 6.15 来判断。

$$\boldsymbol{x}[i]_k = \frac{\boldsymbol{b}[i] - \displaystyle\sum_{j<i} a_{ij}\boldsymbol{x}[j]_k - \sum_{j>i} a_{ij}\boldsymbol{x}[j]_{k-1}}{a_{ii}} \tag{6.59}$$

例 6.42 利用雅可比迭代和高斯-塞德尔迭代求解下面的线性方程组：

$$\begin{bmatrix} -5 & -1 & 2 \\ 2 & 6 & -3 \\ 2 & 1 & 7 \end{bmatrix} \begin{bmatrix} x_1 \\ x_2 \\ x_3 \end{bmatrix} = \begin{bmatrix} 1 \\ 2 \\ 32 \end{bmatrix}$$

解：将线性方程组改写为如下的分量形式：

$$x_1 = \frac{1 + x_2 - 2x_3}{-5} \qquad x_2 = \frac{2 - 2x_1 + 3x_3}{6} \qquad x_3 = \frac{32 - 2x_1 - x_2}{7} \tag{6.60}$$

选择初值 $\boldsymbol{x}_0 = [0, 0, 0]'$，则雅可比迭代和高斯-塞德尔迭代的结果如下所示。

	雅可比迭代	高斯-塞德尔迭代
$\boldsymbol{x}_1$	$[-0.200000, 0.333333, 4.571429]'$	$[-0.200000, 0.400000, 4.571429]'$
$\boldsymbol{x}_2$	$[1.561905, 2.685714, 4.580952]'$	$[1.548571, 2.102857, 3.828571]'$
$\boldsymbol{x}_3$	$[1.095238, 2.103175, 3.741497]'$	$[0.910857, 1.944000, 4.033469]'$
$\boldsymbol{x}_4$	$[0.875964, 1.839002, 3.958050]'$	$[1.024588, 2.008539, 3.991755]'$
$\boldsymbol{x}_5$	$[1.015420, 2.020370, 4.058439]'$	$[0.994994, 1.997546, 4.001781]'$
$\boldsymbol{x}_6$	$[1.019301, 2.024079, 3.992684]'$	$[1.001203, 2.000489, 3.999586]'$
$\boldsymbol{x}_7$	$[0.992258, 1.989908, 3.991045]'$	$[0.999737, 1.999881, 4.000092]'$
$\boldsymbol{x}_8$	$[0.998436, 1.998103, 4.003654]'$	$[1.000061, 2.000026, 3.999979]'$
$\boldsymbol{x}_9$	$[1.001841, 2.002348, 4.000718]'$	$[0.999986, 1.999994, 4.000005]'$
$\boldsymbol{x}_{10}$	$[0.999817, 1.999745, 3.999139]'$	$[1.000003, 2.000001, 3.999999]'$

可以看到两种迭代方法都收敛到问题的解，但高斯-塞德尔迭代的收敛速度更快一些。考虑到方程组系数矩阵的条件数 $= 4$，较为良态，因此可以利用残差来估计误差。在第 10 步迭代时，雅可比迭代的残差 $\boldsymbol{r}_J \approx [-0.000555, -0.000690, 0.006649]'$，而高斯-塞德尔迭代的残差为 $\boldsymbol{r}_G \approx [0.000019, -0.000017, 0.000000]'$。利用范数进行比较可以得到 $0.0079 \approx \|\boldsymbol{r}_J\|_1 > \|\boldsymbol{r}_G\|_1 \approx 0.000036$。在方程组良态的条件下，残差的范数就可以用来作为迭代的停止条件。

6.6 拟合与插值

6.6.1 线性最小二乘

工程实践中往往会采用数量超过需要的观测来平滑测量中存在的误差，进而得到统计意义上更为可靠的结果。这类的方法往往在数学上会归结到一个超定的方程组，或者说有效的方程数目要超过待求解的变量。在本节中仅仅研究超定线性方程组的情况。理论上讲，超定线性方程组是没有精确解的，在实际中往往会满足于得到一个使方程组的残差尽量小的解。评价残差大小的最为常用的准则就是就是 2-范数。假设矩阵 $A \in \mathbb{R}^{m \times n}$ $(m > n)$ 是超定线性方程组 $Ax = b$ 的系数矩阵，则该方程组在**最小二乘**(least square) 意义下的解如式 (6.61) 所示。

$$x^* = \underset{x}{\operatorname{argmin}} \|b - Ax\|_2^2 \tag{6.61}$$

例 6.43 地质勘探员要测量三座小山的高度。首先在地面上测得三座山的高度分别为 237m，415m 和 723m。随后勘探员爬上第一座山，测得第二座和第三座山相对于第一座山的高度分别为 170m 和 495m。最后勘探员爬上第二座山，测得第三座山相对于第二座山的高度为 298m。试问如何估计三座山的高度值？

解：假设三座山的高度估计值分别为 h_1, h_2, h_3，则根据测量的结果可以列出如下的超定线性方程组：

$$\begin{bmatrix} 1 & 0 & 0 \\ 0 & 1 & 0 \\ 0 & 0 & 1 \\ -1 & 1 & 0 \\ -1 & 0 & 1 \\ 0 & -1 & 1 \end{bmatrix} \begin{bmatrix} h_1 \\ h_2 \\ h_3 \end{bmatrix} = \begin{bmatrix} 237 \\ 415 \\ 723 \\ 170 \\ 495 \\ 298 \end{bmatrix}$$

很明显该方程组没有精确解，例如从 $415 - 237 \neq 170$ 可以知道第一、第二和第四个方程是不相容的。

线性最小二乘的一个重要的应用场合是**数据拟合**(data fitting)。假设某实验中观测了若干个数据点 $(x_i, y_i), i = 1, 2, \cdots, m$，希望找到数学模型 $y = f(t, x)$ 的参数向量 $t \in \mathbb{R}^n$ $(n < m)$ 的取值，使得该模型能够以最优的方式拟合测量数据，如式 (6.62) 所示。

$$t^* = \underset{t}{\operatorname{argmin}} \sum_{i=1}^{m} (y_i - f(t, x_i))^2 \tag{6.62}$$

很多情况下，模型函数可以写成参数的线性组合形式，即 $f(t, x) = t_1\phi_1(x) + t_2\phi_2(x) + \cdots + t_n\phi_n(x)$，其中函数 ϕ_j $(j = 1, 2, \cdots, n)$ 与 t 无关。则式 (6.62) 定义的恰好就是式 (6.61) 所示的超定线性方程组在最小二乘意义下的解。如果 $\phi_i(x) = x^i$，则该拟合过程

称为多项式拟合, 且式 (6.61) 中的系数矩阵被称为范德蒙 (Vandermonde) 矩阵。

$$\begin{bmatrix} \phi_1(x_1) & \phi_2(x_1) & \cdots & \phi_n(x_1) \\ \phi_1(x_2) & \phi_2(x_2) & \cdots & \phi_n(x_2) \\ \vdots & \vdots & \ddots & \vdots \\ \phi_1(x_m) & \phi_2(x_m) & \cdots & \phi_n(x_m) \end{bmatrix} t = \begin{bmatrix} y_1 \\ y_2 \\ \vdots \\ y_m \end{bmatrix}$$

例 6.44　对五个测量点 (x_i, y_i) 进行二次多项式拟合: $(-1.0, 1.0)$, $(-0.5, 0.5)$, $(0.0, 0.0)$, $(0.5, 0.5)$, $(1.0, 2.0)$。

解: 二次多项式拟合对应的模型函数为 $y = t_0 + t_1 x + t_2 x^2$, 代入测量点的取值后可以得到如下的超定线性方程组:

$$\begin{bmatrix} 1 & -1.0 & 1.0 \\ 1 & -0.5 & 0.25 \\ 1 & 0.0 & 0.0 \\ 1 & 0.5 & 0.25 \\ 1 & 1.0 & 1.0 \end{bmatrix} \begin{bmatrix} t_1 \\ t_2 \\ t_3 \end{bmatrix} = \begin{bmatrix} 1.0 \\ 0.5 \\ 0.0 \\ 0.5 \\ 2.0 \end{bmatrix}$$

严格意义上说, 式 (6.61) 中定义的并非是线性方程组 $\boldsymbol{Ax} = \boldsymbol{b}$ 的精确解。因此为了与一般意义上的线性方程组求解问题有所区别, 本节中用 $\boldsymbol{Ax} \cong \boldsymbol{b}$ 来表示线性最小二乘问题。由于采用了最优化的定义形式, 不难理解在没有其他限制条件的情况下, 线性最小二乘问题的解总是存在的, 也就是说总是存在一个 m 维向量 $\boldsymbol{y} \in \mathrm{span}(\boldsymbol{A})$, 它在 2-范数意义下与 $\boldsymbol{b}$ 最为接近。虽然借助优化理论可以证明, 这个 $\boldsymbol{y}$ 是唯一存在的, 但这并不意味着线性方程组 $\boldsymbol{Ax} = \boldsymbol{y}$ 的解是唯一的。如果存在 $\boldsymbol{x}_1 \neq \boldsymbol{x}_2$ 使得 $\boldsymbol{Ax}_1 = \boldsymbol{y}$ 且 $\boldsymbol{Ax}_2 = \boldsymbol{y}$, 则可以得到 $\boldsymbol{A}(\boldsymbol{x}_1 - \boldsymbol{x}_2) = \boldsymbol{0}$, 这就意味着 $\boldsymbol{A}$ 的列向量是线性相关的。实际上可以证明最小二乘问题 $\boldsymbol{Ax} \cong \boldsymbol{b}$ 存在唯一解的充分必要条件就是系数矩阵 $\boldsymbol{A}$ 的列向量线性无关, 或者说 $\boldsymbol{A}$ 列满秩。在本节的讨论中都简单假定 $\boldsymbol{A}$ 是列满秩的。

作为求极小值的问题, 线性最小二乘可以用对残差的二范数平方求导的方式来解决。首先将残差的二范数展开得到式 (6.63)。对其求导并令导数为零可以得到式 (6.64)。不难证明在 $\boldsymbol{A}$ 列满秩的情况下, $\boldsymbol{A}'\boldsymbol{A}$ 是非奇异的。于是式 (6.64) 实际上定义了一个与原最小二乘问题同解的恰定线性方程组, 一般称该方程组为**正规方程组**(normal equations)。实际上不难证明 $\boldsymbol{A}'\boldsymbol{A}$ 是正定的, 因此正规方程组可以采用乔列斯基分解来求解。构造正规方程组的主要计算是矩阵乘, 其复杂度为 $\mathcal{O}(mn^2/2)$。而利用乔列斯基求解线性方程组的计算复杂度为 $\mathcal{O}(n^3/6)$。因此通过正规方程组求解线性最小二乘问题的总的计算复杂度为 $\mathcal{O}(mn^2/2 + n^3/6)$。

$$\|\boldsymbol{b} - \boldsymbol{Ax}\|_2^2 = (\boldsymbol{b} - \boldsymbol{Ax})'(\boldsymbol{b} - \boldsymbol{Ax}) = \boldsymbol{b}'\boldsymbol{b} - 2\boldsymbol{x}'\boldsymbol{A}'\boldsymbol{b} + \boldsymbol{x}'\boldsymbol{A}'\boldsymbol{Ax} \tag{6.63}$$

$$2\boldsymbol{A}'\boldsymbol{Ax} - 2\boldsymbol{A}'\boldsymbol{b} = 0 \Rightarrow \boldsymbol{A}'\boldsymbol{Ax} = \boldsymbol{A}'\boldsymbol{b} \tag{6.64}$$

正规方程组不仅给出了求解线性最小二乘问题的一种方法, 还提供了一种从几何角度对于线性最小二乘问题的理解。在 $\boldsymbol{A}$ 列满秩的情况下, 其列向量张成的空间 $\mathrm{span}(\boldsymbol{A})$ 就是

一个 n 维线性空间。而向量 b 的维度为 $m > n$，因此通常有 $b \notin \text{span}(A)$。线性最小二乘问题所寻求的就是 $\text{span}(A)$ 中在欧式距离度量下最接近 b 的向量。假设正规方程组的解为 x^*，则此时残差向量 $b - Ax^*$ 就一定是由 b 指向 $\text{span}(A)$ 的最短的向量。由正规方程组可以知道此时 $A'(b - Ax^*) = 0$，也就是说 $b - Ax^*$ 和 A 所有的列向量都是垂直的。也就是说 $b - Ax^*$ 垂直于 $\text{span}(A)$。这与欧式空间中垂直距离最短的基本性质是吻合的。

例 6.45 利用正规方程组求解例 6.43 中的线性最小二乘问题。

解： 参照式 (6.64) 可以得到对应的正规方程组为

$$
\begin{bmatrix} 3 & -1 & -1 \\ -1 & 3 & -1 \\ -1 & -1 & 3 \end{bmatrix}
\begin{bmatrix} h_1 \\ h_2 \\ h_3 \end{bmatrix} =
\begin{bmatrix} -428 \\ 287 \\ 1516 \end{bmatrix}
$$

这是一个规模很小的方程组，直接采用高斯消去就可以很好地解决。当然也可以利用乔列斯基分解得到

$$
\begin{bmatrix} 3 & -1 & -1 \\ -1 & 3 & -1 \\ -1 & -1 & 3 \end{bmatrix} =
\begin{bmatrix} 1.7321 & 0 & 0 \\ -0.5774 & 1.6330 & 0 \\ -0.5774 & -0.8165 & 1.4142 \end{bmatrix}
\begin{bmatrix} 1.7321 & -0.5774 & -0.5774 \\ 0 & 1.6330 & -0.8165 \\ 0 & 0 & 1.4142 \end{bmatrix}
$$

再分别利用前代和回代法可以求得

$$
\begin{bmatrix} h_1 \\ h_2 \\ h_3 \end{bmatrix} =
\begin{bmatrix} 236.7826 \\ 415.5003 \\ 722.7576 \end{bmatrix}
$$

此时的残差向量为

$$
\begin{bmatrix} 237 \\ 415 \\ 723 \\ 170 \\ 495 \\ 298 \end{bmatrix} -
\begin{bmatrix} 1 & 0 & 0 \\ 0 & 1 & 0 \\ 0 & 0 & 1 \\ -1 & 1 & 0 \\ -1 & 0 & 1 \\ 0 & -1 & 1 \end{bmatrix}
\begin{bmatrix} 236.7826 \\ 415.5003 \\ 722.7576 \end{bmatrix} =
\begin{bmatrix} 0.2174 \\ -0.5003 \\ 0.2424 \\ -8.7177 \\ 9.0250 \\ -9.2573 \end{bmatrix}
$$

要考察线性最小二乘问题的敏感性，就需要为非方阵 A 定义条件数。虽然定义 6.12 中给出的矩阵范数并不局限于方阵，但定义 6.14 中所涉及的逆矩阵对非方阵却无法定义。为解决这个问题可以引入**伪逆**(pseudoinverse) 的概念。考虑 A 为列满秩的情况，式 (6.65) 定义了 A 的伪逆 $A^\dagger$，很显然有 $A^\dagger A = I$。在此基础之上可以定义非方阵 A 的条件数为 $\text{cond}(A) = \|A\| \|A^\dagger\|$。

$$
A^\dagger = (A'A)^{-1}A' \tag{6.65}
$$

假设线性最小二乘问题 $\boldsymbol{Ax} \cong \boldsymbol{b}$ 的右端被误差 $\Delta\boldsymbol{b}$ 所影响，而由此得到的近似解为 $\tilde{\boldsymbol{x}} = \boldsymbol{x} + \Delta\boldsymbol{x}$，则利用正规方程组可以得到以下的推导：

$$\boldsymbol{A'A}(\boldsymbol{x} + \Delta\boldsymbol{x}) = \boldsymbol{A'}(\boldsymbol{b} + \Delta\boldsymbol{b})$$

$$\Rightarrow \boldsymbol{A'Ax} + \boldsymbol{A'A}\Delta\boldsymbol{x} = \boldsymbol{A'b} + \boldsymbol{A'}\Delta\boldsymbol{b}$$

$$\Rightarrow \boldsymbol{A'A}\Delta\boldsymbol{x} = \boldsymbol{A'}\Delta\boldsymbol{b}$$

$$\Rightarrow \Delta\boldsymbol{x} = (\boldsymbol{A'A})^{-1}\boldsymbol{A'}\Delta\boldsymbol{b} = \boldsymbol{A}^{\dagger}\Delta\boldsymbol{b}$$

$$\Rightarrow \|\Delta\boldsymbol{x}\| = \|\boldsymbol{A}^{\dagger}\Delta\boldsymbol{b}\| \leqslant \|\boldsymbol{A}^{\dagger}\| \cdot \|\Delta\boldsymbol{b}\|$$

$$\Rightarrow \frac{\|\Delta\boldsymbol{x}\|}{\|\boldsymbol{x}\|} \leqslant \|\boldsymbol{A}^{\dagger}\| \cdot \frac{\|\Delta\boldsymbol{b}\|}{\|\boldsymbol{x}\|} = \text{cond}(\boldsymbol{A}) \cdot \frac{\|\Delta\boldsymbol{b}\|}{\|\boldsymbol{A}\| \|\boldsymbol{x}\|}$$

$$\Rightarrow \frac{\|\Delta\boldsymbol{x}\|}{\|\boldsymbol{x}\|} \leqslant \text{cond}(\boldsymbol{A}) \cdot \frac{\|\boldsymbol{b}\|}{\|\boldsymbol{A}\| \|\boldsymbol{x}\|} \cdot \frac{\|\Delta\boldsymbol{b}\|}{\|\boldsymbol{b}\|}$$

$$\Rightarrow \frac{\|\Delta\boldsymbol{x}\|}{\|\boldsymbol{x}\|} \leqslant \left(\text{cond}(\boldsymbol{A}) \cdot \frac{\|\boldsymbol{b}\|}{\|\boldsymbol{Ax}\|}\right) \cdot \frac{\|\Delta\boldsymbol{b}\|}{\|\boldsymbol{b}\|} \tag{6.66}$$

与恰定方程组不同，线性最小二乘问题的条件数不仅与 $\text{cond}(A)$ 相关，还受到 $\boldsymbol{b}$ 的影响。如果采用 2-范数，$\|\boldsymbol{b}\|_2/\|\boldsymbol{Ax}\|_2$ 从几何意义上可以理解为向量 $\|\boldsymbol{b}\|$ 和 $\|\boldsymbol{Ax}\|$ 夹角的余弦的倒数 $1/\cos(\theta)$。当 $\theta \to 0$ 时，$\|\boldsymbol{b}\|$ 趋向于落入 $\text{span}(\boldsymbol{A})$ 中，此时线性最小二乘问题的条件数趋向于 $\text{cond}(\boldsymbol{A})$。反之当 $\theta \to \pi/2$ 时，$\|\boldsymbol{b}\|$ 趋向于和 $\text{span}(\boldsymbol{A})$ 垂直，此时最小二乘问题的条件数趋向于 ∞，换句话说这种情况下试图从 $\text{span}(\boldsymbol{A})$ 找到与 $\|\boldsymbol{b}\|$ 接近的向量是极其不稳定的操作，很容易受到误差 $\Delta\boldsymbol{b}$ 的影响。在采用 2-范数诱导的前提下，用类似的推导方法可以得到当 $\boldsymbol{Ax} \cong \boldsymbol{b}$ 的右端被误差 $\Delta\boldsymbol{A}$ 影响时的情况，如式 (6.67) 所示。同样地，当 $\theta \to 0$ 时，问题条件数趋向于 $\text{cond}(\boldsymbol{A})$。但当 $\tan\theta$ 的值较大时，问题的条件数由于平方项的存在而被进一步放大。

$$\frac{\|\Delta\boldsymbol{x}\|_2}{\|\boldsymbol{x}\|_2} \leqslant \left(\text{cond}_2(\boldsymbol{A})^2 \tan\theta + \text{cond}_2(\boldsymbol{A})\right) \cdot \frac{\|\Delta\boldsymbol{A}\|_2}{\|\boldsymbol{A}\|_2} \tag{6.67}$$

利用正规方程组求解线性最小二乘问题虽然从形式上看非常简洁，理论上也可以得到问题的正确解，但在实际应用中其实很少采用。其根本原因就是正规方程组虽然是恰定的，但其问题的敏感性很高，这一点可以从定理 6.16 中看出。无论 $\|\boldsymbol{b}\|$ 和 $\text{span}(\boldsymbol{A})$ 的关系如何，采用正规方程组就一定会产生条件数的平方效应。

定理 6.16 已知矩阵 $\boldsymbol{A} \in \mathbb{R}^{m\times n}$ 列满秩，则 2-范数意义下的矩阵条件数满足 $\text{cond}_2(\boldsymbol{A'A}) = \text{cond}_2(\boldsymbol{A})^2$。

证明： 首先对 $\boldsymbol{A}$ 进行奇异值分解可以得到 $\boldsymbol{A} = \boldsymbol{USV'}$，其中 $\boldsymbol{U} \in \mathbb{R}^{m\times m}$ 为酉矩阵；$\boldsymbol{S} \in R^{m\times n}$ 为对角矩阵；$\boldsymbol{V} \in \mathbb{R}^{n\times n}$ 为正交矩阵。矩阵 $\boldsymbol{S}$ 的对角线上是矩阵 $\boldsymbol{A}$ 的奇异值，不妨记 $\boldsymbol{S} = \text{diag}(\sigma_1, \sigma_2, \cdots, \sigma_n)$ 且 $\sigma_1 \geqslant \sigma_2 \geqslant \cdots \geqslant \sigma_n$。由此可以将 $\boldsymbol{A'A}$ 表示如下：

$$\boldsymbol{A'A} = (\boldsymbol{USV'})'\boldsymbol{USV'} = \boldsymbol{VS'U'USV'} = \boldsymbol{VS'SV'} = \boldsymbol{V}\text{diag}(\sigma_1^2, \sigma_2^2, \cdots, \sigma_n^2)\boldsymbol{V'}$$

参考定理 6.13 不难得到 $\mathrm{cond}_2(\boldsymbol{A}) = \sigma_1/\sigma_n$, 而 $\mathrm{cond}_2(\boldsymbol{A}'\boldsymbol{A}) = \sigma_1^2/\sigma_n^2$. 于是有 $\mathrm{cond}_2(\boldsymbol{A}'\boldsymbol{A}) = \mathrm{cond}_2(\boldsymbol{A})^2$. ∎

要寻求一种更为稳定的求解方法, 应尽量避免出现系数矩阵相乘的操作导致的条件数恶化. 参考高斯消去的思想, 一个可行的思路是将系数矩阵通过一系列的变化转化为三角形式再行求解. 具体的形式如式 (6.68) 所示, 转化的结果中 $\boldsymbol{R} \in \mathbb{R}^{n \times n}$ 是上三角矩阵, $\boldsymbol{O}$ 为全零矩阵, $\boldsymbol{b}_1 \in \mathbb{R}^n$, 而 $\boldsymbol{b}_2 \in \mathbb{R}^{m-n}$. 此时问题的残差为 $\|\boldsymbol{b}_1 - \boldsymbol{R}\boldsymbol{x}\|_2^2 + \|\boldsymbol{b}_2\|_2^2$. 显然, 当 $\boldsymbol{R}\boldsymbol{x} = \boldsymbol{b}_1$ 时残差最小. 这样就将线性最小二乘问题也转化为了一个恰定线性方程组求解的问题.

$$\boldsymbol{A}\boldsymbol{x} \cong \boldsymbol{b} \Rightarrow \begin{bmatrix} \boldsymbol{R} \\ \boldsymbol{O} \end{bmatrix} \boldsymbol{x} \cong \begin{bmatrix} \boldsymbol{b}_1 \\ \boldsymbol{b}_2 \end{bmatrix} \tag{6.68}$$

要使得转化后的问题与原问题同解, 则必须保证转化过程中方程两侧的残差的 2-范数保持不变. 不难验证, 高斯消去并不具有这样的性质. 一种最为常用的方法是利用正交变换下 2-范数不变的性质来实现消去. 假设 $\boldsymbol{Q} \in \mathbb{R}^{n \times n}$ 为正交矩阵, 而 $\boldsymbol{v} \in \mathbb{R}^n$ 为任意向量, 则式 (6.69) 说明了正交变换的这种性质. 这就意味着对线性最小二乘问题的两端同时乘以正交矩阵可以保证问题的解不变.

$$\|\boldsymbol{Q}\boldsymbol{v}\|_2^2 = (\boldsymbol{Q}\boldsymbol{v})'\boldsymbol{Q}\boldsymbol{v} = \boldsymbol{v}'\boldsymbol{Q}'\boldsymbol{Q}\boldsymbol{v} = \boldsymbol{v}'\boldsymbol{v} = \|\boldsymbol{v}\|_2^2 \tag{6.69}$$

在这种思路下, 解决线性最小二乘问题的关键就是要寻找到一个合适的正交矩阵 $\boldsymbol{Q} \in \mathbb{R}^{m \times m}$, 使得式 (6.70) 成立. 依据该思路求解线性最小二乘问题的方法统称为**QR 分解**(QR factorization). 常用的 QR 分解方法包括**Householder 变换**, Givens 旋转变换以及 Gram-Schmidt 正交化等. 下面以 Householder 变换为例介绍 QR 分解方法.

$$\boldsymbol{A} = \boldsymbol{Q} \cdot \begin{bmatrix} \boldsymbol{R} \\ \boldsymbol{O} \end{bmatrix} \tag{6.70}$$

对于任意的非零向量 $\boldsymbol{v} \in \mathbb{R}^m$, 式 (6.71) 定义了 Householder 变换矩阵, 也称为初等反射矩阵.

$$\boldsymbol{H} = \boldsymbol{I} - 2\frac{\boldsymbol{v}\boldsymbol{v}'}{\boldsymbol{v}'\boldsymbol{v}} \tag{6.71}$$

很容易验证 $\boldsymbol{H}' = \boldsymbol{H}$, 于是有式 (6.72). 这意味着 $\boldsymbol{H}^{-1} = \boldsymbol{H}'$, 也就是说 $\boldsymbol{H}$ 是对称正交矩阵.

$$\begin{aligned} \boldsymbol{H}'\boldsymbol{H} &= \boldsymbol{H}^2 = (\boldsymbol{I} - 2\frac{\boldsymbol{v}\boldsymbol{v}'}{\boldsymbol{v}'\boldsymbol{v}})^2 \\ &= \boldsymbol{I} - 4\frac{\boldsymbol{v}\boldsymbol{v}'}{\boldsymbol{v}'\boldsymbol{v}} + 4\frac{\boldsymbol{v}\boldsymbol{v}'\boldsymbol{v}\boldsymbol{v}'}{(\boldsymbol{v}'\boldsymbol{v})^2} \\ &= \boldsymbol{I} - 4\frac{\boldsymbol{v}\boldsymbol{v}'}{\boldsymbol{v}'\boldsymbol{v}} + 4\frac{\boldsymbol{v}(\boldsymbol{v}'\boldsymbol{v})\boldsymbol{v}'}{(\boldsymbol{v}'\boldsymbol{v})^2} \\ &= \boldsymbol{I} - 4\frac{\boldsymbol{v}\boldsymbol{v}'}{\boldsymbol{v}'\boldsymbol{v}} + 4\frac{\boldsymbol{v}\boldsymbol{v}'}{\boldsymbol{v}'\boldsymbol{v}} = \boldsymbol{I} \end{aligned} \tag{6.72}$$

参考高斯消去中初等消去阵的设计思路，对于给定的向量 $a \in \mathbb{R}^m$，变换的目标是找到一个合适的 H 使得式 (6.73) 成立。由正交矩阵的 2-范数不变性可以知道 $\alpha = \pm\|a\|_2$。

$$Ha = \begin{bmatrix} \alpha \\ 0 \\ \vdots \\ 0 \end{bmatrix} = \alpha \begin{bmatrix} 1 \\ 0 \\ \vdots \\ 0 \end{bmatrix} = \alpha e_1 \tag{6.73}$$

在 Householder 变换中，如果令 $v = a - \alpha e_1$ 就可以满足式 (6.73)。这可以通过式 (6.74) 所示的推导来验证。为了避免计算时出现抵消的问题，应该选取 $\alpha = -\text{sign}(a[1])\|a\|_2$

$$
\begin{aligned}
vv' &= (a - \alpha e_1)(a - \alpha e_1)' = (a - \alpha e_1)(a' - \alpha e_1') \\
&= aa' - \alpha ae_1' - \alpha e_1 a' + \alpha^2 e_1 e_1' \\
v'v &= (a - \alpha e_1)'(a - \alpha e_1) = (a' - \alpha e_1')(a - \alpha e_1) \\
&= a'a - \alpha a'e_1 - \alpha e_1'a + \alpha^2 e_1'e_1 \\
&= 2\alpha^2 - 2\alpha a[1] \\
Ha &= a - 2\frac{vv'}{v'v} \cdot a = a - \frac{vv'a}{\alpha^2 - \alpha a[1]} \\
&= \frac{\alpha^2 a - \alpha a[1]a - aa'a + \alpha ae_1'a + \alpha e_1 a'a - \alpha^2 e_1 e_1'a}{\alpha^2 - \alpha a[1]} \\
&= \frac{\alpha^2 a - \alpha a[1]a - \alpha^2 a + \alpha a[1]a + \alpha^3 e_1 - \alpha^2 a[1]e_1}{\alpha^2 - \alpha a[1]} \\
&= \frac{\alpha^3 e_1 - \alpha^2 a[1]e_1}{\alpha^2 - \alpha a[1]} = \alpha e_1
\end{aligned}
\tag{6.74}
$$

例 6.46 设向量 $a = [2, 1, 2]'$，则 $\|a\|_2 = \sqrt{2^2 + 1 + 2^2} = 3$。考虑到 $a[1] = 2 > 0$，于是有 $\alpha = -3$。相应的有 $v = a - \alpha e_1 = [2, 1, 2]' + 3 \cdot [1, 0, 0]' = [5, 1, 2]'$。代入之后可以以如下方式验证结果。这里要注意的是在 Householder 变换中并不需要计算出 H 的值，式 (6.75) 实际上提供了一种复杂度仅为 $\mathcal{O}(m)$ 的方式来计算 H 和任意向量的乘积。

$$Ha = a - 2 \cdot v \cdot \frac{v'a}{v'v} = \begin{bmatrix} 2 \\ 1 \\ 2 \end{bmatrix} - 2 \cdot \begin{bmatrix} 5 \\ 1 \\ 2 \end{bmatrix} \cdot \frac{15}{30} = \begin{bmatrix} -3 \\ 0 \\ 0 \end{bmatrix} \tag{6.75}$$

上述的思路可以拓展到更为一般的情况。令 $1 \leqslant k \leqslant m$，将向量 $a \in \mathbb{R}^m$ 以第 k 个元素为界进行划分后得到 $a = [a_1', a_2']'$，其中 $a_1 \in \mathbb{R}^k$ 而 $a_2 \in \mathbb{R}^{m-k}$。按照式 (6.76) 构造向量 v_k 之后，相应地可以得到 Householder 变换矩阵 H_k。将 H_k 作用于 a，可以将其第 k 维之后的元素都变换为 0。另外不难证明 H_k 和第 k 维及之后的元素均为 0 的向量相乘不产生任何的作用。

$$\alpha = -\mathrm{sign}(a[k])\|a_2\|_2, \quad v_k = \begin{bmatrix} 0 \\ a_2 \end{bmatrix} - \alpha e_k, \quad H_k a = \begin{bmatrix} a_1 \\ \alpha \\ 0 \\ \vdots \\ 0 \end{bmatrix} \tag{6.76}$$

利用 Householder 变换进行 QR 分解的总体思路，就是对线性最小二乘问题的系数矩阵 A 引入一系列的 Householder 变换矩阵 $H_1, H_2, \cdots, H_k, \cdots, H_n$，依次将 A 的第 $1, 2, \cdots, k, \cdots, n$ 列转化为上三角的形式。最终得到的 QR 分解形式如式 (6.77) 所示，显然 $Q = H_1 H_2 \cdots H_n$。算法 7 给出了利用 Householder 变换实现 QR 分解的步骤，可以推导出其算法复杂度为 $\mathcal{O}(mn^2 - n^3/3)$。与正规方程组法相比较，当 $m \approx n$ 时两者的复杂度相当，而当 $m \gg n$ 时 QR 分解法的复杂度高出将近一倍。然而在实际应用中，QR 分解的算法稳定性要明显更优。

$$H_n \cdots H_2 H_1 A x = \begin{bmatrix} R \\ O \end{bmatrix} x \cong H_n \cdots H_2 H_1 b \tag{6.77}$$

算法 7 基于 Householder 变换的 QR 分解

$A \in \mathbb{K}^{n \times n}$ 为待分解矩阵，a_{ij} 为 A 第 i 行第 j 列的元素，a_j 是 A 的第 j 列

for $k = 1$ **to** n **do**

    $\alpha_k = -\mathrm{sign}(a_{kk})\sqrt{a_{kk}^2 + \cdots + a_{mk}^2}$

    $v_k \leftarrow \begin{bmatrix} 0 & \cdots & 0 & a_{kk} & \cdots & a_{mk} \end{bmatrix}' - \alpha_k e_k$

    $\beta_k \leftarrow v_k' v_k$

    if $\beta_k = 0$ **then**

        继续循环

    else

        for $j = k$ **to** n **do**

            $\gamma_j \leftarrow v_k' a_j$

            $a_j \leftarrow a_j - (2\gamma_j/\beta_k)v_k$

        end for

    end if

end for

例 6.47 利用 Householder 变换求解例 6.44 中的线性最小二乘问题。

解：令系数矩阵为 A，输入向量为 b。则对系数矩阵第一列消元的向量为

$$v_1 = \begin{bmatrix} 1 \\ 1 \\ 1 \\ 1 \\ 1 \end{bmatrix} - (-\sqrt{5}) \begin{bmatrix} 1 \\ 0 \\ 0 \\ 0 \\ 0 \end{bmatrix} = \begin{bmatrix} 3.236 \\ 1 \\ 1 \\ 1 \\ 1 \end{bmatrix}$$

利用式 (6.75) 将 v_1 作用于系数矩阵各列及输入向量可以得到第一步变换结果:

$$H_1 A = \begin{bmatrix} -2.236 & 0 & -1.118 \\ 0 & -0.191 & -0.405 \\ 0 & 0.309 & -0.655 \\ 0 & 0.809 & -0.405 \\ 0 & 1.309 & 0.345 \end{bmatrix}, \quad H_1 b = \begin{bmatrix} -1.789 \\ -0.362 \\ -0.862 \\ -0.362 \\ 1.138 \end{bmatrix}$$

对系数矩阵第二列消元的向量为

$$v_2 = \begin{bmatrix} 0 \\ -0.191 \\ 0.309 \\ 0.809 \\ 1.309 \end{bmatrix} - 1.581 \begin{bmatrix} 0 \\ 1 \\ 0 \\ 0 \\ 0 \end{bmatrix} = \begin{bmatrix} 0 \\ -1.772 \\ 0.309 \\ 0.809 \\ 1.309 \end{bmatrix}$$

将 v_2 作用于系数矩阵各列及输入向量可以得到第二步变换结果:

$$H_2 H_1 A = \begin{bmatrix} -2.236 & 0 & -1.118 \\ 0 & 1.581 & 0 \\ 0 & 0 & -0.725 \\ 0 & 0 & -0.589 \\ 0 & 0 & 0.047 \end{bmatrix}, \quad H_2 H_1 b = \begin{bmatrix} -1.789 \\ 0.632 \\ -1.035 \\ -0.816 \\ 0.404 \end{bmatrix}$$

对系数矩阵第三列消元的向量为

$$v_3 = \begin{bmatrix} 0 \\ 0 \\ -0.725 \\ -0.589 \\ 0.047 \end{bmatrix} - 0.935 \begin{bmatrix} 0 \\ 0 \\ 1 \\ 0 \\ 0 \end{bmatrix} = \begin{bmatrix} 0 \\ 0 \\ -1.660 \\ -0.589 \\ 0.047 \end{bmatrix}$$

将 v_3 作用于系数矩阵各列及输入向量可以得到第三步变换结果:

$$H_3 H_2 H_1 A = \begin{bmatrix} -2.236 & 0 & -1.118 \\ 0 & 1.581 & 0 \\ 0 & 0 & 0.935 \\ 0 & 0 & 0 \\ 0 & 0 & 0 \end{bmatrix} = \begin{bmatrix} R \\ O \end{bmatrix}, \quad H_3 H_2 H_1 b = \begin{bmatrix} -1.789 \\ 0.632 \\ 1.336 \\ 0.026 \\ 0.337 \end{bmatrix}$$

用回代法求解下面的上三角线性方程组得到问题的解 $t = [0.0875, 0.400, 1.429]'$。残差的 2-范数为 $\|[0.026, 0.337]'\|_2 = 0.338$。

$$R \begin{bmatrix} t_1 \\ t_2 \\ t_3 \end{bmatrix} = \begin{bmatrix} -1.789 \\ 0.632 \\ 1.336 \end{bmatrix}$$

6.6.2　多项式插值

在前面一节介绍的数据拟合问题中，如果要求最终的数学模型精确地通过所有的数据点就构成了**插值**(interpolation) 问题。更精确的描述为：给定若干的数据点 $(x_i, y_i), i = 1, 2, \cdots, m$，找到一个函数 $y = f(x)$ 使得 $f(x_i) = y_i, i = 1, 2, \cdots, m$。插值问题的任务是确定插值函数 f 的形式，并计算出函数的参数。插值问题与数据拟合问题最大的差异在于数据拟合只要求函数曲线在最小二乘意义下尽量靠近数据点，而插值问题则要求插值函数精确地通过所有的数据点。在实际使用中除了通过数据点的要求之外，插值问题往往还受到其他条件的约束，例如函数的单调性、凸性或者平滑程度等。插值问题可以拓展到高维空间，在本节中仅考虑一维的情况。插值问题有着很广泛的应用，例如通过采样的离散点构造连续曲线，进而可以对函数快速求值，并计算其微分或者积分。在某些情况下，插值也被应用于用简单函数代替复杂函数以简化计算或者分析。

插值函数的形式十分多样，多项式、有理函数、三角函数以及指数函数等都可以用来构成插值函数。假设对于给定的数据点 $(x_1, y_1), \cdots, (x_m, y_m)$，利用一组基函数 $\phi_1(\cdot), \cdots, \phi_n(\cdot)$ 的线性组合来构造插值函数，如式 (6.78) 所示，则插值问题也可以转化成为一个求解线性方程组 $\boldsymbol{At} = \boldsymbol{y}$ 的问题，其中系数矩阵 $\boldsymbol{A}$ 的第 i 行第 j 列元素为 $\phi_j(x_i)$，待求解的变量为线性组合系数 $\boldsymbol{t} = [t_1, t_2, \cdots, t_n]$，输入向量为 $\boldsymbol{y} = [y_1, y_2, \cdots, y_m]$。在这样的建模下，插值问题的解存在性和线性方程组 $\boldsymbol{At} = \boldsymbol{y}$ 是完全一致的。一般说来当 $\boldsymbol{A}$ 是非奇异方阵时，插值问题的解唯一，这时有 $m = n$。插值问题的敏感性由 $\boldsymbol{A}$ 的条件数决定，这必然会受到所选择的基函数性质的影响。在本节中仅介绍基于多项式函数的插值问题的求解。

$$f(x_i) = \sum_{j=1}^{n} t_j \phi_j(x_i) = y_i, \quad i = 1, 2, \cdots, m \tag{6.78}$$

最为常用的插值基函数式为**单项式**(monomial)：$\phi_j(x) = x^{j-1}, j = 1, \cdots, n$。由此构成的插值函数形式为 $P_{n-1}(x) = t_1 + t_2 x + t_3 x^2 + \cdots + t_n x^{n-1}$。当数据点的个数为 n 时，插值问题对应的线性方程组系数矩阵为式 (6.79) 所示的范德蒙矩阵。从定理 6.17 可知，当插值的数据点横坐标各不相同时，$\boldsymbol{A}$ 是非奇异矩阵，插值问题有唯一解。定理 6.17 可以利用数学归纳法证明，这里略去。

$$\boldsymbol{At} = \begin{bmatrix} 1 & x_1 & \cdots & x_1^{n-1} \\ 1 & x_2 & \cdots & x_2^{n-1} \\ \vdots & \vdots & \ddots & \vdots \\ 1 & x_n & \cdots & x_n^{n-1} \end{bmatrix} \begin{bmatrix} t_1 \\ t_2 \\ \vdots \\ t_n \end{bmatrix} = \begin{bmatrix} y_1 \\ y_2 \\ \vdots \\ y_n \end{bmatrix} = \boldsymbol{y} \tag{6.79}$$

定理 6.17　式 (6.79) 中系数矩阵 (范德蒙矩阵) 的行列式为 $\displaystyle\prod_{1 \leqslant j < i \leqslant n} (x_i - x_j)$。

例 6.48　求经过 $(-2, -27), (0, -1)$ 和 $(1, 0)$ 三个数据点的二次插值多项式。

解：采用单项式作为基函数得到如下的线性方程组，求解后到的插值函数为 $P_2(x) = -1 + 5x - 4x^2$。

$$\begin{bmatrix} 1 & -2 & 4 \\ 1 & 0 & 0 \\ 1 & 1 & 1 \end{bmatrix} \begin{bmatrix} t_1 \\ t_2 \\ t_3 \end{bmatrix} = \begin{bmatrix} -27 \\ -1 \\ 0 \end{bmatrix}$$

随着 n 的增加，范德蒙矩阵的条件数会快速增长。相关研究表明，在 $x_i > 0, i = 1, 2, \cdots, n$ 的情况下，范德蒙矩阵 ∞ 条件数的下界以 $\mathcal{O}(2^n)$ 方式指数增长。这会导致式 (6.79) 中的线性方程组随着插值点个数 n 的增加而趋向病态。尽管在求解过程中可以利用方程组的残差来控制插值的准确性，但在一定的计算精度下系数矩阵会逐步趋向奇异。

有些多项式插值方法可以通过构造合适的基函数形式来避免复杂度较高的线性方程组求解过程，例如采用式 (6.80) 所示的基函数形式的牛顿插值，其对应的插值多项式的形式为 $P_{n-1}(x) = t_1 + t_2(x - x_1) + t_3(x - x_1)(x - x_2) + \cdots + t_n(x - x_1)(x - x_2)\cdots(x - x_{n-1})$。由此可以得到对应的线性方程组形式如式 (6.81) 所示，为下三角方程可以直接通过前代法求解。牛顿插值法的稳定性由下三角的系数矩阵决定，但数据点次序不同时矩阵的条件数不同。因此在实际使用中一般建议将数据点按照离开均值位置的距离从大到小排列。

$$\phi_j(x) = \prod_{k=1}^{j-1} (x - x_k), \quad j = 1, 2, \cdots, n \tag{6.80}$$

$$\boldsymbol{At} = \begin{bmatrix} 1 & 0 & \cdots & 0 \\ 1 & (x_2 - x_1) & \cdots & 0 \\ \vdots & \vdots & \ddots & \vdots \\ 1 & (x_n - x_1) & \cdots & \prod_{k=1}^{n-1}(x_n - x_k) \end{bmatrix} \begin{bmatrix} t_1 \\ t_2 \\ \vdots \\ t_n \end{bmatrix} = \begin{bmatrix} y_1 \\ y_2 \\ \vdots \\ y_n \end{bmatrix} = \boldsymbol{y} \tag{6.81}$$

拉格朗日插值则是通过构造合适的插值基函数彻底避免了求解线性方程组，其基函数如式 (6.82) 所示。拉格朗日基函数的性质相当特殊，只有当 $i = j$ 时 $\phi_j(x_i) = 1$，其他情况都为零。因此得到的线性方程组的系数矩阵为单位阵，无须求解。因此拉格朗日插值函数的形式可以直接写出：$P_{n-1}(x) = y_1\phi_1(x) + y_2\phi_2(x) + \cdots + y_n\phi_n(x)$。

$$\phi_j(x) = \frac{\displaystyle\prod_{k=1,k\neq j}^{n} (x - x_k)}{\displaystyle\prod_{k=1,k\neq j}^{n} (x_j - x_k)} \tag{6.82}$$

例 6.49 分别采用牛顿插值和拉格朗日插值求经过 $(-2, -27), (0, -1)$ 和 $(1, 0)$ 三个数据点的二次插值多项式。

解：采用牛顿插值法得到的下三角矩阵如下：

$$\begin{bmatrix} 1 & 0 & 0 \\ 1 & 2 & 0 \\ 1 & 3 & 3 \end{bmatrix} \begin{bmatrix} t_1 \\ t_2 \\ t_3 \end{bmatrix} = \begin{bmatrix} -27 \\ -1 \\ 0 \end{bmatrix}$$

求解后代入牛顿法插值函数得到

$$P_2(x) = -27 + 13(x+2) - 4x(x+2) = -1 + 5x - 4x^2$$

拉格朗日插值函数如下：

$$P_2(x) = -27\frac{x(x-1)}{-2 \times (-2-1)} + (-1)\frac{(x+2)(x-1)}{2 \times (-1)} = -1 + 5x - 4x^2$$

可以看到在精确计算的情况下，三种方法得到的插值多项式是一致的。

在实际应用中用单一的多项式来插值大量的数据点往往难以得到满意的结果，因此常采用**分段多项式**(piecewise polynomial) 插值来改善插值的效果，这同时也可以避免在数据点过多时出现计算敏感性增加的问题。最简单的分段多项式插值的例子就是分段线性插值，其基本思路就是将相邻的数据点用直线连接。分段线性插值实现简单，但在每个数据点上插值函数通常都不可导，这可能给后续的计算和分析带来不便。一个最为常用的解决方法就是采用**样条**(spline) 插值。样条可以理解为一个高阶连续可导的分段多项式，利用高阶多项式更大的自由度，可以构造出在数据点附近更为平滑的分段多项式插值函数。**三次样条插值**(cubic spline interpolation) 是一种常用的样条插值方法，如定义 6.19 所叙述。

定义 6.19 给定数据点 $(x_1, y_1), (x_2, y_2), \cdots, (x_n, y_n)$，则通过这些数据点的自然三次样条插值函数 $S(x)$ 满足如下的条件：

(1) 记 $S_j(x)$ 是 $S(x)$ 在区间 $[x_j, x_{j+1}]$ 上的部分，则对所有的 $j = 1, 2, \cdots, n-1$ 都有 $S_j(x)$ 是三次多项式；

(2) 对所有的 $j = 1, 2, \cdots, n-1$ 都有 $S_j(x_j) = y_j$ 且 $S_j(x_{j+1}) = y_{j+1}$；

(3) 对所有的 $j = 1, 2, \cdots, n-2$ 都有 $S_j'(x_{j+1}) = S_{j+1}'(x_{j+1})$；

(4) 对所有的 $j = 1, 2, \cdots, n-2$ 都有 $S_j''(x_{j+1}) = S_{j+1}''(x_{j+1})$；

(5) 满足边界条件 $S_1''(x_1) = S_{n-1}''(x_n) = 0$（自然边界）。

例 6.50 对数据点 $(1, 2), (2, 3), (3, 7)$ 进行自然三次样条插值。

解： 显然该三次样条插值函数由两个分段三次多项式组成。第一个分段三次多项式定义在区间 $[1, 2]$ 上，假设其形式如下：

$$S_1(x) = a_1 + b_1(x-1) + c_1(x-1)^2 + d_1(x-1)^3$$

第二个分段三次多项式定义在区间 $[2, 3]$ 上，假设其形式如下：

$$S_2(x) = a_2 + b_2(x-2) + c_2(x-2)^2 + d_2(x-2)^3$$

根据两个分段三次函数在三个插值点上的取值条件可以得到：

$$
\begin{aligned}
S_1(1) &= a_1 = 2 \\
S_1(2) &= a_1 + b_1 + c_1 + d_1 = 3 \\
S_2(2) &= a_2 = 3 \\
S_2(3) &= a_2 + b_2 + c_2 + d_2 = 7
\end{aligned}
$$

根据两个分段三次函数在中间插值点上的一阶和二阶导数相等可以得到:

$$S_1'(2) = S_2'(2) \quad \Rightarrow \quad b_1 + 2c_1 + 3d_1 = b_2$$

$$S_1''(2) = S_2''(2) \quad \Rightarrow \quad 2c_1 + 6d_1 = 2c_2$$

再根据自然边界条件可以得到:

$$S_1''(1) \quad = \quad 2c_1 = 0$$

$$S_2''(3) \quad = \quad 2c_2 + 6d_2 = 0$$

将上面的方程联立可以得到一个恰定线性方程组,求解之后得到:

$$a_1 = 2, \quad b_1 = 0.5, \quad c_1 = 0, \quad d_1 = 0.5$$

$$a_2 = 3, \quad b_2 = 2, \quad c_2 = 3, \quad d_2 = -1$$

代入之后得到三次样条插值函数:

$$S(x) = \begin{cases} 2 + 0.5(x-1) + 0.5(x-1)^3, & x \in [1,2] \\ 3 + 2(x-2) + 3(x-2)^2 - (x-2)^3, & x \in [2,3] \end{cases}$$

6.7 本章小结

数值计算是科学和工程领域中重要的基础技术。与前面的章节所介绍的非数值计算相比,数值计算最本质的特点就在于对连续空间问题求解时可能产生的不精确性。因此,近似与误差分析以及计算平台上实数的表示与运算是数值运算重要的理论基础。本章中介绍的一元方程求解、线性方程组求解以及拟合与插值都是实际应用中最为常见的数值计算问题。而其中介绍的牛顿法、QR 分解等也是数值计算中最为典型的算法。在分析和评价一个数值算法的时候,人们往往更关心该算法的收敛性,即使用该算法能够以何种效率得到足够精确的解。要注意的是,数值算法的有效性不仅与算法本身相关,也与输入的数据以及算法执行过程中选择的参数甚至执行的顺序相关。

第 7 章　最优化初步

7.1　优化问题及其性质

优化(optimization) 是科学和工程实践中常见的一类基本问题，在工业和商业等诸多领域有着广泛的应用。从本源上讲，优化泛指将所关注的问题推动到某种终极状态，而这种终极状态的某种度量具备最优的性质。前面的章节中所介绍的最小生成树、最短路径、任务分配等诸多问题都可以视为非数值优化问题。这类优化问题的解空间具有离散和有限的特性。而本章中我们将主要探讨数值优化问题，与数值计算问题一样，数值优化问题通常是在一个连续的无限空间中寻找最优点。真实世界中数值优化问题的例子比比皆是。例如在设计一个桥梁时经常要考虑的一个问题就是如何在满足桥梁承重能力要求的条件下，最小化建造桥梁所需要使用的材料和工时的总量。这样一个例子中实际上蕴含了优化问题的几个重要性质。首先，大多数的优化问题的求解都会受到某些**约束条件**(constraints) 的限制。直观上看，通过降低桥梁的承重能力通常可以减少建设所需的材料。但要保证桥梁使用的安全性，这种策略只能在一定的限度内实施。其次，优化问题往往存在**对偶性**(duality)。设计桥梁的时候同样也可以在材料和工时受限的条件下，最大化其承重能力。最后，优化问题中的**优化目标**(objective) 可能并不单一，而这些优化目标之间也可能存在相互制约的关系。例如，如果希望用更少的材料满足承重能力的要求，就可能需要设计出更为复杂精细的结构，进而导致工时的增加。在实际的优化问题中，解决多目标优化问题的一个常用方法是给多个优化目标赋予不同的权重从而构造出一个单一的优化目标。另外一种方法则是将某些优化目标转化为约束条件。例如，可以将最大工时量作为优化问题的约束条件。这实际上也反映出优化问题中的约束条件和优化目标之间往往是可以相互转换的。

式 (7.1) 定义了单一优化目标的数值优化问题，之后简称为优化问题的一般形式。其中 $x \in \mathbb{R}^n$ 称为**优化变量**(optimization variable)，函数 $f(x) : \mathbb{R}^n \mapsto \mathbb{R}$ 称为优化问题的**目标函数**(objective function)。函数序列 $g_i(x) : \mathbb{R}^n \mapsto \mathbb{R}$ 和 $h_j(x) : \mathbb{R}^n \mapsto \mathbb{R}$ 则分别被用来定义优化问题的**不等式约束条件**(inequality constraints) 和**等式约束条件**(equality constraints)，统称为**约束函数**(constraint functions)。如果一个优化问题没有约束条件，或者说 $m = p = 0$，则称该问题是**无约束的**(unconstrained)。要注意的是实际应用中遇到的最大化问题可以对目标函数取负值，从而在形式上统一到式 (7.1) 的表述。如果不做特别说明，在本章中所有的优化问题都默认为求解目标函数的最小值。

$$
\begin{aligned}
\text{minimize} \quad & f(x) \\
\text{subject to} \quad & g_i(x) \leqslant 0, \ i = 1, \cdots, m \\
& h_j(x) = 0, \ j = 1, \cdots, p
\end{aligned}
\tag{7.1}
$$

优化变量的取值范围如式 (7.2) 所示，$\mathbb{D}$ 称为优化问题的定义域。如果 $\boldsymbol{x}_0 \in \mathbb{D}$ 能使得所有约束条件都得到满足，即 $g_i(\boldsymbol{x})_0 \leqslant 0,\ i = 1, \cdots, m$ 且 $h_j(\boldsymbol{x}_0) = 0,\ j = 1, \cdots, p$，则称 $\boldsymbol{x}_0$ 为优化问题的一个**可行点**(feasible point)。所有可行点组成的集合称为**可行集**(feasible set)，记作 $\mathbb{S}$。如果一个优化问题的可行集非空，则称该问题是可行的。求解式 (7.1) 所定义的优化问题，就是要寻找到 $\boldsymbol{x}^* \in \mathbb{S}$，使得目标函数在 $\boldsymbol{x}^*$ 处的取值在整个可行集上最小，定义 7.1 给出了严格的描述。

$$\mathbb{D} = \mathbf{dom}\, f\ \cap\ \bigcap_{i=1}^{m} \mathbf{dom}\, g_i\ \cap\ \bigcap_{j=1}^{n} \mathbf{dom}\, h_j \tag{7.2}$$

定义 7.1　对于式 (7.1) 所定义的优化问题，称 $\boldsymbol{x}^* \in \mathbb{S}$ 为该问题的一个**全局最优点**(global optimal point) 当且仅当下述公式成立。

$$f(\boldsymbol{x}^*) \leqslant f(\boldsymbol{x}), \quad \forall \boldsymbol{x} \in \mathbb{S}$$

例 7.1　求目标函数分别为 $f(x) = \tan(x)$, $f(x) = \cos(x)$ 和 $f(x) = x\ln(x)$ 的一维 $(x \in \mathbb{R})$ 无约束优化问题的全局最优点。

解：$\tan(x)$ 在 $x = \pm\pi/2, \pm 3\pi/2, \cdots$ 处无定义，且函数值在这些点附近趋向于 $\pm\infty$，因此对应的优化问题的全局最优点不存在。$\cos(x)$ 是一个周期性函数，其在 $x = \pm\pi, \pm 2\pi, \cdots$ 处均取到最小值 -1，因此对应的优化问题的全局最优点有无穷多个。$x\ln(x)$ 的定义域为 $x > 0$，其在 $x = 1/\mathrm{e}$ 处取最小值 $-1/\mathrm{e}$，因此对应的优化问题的全局最优点唯一存在。

对于更加复杂的优化问题，考察其全局最优点的特性可能相当困难。然而借助数学分析中的一些经典结果，还是可以对一些具备特定性质的优化目标函数情况进行分析。利用连续函数在有界闭区间上的性质不难证明，如果目标函数 f 连续且优化问题的可行集 $\mathbb{S}$ 为非空有界闭集合，则优化问题 7.1 一定存在全局最优点。然而如果 $\mathbb{S}$ 不是闭集合或者无界，则全局最优点的存在性一般得不到保证。例如在开集合 $(-1, 0)$ 以及无界闭集合 $(-\infty, 0]$ 上，函数 $f(x) = -x^2$ 显然都无法取到最小值。实际上如果 $\mathbb{S}$ 是无界闭集合，则如果目标函数连续且满足定义 7.2 的要求时，全局最优点的存在性也是可以被保证的。

定义 7.2　令 $\mathbb{S} \subset \mathbb{R}^n$ 为非空闭集合，$f : \mathbb{S} \mapsto \mathbb{R}$ 是定义在其上的一个函数。如果 $\mathbb{S}$ 有界或者下述公式成立，则称函数 f 对于 $\mathbb{S}$ 是**强制的**(coercive)。

$$\lim_{\|\boldsymbol{x}\| \to \infty, \boldsymbol{x} \in \mathbb{S}} f(\boldsymbol{x}) = \infty$$

强制性是对函数的一个相当强的假设。例如在非空无界闭集合 $\mathbb{R}$ 上，函数 $f(x) = x^2$ 是强制的，而函数 $f(x) = x^3$ 以及 $f(x) = \mathrm{e}^x$ 均不是强制的。这是因为当 $x \to -\infty$ 时，$x^3 \to -\infty$ 而 $\mathrm{e}^x \to 0$。

定理 7.1　已知优化问题 7.1 的可行集 $\mathbb{S} \subseteq \mathbb{R}^n$ 为非空闭集合，优化目标函数 f 连续且对于 $\mathbb{S}$ 是强制的，则优化问题的全局最优点一定存在。

证明：如果 $\mathbb{S}$ 仅包含有限多个元素，则结论显然成立。否则由连续函数的性质可知，一定可以构造出一个无限长序列 $\{x_k\}$ 使得 $f(x_k)$ 趋向于函数 f 在 $\mathbb{S}$ 上取值的下确界，即下式成立。

$$\lim_{k \to \infty} f(x_k) = \inf_{x \in \mathbb{S}} f(x)$$

如果 $\mathbb{S}$ 有界，则序列 $\{x_k\}$ 也有界，并一定包含收敛的无限长子序列 (Bolzano-Weierstrass 定理)。任意选择一个这样的子序列并记为 $\{x_t\}$，假设其收敛到 x^*。根据闭集合的性质有 $x^* \in \mathbb{S}$。于是有

$$f(x^*) = \lim_{t \to \infty} f(x_t) = \inf_{x \in \mathbb{S}} f(x)$$

可见 x^* 就是优化问题的全局最优点。再考虑 $\mathbb{S}$ 无界的情况。根据函数强制性的定义，如果序列 $\{x_k\}$ 无界，则对应的函数值序列 $f(x_k)$ 也应趋向无穷。而由 $\mathbb{S}$ 非空且函数连续可知，$\inf_{x \in \mathbb{S}} f(x) < \infty$，矛盾！于是可知序列 $\{x_k\}$ 有界，同样可以得到全局最优点 x^*。∎

定理 7.1 看似具有相当普遍的意义，但其适用范围其实颇为有限。首先它仅是描述了全局最优点存在的一种条件，并没有为优化问题的求解提供指导。此外，常见的目标函数非强制以及可行集 $\mathbb{S}$ 为开集的情况也都没有涵盖。但定理 7.1 提供了一种十分有效的思路，即可以根据目标函数以及可行集 (或者说约束条件) 的性质对优化问题进行分析。在实际应用中，依据这一思路，研究者们对优化问题进行了多种形式的分类并试图分别加以解决。例如，如果目标函数 f 以及约束条件中的函数 g 和 h 都是线性的，则称优化问题为**线性优化**(linear optimization)，否则称优化问题为**非线性优化**(nonlinear optimization)。线性优化 (也称为线性规划, linear programming) 在历史上最早被研究并系统性解决的优化问题。而之前介绍过的最小二乘问题就是一个经典的非线性优化问题。随后，研究者们逐步认识到决定优化问题求解难度的更为本质的因素是问题的**凸性**(convexity)。如果目标函数 f 以及不等式约束条件中的函数 g 是**凸函数**(convex function)，而等式约束条件中的函数 h 是线性函数，则称优化问题为**凸优化**(convex optimization)，否则称为**非凸优化**(non-convex optmization)。总体上来说，凸优化问题具有较好的解存在性质，并可以通过采用系统性的算法来高效地解决。线性优化就是凸优化的一个特例。这部分内容将在后面介绍。

定义 7.3 对于式 (7.1) 所定义的优化问题，称 $x^\dagger \in \mathbb{S}$ 为该问题的一个**局部最优点**(local optimal point) 当且仅当 $\exists \epsilon > 0$ 使得下述公式成立。

$$f(x^\dagger) \leqslant f(x), \quad \forall x \in (\mathbb{S} \cap \{y \in \mathbb{R}^n \mid \|y - x^\dagger\|_2 \leqslant \epsilon\})$$

在实际应用中，很多优化问题的全局最优点求解代价极大，乃至根本无法有效地求解。在这种情况下人们往往会满足于获得一些如定义 7.3 所述的在一定范围内最优的结果。局部最优点可以视作在一个很小的范围内使得优化问题目标函数取值最小化的点。例如 $x = 0$ 就是函数 $x\sin(x)$ 的一个局部最小值点。这是因为 $x\sin(x) \geqslant 0$, $\|x\| \leqslant \pi$，于是简单地取 $\epsilon = \pi$ 就可以满足定义 7.3 的要求。显然，全局最优点也一定是局部最优点，反之则不一定成立。例如，当 $x = 3\pi/2$ 时 $x\sin(x) = -3\pi/2 < 0$。实际上，函数 $x\sin(x)$ 在 $\mathbb{R}$ 上并不存在全局最优点。多数的优化问题求解过程都是在寻求局部最优点。而求解全局最优点的过程往往可以理解为求解到的局部最优点"恰好"是优化问题的全局最优点。

7.2　无约束优化问题

7.2.1　优化条件

一个无约束优化问题可以简写成式 (7.3) 的形式。在本小节中我们将探讨如何判决一个特定的点是否为该问题的局部最优点，或者称为**优化条件**(optimality condition)。

$$\underset{\boldsymbol{x}\in\mathbb{R}^n}{\text{minimize}} \quad f(\boldsymbol{x}) \tag{7.3}$$

首先考虑目标函数 $f:\mathbb{R}^n\mapsto\mathbb{R}$ 的一阶导数存在且连续的情况。记目标函数的雅可比为 $\nabla f(\boldsymbol{x})$，如式 (7.4) 所示，其中 x_i 是变量 $\boldsymbol{x}$ 的第 i 个元素。

$$\nabla f(\boldsymbol{x}) = \left[\frac{\partial f(\boldsymbol{x})}{\partial x_1} \quad \frac{\partial f(\boldsymbol{x})}{\partial x_2} \quad \cdots \quad \frac{\partial f(\boldsymbol{x})}{\partial x_i} \quad \cdots \frac{\partial f(\boldsymbol{x})}{\partial x_n}\right]' \tag{7.4}$$

定理 7.2　优化问题 7.3 的目标函数一阶连续可导，如果 $\boldsymbol{x}^\dagger$ 是该问题的一个局部最优点，则一定有 $\nabla f(\boldsymbol{x}^\dagger)=\boldsymbol{0}$，即目标函数的雅可比在 $\boldsymbol{x}^\dagger$ 处为全零。

证明：采用反证法，假设 $\nabla f(\boldsymbol{x}^\dagger)\neq\boldsymbol{0}$。记 $\Delta\boldsymbol{x}:=-\nabla f(\boldsymbol{x})$，并在 $\boldsymbol{x}=\boldsymbol{x}^\dagger$ 附近对目标函数进行泰勒展开：

$$f(\boldsymbol{x}^\dagger+\gamma\Delta\boldsymbol{x}) = f(\boldsymbol{x}^\dagger)+\gamma\nabla f(\boldsymbol{x}^\dagger)'\Delta\boldsymbol{x}+o(\gamma) = f(\boldsymbol{x}^\dagger)-\gamma\|\nabla f(\boldsymbol{x}^\dagger)\|^2+o(\gamma)$$

其中 $o(\gamma)$ 是 γ 的高阶项。根据之前的假设有 $\|\nabla f(\boldsymbol{x}^\dagger)\|^2>0$。于是总可以找到一个足够小的 $\gamma^*>0$，使得 $o(\gamma)<\gamma\|\nabla f(\boldsymbol{x}^\dagger)\|^2$ 对 $\forall\gamma<\gamma^*$ 成立。从而有 $f(\boldsymbol{x}^\dagger+\gamma\Delta\boldsymbol{x})<f(\boldsymbol{x}^\dagger)$，这与 $\boldsymbol{x}^\dagger$ 为 $f(\boldsymbol{x})$ 的局部最优点的已知条件矛盾！　■

通常称使得 $\nabla f=\boldsymbol{0}$ 的点为**临界点**(critical points)。定理 7.2 实际上表明了目标函数所有的局部最优点都一定是临界点，这是一个充分而非必要的条件。很容易想到的是，目标函数的临界点既可能是局部最优点 (局部最小值点)，也可能是局部最大值点。但实际上也存在第三种可能。例如 $x=0$ 显然是函数 $f(x)=x^3$ 的临界点，但 $f(x)=x^3$ 其实没有局部最小值点或者局部最大值点，这一类的临界点称为**鞍点**(saddle points)。究竟如何判定一个临界点到底是不是局部最优点呢？这就需要进一步考察目标函数的二阶导数，即**海森矩阵**(Hessian matrix) 的性质。

定理 7.3　优化问题 7.3 的目标函数二阶连续可导，如果 $\boldsymbol{x}^\dagger$ 是该问题的一个局部最优点，则一定有 $\nabla f(\boldsymbol{x}^\dagger)=\boldsymbol{0}$ 且 $\nabla^2 f(\boldsymbol{x}^\dagger)$ (海森矩阵) 是半正定矩阵。

证明：仿照定理 7.2 的证明，利用 $\nabla f(\boldsymbol{x}^\dagger)=\boldsymbol{0}$ 的结论，并将泰勒展开的二次项加以保留：

$$f(\boldsymbol{x}^\dagger+\gamma\Delta\boldsymbol{x}) = f(\boldsymbol{x}^\dagger)+\frac{\gamma^2}{2}\Delta\boldsymbol{x}'\nabla^2 f(\boldsymbol{x}^\dagger)\Delta\boldsymbol{x}+o(\gamma^2)$$

这里的 $\Delta\boldsymbol{x}$ 可以取任意的值。如果 $\nabla^2 f(\boldsymbol{x}^\dagger)$ 不是半正定矩阵，那一定可以找到一个 $\Delta\boldsymbol{x}$ 的值使得 $\Delta\boldsymbol{x}'\nabla^2 f(\boldsymbol{x}^\dagger)\Delta\boldsymbol{x}<0$。同样地，总可以找到一个足够小的 $\gamma^*>0$，使得对于 $\forall\gamma<\gamma^*$ 都有 $f(\boldsymbol{x}^\dagger+\gamma\Delta\boldsymbol{x})<f(\boldsymbol{x}^\dagger)$，这与 $\boldsymbol{x}^\dagger$ 为优化问题局部最优点的已知条件矛盾！　■

定理 7.3 所阐述的同样是局部最优点的必要而非充分条件。通过分析函数 $f(x) = x^3$ 在 $x = 0$ 点的性质一样可以验证这一点。实际上，只要对定理 7.3 的条件略加修改就可以得到定理 7.4 中所表述的充分条件。

定理 7.4 优化问题 7.3 的目标函数二阶连续可导，如果对于某点 $\boldsymbol{x}^\dagger$ 有 $\nabla f(\boldsymbol{x}^\dagger) = \boldsymbol{0}$ 且 $\nabla^2 f(\boldsymbol{x}^\dagger)$(海森矩阵) 正定，则 $\boldsymbol{x}^\dagger$ 一定是优化问题的一个局部最优点。

证明： 仿照定理 7.3 的证明，利用 $\nabla f(\boldsymbol{x}^\dagger) = \boldsymbol{0}$ 的结论，并将泰勒展开的二次项加以保留：

$$f(\boldsymbol{x}^\dagger + \gamma \Delta \boldsymbol{x}) = f(\boldsymbol{x}^\dagger) + \frac{\gamma^2}{2} \Delta \boldsymbol{x}' \nabla^2 f(\boldsymbol{x}^\dagger) \Delta \boldsymbol{x} + o(\gamma^2)$$

根据海森矩阵正定的条件，对任意的 $\Delta \boldsymbol{x}$ 都有 $\Delta \boldsymbol{x}' \nabla^2 f(\boldsymbol{x}^\dagger) \Delta \boldsymbol{x} > 0$。于是总可以找到一个足够小的 $\gamma^* > 0$，使得对于 $\forall \gamma < \gamma^*$ 都有 $f(\boldsymbol{x}^\dagger + \gamma \Delta \boldsymbol{x}) > f(\boldsymbol{x}^\dagger)$，即 $\boldsymbol{x}^\dagger$ 为优化问题的局部最优点！∎

定理 7.4 实际上已经为求解无约束优化问题提供了一种通用的方法，即首先求解方程组 $\nabla f(\boldsymbol{x}) = \boldsymbol{0}$ 得到全部的临界点，再逐一判断这些临界点对应位置的海森矩阵性质。但这种方法在实际应用中极少使用。首先，实际问题中的目标函数的形式可能十分复杂，其导数的解析形式往往很难给出。其次，求解 $\nabla f(\boldsymbol{x}) = \boldsymbol{0}$ 一般都会涉及复杂的非线性方程组求解问题。最后，判别海森矩阵的正定性通常需要对矩阵进行复杂度很高的分解操作，很难有效地解决变量维度 n 较大的优化问题。与前面章节曾介绍过的线性方程组求解以及非线性方程求解一样，在实际应用中往往都是采用迭代的方式来求解优化问题。即从某个给定的初始点出发，逐步逼近优化问题的最优点。

7.2.2　一维优化

我们首先考察最为简单的一维无约束优化问题，即优化变量 $x \in \mathbb{R}$。从定理 7.4 可知，求解这样的优化问题可以通过求解一元方程 $f'(x) = 0$ 来实现。前面的章节中所介绍的一元方程的解法都可以被采用，其中最为典型的就是牛顿法，在目标函数二阶导数存在的情况下其迭代形式如式 (7.5) 所示。这一方法的各项性质都与一元方程求解中介绍的一致。当初始点充分接近局部最优点时，该迭代过程二阶收敛。

$$x_k = x_{k-1} - \frac{f'(x_{k-1})}{f''(x_{k-1})} \tag{7.5}$$

例 7.2 用牛顿法求解目标函数为 $f(x) = x e^{-x^2}$ 的无约束优化问题。

解： 目标函数的一阶导数和二阶导数如下：

$$f'(x) = (1 - 2x^2) e^{-x^2}$$

$$f''(x) = (4x^3 - 6x) e^{-x^2}$$

代入式 (7.5) 后可以得到牛顿法的优化公式为

$$x_k = x_{k-1} - \frac{1 - 2x_{k-1}^2}{4x_{k-1}^3 - 6x_{k-1}} = x_{k-1} + h(x_{k-1})$$

选取初始值 $x_0 = 1$，下表中列出了前 4 步迭代的结果。迭代到第 4 步时，牛顿法的增量 $h(x_4) < 10^{-9}$，结果的有效数字已经达 8 位。进一步观察可以发现 $f''(x_4) \approx -1.7155 < 0$。根据定理 7.3 可知，此时迭代得到的解并非优化问题的局部最优点。实际上我们得到了目标函数的一个局部最大值点。

k	x_k	$f'(x_k)$	$f''(x_k)$	$h(x_k)$
1	0.500000000	0.389400392	-1.947002	0.200000000
2	0.700000000	0.012252528	-1.732507	0.007072136
3	0.707072136	0.000059437	-1.715612	0.000034645
4	0.707106780	0.000000001	-1.715528	0.000000001

重新选择初始值 $x_0 = -1$，下表中列出了前 4 步迭代的结果。由于 $f''(x_4) \approx 1.7155 > 0$，由定理 7.4 可知，迭代结果收敛到了一个优化问题的局部最优点。

k	x_k	$f'(x_k)$	$f''(x_k)$	$h(x_k)$
1	-0.500000000	0.389400392	1.947002	-0.200000000
2	-0.700000000	0.012252528	1.732507	-0.007072136
3	-0.707072136	0.000059437	1.715612	-0.000034645
4	-0.707106780	0.000000001	1.715528	-0.000000001

上面两个迭代过程实际上分别收敛到了方程 $f'(x) = (1 - 2x^2)\mathrm{e}^{-x^2} = 0$ 的两个解，即 $\pm\sqrt{2}/2$。很容易验证当 $x \geqslant 0$ 时 $f(x) \geqslant 0$，当 $-\sqrt{2}/2 \leqslant x \leqslant 0$ 时 $f(x)$ 是单调增函数 $(f'(x) > 0)$，而当 $x \leqslant -\sqrt{2}/2$ 时 $f(x)$ 是单调减函数 $(f'(x) < 0)$。因此 $-\sqrt{2}/2 \approx -0.707107$ 同时也是优化问题的全局最优点，此时 $f(x) \approx -0.428882$。

算法 1　黄金分割搜索

设置 TOL 为误差容限
设置 $N_{\max}$ 为最大迭代步数
设置分割比例 $\tau \leftarrow (\sqrt{5} - 1)/2$
初始化循环变量 $i \leftarrow 1$
迭代初值：$x_0 \leftarrow (b - a)(1 - \tau) + a$，$x_1 \leftarrow (b - a)\tau + a$
$f_0 \leftarrow f(x_0)$，$f_1 \leftarrow f(x_1)$
$l \leftarrow a$，$r \leftarrow b$
while $i \leqslant N_{\max}$ **and** $r - l > \mathrm{TOL}$ **do**
　　if $f_0 > f_1$ **then**
　　　　$l \leftarrow x_0$，$x_0 \leftarrow x_1$，$f_0 \leftarrow f_1$
　　　　$x_1 \leftarrow l + \tau(r - l)$，$f_1 \leftarrow f(x_1)$
　　else
　　　　$r \leftarrow x_1$，$x_1 \leftarrow x_0$，$f_1 \leftarrow f_0$
　　　　$x_0 \leftarrow l + (1 - \tau)(r - l)$，$f_0 \leftarrow f(x_0)$
　　end if
end while

例 7.2 中的目标函数在 $x \leqslant 0$ 时具备特殊的性质，即在最优点的左侧是单调减函数而在最优点的右侧是单调增函数。例 7.1 中的函数 $f(x) = x\ln(x)$ 在 $x > 0$ 时也同样具备这样的性质。我们称这一类的函数为**单峰**(unimodal) 函数。与求解一元方程时采用的二分法非常类似，目标函数具有单峰性质的优化问题也可以采用相对较为简单的方式来求解。求解过程中只考虑目标函数取值的大小关系，而不再利用其导数的性质。**黄金分割搜索**(golden section search) 就是这类算法的典型代表，其过程如算法 1 所描述，其中 $[a, b]$ 是搜索区间。黄金分割搜索的每步迭代之后的绝对误差上限下降到上一步的 61.8%，因此该方法是线性收敛的，且收敛的渐进误差常数为 0.618。

例 7.3 用黄金分割法求解目标函数为 $f(x) = x\mathrm{e}^{-x^2}$ 的无约束优化问题。

解：选取 $[-1, 0]$ 为搜索区间，下表列出了前 10 步的迭代结果。最终的结果可以直接取 x_0 或者 x_1 的值，也可以取它们的均值。相比于二次收敛的牛顿法，黄金分割法的收敛要慢很多，第 10 步迭代后的结果也仅有两位有效数字。

k	x_0	$f(x_0)$	x_1	$f(x_1)$
1	-0.763932	-0.42619060	-0.618034	-0.42181948
2	-0.854102	-0.41180932	-0.763932	-0.42619060
3	-0.763932	-0.42619060	-0.708204	-0.42888091
4	-0.708204	-0.42888091	-0.673762	-0.42791377
5	-0.729490	-0.42845683	-0.708204	-0.42888091
6	-0.708204	-0.42888091	-0.695048	-0.42875652
7	-0.716335	-0.42880922	-0.708204	-0.42888091
8	-0.708204	-0.42888091	-0.703179	-0.42886868
9	-0.711310	-0.42886682	-0.708204	-0.42888091
10	-0.708204	-0.42888091	-0.706285	-0.42888136

从例 7.3 的结果可以看出在最优点的附近，黄金分割法中目标函数值的计算需要很高的精确度。这在一定程度上体现了优化问题的病态性。为了分析这一问题，假设目标函数二阶连续可导，并在局部最优点 $x^\dagger$ 附近对其进行泰勒展开得到式 (7.6)。

$$f(x^\dagger + \Delta x) = f(x^\dagger) + \frac{1}{2}f''(x^\dagger)\Delta x^2 + o(\Delta x^2) \tag{7.6}$$

如果 $f''(x^\dagger) \neq 0$，就可以得到 $\Delta x^2 = 2(f(x^\dagger + \Delta x) - f(x^\dagger))/f''(x^\dagger)$。假设目标函数求值的绝对误差上限为 ϵ，则可以得到优化问题求解结果的绝对误差上限的估计值，如式 (7.7) 所示。这个误差估计值可能远比 ϵ 要大。以例 7.2 和例 7.3 中的目标函数为例，并取 $\epsilon = 10^{-10}$，则 $\Delta x \leqslant 1.1 \times 10^{-5}$，比 ϵ 高出了将近 5 个数量级，显然相当病态。

$$\Delta x \leqslant \sqrt{\frac{2\epsilon}{|f''(x^\dagger)|}} \tag{7.7}$$

实际上，如果可以得到 $f'(x)$ 的解析表达，求解优化问题就可以直接转化为求解方程 $f'(x) = 0$。在该方程只有单根 $x^\dagger$ 的条件下，其绝对条件数为 $1/|f''(x^\dagger)|$。也就是说对于满

足 $|f'(\tilde{x})| \leqslant \epsilon$ 的近似解 $\tilde{x}$，其绝对误差的估计值为 $\epsilon/|f''(x^{\dagger})|$。以例 7.2 和例 7.3 中的目标函数为例，这个绝对误差的估计值约为 $\epsilon/1.7$，求解过程良态。这也解释了例 7.2 中牛顿法求解得到解的精确度与 $f'(x)$ 计算精确度基本吻合的现象。当然，如果在特定的优化问题中 $f''(x^{\dagger})$ 非常小，即便采用牛顿法也可能出现病态的问题。

7.2.3　多维优化

观察一元优化的牛顿法公式 (7.5) 不难发现，每一步迭代都在上一步变量取值的基础上附加了一个增量，从而得到一个新的取值。如果在这样一个过程中，目标函数的取值能保持逐步减小，直观上就有可能通过反复迭代最终收敛到函数的局部最优点。基于这样一种思想的求解方法被称为**下降法**(descend methods)，是求解优化问题的最为常用的方法。下降法可以直接扩展到多维优化问题，此时变量的增量应是一个向量。如果在这个向量所指向的方向上，目标函数值能够有效地下降，就称这个向量方向为**下降方向**(descend direction)，如定义 7.4 所述。

定义 7.4 已知函数 $f : \mathbb{R}^n \mapsto \mathbb{R}$，其取值在 $\boldsymbol{x} \in \mathbb{R}^n$ 处有限。令 $\Delta\boldsymbol{x} \in \mathbb{R}^n$，如果 $\exists \xi > 0$ 使得下述公式成立，就称 $\Delta\boldsymbol{x}$ 是函数 f 在 $\boldsymbol{x}$ 点处的一个**下降方向**。

$$f(\boldsymbol{x} + \alpha\Delta\boldsymbol{x}) < f(\boldsymbol{x}), \quad \forall \alpha \in (0, \xi]$$

函数的下降方向不唯一，寻找函数的下降方向也并不困难。从定理 7.2 的证明过程中不难看出，如果 $\nabla f(\boldsymbol{x}) \neq \boldsymbol{0}$，负梯度方向 $-\nabla f(\boldsymbol{x})$ 就是函数 f 在 $\boldsymbol{x}$ 处的一个下降方向。而在求解优化过程中，采用 $-\nabla f(\boldsymbol{x})$ 作为下降方向的方法称为**最速下降法**(steepest descent)，因为 $-\nabla f(\boldsymbol{x})$ 可以被理解为 2-范数意义下函数取值下降最快的方向。在确定下降方向 $\Delta\boldsymbol{x}$ 之后，一个很自然的思路是寻找**步长**(step size)α 的取值，使得 $f(\boldsymbol{x} + \alpha\Delta\boldsymbol{x})$ 尽可能的小。这显然是一个一元优化问题，被称为**线搜索**(line search)。算法 2 表述了最速下降法的过程。

算法 2　最速下降法

设置 TOL 为误差容限
设置 $N_{\max}$ 为最大迭代步数
初始化循环变量 $k \leftarrow 1$
设置迭代初始值 $\boldsymbol{x}_0$
while $k \leqslant N_{\max}$ **do**
    $\Delta\boldsymbol{x}_{k-1} \leftarrow -\nabla f(\boldsymbol{x}_{k-1})$
    选择 α_k 以最小化 $f(\boldsymbol{x}_{k-1} + \alpha_k\Delta\boldsymbol{x}_{k-1})$（线搜索）
    $\boldsymbol{x}_k \leftarrow \boldsymbol{x}_{k-1} + \alpha_k\Delta\boldsymbol{x}_{k-1}$
    if $\|\alpha_k\Delta\boldsymbol{x}_{k-1}\| \leqslant \text{TOL}$ **then**
        停止并退出
    end if
    $k \leftarrow k + 1$
end while

迭代过程中，只要 $-\nabla f(\boldsymbol{x}) \neq \boldsymbol{0}$，最速下降法总可以执行下去，而且理论上说目标函数值也可以持续下降。然而由于负梯度方向并不是一个非常理想的下降方向，最速下降法的收敛速度是很慢的，这一点可以在例 7.4 中观察到。实际上，在一定条件下可以证明最速下降法线性收敛。

例 7.4 用最速下降法求解目标函数为 $f(\boldsymbol{x}) = f(x_1, x_2) = \mathrm{e}^{x_1+5x_2} + \mathrm{e}^{x_1-3x_2} + \mathrm{e}^{1-x_1}$ 的二维无约束优化问题。

解：目标函数的雅可比为

$$\nabla f = \begin{bmatrix} \mathrm{e}^{x_1+5x_2} + \mathrm{e}^{x_1-3x_2} - \mathrm{e}^{1-x_1} \\ (5\mathrm{e}^{8x_2} - 3)\mathrm{e}^{x_1-3x_2} \end{bmatrix}$$

选取初始值 $x_1 = x_2 = 0$，下表列出了前 12 步的迭代结果。该优化问题的更为精确的最优点取值为 $[0.169218 \ -0.063853]$，可见 12 步迭代后的结果也仅有两位有效数字。在迭代过程中，目标函数值 $f(\boldsymbol{x})$ 稳定地下降，而通过线搜索获得的最优步长的数值也始终在变化。

k	$\boldsymbol{x}_k$	α_k	$f(\boldsymbol{x}_k)$	$\nabla f(\boldsymbol{x}_k)$
1	$[0.025777 \ -0.071774]'$	0.035887	4.638459	$[-0.659757 \ -0.234432]'$
2	$[0.110457 \ -0.041685]'$	0.128350	4.606252	$[-0.261783 \ 0.736721]'$
3	$[0.119221 \ -0.066349]'$	0.033478	4.596064	$[-0.229494 \ -0.081515]'$
4	$[0.148347 \ -0.056003]'$	0.126916	4.592268	$[-0.094766 \ 0.266802]'$
5	$[0.151440 \ -0.064711]'$	0.032638	4.590962	$[-0.081598 \ -0.028983]'$
6	$[0.161752 \ -0.061048]'$	0.126370	4.590487	$[-0.034140 \ 0.096116]'$
7	$[0.162856 \ -0.064157]'$	0.032338	4.590318	$[-0.029205 \ -0.010373]'$
8	$[0.166542 \ -0.062847]'$	0.126219	4.590258	$[-0.012268 \ 0.034573]'$
9	$[0.166937 \ -0.063961]'$	0.032224	4.590236	$[-0.010471 \ -0.003714]'$
10	$[0.168259 \ -0.063492]'$	0.126269	4.590228	$[-0.004400 \ 0.012415]'$
11	$[0.168401 \ -0.063892]'$	0.032171	4.590225	$[-0.003752 \ -0.001326]'$
12	$[0.168868 \ -0.063727]'$	0.124477	4.590224	$[-0.001608 \ 0.004355]'$

算法 3 牛顿法

设置 TOL 为误差容限

设置 $N_{\max}$ 为最大迭代步数

初始化循环变量 $k \leftarrow 1$

设置迭代初始值 $\boldsymbol{x}_0$

while $k \leqslant N_{\max}$ **do**

    求解线性方程组 $\nabla^2 f(\boldsymbol{x}_{k-1})\Delta\boldsymbol{x}_{k-1} = -\nabla f(\boldsymbol{x}_{k-1})$

    $\boldsymbol{x}_k \leftarrow \boldsymbol{x}_{k-1} + \Delta\boldsymbol{x}_{k-1}$

if $\|\Delta\boldsymbol{x}_{k-1}\| \leqslant \text{TOL}$ **then**

　　停止并退出

end if

$k \leftarrow k+1$

end while

一维优化中的牛顿法也可以扩展到多维的情况。对优化目标函数用泰勒展开加以近似并保留二次可以得到式 (7.8)。如果将 $\Delta\boldsymbol{x}$ 视作变量，式 (7.8) 可以视为 $\Delta\boldsymbol{x}$ 的二次型，其最小值取在 $\nabla^2 f(\boldsymbol{x})\Delta\boldsymbol{x} = -\nabla f(\boldsymbol{x})$ 的时候。求解该线性方程组就可以得到牛顿法的下降方向。由于上述过程自身就是一个优化过程的结果，因此无须再引入线搜索来决定下降的步长。算法 3 表述了牛顿法求解无约束优化问题的过程

$$f(\boldsymbol{x} + \Delta\boldsymbol{x}) \approx f(\boldsymbol{x}) + \nabla f(\boldsymbol{x})'\Delta\boldsymbol{x} + \frac{1}{2}\Delta\boldsymbol{x}'\nabla^2 f(\boldsymbol{x})\Delta\boldsymbol{x} \tag{7.8}$$

例 7.5　用牛顿法求解目标函数为 $f(\boldsymbol{x}) = f(x_1, x_2) = \mathrm{e}^{x_1+5x_2} + \mathrm{e}^{x_1-3x_2} + \mathrm{e}^{1-x_1}$ 的二维无约束优化问题。

解：目标函数的海森矩阵为

$$\nabla^2 f(\boldsymbol{x}) = \begin{bmatrix} \mathrm{e}^{x_1+5x_2} + \mathrm{e}^{x_1-3x_2} + \mathrm{e}^{1-x_1} & (5\mathrm{e}^{8x_2} - 3)\mathrm{e}^{x_1-3x_2} \\ (5\mathrm{e}^{8x_2} - 3)\mathrm{e}^{x_1-3x_2} & (25\mathrm{e}^{8x_2} + 9)\mathrm{e}^{x_1-3x_2} \end{bmatrix}$$

选取初始值 $x_1 = x_2 = 0$，下表列出了前 3 步的迭代结果。可以看到牛顿法仅迭代了 3 步就得到了精确到小数点后六位的结果。

k	$\boldsymbol{x}_k$	$f(\boldsymbol{x}_k)$	$\nabla f(\boldsymbol{x}_k)$
1	$[0.181699\ -0.069512]'$	4.591137	$[0.05784447\ -0.19615283]'$
2	$[0.169340\ -0.063892]'$	4.590224	$[0.00055610\ -0.00134605]'$
3	$[0.169218\ -0.063853]'$	4.590224	$[0.00000003\ -0.00000011]'$

由于利用了目标函数二阶导数的信息，牛顿法的收敛性要明显好于最速下降法。需要注意的是，牛顿法对于初值的选取较为敏感。可以证明在局部最优点附近，牛顿法二阶收敛。尽管迭代的步数减少了，但是由于引入了海森矩阵求值以及线性方程组求解，牛顿法每步迭代的计算复杂度显著增加。此外，牛顿法求解的稳定性也受到海森矩阵条件数的影响。为了解决这些问题，出现了一系列**拟牛顿法**(quasi-newton methods)。这些方法的基本思路都是通过寻求海森矩阵的近似值来降低运算的复杂度并提高稳定性。典型的拟牛顿法包括割线更新法、有限差分法和周期重估值法等。

另一种应用更为广泛的改进型优化算法是**共轭梯度法**(conjugate gradient methods)。这类方法同样也避免了目标函数的海森矩阵的求解，甚至无须显性地对海森矩阵进行估计，因此更加适合于变量维度高的情况。其基本思路是在最速下降法的基础上，在每步迭代中通过修正下降方向而积累对于海森矩阵的估计，进而逐步获取更为有效的下降方向。算法 4 描述了一种常用的共轭梯度法。

算法 4 共轭梯度法

设置 TOL 为误差容限

设置 $N_{\max}$ 为最大迭代步数

初始化循环变量 $k \leftarrow 1$

设置迭代初始值 $\boldsymbol{x}_0$

设置初始梯度 $\mathbf{g}_0 \leftarrow \nabla f(\boldsymbol{x}_0)$, $\Delta \boldsymbol{x}_0 \leftarrow -\mathbf{g}_0$

while $k \leqslant N_{\max}$ **do**

 选择 α_k 以最小化 $f(\boldsymbol{x}_{k-1} + \alpha_k \Delta \boldsymbol{x}_{k-1})$（线搜索）

 $\boldsymbol{x}_k \leftarrow \boldsymbol{x}_{k-1} + \alpha_k \Delta \boldsymbol{x}_{k-1}$

 $\mathbf{g}_k \leftarrow \nabla f(\boldsymbol{x}_k)$

 $\beta_k \leftarrow (\mathbf{g}_k' \mathbf{g}_k)/(\mathbf{g}_{k-1}' \mathbf{g}_{k-1})$

 $\Delta \boldsymbol{x}_k \leftarrow -\mathbf{g}_k + \beta_k \Delta \boldsymbol{x}_{k-1}$（修正下降方向）

 if $\|\Delta \boldsymbol{x}_k\| \leqslant \text{TOL}$ **then**

  停止并退出

 end if

 $k \leftarrow k + 1$

end while

例 7.6 用共轭梯度法求解目标函数为 $f(\boldsymbol{x}) = f(x_1, x_2) = \mathrm{e}^{x_1+5x_2} + \mathrm{e}^{x_1-3x_2} + \mathrm{e}^{1-x_1}$ 的二维无约束优化问题。

解：选取初始值 $x_1 = x_2 = 0$，下表列出了前 5 步的迭代结果。可以看出共轭梯度法的收敛速度虽然不及牛顿法，但要明显优于最速下降法。第 5 步迭代结果已经具有 4 位有效数字。更为重要的是，共轭梯度法完全避免了目标函数二阶导数的计算，与最速下降法实现的难度是一致的。

k	$\boldsymbol{x}_k$	$f(\boldsymbol{x}_k)$	$\Delta \boldsymbol{x}_k$
1	$[0.025777 \ -0.071774]'$	4.638459	$[0.73773187 \ 0.01731701]'$
2	$[0.169937 \ -0.068390]'$	4.590579	$[0.03280783 \ 0.15646887]'$
3	$[0.170879 \ -0.063900]'$	4.590230	$[-0.00753932 \ 0.00198990]'$
4	$[0.169738 \ -0.063599]'$	4.590226	$[-0.01266809 \ -0.00606112]'$
5	$[0.169209 \ -0.063852]'$	4.590224	$[0.00004313 \ -0.00004904]'$

多维优化的敏感性问题也可以用同样的方式进行分析。假设目标函数 f 足够平滑，并在局部最优点 $\boldsymbol{x}^\dagger$ 附近对其进行泰勒展开得到式 (7.9)。

$$f(\boldsymbol{x}^\dagger + \Delta \boldsymbol{x}) \approx f(\boldsymbol{x}^\dagger) + \nabla f(\boldsymbol{x}^\dagger)' \Delta \boldsymbol{x} + \frac{1}{2} \Delta \boldsymbol{x}' \nabla^2 f(\boldsymbol{x}) \Delta \boldsymbol{x} \tag{7.9}$$

由定理 7.2 可知，$\nabla f(\boldsymbol{x}^\dagger) = \boldsymbol{0}$，令 $\boldsymbol{s} = \Delta \boldsymbol{x}/\|\Delta \boldsymbol{x}\|$，可得到式 (7.10)。

$$\|\Delta \boldsymbol{x}\|^2 \approx 2 \frac{f(\boldsymbol{x}^\dagger + \Delta \boldsymbol{x}) - f(\boldsymbol{x}^\dagger)}{s'\nabla^2 f(\boldsymbol{x})s} \tag{7.10}$$

假设目标函数求值的绝对误差上限为 ϵ，可以得到优化问题求解结果的绝对误差上限的估计值，如式 (7.11) 所示，其中 $\lambda_{\min}$ 是目标函数海森矩阵的最小特征值。总体上说，多维无约束优化问题的敏感性与目标函数的海森矩阵的特性有很大的关系。海森矩阵越接近奇异，则其最小特征值就越小，优化问题就越敏感。

$$\|\Delta \boldsymbol{x}\| \leqslant 2\sqrt{\frac{\epsilon}{s'\nabla^2 f(\boldsymbol{x})s}} \leqslant 2\sqrt{\frac{\epsilon}{\lambda_{\min}}} \tag{7.11}$$

7.3 约束优化问题

7.3.1 优化条件

在约束优化问题中，局部最优点既可能出现在可行集 $\mathbb{S}$ 的内部，也可能出现在其边界上，因此无约束优化问题中的优化条件不能直接适用。例如约束优化问题 $f(x) = x^2$ s.t. $x \geqslant 1$ 的最优点显然是 $x = 1$，然而 $f'(1) \neq 0$，并不满足定理 7.2。直观上理解，在约束优化问题中，一个可行点 $\boldsymbol{x}$ 周围并非所有的方向都能指向另一个可行点，由此可以给出定义 7.5。

定义 7.5 已知约束优化问题中可行点 $\boldsymbol{x} \in \mathbb{S}$，如果存在 $\alpha_0 > 0$ 使得对所有的 $\alpha \in [0, \alpha_0]$ 都有 $\boldsymbol{x} + \alpha\Delta \boldsymbol{x} \in \mathbb{S}$，则称非零向量 $\Delta \boldsymbol{x}$ 为 $\boldsymbol{x}$ 处的一个**可行方向**(feasible direction)。

借助这一定义可以直接将定理 7.2 的基本思路扩展到约束优化问题上得到定理 7.5。该定理实际上表明在局部最优点附近沿着任何可行方向目标函数的值都不会下降。对无约束优化问题而言，任何的 $\Delta \boldsymbol{x}$ 和 $-\Delta \boldsymbol{x}$ 都同为可行方向，应该同时满足定理 7.5。进而可以得到 $\nabla f'(\boldsymbol{x}^\dagger) = \boldsymbol{0}$，与定理 7.2 相吻合。类似地可以得到定理 7.6。

定理 7.5 优化问题 7.1 的目标函数一阶连续可导，如果 $\boldsymbol{x}^\dagger$ 是该问题的一个局部最优点，则对于 $\boldsymbol{x}^\dagger$ 处所有可能的可行方向 $\Delta \boldsymbol{x}$，均有 $\nabla f(\boldsymbol{x}^\dagger)'\Delta \boldsymbol{x} \geqslant 0$。

定理 7.6 优化问题 7.1 的目标函数二阶连续可导，如果 $\boldsymbol{x}^\dagger$ 是该问题的一个局部最优点，则对于 $\boldsymbol{x}^\dagger$ 处所有可能的可行方向 $\Delta \boldsymbol{x}$，均有 $\Delta \boldsymbol{x}'\nabla^2 f(\boldsymbol{x}^\dagger)\Delta \boldsymbol{x} \geqslant 0$。

定理 7.5 和定理 7.6 中涉及的所有可能的可行方向本身就很难准确地表述，因此实用性并不强。一个应用更为广泛的优化条件被称为 KKT(Karush-Kuhn-Tucker) 条件，它更加精确地描述了约束优化问题中一个局部最优点的必要条件，但同时也更为复杂。这里我们不做详细分析而仅仅给出结论。在满足一定的**约束规范**(constraint qualification)的前提下，如果可行集中的一个点 $\boldsymbol{x}^\dagger \in \mathbb{S}$ 是优化问题 7.1 的局部最优点，则一定存在 $\mu_i\ (i = 1, \cdots, m)$ 和 $\lambda_j\ (j = 1, \cdots, p)$ 使得式 (7.12)~式 (7.14) 同时成立。

$$\nabla f(\boldsymbol{x}^{\dagger}) + \sum_{i=1}^{m} \mu_i \nabla g_i(\boldsymbol{x}^{\dagger}) + \sum_{j=1}^{p} \lambda_j \nabla h_j(\boldsymbol{x}^{\dagger}) = \boldsymbol{0} \tag{7.12}$$

$$\mu_i g_i(\boldsymbol{x}^{\dagger}) = 0, \ i = 1, \cdots, m \tag{7.13}$$

$$\mu_i \geqslant 0, \ i = 1, \cdots, m \tag{7.14}$$

从式 (7.12) 中可以看出，在满足约束规范的前提下，约束优化问题的局部最优点一定是式 (7.15) 所示的**拉格朗日函数**(Lagrangian function) 的临界点。其中 $\boldsymbol{\mu} = [\mu_1, \mu_2, \cdots, \mu_m]'$，$\boldsymbol{\lambda} = [\lambda_1, \lambda_2, \cdots, \lambda_p]'$ 被称为**拉格朗日乘子**(Lagrangian multiplier)。

$$\mathcal{L}(\boldsymbol{x}, \boldsymbol{\mu}, \boldsymbol{\lambda}) = f(\boldsymbol{x}) + \sum_{i=1}^{m} \mu_i g_i(\boldsymbol{x}) + \sum_{j=1}^{p} \lambda_j h_j(\boldsymbol{x}) \tag{7.15}$$

式 (7.15) 实际上也为约束优化问题的求解提供了一种途径。为了将问题简化，我们仅考虑只包含等式约束条件的情况，即 $m = 0$。此时 KKT 条件中的后两项均不存在，而对应的拉格朗日函数也简化成为式 (7.16)。

$$\mathcal{L}(\boldsymbol{x}, \boldsymbol{\lambda}) = f(\boldsymbol{x}) + \sum_{j=1}^{p} \lambda_j h_j(\boldsymbol{x}) \tag{7.16}$$

由上可知，在满足约束规范的前提下，等式约束优化问题的局部最优点一定是函数 $\mathcal{L}_e(\boldsymbol{x})$ 的临界点，或者说是式 (7.17) 所示的方程组的解。其中 $\boldsymbol{\mathcal{J}}_h(\boldsymbol{x})$ 是由等式约束函数 $h_j(\boldsymbol{x})$ 的雅可比为列向量组成的 $n \times p$ 的矩阵，而 $\boldsymbol{h}(\boldsymbol{x})$ 是等式约束函数 $h_j(\boldsymbol{x})$ 组成的列向量。显然该方程组的变量数和方程数均为 $n + p$ 个。

$$\nabla \mathcal{L}(\boldsymbol{x}, \boldsymbol{\lambda}) = \begin{bmatrix} \nabla f(\boldsymbol{x}) + \boldsymbol{\mathcal{J}}_h(\boldsymbol{x})\boldsymbol{\lambda} \\ \boldsymbol{h}(\boldsymbol{x}) \end{bmatrix} = \boldsymbol{0} \tag{7.17}$$

拉格朗日函数 $\mathcal{L}_e(\boldsymbol{x}, \boldsymbol{\lambda})$ 的海森矩阵如式 (7.18) 所示，其中 $\boldsymbol{B}(\boldsymbol{x}, \boldsymbol{\lambda})$ 由目标函数和等式约束函数的海森矩阵线性组合而成，如式 (7.19) 所示，而 $\boldsymbol{O}$ 是 $p \times p$ 的零矩阵。

$$\nabla^2 \mathcal{L}(\boldsymbol{x}, \boldsymbol{\lambda}) = \begin{bmatrix} \boldsymbol{B}(\boldsymbol{x}, \boldsymbol{\lambda}) & \boldsymbol{\mathcal{J}}_h(\boldsymbol{x}) \\ \boldsymbol{\mathcal{J}}_h'(\boldsymbol{x}) & \boldsymbol{O} \end{bmatrix} \tag{7.18}$$

$$\boldsymbol{B}(\boldsymbol{x}, \boldsymbol{\lambda}) = \nabla^2 f(\boldsymbol{x}) + \sum_{j=1}^{p} \lambda_j \nabla^2 h_j(\boldsymbol{x}) \tag{7.19}$$

矩阵 $\nabla^2 \mathcal{L}(\boldsymbol{x}, \boldsymbol{\lambda})$ 的右下角是全零矩阵，所以不可能是正定或者负定矩阵。因此方程组 (7.18) 的解更有可能是拉格朗日函数的鞍点而非局部最优点。但这并不关键，因为我们要求解的是原优化问题的局部最优点而并非拉格朗日函数的局部最优点。定理 7.7 提供了判定拉格朗日函数的临界点是否为原等式约束优化问题的局部最优点的一个充分条件，这里略去证明。

定理 7.7 已知 $x^{\dagger}$ 和 $\lambda^{\dagger}$ 是拉格朗日函数 $\nabla\mathcal{L}(x)$ 的临界点。令集合 $\mathcal{N} = \{y \in \mathbb{R}^n \mid \mathcal{J}'_h(x^{\dagger})y = 0\}$。如果对 $\forall y \neq 0 \in \mathcal{N}$ 都有 $y'B(x^{\dagger}, \lambda^{\dagger})y > 0$，则 $x^{\dagger}$ 是等式约束优化问题的一个局部最优点。

定理 7.7 中的集合 $\mathcal{N}$ 实际上就是等式约束函数雅可比矩的零空间。由此可以得到一个求解等式约束优化问题的一般方法：首先求解拉格朗日函数的临界点，随后验证 $\mathcal{J}_h$ 的零空间与矩阵 B 的关系以确定这些点是否为函数的局部最优点。

例 7.7 利用拉格朗日函数求解等式约束优化问题 $f(x) = x_1^2 + x_2^2$, s.t. $x_1 x_2^2 - 1 = 0$。

解： 该优化问题只有一个等式约束条件，很容易得到其拉格朗日函数形式如下：

$$\mathcal{L} = x_1^2 + x_2^2 + \lambda(x_1 x_2^2 - 1)$$

相应地可以得到雅可比如下：

$$\nabla\mathcal{L} = \begin{bmatrix} 2x_1 + \lambda x_2^2 \\ 2x_2 + 2\lambda x_1 x_2 \\ x_1 x_2^2 - 1 \end{bmatrix} = 0$$

由方程 $2x_1 + \lambda x_2^2 = 0$ 可以得到 $x_1 = -\lambda x_2^2/2$，代入第二个方程可以得到 $2x_2 - \lambda^2 x_2^3 = 0$，于是有 $x_2 = 0$ 或者 $\lambda^2 x_2^2 = 2$。首先考虑 $x_2 = 0$ 的情况，代入第一个方程得到 $x_1 = 0$，再代入第三个方程得到 $-1 = 0$，矛盾！再考虑 $\lambda^2 x_2^2 = 2$ 的情况。此时显然有 $\lambda \neq 0$，于是在第一个方程两端乘以 λ 得到 $2\lambda x_1 + 2 = 0$，在第三个方程两端乘以 λ^2 得到 $2x_1 - \lambda^2 = 0$。结合这两个方程可以得到 $\lambda^3 = -2$，即 $\lambda = -\sqrt[3]{2} \approx -1.25992$。于是可以得到 $x_1 = 1/\sqrt[3]{2} \approx 0.79370$，$x_2 = \pm\sqrt[6]{2} \approx \pm1.12246$。简单起见，我们仅考察临界点 $(1/\sqrt[3]{2}, \sqrt[6]{2})$，此时 B 矩阵为

$$B(1/\sqrt[3]{2}, \sqrt[6]{2}) = \begin{bmatrix} 2 & -2\sqrt{2} \\ -2\sqrt{2} & 0 \end{bmatrix}$$

约束函数的雅可比为

$$\mathcal{J}_h(1/\sqrt[3]{2}, \sqrt[6]{2}) = \begin{bmatrix} \sqrt[3]{2} \\ 2/\sqrt[6]{2} \end{bmatrix}$$

其零空间中的向量一定具有形式 $y = k[-1/\sqrt[3]{2} \ \sqrt[6]{2}/2]'$, $k \neq 0$。容易验证 $y'By \approx 3.78k^2 > 0$。因此 $(1/\sqrt[3]{2}, \sqrt[6]{2})$ 是优化问题的一个局部最优点。同样可以验证 $(1/\sqrt[3]{2}, -\sqrt[6]{2})$ 也是一个局部最优点。通过简单的分析也可以知道，这两个局部最优点同时也是优化问题的全局最优点，对应的目标函数取值为 $f = 1/\sqrt[3]{4} + \sqrt[3]{2} \approx 1.88988$。

需要注意的是，尽管定理 7.7 严格成立，但 KKT 条件只对于满足约束规范的局部最优点成立。在等式约束优化问题中，该约束规范要求 $\mathcal{J}_h(x)$ 列满秩。换而言之，如果在某个局部最优点 $x^{\dagger}$ 处 $\mathcal{J}_h(x^{\dagger})$ 不是列满秩的，则 $x^{\dagger}$ 也可能不会包含在拉格朗日函数的临界点中。这就说明，利用拉格朗日函数并不能保证得到优化问题全部的局部最优点，自然也不能保证得到优化问题的全局最优解。

例 7.8 求解等式约束优化问题 $f(\boldsymbol{x}) = f(x_1, x_2) = x_1^3 - x_2^2$, s.t. $x_2^2 - (x_1 - 3)^3 = 0$。

解：该优化问题只有一个等式约束条件，很容易得到其拉格朗日函数形式如下：

$$\mathcal{L} = x_1^3 - x_2^2 + \lambda(x_2^2 - (x_1 - 3)^3)$$

相应地可以得到雅可比如下：

$$\nabla \mathcal{L} = \begin{bmatrix} 3x_1^2 - 3\lambda(x_1 - 3)^2 \\ 2x_2(\lambda - 1) \\ x_2^2 - (x_1 - 3)^3 \end{bmatrix} = \boldsymbol{0}$$

由方程 $2x_2(\lambda - 1) = 0$ 可以得到 $x_2 = 0$ 或者 $\lambda = 1$。首先考虑 $x_2 = 0$ 的情况，代入 $x_2^2 - (x_1 - 3)^3 = 0$ 可以得到 $x_1 = 3$，再代入 $3x_1^2 - 3\lambda(x_1 - 3)^2 = 0$ 得到 $27 = 0$，矛盾！再考虑 $\lambda = 1$ 的情况，代入 $3x_1^2 - 3\lambda(x_1 - 3)^2 = 0$ 可以得到 $x_1 = 3/2$，再代入 $x_2^2 - (x_1 - 3)^3 = 0$ 得到 $x_2^2 = -(3/2)^3$，矛盾！可见拉格朗日函数不存在有效的临界点。但实际上，原优化问题是存在全局最优点的。将等式约束条件变形之后带入目标函数可以得到

$$f(\boldsymbol{x}) = x_1^3 - (x_1 - 3)^3 = 9x_1^2 - 27x_1 + 27$$

该二次函数在 $x_1 \leqslant 3/2$ 时递减，在 $x_1 \geqslant 3/2$ 时递增。而根据原问题的约束条件有 $x_1 \geqslant 3$。于是在 $x_1 = 3$ 处原优化问题取到最小值 $f(3, 0) = 27$。造成该问题中拉格朗日法失效的原因是在最优点 $(3, 0)$ 处 $\mathcal{J}_h = [0 \; 0]'$，并不符合满秩的约束规范，因此 $(3, 0)$ 没有出现在拉格朗日函数的临界点中。

7.3.2 序列二次规划法

拉格朗日法更多是用于约束优化问题的分析而非求解。在本节中我们将介绍一种可行的约束优化问题求解方法**序列二次规划法**(sequential quadratic programming)。该方法可以理解为将约束优化问题转化为一系列的二次目标函数的优化问题加以求解，这也是其名字的来历。

还是考虑等式约束优化问题。从上一节的介绍中我们知道，满足约束规范的局部最优点都是拉格朗日函数的临界点，也就是方程组 (7.17) 的解。该方程组包含 $n + p$ 个变量和方程，通常是非线性的，如例 7.7 和例 7.8 所示，因此绝大多数情况下很难用解析的方法求解。一个可行的思路是仿照一元非线性方程的迭代法来求解方程组。对于可微函数 $\mathcal{F}(\boldsymbol{x}) : \mathbb{R}^n \mapsto \mathbb{R}^n$，利用泰勒展开可以得到其近似表达为

$$\mathcal{F}(\boldsymbol{x} + \Delta \boldsymbol{x}) \approx \mathcal{F}(\boldsymbol{x}) + \nabla \mathcal{F}(\boldsymbol{x}) \Delta \boldsymbol{x} \tag{7.20}$$

如果 $\Delta \boldsymbol{x}$ 满足方程组 $\nabla \mathcal{F}(\boldsymbol{x}) \Delta \boldsymbol{x} = -\mathcal{F}(\boldsymbol{x})$，则可以认为 $\mathcal{F}(\boldsymbol{x} + \Delta \boldsymbol{x}) \approx \boldsymbol{0}$。将这一过程多次迭代，就可以逐步逼近方程 $\mathcal{F}(\boldsymbol{x}) = \boldsymbol{0}$ 的解。将该方法作用于方程组 (7.17) 就得到了等式约束条件下的序列二次规划法。假设第 k 步迭代的结果为 $(\boldsymbol{x}_k, \lambda_k)$，则 $k + 1$ 步的迭代结果可以通过求解式 (7.21) 中的线性方程组来得到。

$$\begin{bmatrix} \boldsymbol{B}(\boldsymbol{x}_k, \boldsymbol{\lambda}_k) & \boldsymbol{\mathcal{J}}_h(\boldsymbol{x}_k) \\ \boldsymbol{\mathcal{J}}_h'(\boldsymbol{x}_k) & \boldsymbol{O} \end{bmatrix} \begin{bmatrix} \Delta \boldsymbol{x}_k \\ \Delta \boldsymbol{\lambda}_k \end{bmatrix} = \begin{bmatrix} -\nabla f(\boldsymbol{x}_k) - \boldsymbol{\mathcal{J}}_h(\boldsymbol{x}_k)\boldsymbol{\lambda}_k \\ -\boldsymbol{h}(\boldsymbol{x}_k) \end{bmatrix} \tag{7.21}$$

$$\begin{bmatrix} \boldsymbol{x}_{k+1} \\ \boldsymbol{\lambda}_{k+1} \end{bmatrix} = \begin{bmatrix} \boldsymbol{x}_k \\ \boldsymbol{\lambda}_k \end{bmatrix} + \begin{bmatrix} \Delta \boldsymbol{x}_k \\ \Delta \boldsymbol{\lambda}_k \end{bmatrix} \tag{7.22}$$

式 (7.21) 中的线性方程组被称为 KKT 方程组，这是因为它恰好是式（7.23）中目标函数为二次型的等式约束优化问题的 KKT 条件对应的方程组。因此该迭代过程可以被理解求解了一系列的二次规划问题。实际上式 (7.23) 的目标函数可以被理解为原优化问题拉格朗日函数的二阶近似。

$$\begin{aligned} \underset{\Delta \boldsymbol{x}}{\text{minimize}} \quad & \frac{1}{2} \Delta \boldsymbol{x}' \boldsymbol{B}(\boldsymbol{x}_k, \boldsymbol{\lambda}_k) \Delta \boldsymbol{x} + \Delta \boldsymbol{x}' (\nabla f(\boldsymbol{x}_k) + \boldsymbol{\mathcal{J}}_h(\boldsymbol{x}_k)\boldsymbol{\lambda}_k) \\ \text{subject to} \quad & \boldsymbol{\mathcal{J}}_h'(\boldsymbol{x}_k) \Delta \boldsymbol{x} + \boldsymbol{h}(\boldsymbol{x}_k) = \boldsymbol{0} \end{aligned} \tag{7.23}$$

序列二次规划法的应用也存在很多的限制。首先，由于它是基于拉格朗日函数的，例 7.8 中展示的最优点不存在于临界点中的问题也同样存在。其次，这个方法中要求原优化问题的目标函数和约束函数都是二阶连续可导的，而且一般说来只有在 $\boldsymbol{B}$ 矩阵始终正定的情况下式 (7.23) 的优化问题才有稳定的解。最后，该方法只有在初始值足够接近局部最优点的时候才能有效地收敛，非常类似于牛顿法。

例 7.9 用序列二次规划法求解等式约束优化问题 $f(\boldsymbol{x}) = x_1^2 + x_2^2$, s.t. $x_1 x_2^2 - 1 = 0$。
解：优化问题对应的 KKT 方程组的一般形式如下：

$$\begin{bmatrix} 2 & 2\lambda x_2 & x_2^2 \\ 2\lambda x_2 & 2 + 2\lambda x_1 & 2x_1 x_2 \\ x_2^2 & 2x_1 x_2 & 0 \end{bmatrix} \begin{bmatrix} \Delta x_1 \\ \Delta x_2 \\ \Delta \lambda \end{bmatrix} = \begin{bmatrix} -2x_1 - \lambda x_2^2 \\ -2x_2 - 2\lambda x_1 x_2 \\ 1 - x_1 x_2^2 \end{bmatrix} \tag{7.24}$$

选取迭代初值为 $\boldsymbol{x}_0 = [1, \ 1]'$, $\lambda_0 = 1$，下表中列出了前 7 步迭代结果。可以看到第 7 步迭代后的结果已经具有了超过 5 位的有效数字，收敛速度较快。值得注意的是第 2 步迭代结果中目标函数值比全局最优点还要小，但这并不是问题的解，因为对应的 $\boldsymbol{x}_2 = [0.444444, 0.666667]$ 并不满足约束条件。这说明在序列二次规划迭代过程中，迭代值也有可能跳出可行集。在本例中随后的迭代步骤中，迭代结果又逐渐回到了可行集当中，最终收敛到问题的解。但在某些问题中，无论初始值是否可行，都有可能出现迭代过程不收敛的结果。

k	$\boldsymbol{x}_k$	λ_k	$f(\boldsymbol{x}_k)$
1	[0.000000 1.500000]	-1.000000	2.250000
2	[0.444444 0.666667]	-1.506173	0.641975
3	[1.094878 1.533009]	-1.012367	3.548872
4	[0.866231 1.224468]	-1.144689	2.249679
5	[0.799562 1.130754]	-1.241782	1.917903
6	[0.793743 1.122523]	-1.259657	1.890086
7	[0.793701 1.122462]	-1.259921	1.889882

7.3.3 障碍法

在实际问题中被更为广泛采用的约束优化方法是**障碍法**(barrier methods)。该类方法的基本思路是将优化问题的约束条件转化为**惩罚函数**(penalty function) 添加到目标函数中，从而将约束优化问题转化为一系列的无约束优化问题加以求解。假设约束优化问题 7.1 的可行集 $\mathbb{S}$ 是非空闭集合，则障碍法的关键就是设计出合适的惩罚函数 $\phi(\boldsymbol{x}) : \mathbb{R}^n \mapsto \mathbb{R}$，从而将约束优化问题的求解转化为无约束优化问题 7.25 的求解。

$$\text{minimize} \quad f(\boldsymbol{x}) + \phi(\boldsymbol{x}) \tag{7.25}$$

一种最为直观的惩罚函数设计方式是利用式 (7.26) 所示的**指示函数**(indicator function)。理论上讲，$\phi_\infty(\boldsymbol{x})$ 严格保证了完全在可行的情况下进行优化，因此优化问题 7.25 的全局最优点也一定是原优化问题的全局最优点。但作为惩罚函数，$\phi_\infty(\boldsymbol{x})$ 的性质并不好，因为它不可导且不连续，而且取值还出现了无穷。这些都会给后续的无约束优化求解带来困难。另外，从例 7.9 能看出，优化过程中即便在某些步骤经过了不可行点也并不是完全不可接受的。因此在实际应用中的惩罚函数通常都是采用一些数值性质更好，更容易实现和分析的函数来近似达到指示函数的效果。

$$\phi_\infty(\boldsymbol{x}) = \begin{cases} 0, & \boldsymbol{x} \in \mathbb{S} \\ +\infty, & \text{其他} \end{cases} \tag{7.26}$$

式 (7.27) 定义了一个相对宽松了很多的惩罚函数来近似 $\phi_\infty(\boldsymbol{x})$。可以看到 $\phi_n(\boldsymbol{x})$ 不仅是连续的，而且对于可行集 $\mathbb{S}$ 以外的点也是有定义的。$\phi_n(\boldsymbol{x})$ 在所有的可行点处取值为 0，而在所有其他的位置取值都大于 0，进而实现了对于违反约束条件情况的一定程度上的惩罚。例如，引入 max 函数的目的就是在 $g_i(\boldsymbol{x}) > 0$ 的时候对违背不等式约束条件的情况进行惩罚，但这也可能导致 $\phi_n(\boldsymbol{x})$ 不可导。因此这样一种障碍函数更多应用在仅有等式约束条件的情况。另外 $\phi_n(\boldsymbol{x})$ 中的平方和可以理解为向量 2-范数的平方，这也可以被其他的范数形式所替代。

$$\phi_n(\boldsymbol{x}) = \sum_{i=1}^m (\max\{0, g_i(\boldsymbol{x})\})^2 + \sum_{j=1}^p h_j^2(\boldsymbol{x}) \tag{7.27}$$

对于可行集之外的点，$\phi_n(\boldsymbol{x})$ 并非是一种严格意义上的惩罚。因此在构造无约束优化目标函数时需要引入一个权重因子 $t > 0$ 来控制约束条件的严格程度，如式 (7.28) 所示。不难看出，t 越大时约束条件所起到的作用也就越显著。

$$\text{minimize} \quad f(\boldsymbol{x}) + t\phi_n(\boldsymbol{x}) \tag{7.28}$$

令 $\boldsymbol{x}^*$ 为原约束优化问题 7.1 的全局最优点，令 $\boldsymbol{x}_t^*$ 为转化后的无约束优化问题 7.28 的全局最优点，则可以证明式 (7.29)。实际上该公式对于很多的其他惩罚函数也是成立的。直观上理解，式 (7.29) 说明当权重因子越大时，无约束优化问题 7.28 的全局最优点越接近原约束优化问题的全局最优点。实际上可以进一步证明如果原约束优化问题存在全局最优点，则当 $t \to \infty$ 时，问题 7.28 的全局最优点就会趋向于原约束优化问题的全局最优点。在一定的条件下，对于局部最优点也有类似的结论。

$$f(\boldsymbol{x}_{t_1}^*) + t_1\phi_n(\boldsymbol{x}_{t_1}^*) \leqslant f(\boldsymbol{x}_{t_2}^*) + t_1\phi_n(\boldsymbol{x}_{t_2}^*) \leqslant f(\boldsymbol{x}^*), \quad \forall\, 0 < t_1 \leqslant t_2 \tag{7.29}$$

例 7.10　利用惩罚函数 ϕ_n 求解等式约束优化问题 $f(\boldsymbol{x}) = x_1^2 + x_2^2$, s.t. $x_1 x_2^2 - 1 = 0$。

解：引入惩罚函数及权重因子之后得到无约束优化目标函数为

$$f_\phi(x_1, x_2) = x_1^2 + x_2^2 + t(x_1 x_2^2 - 1)^2 = x_1^2 + x_2^2 + tx_1^2 x_2^4 - 2tx_1 x_2^2 + t$$

计算该目标函数的临界点可以用如下的方程组求解：

$$\begin{bmatrix} 2x_1 + 2tx_1 x_2^4 - 2tx_2^2 \\ 2x_2 4tx_1 x_2^3 - 4tx_1 x_2 \end{bmatrix} = \begin{bmatrix} 0 \\ 0 \end{bmatrix}$$

从第一个方程可以得到 $x_1 = tx_2^2/(1 + tx_2^4)$，代入第二个方程并进行相应的化简后可以得到方程：

$$1 + tx_2^4 = \pm\sqrt{2}tx_2 \Rightarrow \frac{1}{t} + x_2^4 = \pm\sqrt{2}x_2$$

由约束条件可知 $x_2 \neq 0$，因此当 $t \to \infty$ 时，上述方程可以简化为 $x_2^3 = \pm\sqrt{2}$。于是可以得到当 $t \to \infty$ 时，$x_1 = 1/\sqrt[3]{2}$，$x_2 = \pm\sqrt[6]{2}$ 是 $f_\phi(x_1, x_2)$ 的临界点。不难验证这两个临界点也是无约束优化问题的最优点，同时也是原约束优化问题的最优点。

在实际应用中，很少采用例 7.11 中的基于解析的方法。一种更为实用的方法是选取一系列递增的 t 值，再采用诸如前面介绍的牛顿法或者共轭梯度法来迭代地求解一系列对应的无约束优化问题。这类方法的一个关键是通过分析 t 的取值对于求解结果精确度的影响来判定迭代停止的条件。这个问题在后面的章节将会有所涉及。对于不等式约束条件而言，更为常用的一种惩罚函数如式 (7.30) 所示。与 ϕ_n 不同，函数 ϕ_g 对于可行集之外的点是没有定义的。

$$\phi_g(\boldsymbol{x}) = -\sum_{i=1}^{m} \log(-g_i(\boldsymbol{x})) \tag{7.30}$$

假设优化问题只包含不等式约束条件，则可以用类似的方式得到式 (7.31) 所示的无约束优化问题，其中 $t > 0$。当 $g_i(\boldsymbol{x}) \to -0$ 时，$\phi_g(\boldsymbol{x}) \to +\infty$。同样可以证明当 $t \to \infty$ 时，无约束优化问题 7.31 的局部最优点同样也是原约束优化问题的局部最优点。

$$\text{minimize} \quad f(\boldsymbol{x}) + \frac{1}{t}\phi_g(\boldsymbol{x}) \tag{7.31}$$

例 7.11　利用惩罚函数 ϕ_g 求解不等式约束优化问题 $f(\boldsymbol{x}) = x_1^2 + x_2$, s.t. $x_1^2 + x_2^2 - 1 \leqslant 0$。

解：引入惩罚函数之后得到无约束优化问题的目标函数为

$$f_g(x_1, x_2) = x_1^2 + x_2 - \frac{1}{t}\log(1 - x_1^2 - x_2^2)$$

计算该目标函数的临界点需要求解如下的方程组：

$$\begin{bmatrix} 2x_1 + \dfrac{1}{t}\dfrac{2x_1}{1 - x_1^2 - x_2^2} \\ 1 + \dfrac{1}{t}\dfrac{2x_2}{1 - x_1^2 - x_2^2} \end{bmatrix} = \begin{bmatrix} 0 \\ 0 \end{bmatrix}$$

结合第一个方程和约束条件可以得到 $x_1 = 0$。代入第二个方程并化简可以得到

$$tx_2^2 - 2x_2 - t = 0$$

求解该方程可以得到 $x_2 = (1 - \sqrt{t^2+1})/t$ 或者 $x_2 = (1 + \sqrt{t^2+1})/t$。很显然 $[0\ (1 + \sqrt{t^2+1})/t]'$ 并不是可行点。因此得到无约束优化问题的一个有效的临界点为 $[0\ (1 - \sqrt{t^2+1})/t]'$。当 $t \to \infty$ 时，该临界点趋向于 $[0\ -1]'$。不难验证，这就是原约束优化问题的全局最优点。

7.4　凸优化

本节中将介绍一类特殊的优化问题，即**凸优化**(convex optimization) 问题。在这类问题中，局部最优点与全局最优点高度一致。因此在前面的部分所介绍的所有关于局部最优点的性质和相应的求解方法，在这类问题中都可以被直接应用到全局最优点上。凸优化问题可以被理解为最"简单"的一类优化问题，因为通过稳定而有效的数值算法总是可以求解出问题的全局最优解。在工程领域存在着大量的便捷而有效的软件工具可以被用来很好地求解凸优化问题。因此在实际应用中，将科学或工程应用问题转化为或者近似成为凸优化问题进行求解是非常有效的一种手段。如前面所介绍的，可行集和目标函数是优化问题的两个基本要素。优化问题的凸性正是从这两个方面来进行定义的。为此本节将首先介绍凸集合和凸函数的概念，随后再介绍凸优化问题本身。

7.4.1　凸集合

定义 7.6　一个集合 $\mathbb{C}$ 是凸集合当且仅当集合中任何两个元素之间的连线上所有的点都仍包含在该集合中，即

$$\forall \boldsymbol{x}_1, \boldsymbol{x}_2 \in \mathbb{C}, 0 \leqslant \theta \leqslant 1 \Rightarrow \theta \boldsymbol{x}_1 + (1-\theta)\boldsymbol{x}_2 \in \mathbb{C}$$

根据定义 7.9，一些特殊的集合，例如空集合和仅包含一个元素的集合都是凸集合。凸集合可以是开集合或者闭集合，例如 $[0,1]$ 和 $(0,1)$ 都是凸集合。而对于优化问题来说，更有意义的凸集合往往是利用一些等式或者不等式的方式定义出的集合。

例 7.12　一个线性方程组所有的解构成的集合 $\mathbb{C} = \{\boldsymbol{x} | \boldsymbol{A}\boldsymbol{x} = \boldsymbol{b}\}$ $(\boldsymbol{A} \in \mathbb{R}^{m \times n}, \boldsymbol{b} \in \mathbb{R}^m)$ 是一个凸集合。

证明：令 $\boldsymbol{x}_1, \boldsymbol{x}_2 \in \mathbb{C}$，也就是说 $\boldsymbol{A}\boldsymbol{x}_1 = \boldsymbol{b}$ 且 $\boldsymbol{A}\boldsymbol{x}_2 = \boldsymbol{b}$。于是对于 $\forall \theta$，都有以下的公式：

$$\boldsymbol{A}(\theta \boldsymbol{x}_1 + (1-\theta)\boldsymbol{x}_2) = \theta \boldsymbol{A}\boldsymbol{x}_1 + (1-\theta)\boldsymbol{A}\boldsymbol{x}_2 = \theta\boldsymbol{b} + (1-\theta)\boldsymbol{b} = \boldsymbol{b}$$

这表明 $\theta \boldsymbol{x}_1 + (1-\theta)\boldsymbol{x}_2$ 也是线性方程组的解，即 $\theta \boldsymbol{x}_1 + (1-\theta)\boldsymbol{x}_2 \in \mathbb{C}$。

例 7.13　二维空间 $\mathbb{R}^2$ 中的一个二次曲面及其下方的点构成的集合 $\mathbb{C} = \{(x_1, x_2) | x_1^2 + x_2^2 \leqslant 1\}$ 是一个凸集合。

证明：令 $(x_1, x_2), (y_1, y_2) \in \mathbb{C}$，于是有 $x_1^2 + x_2^2 \leqslant 1$ 且 $y_1^2 + y_2^2 \leqslant 1$。对 $0 \leqslant \theta \leqslant 1$，有以下的公式：

$$
\begin{aligned}
&(\theta x_1 + (1-\theta)y_1)^2 + (\theta x_2 + (1-\theta)y_2)^2 \\
&= \theta^2(x_1^2 + x_2^2) + (1-\theta)^2(y_1^2 + y_2^2) + 2\theta(1-\theta)(x_1 y_1 + x_2 y_2) \\
&\leqslant \theta^2 + (1-\theta)^2 + 2\theta(1-\theta) = 1
\end{aligned}
$$

在上面的公式中利用了 $x_1^2 + x_2^2 \geqslant 2x_1 x_2 \to x_1 x_2 \leqslant 1/2$。于是有 $(\theta x_1 + (1-\theta)y_1, \theta x_2 + (1-\theta)y_2) \in \mathbb{C}$。要注意的是二次曲面 $\{(x_1, x_2) | x_1^2 + x_2^2 = 1\}$ 本身并不构成一个凸集合。

例 7.14　假设两个非空集合 $\mathbb{S}, \mathbb{T} \subseteq \mathbb{R}^n$，定义一个点 $\boldsymbol{x} \in \mathbb{R}^n$ 到集合 $\mathbb{S}$ 的距离为 $\mathrm{dist}(\boldsymbol{x}, \mathbb{S}) = \inf\{\|\boldsymbol{x} - \boldsymbol{y}\|_2 | \boldsymbol{y} \in \mathbb{S}\}$，即 $\boldsymbol{x}$ 到 $\mathbb{S}$ 中任何一点的欧式距离的下确界。同样可以定义 $\mathrm{dist}(\boldsymbol{x}, \mathbb{T})$。试分析由下述公式所定义的集合 $\mathbb{C}$ 的凸性。

$$
\mathbb{C} = \{\boldsymbol{x} | \mathrm{dist}(\boldsymbol{x}, \mathbb{S}) \leqslant \mathrm{dist}(\boldsymbol{x}, \mathbb{T}), \boldsymbol{x} \in \mathbb{R}^n\}
$$

解：集合 $\mathbb{C}$ 的凸性实际上与 $\mathbb{S}$ 和 $\mathbb{T}$ 的具体形式相关。以一维空间中的情况为例，假设 $\mathbb{S} = 0, \mathbb{T} = \{-1, 1\}$，则 $\mathbb{C} = [-0.5, 0.5]$，明显是一个凸集合。但是如果 $\mathbb{T} = 0, \mathbb{S} = \{-1, 1\}$，则 $\mathbb{C} = (-\infty, -0.5] \cup [0.5, +\infty)$ 就是一个非凸集合。

凸集合的判定有时候并不像上述的几个例子那样直接。例如在实际的优化问题中，可行集 $\mathbb{S}$ 往往是由很多等式和不等式约束条件来共同决定的。在这样的情况下判定可行集的凸性往往需要借助凸集合的一些简单性质。

(1) 假设 $\mathbb{C}_1$ 和 $\mathbb{C}_2$ 是两个凸集合，则它们的交集 $\mathbb{C}_1 \cap \mathbb{C}_2$ 也一定是凸集合。该性质可以直接用凸集合的定义加以证明。这条性质显然可以加以扩展，即有限多个凸集合的交集一定是凸集合。

(2) 假设集合 $\mathbb{C} \in \mathbb{R}^n$ 是凸集合，令矩阵 $\boldsymbol{A} \in \mathbb{R}^{m \times n}$ 和向量 $\boldsymbol{b} \in \mathbb{R}^n$，则集合 $\{Ax + b | \boldsymbol{x} \in \mathbb{C}\}$ 也是凸集合。仿照例 7.12 可以证明该性质。直观上理解，该性质表明一个凸集合经过线性变换和偏置之后可以被映射为一个新的凸集合。

(3) 令矩阵 $\boldsymbol{A} \in \mathbb{R}^{m \times n}$，向量 $\boldsymbol{b} \in \mathbb{R}^m, \boldsymbol{c} \in \mathbb{R}^n$，再令 $d \in \mathbb{R}$。假设集合 $\mathbb{C} \in \mathbb{R}^n$，且对于 $\forall \boldsymbol{x} \in \mathbb{C}$ 都有 $\boldsymbol{c}'\boldsymbol{x} + d > 0$。则集合 $\{(\boldsymbol{Ax} + \boldsymbol{b})/(\boldsymbol{c}'\boldsymbol{x} + d) | \boldsymbol{x} \in \mathbb{C}\}$ 也是凸集合。该性质的证明留作习题。

实际应用中有很多常见的典型凸集合形式，例如**超平面**(hyperplane)，**半空间**(halfspace)，**多面体**(polyhedra)，**范数球**(norm ball)，**凸包**(convex hull)，**凸锥**(convex cone) 等。

定义 7.7　集合 $\{\boldsymbol{x} | \boldsymbol{a}'\boldsymbol{x} = b, \boldsymbol{x} \in \mathbb{R}^n, \boldsymbol{a} \in \mathbb{R}^n, b \in \mathbb{R}\}$ 是一个凸集合，被称为**超平面**(hyperplane)。集合 $\{\boldsymbol{x} | \boldsymbol{a}'\boldsymbol{x} \leqslant b, \boldsymbol{x} \in \mathbb{R}^n, \boldsymbol{a} \neq \boldsymbol{0} \in \mathbb{R}^n, b \in \mathbb{R}\}$ 也是一个凸集合，被称为**半空间**(halfspace)。由凸集合的性质可以知道，有限多个超平面和半空间的交集也一定是凸集合，被称为**多面体**(polyhedron)。

从定义 7.7 可以看出，多面体是由有限多个线性的等式和不等式约束所共同定义的。在优化问题 7.1 中，如果约束函数 h 和 g 都是线性的，则其可行集就是一个多面体。要注意的是，这里的多面体概念与几何学中不同，因为在几何学中多面体也有可能是非凸的。

定义 7.8 已知空间中的一点 $\boldsymbol{x}_c \in \mathbb{R}^n$，集合 $\{\boldsymbol{x} | \|\boldsymbol{x} - \boldsymbol{x}_c\| \leqslant r, r > 0 \in \mathbb{R}\}$ 是一个凸集合，其中 $\|\cdot\|$ 表示向量范数。该集合被称为**范数球**(norm ball)。

范数球的凸性可以借助向量范数的齐次性和三角不等式性质来证明。在优化问题中经常采用范数的形式对优化变量加以约束。因此范数球也是优化问题可行集的一种常见形式。

定义 7.9 集合 $\mathbb{C}$ 的凸包，记作 conv $\mathbb{C}$，是集合 $\mathbb{C}$ 中点所有可能的**凸组合**(convex combination) 所组成的集合，如下式所示：

$$\text{conv } \mathbb{C} = \left\{ \sum_{i=1}^{k} \theta_i \boldsymbol{x}_i | \boldsymbol{x}_i \in \mathbb{C}, \theta_i \geqslant 0, \sum_{i=1}^{k} \theta_i = 1 \right\}$$

很容易证明对于任意集合 $\mathbb{C}$，其凸包 conv $\mathbb{C}$ 都是一个凸集合。实际上 conv $\mathbb{C}$ 是包含 $\mathbb{C}$ 的最为紧凑的一个凸集合。在优化问题中，将可行集松弛为其凸包以简化求解过程也是一种常见的方法。

定义 7.10 已知集合 $\mathbb{C}$，如果对 $\forall \boldsymbol{x} \in \mathbb{C}$ 和 $\forall \theta > 0$ 都有 $\theta \boldsymbol{x} \in \mathbb{C}$，则称集合 $\mathbb{C}$ 为一个**锥**(cone)。如果对 $\forall \boldsymbol{x}_1, \boldsymbol{x}_2 \in \mathbb{C}$ 和 $\forall \theta_1, \theta_2 > 0$ 都有 $\theta_1 \boldsymbol{x}_1 + \theta_2 \boldsymbol{x}_2 \in \mathbb{C}$，则可以证明 $\mathbb{C}$ 是凸集合，称为**凸锥**(convex cone)。

例 7.15 假设集合 $\mathbb{P}_+^n$ 为所有的 $n \times n$ 的半正定矩阵所构成的集合，分析 $\mathbb{P}_+^n$ 的凸性。

解：假设矩阵 $\boldsymbol{A}_1, \boldsymbol{A}_2 \in \mathbb{P}_+^n$，令 $\theta_1, \theta_2 > 0$。则由半正定矩阵的性质可以知道 $\theta_1 \boldsymbol{A}_1 + \theta_2 \boldsymbol{A}_2$ 同样也是一个半正定矩阵，即 $\theta_1 \boldsymbol{A}_1 + \theta_2 \boldsymbol{A}_2 \in \mathbb{P}_+^n$。由定义 7.10 可以知道，$\mathbb{P}_+^n$ 是一个凸锥，称为**半正定锥**(semidefinite cone)。

例 7.16 令集合 $\mathbb{C} = \{[\boldsymbol{x}, t]' \mid \|\boldsymbol{x}\| \leqslant t, \boldsymbol{x} \in \mathbb{R}^n, t > 0 \in \mathbb{R}\}$，分析该集合的凸性。

解：假设 $[\boldsymbol{x}_1, t_1]', [\boldsymbol{x}_2, t_2]' \in \mathbb{C}$，令 $0 \leqslant \theta \leqslant 1$。则根据向量范数的性质有以下不等式：

$$\|\theta \boldsymbol{x}_1 + (1 - \theta) \boldsymbol{x}_2\| \leqslant \theta \|\boldsymbol{x}_1\| + (1 - \theta) \|\boldsymbol{x}_2\| \leqslant \theta t_1 + (1 - \theta) t_2$$

于是有 $[\theta \boldsymbol{x}_1 + (1 - \theta) \boldsymbol{x}_2, \theta t_1 + (1 - \theta) t_2]' = \theta [\boldsymbol{x}_1, t_1]' + (1 - \theta) [\boldsymbol{x}_2, t_2]' \in \mathbb{C}$。因此 $\mathbb{C}$ 是一个凸集合。另外很容易发现 $\mathbb{C}$ 是一个锥。因此 $\mathbb{C}$ 实际上是一个凸锥，称为**范数锥**(norm cone)。

下面的两个定理表明，凸集合在空间中具有很好的几何性质。定理 7.8 说明任意两个不相交的非空凸集合都可以用空间中的一个超平面完全地分开，而定理 7.9 则表明了凸集合的边界的形状总是足够规整。定理 7.9 可以借助定理 7.8 加以证明，这里略去。

定理 7.8 已知 $\mathbb{C}_1$ 和 $\mathbb{C}_2$ 是 $\mathbb{R}^n$ 空间中两个非空不相交的凸集合。则一定存在 $\boldsymbol{a} \neq \boldsymbol{0} \in \mathbb{R}^n$ 和 $b \in \mathbb{R}$，使得对 $\forall \boldsymbol{x} \in \mathbb{C}_1$ 有 $\boldsymbol{a}' \boldsymbol{x} - b \leqslant 0$ 且对 $\forall \boldsymbol{y} \in \mathbb{C}_2$ 都有 $\boldsymbol{a}' \boldsymbol{y} - b \geqslant 0$。

证明：首先定义两个集合之间的距离为 $\text{dist}(\mathbb{C}_1, \mathbb{C}_2) = \inf\{\|\boldsymbol{x} - \boldsymbol{y}\|_2 \mid \boldsymbol{x} \in \mathbb{C}_1, \boldsymbol{y} \in \mathbb{C}_2\}$。为了简化证明，这里仅考虑这个距离可达的情况，即 $\exists \boldsymbol{x}_1 \in \mathbb{C}_1, \boldsymbol{y}_1 \in \mathbb{C}_2$ 使得 $\|\boldsymbol{x}_1 - \boldsymbol{y}_1\|_2 =$

$\mathrm{dist}(\mathbb{C}_1,\mathbb{C}_2)$。令 $\boldsymbol{a}=\boldsymbol{y}_1-\boldsymbol{x}_1,b=-(\|\boldsymbol{x}_1\|_2^2-\|\boldsymbol{y}_1\|_2^2)/2$。采用反证法，假设存在 $\boldsymbol{y}_0\in\mathbb{C}_2$ 使得 $\boldsymbol{a}'\boldsymbol{y}_0-b<0$，即如下不等式成立：

$$(\boldsymbol{y}_1-\boldsymbol{x}_1)'\boldsymbol{y}_0+(\|\boldsymbol{x}_1\|_2^2-\|\boldsymbol{y}_1\|_2^2)/2=(\boldsymbol{y}_1-\boldsymbol{x}_1)'(\boldsymbol{y}_0-\boldsymbol{y}_1)+\|\boldsymbol{x}_1-\boldsymbol{y}_1\|_2^2/2<0$$

于是有 $(\boldsymbol{y}_1-\boldsymbol{x}_1)'(\boldsymbol{y}_0-\boldsymbol{y}_1)<0$。构造连续可导函数 $f(t)=\|\boldsymbol{y}_1-\boldsymbol{x}_1+t(\boldsymbol{y}_0-\boldsymbol{y}_1)\|_2^2$。容易得到 $f'(t=0)=(\boldsymbol{y}_1-\boldsymbol{x}_1)'(\boldsymbol{y}_0-\boldsymbol{y}_1)<0$。由导数的定义可以知道，一定可以找到一个足够小的 $0<t\leqslant 1$，使得 $f(t)<f(0)$，即有如下不等式：

$$\|\boldsymbol{y}_1-\boldsymbol{x}_1+t(\boldsymbol{y}_0-\boldsymbol{y}_1)\|_2=\|((1-t)\boldsymbol{y}_1+t\boldsymbol{y}_0)-\boldsymbol{x}_1\|\leqslant\|\boldsymbol{x}_1-\boldsymbol{y}_1\|_2$$

注意到根据凸集合的性质 $(1-t)\boldsymbol{y}_1+t\boldsymbol{y}_0\in\mathbb{C}_2$，上述公式表明在两个集合中存在一对点之间的距离比两个集合之间的距离还要小。这显然与两个集合之间的距离的定义矛盾！于是 $\boldsymbol{y}_0$ 不可能存在，也就是对于 $\forall\boldsymbol{y}\in\mathbb{C}_2$ 都有 $\boldsymbol{a}'\boldsymbol{y}-b\geqslant 0$。用同样的方法可以证明对于 $\forall\boldsymbol{x}\in\mathbb{C}_1$ 都有 $\boldsymbol{a}'\boldsymbol{x}-b\leqslant 0$。∎

定义 7.11　假设 $\boldsymbol{x}_0$ 是集合 $\mathbb{C}$ 边界上的一个点，超平面 $\{\boldsymbol{x}|\boldsymbol{a}'\boldsymbol{x}=\boldsymbol{a}'\boldsymbol{x}_0,\boldsymbol{a}\neq\boldsymbol{0}\}$ 称为 $\mathbb{C}$ 的一个**支持超平面**(supporting hyperplane)，如果对 $\forall\boldsymbol{x}\in\mathbb{C}$ 都有 $\boldsymbol{a}'\boldsymbol{x}\leqslant\boldsymbol{a}'\boldsymbol{x}_0$。

定理 7.9　如果 $\mathbb{C}$ 是一个凸集合，则经过其边界上的任一个点都存在支持超平面。

7.4.2　凸函数

定义 7.12　函数 $f:\mathbb{R}^n\mapsto\mathbb{R}$ 的定义域是凸集合，且对于定义域中的任何两个点 $\boldsymbol{x},\boldsymbol{y}$ 都满足如下的不等式条件，其中 $0\leqslant\theta\leqslant 1$：

$$f(\theta\boldsymbol{x}+(1-\theta)\boldsymbol{y})\leqslant\theta f(\boldsymbol{x})+(1-\theta)f(\boldsymbol{y}) \tag{7.32}$$

式 (7.32) 也被称为 Jensen 不等式。稍后可以看到，由于 Jensen 不等式和函数凸性的关联，它可以被用来证明很多很有价值的其他不等式。正因为如此 Jensen 不等式也被称为"不等式之母"。

例 7.17　向量的范数 $f(\boldsymbol{x})=\|\boldsymbol{x}\|$ 一定是凸函数。由范数定义中的齐次性和三角不等式性质可以得到对任意 $0\leqslant\theta\leqslant 1$ 都有 $f(\theta\boldsymbol{x}+(1-\theta)\boldsymbol{y})=\|\theta\boldsymbol{x}+(1-\theta)\boldsymbol{y}\|\leqslant\|\theta\boldsymbol{x}\|+\|(1-\theta)\boldsymbol{y}\|=\theta\|\boldsymbol{x}\|+(1-\theta)\|\boldsymbol{y}\|=\theta f(\boldsymbol{x})+(1-\theta)f(\boldsymbol{y})$。

对于一般形式的函数，判定其凸性通常并不像上面的例子中那样方便，往往需要借助下面给出的两个定理。定理 7.10 也被称为凸函数判定的一阶条件，它表明一个凸函数的一阶近似总是其函数估值的下限。定理 7.11 被称为凸函数判定的二阶条件，它表明了正定性和凸性之间很强的联系。

定理 7.10　如果函数 $f:\mathbb{R}^n\mapsto\mathbb{R}$ 在其凸定义域 $\mathrm{dom}\,f$ 上可导，则其为凸函数的充分必要条件为

$$f(\boldsymbol{y})\geqslant f(\boldsymbol{x})+\nabla f(\boldsymbol{x})'(\boldsymbol{y}-\boldsymbol{x}),\ \forall\boldsymbol{x},\boldsymbol{y}\in\mathrm{dom}\,f \tag{7.33}$$

证明： 首先证明 $n=1$ 的情况。

必要性： 如果 f 是凸函数，则根据定义 7.12，对于任意 $0 \leqslant t \leqslant 1$ 都有 $tf(y) + (1-t)f(x) \geqslant f((1-t)x+ty) = f(x+t(y-x))$。于是有 $f(y) \geqslant f(x) + (f(x+t(y-x))-f(x))/t$。当 $t \to 0$ 时，这就等价于 $f(y) \geqslant f'(x)(y-x)$。

充分性： 令 $x \neq y, 0 \leqslant \theta \leqslant 1, z = \theta x + (1-\theta)y$，于是有 $f(x) \geqslant f(z) + f'(z)(x-z)$ 和 $f(y) \geqslant f(z) + f'(z)(y-z)$ 同时成立。将两个不等式进行合并得到 $\theta f(x) + (1-\theta)f(y) \geqslant \theta(f(z) + f'(z)(x-z)) + (1-\theta)(f(z) + f'(z)(y-z)) = f(z) = f(\theta x + (1-\theta)y)$，即 f 满足凸函数条件。

再证明 $n > 1$ 的情况。令 $\boldsymbol{x}, \boldsymbol{y} \in \mathbb{R}^n$，定义一维函数 $g(t) = f(t\boldsymbol{y} + (1-t)\boldsymbol{x})$。

必要性： 假设 f 是凸函数，则很容易证明此时 g 也是凸函数。从上述一维情况的结论可以得到 $g(1) \geqslant g(0) + g'(0)$，代入后可以直接得到 $f(\boldsymbol{y}) \geqslant f(\boldsymbol{x}) + \nabla f(\boldsymbol{x})'(\boldsymbol{y} - \boldsymbol{x})$。

充分性： 很容易证明式 (7.33) 成立意味着 g 是凸函数，再利用反证法可以证明 f 也是凸函数。 ∎

定理 7.11 如果函数 $f: \mathbb{R}^n \mapsto \mathbb{R}$ 在其凸定义域 $\mathbf{dom}\, f$ 上二阶可导，则 f 是凸函数的充分必要条件为其海森矩阵在其定义域上始终半正定，即：

$$\nabla^2 f(\boldsymbol{x}) \in \mathbb{P}_+^n, \ \boldsymbol{x} \in \mathbf{dom}\, f \tag{7.34}$$

证明： 首先证明 $n=1$ 的情况。

必要性： 如果 f 是凸函数，假设 $y > x$，根据一阶条件有 $f'(x)(y-x) \leqslant f(y) - f(x) \leqslant f'(y)(y-x)$，于是有 $(f'(y) - f'(x))/(y-x) \geqslant 0$，当 $y \to x$ 时这就等价于 $f''(x) \geqslant 0$。

充分性： 假设 $y > x$，对任意的 $z \in [x, y]$ 都有 $f''(z) \geqslant 0$，于是有如下公式：

$$\int_x^y f''(z)(y-z)\mathrm{d}z \geqslant 0$$

将 $f''(z)z = (zf'(z))' - f'(z)$ 代入上述不等式可以得到：

$$(f'(z)(y-z))|_{z=x}^{z=y} + \int_x^y f'(z)\mathrm{d}z \geqslant 0 \Rightarrow f'(x)(x-y) + f(y) - f(x) \geqslant 0$$

即 $f(y) \geqslant f(x) + f'(x)(y-x)$。由定理 7.10 可以知道 f 为凸函数。

对于 $n > 1$ 的情况可以仿照定理 7.10 构造函数 g 来加以证明。 ∎

相比于凸函数的定义，定理 7.10 和定理 7.11 提供了判定函数凸性的更为方便的途径。

例 7.18 证明 $f(x) = -\ln(x), (x > 0)$ 是凸函数。

证明： 易知 $f''(x) = 1/x^2 > 0$，利用二阶条件可以知道 $f(x)$ 是凸函数。

例 7.19 证明不等式 $x^\theta y^{1-\theta} \leqslant \theta x + (1-\theta)y$ 其中 $x, y \geqslant 0, 0 \leqslant \theta \leqslant 1$。

证明： 由于 $f(x) = -\ln(x)$ 是凸函数，根据 Jensen 不等式有 $-\ln(\theta x + (1-\theta)y) \leqslant -\theta\ln(x) - (1-\theta)\ln(y) = -\ln(x^\theta y^{1-\theta})$。再根据对数函数的递增性可以得到 $x^\theta y^{1-\theta} \leqslant \theta x + (1-\theta)y$。用同样的方式将 Jensen 不等式应用于不同的凸函数上可以产生很多不同的新的不等式。

例 7.20　除了前面提到的向量范数，以下这些例子也都是十分常见的典型凸函数，其中 $\mathbb{P}^n_{++}$ 表示 n 阶正定矩阵组成的集合：

$$f(x) = e^{ax},\ a \in \mathbb{R}$$
$$f(x) = a^x,\ x > 0, a \in (-\infty, 0] \cup [1, +\infty)$$
$$f(x) = x\ln(x),\ x > 0$$
$$f(\boldsymbol{x}) = \boldsymbol{x}'\boldsymbol{A}\boldsymbol{x}/2 + \boldsymbol{b}'\boldsymbol{x} + c,\ \boldsymbol{A} \in \mathbb{P}^n_+$$
$$f(\boldsymbol{x}) = \ln(e^{x_1} + e^{x_2} + \cdots + e^{x_n})$$
$$f(\boldsymbol{x}) = -\left(\prod_{i=1}^n x_i\right)^{1/n},\ x_i > 0$$
$$f(\boldsymbol{x}) = -\ln(\det x),\ x \in \mathbb{P}^n_{++}$$

与凸集合一样，凸函数也具备一些性质可以用于判定更为复杂的函数形式的凸性。这些性质都可以很简单地利用凸函数的定义，或者上述的一阶或者二阶条件加以证明，这里略去。

(1) 有限多个凸函数的非负加权和也是凸函数，即如果 $f_i, i = 1, 2, \cdots, k$ 都是凸函数，则 $\mathcal{F}(\boldsymbol{x}) = \sum_{i=1}^k w_i f_i(\boldsymbol{x}), w_i \geqslant 0$ 也是凸函数。

(2) 有限多个凸函数的各元素最大值也是凸函数，即如果 $f_i, i = 1, 2, \cdots, k$ 都是凸函数，则 $\mathcal{F}(\boldsymbol{x}) = \max(f_1(\boldsymbol{x}), f_2(\boldsymbol{x}), \cdots, f_k(\boldsymbol{x}))$ 也是凸函数。

(3) 凸函数的逐点上确界也是凸函数，即如果对 $\forall \boldsymbol{y} \in \mathbb{C}$ 都有 $f(\boldsymbol{x}, \boldsymbol{y})$ 是 $\boldsymbol{x}$ 的凸函数，则 $g(\boldsymbol{x}) = \sup_{\boldsymbol{y} \in \mathbb{C}} f(\boldsymbol{x}, \boldsymbol{y})$ 也是凸函数。

(4) 复合函数的凸性：已知函数 $g : \mathbb{R}^n \mapsto \mathbb{R}$，函数 $h : \mathbb{R} \mapsto \mathbb{R}$。如果 g 是凸函数且 h 是非递减凸函数，或者 $-g$ 是凸函数且 h 是非递增凸函数，则复合函数 $f(\boldsymbol{x}) = h(g(\boldsymbol{x}))$ 也是凸函数。

(5) 凸函数的逐点下确界也是凸函数，函数 $f(\boldsymbol{x}, \boldsymbol{y})$ 是 $(\boldsymbol{x}, \boldsymbol{y})$ 的凸函数，$\mathbb{C}$ 是凸集合，则 $g(\boldsymbol{x}) = \inf_{\boldsymbol{y} \in \mathbb{C}} f(\boldsymbol{x}, \boldsymbol{y})$ 也是凸函数。

(6) 函数 $f(\boldsymbol{x})$ 是凸函数，则 $g(\boldsymbol{x}, t) = tf(\boldsymbol{x}/t), t > 0$ 是凸函数。

例 7.21　已知矩阵 $\boldsymbol{A} \in \mathbb{R}^{n \times n}, \boldsymbol{C} \in \mathbb{R}^{m \times m}$ 都是对称矩阵且 $\boldsymbol{C}$ 可逆，矩阵 $\boldsymbol{B} \in \mathbb{R}^{n \times m}$，如果下述矩阵 $\boldsymbol{D}$ 半正定，即：

$$\boldsymbol{D} = \begin{bmatrix} \boldsymbol{A} & \boldsymbol{B} \\ \boldsymbol{B}' & \boldsymbol{C} \end{bmatrix} \in \mathbb{P}^{m+n}_+$$

则一定有 $\boldsymbol{A} - \boldsymbol{B}\boldsymbol{C}^{-1}\boldsymbol{B}' \in \mathbb{P}^n_+$。

证明：矩阵 $\boldsymbol{D}$ 恰好是下面的二次函数的海森矩阵：

$$f(\boldsymbol{x}, \boldsymbol{y}) = \boldsymbol{x}'\boldsymbol{A}\boldsymbol{x} + 2\boldsymbol{x}'\boldsymbol{B}\boldsymbol{y} + \boldsymbol{y}'\boldsymbol{C}\boldsymbol{y}$$

将 y 视为变量，则 f 在 $y = -C^{-1}Bx$ 时取到最小值，即：

$$g(x) = \inf_y f(x, y) = x'(A - BC^{-1}B')x$$

根据凸函数的性质，$g(x)$ 也是凸函数。在根据二阶条件，其海森矩阵半正定，即：

$$\nabla^2 g(x) = A - BC^{-1}B' \in \mathbb{P}_+^n$$

7.4.3　凸优化问题

　　直观上理解，凸优化问题就是可行集为凸集合且目标函数为凸函数的优化问题。定义 7.13 给出了更为确切的表述。凸优化问题是优化问题的一种，因此前面的部分所介绍的关于优化问题的概念、性质和方法也都可以适用于凸优化问题。但作为一种特殊的优化问题，凸优化问题具有一般优化问题所不具备的特性，其中最为关键的性质就是定理 7.12 所表述的全局最优点和局部最优点的一致性。

　　定义 7.13　由式 (7.1) 所定义的优化问题中，如果不等式约束中的函数 $g_i, i = 1, \cdots, m$ 都是凸函数，等式约束条件中的函数 $h_j, j = 1, \cdots, p$ 都是线性函数 (即等式约束都是 $a_j x - b_j = 0$ 的形式)，且目标函数在可行集上是凸函数，则称该优化问题为凸优化问题。

　　定理 7.12　一个凸优化问题所有的局部最优点也都是该问题的全局最优点。

　　证明：采用反证法，假设 $x^\dagger$ 是凸优化问题的一个非全局最优的局部最优点。这就表明存在一个可行点 $y \in \mathbb{S}$ 使得 $f(y) < f(x^\dagger)$。根据局部最优点的定义 7.3，存在一个 $\epsilon > 0$ 使得对任意可行点 z 如下的关系成立：

$$\|z - x^\dagger\|_2 \leqslant \epsilon \Rightarrow f(z) \geqslant f(x^\dagger)$$

根据前面的假设可以知道 $\|y - x^\dagger\|_2 > \epsilon$。令 $\theta = \epsilon/2\|y - x^\dagger\|_2$，可以知道 $0 < \theta < 1/2$。再令 $z_0 = \theta y + (1 - \theta)x^\dagger$，根据可行集的凸性可知 z_0 是一个可行点。注意到 $\|z_0 - x^\dagger\| = \theta\|y - x^\dagger\|_2 = \epsilon/2 < \epsilon$。这说明 $f(z_0) \geqslant f(x^\dagger)$。另一方面，由凸函数的定义可知 $f(z_0) \leqslant \theta f(y) + (1 - \theta)f(x^\dagger) < f(x^\dagger)$，矛盾！这就说明假设不成立，或者说 $x^\dagger$ 也一定是优化问题的全局最优解。　■

　　定理 7.12 说明对于凸优化问题，求解出其任何一个局部最优点就同时得到了问题的一个全局最优解。这同时也意味着前面所介绍的所有关于局部最优点的优化条件在凸优化问题也是全局最优点的优化条件。实际上，由于凸函数和凸集合的特殊性质，凸优化问题的优化条件可以更为清晰。

　　定理 7.13　如果一个凸优化问题的目标函数可导，则可行点 x^* 是优化问题全局最优的充分必要条件为：对任意可行点 y 都有下面的公式成立

$$\nabla f(x^*)'(y - x^*) \geqslant 0 \tag{7.35}$$

　　证明：根据凸函数的一阶条件可以知道对任意可行点 y 都有 $f(y) \geqslant f(x^*) + \nabla f(x^*)'(y - x^*)$。

充分性: 如果 $\boldsymbol{x}^*$ 满足式 (7.35)，则始终有 $f(\boldsymbol{y}) \geqslant f(\boldsymbol{x}^*)$，或者说 $\boldsymbol{x}^*$ 是全局最优点。

必要性: 采用反证法，假设 $\boldsymbol{x}^*$ 是全局最优点但存在可行点 $\boldsymbol{y}$ 使得 $\nabla f(\boldsymbol{x}^*)'(\boldsymbol{y}-\boldsymbol{x}^*) < 0$。令 $0 \leqslant t \leqslant 1$，考虑可行集中的点 $\boldsymbol{z}(t) = t\boldsymbol{y} + (1-t)\boldsymbol{x}^*$，考虑函数 $f(\boldsymbol{z}(t))$ 在 $t = 0$ 附近对 t 的导数如下：

$$f'(\boldsymbol{z}(t=0)) = \nabla f(\boldsymbol{x}^*)'(\boldsymbol{y} - \boldsymbol{x}^*) < 0$$

这说明总能找到一个足够小的 t 值使得 $f(\boldsymbol{z}(t)) < f(\boldsymbol{x}^*)$。矛盾！ ■

可以证明，对于凸优化问题，前面介绍过的 KKT 条件是全局最优点的必要且充分条件。实际上 KKT 条件与定理 7.13 所给出的优化条件在凸优化问题上是一致的。例 7.22 给出了在仅有等式约束的凸优化问题中两种不同的优化条件描述的等价性。

例 7.22　仅有等式约束的凸优化问题可以简写为如下的形式，其中矩阵 $\boldsymbol{A} \in \mathbb{R}^{p \times n}$，向量 $\boldsymbol{b} \in \mathbb{R}^p$。

$$\begin{aligned} &\text{minimize} \quad && f(\boldsymbol{x}) \\ &\text{subject to} \quad && \boldsymbol{A}\boldsymbol{x} = \boldsymbol{b} \end{aligned}$$

可见此时优化问题的可行集 $\mathbb{S}$ 是线性方程组 $\boldsymbol{A}\boldsymbol{x} = \boldsymbol{b}$ 的解空间，假设 $\mathbb{S}$ 非空。则可行点 $\boldsymbol{x}^*$ 为全局最优点的充分必要条件为，对于任意的 $\boldsymbol{y} \in \mathbb{S}$，都有 $\nabla f(\boldsymbol{x}^*)'(\boldsymbol{y} - \boldsymbol{x}^*) \geqslant 0$。记录 $\boldsymbol{y} = \boldsymbol{x}^* + \boldsymbol{v}$，于是有 $\boldsymbol{A}\boldsymbol{v} = 0$，也就是说 $\boldsymbol{v} \in \mathcal{N}(\boldsymbol{A})$，其中 $\mathcal{N}(\boldsymbol{A})$ 是矩阵 $\boldsymbol{A}$ 的零空间。相应的，优化条件转化为对于 $\forall \boldsymbol{v} \in \mathcal{N}(\boldsymbol{A})$，都有 $\nabla f(\boldsymbol{x}^*)'\boldsymbol{v} \geqslant 0$。而对于 $\forall \boldsymbol{v} \in \mathcal{N}(\boldsymbol{A})$，一定也有 $-\boldsymbol{v} \in \mathcal{N}(\boldsymbol{A})$。这就意味着 $\nabla f(\boldsymbol{x}^*)'\boldsymbol{v} \geqslant 0$ 和 $-\nabla f(\boldsymbol{x}^*)'\boldsymbol{v} \geqslant 0$ 总是同时成立。于是只能取等号成立，即有 $\nabla f(\boldsymbol{x}^*)'\boldsymbol{v} = 0, \forall \boldsymbol{v} \in \mathcal{N}(\boldsymbol{A})$。这就说明 $\nabla f(\boldsymbol{x}^*) \perp \mathcal{N}(\boldsymbol{A})$，或者说 $\nabla f(\boldsymbol{x}^*)$ 属于 $\boldsymbol{A}$ 的行向量所张成的空间。也就是说存在 $\boldsymbol{\lambda} \in \mathbb{R}^p$ 使得 $\nabla f(\boldsymbol{x}^*) + \boldsymbol{A}\boldsymbol{\lambda} = 0$ 成立。这实际上与求解式 (7.16) 的临界点对应的方程是完全一致的。

在应用中常会将实际问题转化为一些固定形式的凸优化问题加以求解。下面的这些都是十分常见的凸优化问题形式。

(1) **线性规划**(linear programming)：目标函数和所有约束条件中的函数均是线性的。

(2) **二次规划**(quadratic programming)：目标函数是二次的，而所有约束条件中的函数都是线性的。在前面的章节中介绍过的最小二乘问题就是一个典型的无约束二次规划问题。

(3) **二次约束二次规划**(quadratic constrained quadratic programming)：目标函数和不等式约束中的函数是二次的。

(4) **二阶锥规划**(second order cone programming)：目标函数为线性而不等式约束条件定义为范数锥形式的凸优化问题。

(5) **半正定规划**(semidefinite programming)：目标函数为线性而不等式约束条件用半正定的方式定义的凸优化问题。

求解凸优化问题的方法与前面所介绍的求解一般优化问题的方法并没有本质的不同。只是这些方法在一般优化问题中通常只能获得局部最优解，而在凸优化问题则可以得到全局最优解。另外由于目标函数的凸性，优化过程的稳定性更能得到保证。例如在无约束优化问题的牛顿法当中，由于目标函数海森矩阵的凸性，牛顿法的下降方法可以直接表述为 $\Delta \boldsymbol{x} = -\nabla^2 f(\boldsymbol{x}) \nabla f(\boldsymbol{x})$，并从理论上可以保证始终可以迭代下去。另外，在采用对数惩罚函数的障碍法时 (式 (7.31))，在凸优化问题中可以证明 $f(\boldsymbol{x}^*(t)) - f(\boldsymbol{x}^*) \leqslant p/t$。这样的话就可以在迭代过程中使用 p/t 的值来作为迭代停止的条件。

7.5 组合优化的数值求解

在前面的内容中，我们介绍了数值优化问题的基本概念和求解算法。本节我们将讨论与数值优化完全不同的一类问题，即组合优化问题。在组合优化问题中，由于可行解是离散变量表示的，数值优化问题的算法均不能直接用于求解组合优化问题。因此，组合优化问题是难解的，并且有其独特的求解方法和算法设计思想。但是，随着数值优化方法的不断发展，人们开始利用线性规划这一经典数值优化理论与算法来求解组合优化问题。本节我们将首先给出组合优化问题的基本概念，并简要介绍线性规划的基本原理，最后以顶点覆盖问题为例讨论如何利用线性规划方法来求解组合优化问题。

7.5.1 组合优化问题

在应用数学和理论计算机科学领域，组合优化是在有限对象集合中寻找最优对象的一类问题。由于组合优化问题的可行解均用离散变量表示，所有的可行解构成了该组合优化问题的离散解空间。本质上，组合优化问题的求解就是在解空间中搜索使目标函数达到最优的离散可行解。但是组合优化问题的解空间往往十分巨大，采用蛮力法进行穷举搜索的复杂度是不可接受的[①]。另一方面，由于离散变量不能定义导数，本章前面各节介绍的基于梯度的优化算法难以直接应用。

在本书的许多章节中都包含有组合优化问题的例子。在第 5 章中，我们介绍了最小生成树的概念以及产生最小生成树的 Prim 算法和 Kruskal 算法。事实上，最小生成树问题就是一个典型的组合优化问题，即在给定的联通图中找到一棵包含所有顶点且边权重之和最小的生成树。显然，利用蛮力法穷举所有可能的生成树并找到其中权重最小的一棵是可以解决该问题的。然而，在许多实际问题中，给定的联通图的规模通常都很大，这种穷举的方法时间开销过大，难以满足实际需要。Prim 算法和 Kruskal 算法则利用最小生成树的性质，分别从顶点和边的角度出发通过每次向最小生成树增加一个满足算法要求的顶点和边的方式来计算最小生成树。这样 Prim 算法的复杂度不会超过图中顶点数的平方，而 Kruskal 算法的复杂度则不会超过图中边的数乘以边数的对数。实际上，Prim 算法和 Kruskal 算法都是典型的贪心法[②]。在第 5 章中，我们还介绍过最大整数流问题和匹配问题。这两个问题也是非常典型的组合优化问题，可分别采用具有多项式时间复杂度的 Ford-Fulkerson 方法和匈牙利算法求解。还有一类问题，到目前为止，人们也没能找到其多项式时间算法，而且很可能就不存在求解这些问题的多项式时间算法。著名的旅行商问题就是这种问题的一个典型案例。考虑 n 个城市，一个推销员要从其中某一个城市出发，走遍所有的城市，每个城

---

① 有关蛮力法的详细介绍可参阅本书第 9.1 节。
② 有关贪心法的详细介绍可参阅本书第 9.3 节。

市经过且只经过一次，最后回到他出发的城市，求最短的旅行路线。最直接的方法就是蛮力法，遍历找到图中经过所有顶点的环，然后比较其路径长度。容易计算，蛮力法的复杂度为 $n!$。这样的复杂度即使是世界上最快的计算机，也难以有效地解决数百个城市的旅行商问题。事实上，分支定界法可用来求解旅行商问题，其复杂度低于蛮力法[①]。

可见，通过分析特定组合优化问题的性质，有可能找到求解该组合优化问题的多项式时间复杂度算法。我们同时可以看到，最小生成树、最大流、匹配和旅行商等问题的求解方法差异极大，分析思路也千差万别。因此，人们开始研究组合优化问题的共性特征，并试图提出更通用的问题分析和算法设计技术。为此，类似于数值优化问题，人们首先要给出不同组合优化问题的统一描述，即**整数线性规划**。下面我们先以最大流问题和匹配为例介绍组合优化问题的整数线性规划描述。

在第 5 章中，我们已经指出，一个流网络是一个有向图 $G = (V, E)$，其中边 $(u, v) \in E$ 有一个非负整数容量 $c(u, v)$。最大整数流问题就是要求解该网络中源结点 s 到宿节点 t 的最大可能的流量。令 $x(u, v)$ 表示边 (u, v) 上的流量。最大流问题的整数线性规划描述如下：

$$
\begin{aligned}
\max \quad & \sum_{(s,u)\in E} x(s,u) \\
\text{s.t.} \quad & \sum_{(u,v)\in E} x(u,v) - \sum_{(w,u)\in E} x(w,u) = 0, \quad \forall u \in V - \{s,t\} \\
& \sum_{(s,u)\in E} x(s,u) = \sum_{(v,t)\in E} x(v,t), \\
& x(u,v) \in \{0,1,\cdots,c(u,v)\}, \qquad \forall (u,v) \in E
\end{aligned}
\tag{7.36}
$$

该问题的目标是最大化从源结点发出的流量。第一个约束条件正是流的保守性质。第二个约束条件要求从源结点发出的流等于进入宿结点的流。最后一个约束要求每个有向边上的流量只能是不超过 $c(u,v)$ 的非负整数。

类似地，匹配问题也可以用整数线性规划的方式描述。给定一个二分图 $G = (L \cup R, E)$，其中 $|L| = m$、$|R| = n$。最大匹配就是要找到该二分图上没有公共端点的最大边集。定义优化变量 $x(u,v)$，如果 (u,v) 属于最大匹配 M，则 $x(u,v) = 1$；否则，$x(u,v) = 0$。那么，最大匹配问题的整数线性规划描述为

$$
\begin{aligned}
\max \quad & \sum_{u=1}^{m}\sum_{v=1}^{n} x(u,v) \\
\text{s.t.} \quad & \sum_{u=1}^{m} x(u,v) \leqslant 1, \quad v = 1,\cdots,n \\
& \sum_{v=1}^{n} x(u,v) \leqslant 1, \quad u = 1,\cdots,m \\
& x(u,v) \in \{0,1\}, \quad u = 1,\cdots,m, v = 1,\cdots,n
\end{aligned}
\tag{7.37}
$$

① 有关分支定界法的详细介绍可参阅本书第 9.5 节。

该问题的目标是最大化匹配边的数目。第一个约束条件要求顶点集 R 中的每一个顶点至多只能和 L 中的一个顶点建立匹配边。第二个约束则要求顶点集 L 中的每一个顶点至多只能和 R 中的一个顶点建立匹配边。以上约束条件保证了该问题的可行解是一个匹配。

许多其他的组合优化问题也都可以表示成整数线性规划的形式。转化的核心在于引入决策变量，将组合优化问题中的概念转化为整数线性规划中的目标函数和约束条件。

7.5.2 线性规划初步

上一小节的分析表明，许多组合优化问题都可以表示成优化变量为整数的整数线性规划形式。我们还注意到，这些优化问题的目标函数和约束条件都是优化变量的线性函数。如果这些问题中的优化变量取值是连续的，那么这些问题就被统称为**线性规划**。

在第 6.5 节中，我们曾介绍过线性方程组的数值求解问题。如果采用矩阵表示，线性方程组的求解问题可描述为：计算未知数向量 x 以满足条件 $Ax = b$，其中 A 和 b 分别为给定矩阵和向量。在线性规划中，我们一般考虑更为复杂的不等式情形，即要确定未知数向量 x 的取值以满足不等式约束 $Ax \geqslant b$。这样的不等式组通常确定了向量空间中的一个区域，即线性规划问题的**可行域**。例如，给定二维向量 $x = (x_1, x_2)^{\mathrm{T}}$ 和如下四个不等式：

$$
\begin{aligned}
x_1 + x_2 &\geqslant 4 \\
2x_1 + x_2 &\geqslant 6 \\
x_1 &\geqslant 0, x_2 \geqslant 0
\end{aligned}
\tag{7.38}
$$

那么，上述不等式在平面上定义的可行域如图 7.1 所示。

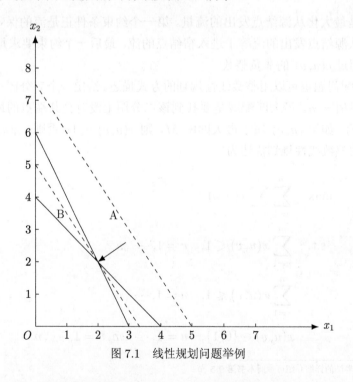

图 7.1 线性规划问题举例

给定线性不等式组 $Ax \geqslant b$ 所定义的区域，线性规划问题期望在该区域内寻找能够最小化 $c^{\mathrm{T}}x$ 的未知向量 x，其中 c 为已知向量。因此，线性规划问题的一般形式可写为

$$\min \quad c^{\mathrm{T}}x$$
$$\text{s.t.} \quad Ax \geqslant b \tag{7.39}$$
$$x \geqslant 0$$

这里 $c^{\mathrm{T}}x$ 称为线性规划问题的目标函数。例如，我们令向量 c 为 $(1.5, 1)$，即在图 7.1 所示的可行域内最小化目标函数 $1.5x_1 + x_2$。事实上，二维线性规划问题可以用图解法计算最优解。我们可以先在该问题的可行域内画出斜率为 -1.5 的直线，如图中编号为 A 的虚线所示。然后不断向左平移该虚线，直到与可行域的边界点恰好相切为止，即图中编号为 B 的虚线。对于图 7.1 中的例子而言，最优解为 $(2, 2)$，最优值为 5。

对于一个一般的线性规划问题，图解法显然是不够的。目前求解线性规划问题的主要方法称为**单纯形法**。该算法在实际应用时效率很高，但在最差情况下并不是多项式时间复杂度算法。为此，人们又提出了内点法和椭球法等多项式时间复杂度的求解算法。这些算法的设计和分析可参阅线性规划理论的有关书籍，这里不再赘述。需要指出的是，对于许多网络相关的组合优化问题，单纯形法可以划归为图上的操作，即所谓网络单纯形法。事实上，Ford-Fulkerson 方法就是网络单纯形法应用于求解最大流问题。网络单纯形法具有多项式时间复杂度，从而得到广泛应用。更重要的是，网络单纯形法启迪着人们探索利用线性规划理论求解组合优化问题的一般性方法。

7.5.3　顶点覆盖的线性规划求解

本小节中，我们以顶点覆盖问题为例，介绍如何使用线性规划理论来解决组合优化问题。在图论中，图 $G = (V, E)$ 的顶点覆盖是顶点集合 V 的子集 S，使得 E 中每条边都至少有一个端点在 S 中。如果图中每个顶点 $u \in V$ 都有一个权重 w_u，那么最小权顶点覆盖就是寻找 S 使得 $\sum_{u \in S} w_u$ 最小。为了将顶点覆盖问题转化为整数线性规划，类似于匹配问题，我们定义决策变量 x_u，其中 $x_u = 1$ 表示 $u \in S$，$x_u = 0$ 表示 $u \notin S$。这样顶点覆盖的整数线性规划形式可写为

$$\min \quad \sum_{u \in V} w_u x_u$$
$$\text{s.t.} \quad x_u + x_v \geqslant 1, \quad (u, v) \in E \tag{7.40}$$
$$x_u \in \{0, 1\}, \quad u \in V$$

该问题的第一个约束条件表明，如果 (u, v) 是 G 的一条边，则 u 和 v 至少有一个属于 S。结合 x_u 只能取 0 和 1 的约束，该问题的约束条件保证了 $x_u = 1$ 的点恰好符合顶点覆盖的定义。可以看到，如果我们将约束条件 $x_u \in \{0, 1\}$ 改为 $x_u \in [0, 1]$，那么该问题就是一个典型的线性规划问题。这个将离散变量连续化的操作通常被称为**松弛**。利用线性规划的算法，就可以得到一组 0 和 1 之间的 x_u^*。这些 x_u^* 在对每条边 $(u, v) \in E$ 满足 $x_u^* + x_v^* \geqslant 1$ 的前提

下，使得 $\sum\limits_{u \in V} w_u x_u^*$ 最小化。由于松弛操作，整数线性规划问题的可行域是松弛后的线性规划问题的可行域内的整数点，因此 $\sum\limits_{u \in V} w_u x_u^* \leqslant \sum\limits_{u \in S^*} w_u$，其中 S^* 为 G 的最小权顶点覆盖。

下面的问题在于，如何利用线性规划的求解结果来帮助我们求解顶点覆盖问题。显然，如果通过线性规划算法求出的 x_u^* 等于 0 或者等于 1，那么我们就自然得到了顶点覆盖问题的解。但是，这种情况通常不会发生。一般计算出的 x_u^* 都是 0 和 1 之间的小数。此时，产生顶点覆盖的最直接方法就是对小数结果进行取整，即定义 $S' = \{u \in V : x_u^* \geqslant \frac{1}{2}\}$。可以验证，通过取整操作得到的 S' 的确是顶点覆盖。注意到，$x_u + x_v \geqslant 1$ 仍然是松弛后的线性规划问题的约束条件。因此，任意一个松弛后的线性规划的解一定满足 $x_u^* \geqslant \frac{1}{2}$ 或者 $x_v^* \geqslant \frac{1}{2}$。从而，$S'$ 满足顶点覆盖的定义。接下来，我们考虑 S' 的权重与最优权重的差异。显然，我们有

$$\sum_{u \in S^*} w_u \geqslant \sum_{u \in V} w_u x_u^* \geqslant \sum_{u \in S'} w_u x_u^* \geqslant \frac{1}{2} \sum_{u \in S'} w_u \tag{7.41}$$

因此，通过取整方法得到的顶点覆盖 S' 的权重至多为最优权重的 2 倍。

可见，通过将组合优化问题转化为整数线性规划，我们就可以通过求解松弛之后的线性规划问题来得到原始问题的最优值下界。然后，选择合适的方法在线性规划解的基础上构造一个原始问题的可行解。尽管该可行解一般不是最优的，但其达到的目标函数值和最优值之间的差异是可以估计的。同时，通过不断探索更好的整数可行解构造方法，我们还可以得到更紧的近似最优结果。

7.6 本章小结

优化问题旨在求解目标函数在可行集中的最优点。在本章重点介绍的数值优化问题中，目标函数一般是定义在连续空间中的连续函数。由于对函数总体结构的描述和分析是非常困难的，因此求解一般性的优化问题本质上也是困难的。不仅如此，即便是判断优化问题解的存在与唯一性也可能是相当困难的。本章所介绍的优化问题的优化条件既是进行这类判断的依据，也为优化问题的求解提供了理论基础。然而在很多情况下，利用导数等函数局部信息求解目标函数的局部最优点才是求解优化问题最为可行的方法。本章中介绍的最速下降法、牛顿法都是这类方法中典型的代表。如果需要求解的优化问题具备一些特殊的性质，例如凸性，则局部最优点与全局最优点之间可能密切相关，此时求解优化问题的难度也就相应地降低了。因此将需要求解问题尽量建模为更容易求解的优化问题也是实际应用中常见的思路。此外，一些非数值优化问题也可以通过松弛等操作转化为数值优化问题加以求解。

第 8 章　随 机 算 法

8.1　随机性与随机数

在前面介绍的所有的数值或者非数值算法都具有一个共同的特性，那就是这些算法的每个步骤都是**确定性的**(deterministic)。在实现正确的前提下，针对同样的输入以相同的设置多次运行一个确定性算法通常是没有意义的，因为所得到的结果应该总是相同的。当然，确定性算法有时候也会表现出一些不确定性或者说**随机性**(randomness)。例如前面介绍过的快速排序算法，当输入的序列发生改变时，算法的复杂度可能会在 $\mathcal{O}(n\log n)$ 和 $\mathcal{O}(n^2)$ 之间波动，从而导致即便输入的规模不变，算法的耗时也随着输入的变化而不同。再如用牛顿法求解方程的根或者优化问题时，当选取的初值点不同的时候，算法可能会不收敛或者收敛到问题的不同的解。当然这些随机性并不是算法的设计者刻意加入的，相反的，在更多的时候确定算法的这些不确定性恰恰是需要尽量避免的。

与确定性算法不同，**随机算法**(randomized algorithms) 遵循了一个不同算法设计思路，即通过在算法的某些步骤主动地引入随机性来更为有效地解决实际问题。在实际应用中采用随机算法的目的有很多种，例如通过增加随机性来避免确定性算法对某些特定输入失效的情况，或者用更为简单的随机实现方式来规避精细的确定性算法的实现，或者借助随机的方式来以一定的概率获取更低的计算复杂度等。例如在快速排序中可以采用随机选取划分元素的办法来尽量降低最坏情况出现的可能性或者解耦特定的输入和最坏情况之间的关联，这种方法也被称为随机快速排序。再如在大数据量的前提下采用传统的梯度下降法进行优化通常会产生极高复杂度的梯度计算过程，而更为常用的随机梯度下降法的基本思想就是随机选择部分数据进行梯度计算以有效地降低计算过程的复杂度。

总体上来说，随机算法适用于以下情况：问题的本质就是非确定性选择的随机过程，理论上具有确定性且复杂度过高的计算问题，高维度或者大数据量的计算场合。随机算法一般都是基于简单的设计思想或者是对于确定性算法的简单改造，因此实现起来通常比较简单。随机算法中引入随机性的一个重要手段就是利用**随机数**(random numbers) 的序列。实际上随机数序列本身就很难定义，任何可以在通用计算平台上得到的随机数序列也可以被看成是由确定性的过程产生的，因此并不是真正随机的 (伪随机)。一般来说，如果一个数的序列难以用比其自身更为简洁的方式加以描述，就可以认为这个数列是具有随机性的。在这里我们就不再深究数列的随机性本身的含义，仅讨论一些在实际的随机算法中常被应用的产生随机数序列的方法和过程。

随机数生成器在不同的平台和系统中有不同的定义和实现方式。最为常见的标准随机数生成器输出的一般是在区间 $[0,1)$ 上均匀分布的随机数。其他的区间和分布方式的随机数往往都可以通过这种标准随机数生成器的输出经过变换而得到。实现标准随机数生成器的最为简单的方式是利用式 (8.1) 以求余数的方式构造一个具有随机性的整数序列 $\{l_0, l_1, \cdots, l_{k-1}, l_k, \cdots\}$，再输出 $x_k = l_k/M$。式 (8.1) 中的 M 一般是一个很大的数，而 a 和 b 的选取通常决定了所产生序列的随机性质。不难发现这样产生的随机序列是周期性重复的，当然这个周期通常与 M 的值相关，也会是一个非常大的数，因此在大多数的应用中都不会观察到这样的周期性。另外，序列的首元素 l_0 被称为**随机种子**(random seed)，它的值一般由系统或者用户指定。显然随机种子的值一旦确定，式 (8.1) 所产生的随机序列就是确定的。因此在实际应用中往往用一些随机的方法来确定随机种子，例如用当前的日期或者时间经过某种变换之后用作随机种子。

$$l_k = (al_{k-1} + b) \mod M \tag{8.1}$$

例 8.1 在 32 位的机器上一般取 M 为最大的正整数 $M = 2^{31} - 1 = 2\,147\,483\,647$，如果取 $b = 0, a = 7^7 = 823\,543$，则以 $l_0 = 1234$ 为种子得到的随机数序列的前 6 项为 $\begin{bmatrix} 0.47323 & 0.63100 & 0.81984 & 0.12644 & 0.05306 & 0.23397 \end{bmatrix}$，而如果以 $l_0 = 4321$ 为种子则为 $\begin{bmatrix} 0.65707 & 0.85294 & 0.79054 & 0.92087 & 0.27979 & 0.34764 \end{bmatrix}$。

例 8.2 为了获取更好的随机特性，基于求余的随机数生成也有一些变种的方法，这里给出一个典型的例子。首先用式 (8.1) 生成 5 个随机数 l_0, l_1, l_2, l_3, l_c。然后用如下公式进行迭代：

$$l_k = 2\,111\,111\,111 l_{k-4} + 1492 l_{k-3} + 1776 l_{k-2} + 5115 l_{k-1} + l_c \mod 2^{32}$$

$$l_c = \lfloor l_k/2^{32} \rfloor$$

最终输出的随机数序列为 $x_k = l_{k+3}/2^{32}$。假设随机种子 $l_0 = 1234$，则用该方法产生的随机序列的前 6 项如下：

$$\begin{bmatrix} 0.70548 & 0.19538 & 0.69367 & 0.94929 & 0.29417 & 0.27576 \end{bmatrix}$$

上述的随机数发生器也可以被用来产生非均匀分布分布的随机数。如果目标分布的概率累积分布函数是可逆的，则将均匀分布的随机数作为变量代入累积分布函数的逆函数就可以得到需要的结果，这种方法被称为**逆变换采样**(inverse transform sampling)。但是如果目标分布的累积分布函数过于复杂以至于无法求逆，该方法就不再适用了。对于这样的情况往往需要具体分析目标分布的性质，例 8.3 给出了一种常用的正态分布随机数的产生方法。

例 8.3 产生符合均值为 $\mu = 0$ 而方差为 $\sigma = 1$ 的正态分布的随机数序列。

解：正态分布的累积分布函数如下，其中 $\operatorname{erf}(x) = 2/\sqrt{\pi} \int_0^x e^{-t^2} \mathrm{d}t$。

$$\mathrm{cdf}(x) = \frac{1}{2}\left[1 + \operatorname{erf}\left(\frac{x - \mu}{\sqrt{2}\sigma} \right) \right]$$

该函数的逆函数的解析形式很难直接得到，因此需要借助一些概率分析的方式来解决。设 u_1, u_2 为 $[0, 1)$ 区间上均匀分布的独立随机变量，则 (u_1, u_2) 的联合概率密度函数为 $p_u(u_1, u_2) = p(u_1)p(u_2) = 1$。假设存在另外两个随机变量 x_1, x_2，以及两个可导函数 h_1, h_2 使得 $u_1 = h_1(x_1, x_2)$ 且 $u_2 = h_2(x_1, x_2)$，则 (x_1, x_2) 的联合概率密度函数如下：

$$p_x(x_1, x_2) = p_u \times \left| \det \left(\begin{bmatrix} \dfrac{\partial h_1}{\partial x_1} & \dfrac{\partial h_1}{\partial x_2} \\ \dfrac{\partial h_2}{\partial x_1} & \dfrac{\partial h_2}{\partial x_2} \end{bmatrix} \right) \right| = \left| \det \left(\begin{bmatrix} \dfrac{\partial h_1}{\partial x_1} & \dfrac{\partial h_1}{\partial x_2} \\ \dfrac{\partial h_2}{\partial x_1} & \dfrac{\partial h_2}{\partial x_2} \end{bmatrix} \right) \right|$$

基于 u_1, u_2 用如下方式构造随机变量 x_1, x_2：

$$x_1 = \sqrt{-2\ln u_1} \cos(2\pi u_2), \; x_2 = \sqrt{-2\ln u_1} \sin(2\pi u_2) \tag{8.2}$$

用求解方程的方式可以得到其反函数形式如下：

$$u_1 = e^{-(x_1^2 + x_2^2)/2}, \; u_2 = \arctan(x_2/x_1)/2\pi$$

代入前面的公式并化简可以得到 x_1, x_2 的联合概率密度函数如下：

$$\begin{aligned} p_x(x_1, x_2) &= \left| \det \left(\begin{bmatrix} -x_1 e^{-(x_1^2 + x_2^2)/2} & -x_2 e^{-(x_1^2 + x_2^2)/2} \\ -\dfrac{x_2}{2\pi(x_1^2 + x_2^2)} & \dfrac{x_1}{2\pi(x_1^2 + x_2^2)} \end{bmatrix} \right) \right| \\ &= \left(\frac{1}{\sqrt{2\pi}} e^{-x_1^2/2} \right) \left(\frac{1}{\sqrt{2\pi}} e^{-x_2^2/2} \right) \end{aligned}$$

可以看出 x_1, x_2 恰好为两个相互独立的服从标准正态分布的变量。于是，利用式 (8.2) 就可以产生服从均值为 $\mu = 0$ 而方差为 $\sigma = 1$ 的正态分布的随机数序列。

8.2 舍伍德与拉斯维加斯算法

设计随机算法的核心是解决两个主要问题，其一是以何种方式在算法中引入随机性，其二是如何解读算法的执行结果。考虑之前介绍过的快速排序算法。我们知道快速排序算法的核心是在当前待排序列中选取一个划分元素，将序列分成两个部分，其中一部分的元素均不大于划分元素，而另一部分的元素均不小于划分元素。如果在递归的过程中，每次寻找到的划分元素都可以均衡地将待排序列一分为二，则快速排序的执行效率会比较理想，即可以达到 $O(n \log n)$ 的算法复杂度。反之，如果划分元素选择不当而无法将待排序列有效地分开，则快速排序的效率会显著下降，极端情况下会退化到 $O(n^2)$ 的时间复杂度。如果快速排序算法中选择划分元素的方式是确定的，则总会存在一些特定的输入始终不能被高效地进行排序。一个典型的例子是如果每次都选择当前序列的首个元素作为划分元素，则如果输入序列本身是有序的，则快速排序算法始终需要 $O(n^2)$ 的时间复杂度才能完成计算。

解决这一问题的方法之一就是在选取划分元素的时候引入随机性，即从当前待排序列中以等概率的方式随机选取一个元素作为划分元素，这种算法也被称为**随机快速排序**(random quick sort)。为了分析随机快速排序算法的时间复杂度，假设输入的带排序列包含 n 个元素。用 $x_{[i]}(1 \leqslant i \leqslant n)$ 表示该序列中第 i 小的元素，例如 $x_{[1]}$ 表示序列中最小的元素而 $x_{[n]}$ 表示序列中最大的元素。令 p_{ij} 表示在排序过程中元素 $x_{[i]}$ 和元素 $x_{[j]}$ 发生过比较的概率。如果将快速排序的过程视为构造一棵二叉搜索树 T 的过程，则显然在 T 及其任何一棵子树中，根结点和所有其他结点都发生过比较操作，而分属不同子树的结点之间不会发生比较操作。这就说明如果在 T 中元素 $x_{[i]}$ 和元素 $x_{[j]}$ 互为子孙或者祖先结点则在排序过程中两者发生过比较，否则没有发生过比较。于是 p_{ij} 就是在所有可能的二叉搜索树中，元素 $x_{[i]}$ 和元素 $x_{[j]}$ 互为子孙或者祖先结点的概率。

对于任何一个输入元素的排列，都可以按照从头到尾逐个元素插入的方式得到一个二叉搜索树。为了方便分析，不妨假设 $i < j$。考察所有可能的元素 $x_{[i]} < x_{[l]} < x_{[j]}$，则如果在某个排列中 $x_{[l]}$ 排在 $x_{[i]}$ 之前，则在构造的二叉树上 $x_{[i]}$ 会出现在以 $x_{[l]}$ 为根的子树的左子树中，而 $x_{[j]}$ 会出现在以 $x_{[l]}$ 为根的子树的右子树中。此时元素 $x_{[i]}$ 和元素 $x_{[j]}$ 之间将不会发生比较操作。除此之外，$x_{[i]}$ 和 $x_{[j]}$ 一定会互为子孙或者祖先关系，即一定会发生比较操作。换句话说，如果元素 $x_{[i]}, x_{[i+1]}, \cdots, x_{[j]}$ 中 $x_{[i]}$ 或者 $x_{[j]}$ 排在最前面，才会发生比较操作。在以等概率选择划分元素的情况下，对应的概率为 $p_{ij} = 2/(j - i + 1)$。则随机快速排序算法总比较次数如式 (8.3) 所示，其中 $S_n = \sum_{k=1}^{n} 1/k$ 是调和级数的第 n 项。在前面的章节曾经介绍过 $S_n = \ln n + \mathcal{O}(1)$，因此随机快速排序的时间复杂度的期望为 $\mathcal{O}(n \log n)$。

$$
\begin{aligned}
\sum_{i=1}^{n} \sum_{j>n} p_{ij} &= \sum_{i=1}^{n} \sum_{j>n} 2/(j - i + 1) \\
&\leqslant \sum_{i=1}^{n} \sum_{k=1}^{n-i+1} 2/k \\
&\leqslant 2 \sum_{i=1}^{n} \sum_{k=1}^{n} 1/k = 2nS_n
\end{aligned} \tag{8.3}
$$

要注意的是，上面的分析是针对算法本身的，而没有对输入序列作任何的假设。在确定性的快速排序算法中，算法执行效率和输入直接相关。而在随机快速排序算法中，时间复杂度的变化仅与算法自身包含的随机性相关。实际上还可以进一步证明，在随机快速排序算法中，计算时间复杂度不会高过期望很多的概率是极高的。当然，由于随机性的引入，即便输入序列相同，实际的执行效率也可以波动。但这恰恰为消除确定性算法中最坏情况和特定输入之间的关联性提供了可能。在实际应用中，可以对随机排序算法的执行时间设置一个门限。如果超过这个门限，就可以停止程序并重新开始一次执行过程。这样通常可以很有效地避免最坏情况的出现。实际上也可以通过对输入序列进行随机洗牌来达到类似的效果。总体上来说，这类方法大多适用于确定性算法在最坏情况下的计算复杂度与其在平均情况下的计算复杂度有较大差异的情况。其基本思路就是通过引入随机性来消除或者有效地减少计算问题好坏实例间的差别。遵循这一思路设计的随机算法被统称为**舍伍德算法**。该类型的算法在一般情况下总是能够给出正确的运行结果，与确定性算法主要的区别就是在计算复杂度。

一些本质复杂度较高的计算问题可能不存在高效的确定性算法。针对这些问题在求解过程中增加一些随机性，可能会较快地找到问题的解。基于这样的思路设计的随机算法统称为**拉斯维加斯算法**。与舍伍德算法不同，执行一个拉斯维加斯算法一次，可能会得不到任何的解。但是一般会要求一个特定的拉斯维加斯算法对于任意可能的输入找到正确解的概率都要大于零。这样的话，通过多次执行同一个拉斯维加斯算法可以增加得到问题解的概率。当然，一个拉斯维加斯算法只要输出问题的解就一定是正确的，这一点与舍伍德算法是一样的。

例 8.4　n 皇后问题要求在 $n \times n$ 的棋盘的每一行放置一个皇后，并使得这些皇后之间不会相互攻击到。这是一个本质复杂度很高的组合问题，对于很大的 n 该问题不能在多项式时间复杂度内得到解决。作为一个经典的组合问题，最常见的方法是将其转化为一个图搜索的问题进而采用回溯法加以解决。这种方法可以保证找到问题的所有可能的解，但时间复杂度可能会很高。如果求解的目标只是要找到一个可行的解，引入拉斯维加斯算法是一个很好的选择。首先在棋盘的若干行中随机地放置皇后，然后对剩余的行采用回溯法进行求解，直到寻找到一个解或者搜索失败。显然，随机放置的皇后越多，后续的搜索复杂度就越低，但是找不到可行解的可能性也就越大。通过多次执行这样一个算法完全有机会获得多个不同的解，但很难保证获得全部可能的解。

例 8.5　整数的质因数分解是一个经典的计算问题，对整数 $n > 1$ 找到其所有的质因数。

解：质因数分解的一个最为直接方法是对 1 到 $\sqrt{n}$ 中所有的整数从小到大进行遍历，逐个检验其是否为 n 的因子，显然这样的方法计算复杂度应为 $\mathcal{O}(\sqrt{n})$。对于比较大的整数来说，这是一个很高的复杂度。为了解决这个问题，J. Pollard 在 1975 年提出了一个非常巧妙的随机算法。假设 n 有一个因子 $1 \leqslant p \leqslant \sqrt{n}$，可以证明如果从区间 $[1, \sqrt{n}]$ 选择 t 个均匀分布的随机数 $x_1, x_2, \cdots, x_t$，则存在两个随机数 x_i, x_j，它们之间的差等于 p 的概率大于 $1 - \mathrm{e}^{-t^2/2\sqrt{n}}$。通过简单的运算可以得到在 $t \approx 1.177 n^{1/4}$ 时，这个概率已经大于 0.5。考虑到可以通过计算公约数的方式来寻找因子，可以进一步允许 x_i, x_j 的差为 p 的倍数，这样需要使用的随机数的数目会进一步下降。Pollard's rho 算法正是基于这样一种思想，即通过产生一个随机数序列，并检验该序列中相邻的两个数之间的差与 n 之间的最大公约数来寻找 n 的因子。下面给出了该算法的过程，其中 $f(x) = (x^2 - 1) \mod n$ 而 gcd() 是求最大公约数的函数。这个算法中实际上还采用了一种简单的方式来判断随机序列出现循环的情况。当随机数循环发生时还没有找到因子，算法就会返回失败；但在任何时候只要算法返回一个因子就一定是正确的。这正是一种典型的拉斯维加斯算法。可以证明从平均意义上来说，Pollard's rho 算法可以在 $\mathcal{O}(n^{1/4})$ 时间内找到 n 的一个因子 p。接着只要分别判断 p 和 n/p 是不是质数，如果不是再递归地调用算法继续寻找因子即可最终完成质因数分解。

算法 1 Polard's rho 算法

$x, y \leftarrow [0, n-1]$ 上的一个随机数

$x \leftarrow f(x)$

$y \leftarrow f(f(y))$

while $y \neq x$ **do**

    $x \leftarrow f(x)$

    $y \leftarrow f(f(y))$

    $p \leftarrow \gcd(|x - y|, n)$

    if $p > 1$ **then**

        返回 p 作为 n 的一个因子

    end if

end while

失败返回

下表展示了当 $n = 316\,049$ 时找到一个因子的过程，仅用了 10 步就找到了一个质因子 317。

k	x	y	$\gcd(|x-y|, n)$
1	251674	232037	1
2	106136	172532	1
3	232037	87078	1
4	9875	72218	1
5	172532	207477	1
6	215958	254293	1
7	87078	156329	1
8	246524	210569	1
9	72218	248743	1
10	314974	8752	317

8.3 蒙特卡洛算法

    前一节所介绍的舍伍德算法和拉斯维加斯算法具有一个共同的特点，那就是如果算法返回结果，那么这个结果一定是问题的正确解。本节要介绍的**蒙特卡洛算法**(Monte Carlo methods) 则不同，它允许算法输出不精确甚至不正确的结果。蒙特卡洛算法几乎是和计算机同时诞生于 20 世纪中期，其基本思路是将计算问题转化为随机形式，进而可以采用统计抽样的方式求解。蒙特卡洛算法在一般情况下都能以较高的概率给出问题的正确解。或者说虽然调用一个蒙特卡洛算法一次无法保证得到正确的解，但通过多次调用可以有效地提

高获得正确解的概率。蒙特卡洛算法最初被提出的时候主要是解决一些形式过于复杂而难以用解析方式求解数值计算问题，例如复杂函数的数值积分，如例 8.6 所示。

例 8.6 计算定积分 $I = \int_0^1 f(x) = \mathrm{e}^{-x^2}\cos(x)\mathrm{d}x$。

解：该积分中的函数 $f(x)$ 形式较为复杂，其不定积分的解析形式要涉及复变量函数。从几何意义上看，待求的积分值就是函数曲线下方的面积，同时不难发现在区间 $[0,1]$ 上 $0 \leqslant f(x) \leqslant 1$。因此利用蒙特卡洛法，可以在单位正方形内产生均匀分布的随机点，通过统计这些点落在曲线下方的概率就可以得到待求积分值。下表展示了一次实验中计算结果 $\tilde{I}$ 的相对误差 E_r 与随机点个数 N 之间的关系。通过其他方式可以求得该定积分更为精确的近似值为 $I \approx 0.65617$。可以看到总体上来说，随机点的个数越多，计算结果的精确度越高。但这种趋势也不能保证在每次调用算法时都吻合。

N	$\tilde{I}$	E_r
100	0.6900	5.16%
1000	0.6710	2.26%
10000	0.6544	0.27%
100000	0.6568	0.09%
1000000	0.6560	0.03%

在数值计算中，蒙特卡洛方法也可以用于其他的问题。例如在求解一元非线性方程时可以在求解区间内按照某个特定的概率分布取一系列的随机点，满足残差要求的随机点就可以作为近似解，或者作为进一步采用确定性算法求解的初值。

蒙特卡洛算法也可以用于非数值问题的求解，完全最小割问题就是一个非常著名的实例。一个连通无向图 G 的割 (cut) 是将其顶点分开成两个不相交的非空集合的划分。一个割的大小被定义为 G 中端点分属两个集合的边的权重之和。前面我们曾介绍过确定了源顶点 s 和宿顶点 t 情况下求 $s-t$ 最小割的确定性算法。如果源顶点和宿顶点可以任意取图中的两个顶点，就可以得到一系列的最小割，而这其中最小的就被称为**完全最小割**。显然如果 G 的顶点数为 n，则可以通过调用 $n-1$ 次的 $s-t$ 最小割算法来得到完全最小割。但一种效率更高的方式则是采用收缩算法，其过程如算法 2 所示。

算法 2 完全最小割的收缩算法

对每个顶点 v 设置集合 $S(v) \leftarrow \{v\}$

while 当前顶点数 > 2 **do**

    等概率随机选取一条边 $e = <u, v>$

    收缩操作：从 G 中删除 e，用新顶点 $n_{u,v}$ 代替 u, v，$S(n_{uv}) = S(u) \cup S(v)$

end while

剩余的两个顶点为 u, v，则返回割 $S(u)$ 和 $S(v)$

算法 2 看起来似乎与求解完全最小割没有任何关系，显然运行此算法不能保证得到完全最小割。但不能否认，运行算法 2 也是有可能会得到完全最小割的。实际上可以证明运行一次算法 2 能够得到完全最小割的概率不小于 $2/(n^2 - n)$。如果独立地执行算法 2 不少于 $(n^2 - n)\ln(n)/2$ 次，可以证明没有在这个过程中找到完全最小割的概率不会超过 $1/n$。对于较大的 n 值，这表明可以以很大的概率保证在这个过程中已经得到了完全最小割。完全最小割的收缩算法是一个相当极端的随机算法，算法几乎完全没有考虑问题的目标。但由于每次执行也存在一定的概率 (虽然非常小) 可以得到正确解，在足够多次执行之后也能够得到满意的效果。显然完全最小割的收缩算法是一个典型的蒙特卡洛算法。

如果一个蒙特卡洛算法对于问题的任何一个实例得到正确解的概率都不小于 $p \in (0, 1]$，则称该算法是 p 正确的。考虑结果只有真和假两种可能的判定问题，如果一个判定问题的蒙特卡洛算法在返回真时就一定是正确结果，则称这个算法是偏真的 (类似地可以定义偏假)。调用一个 p 正确的偏真的蒙特卡洛算法 k 次，可以得到一个 $(1 - (1 - p)^k)$ 正确的偏真的蒙特卡洛算法。

算法 3 费马质数判定

---

for $k = 1$ **to** K **do**

    在区间 $[2, n]$ 中等概率随机选取一个数 a

    if $(a^{n-1} \mod n) \neq 1$ **then**

        返回 n 不是质数

    end if

end for

返回 n 很可能是一个质数

例 8.7 判断一个正整数 $n > 2$ 是否为质数是一个应用广泛的基本问题。解决该问题的一个确定性算法是遍历从 2 到 $\sqrt{n}$ 的所有整数，判断其是否为 n 的因子。这个算法的时间复杂度比较高，特别是在判定仅包含较大的质因子的合数时。更为有效的质数判定方法一般都是基于质数的一些必要条件，例如著名的费马小定理：如果 $n > 2$ 是一个质数，且 $0 < a < n$，则 $(a^{n-1} \mod n) = 1$。利用该定理实现一个随机的质数判定算法。

解：对于任意的输入 n，随机选取 $[2, n-1]$ 中的一个数 a。如果 $(a^{n-1} \mod n) \neq 1$，就说明 n 一定不是质数。但如果 $(a^{n-1} \mod n) = 1$，并不能断定 n 就是质数。当然，如果多次选取了不同的 a 都满足定理的条件，则可以以很高的概率表明 n 是一个质数。要注意的是，由于费马小定理只是质数判定的一个必要条件，所以即便选取了所有可能 a 都满足定理条件，也并不能保证 n 是质数。具体的算法过程如下，显然这是一个典型的蒙特卡洛算法。需要注意的是，实际操作中不能将 $a^{(n-1)}$ 计算出来再取模，这样会产生极大的中间结果，往往会导致上溢。一个可行的方法是采用**模指数**(modular exponentiation) 计算来避免这种情况的出现。另外 K 越大，一个合数通过所有循环的可能性就越少，但同时计算的复杂度也会越高。该算法可以与 Pollard's rho 算法配合使用完成质因数分解。下表中展示了利用该算法检验 $n = 561$ 为合数的过程。实际上，$n = 561$ 是一个特殊的合数，它对于所有的与其互质的数都能够满足费马小定理。这一类的合数被称为 Carmicheal 数。尽管如此，多次调用之后算法还是能给出正确的判定结果。费马质数判定算法还有一些变种，例如 Solovay-Strassen 算法和 Miller-Rabin 算法，这些算法可以以更高的概率得到正确的判定结果。

k	a	$a^{n-1} \mod n$
1	551	1
2	409	1
3	193	1
4	328	1
5	61	1
6	508	1
7	493	34

8.4　模拟退火与遗传算法

本节将介绍两种在很多领域中被广泛应用的随机算法，**模拟退火**(simulated annealing) 和**遗传算法**(genetic algorithms)。在某些场合中这两种算法也被归类为智能算法，因为它们经常被用来解决智能计算中常见的优化或者搜索问题。这两种算法为解决一些本质上不存在高效算法的计算问题提供了有效的思路。这些思路和不同领域的具体问题相结合，形成了很多的改进和变种的算法版本。本节仅介绍这两种算法最为基础的形式。

算法 4　模拟退火

设置初始温度 T

设置温度衰减系数 $\gamma < 1$

随机选取迭代初始点 $\boldsymbol{x} \in \mathbb{S}$

for $k = 1$ **to** K **do**

　　随机选取前进方向 $\Delta\boldsymbol{x}$ 使得 $\boldsymbol{x} + \Delta\boldsymbol{x} \in \mathbb{S}$

　　if $f(\boldsymbol{x} + \Delta\boldsymbol{x}) < f(\boldsymbol{x})$ **then**

　　　　更新变量 $\boldsymbol{x} \leftarrow \boldsymbol{x} + \Delta\boldsymbol{x}$

　　else

　　　　目标函数变化值 $\Delta f = f(\boldsymbol{x} + \Delta\boldsymbol{x}) - f(\boldsymbol{x})$

　　　　以概率 $P = \mathrm{e}^{-\Delta f/T}$ 更新变量 $\boldsymbol{x} \leftarrow \boldsymbol{x} + \Delta\boldsymbol{x}$

　　end if

　　退火操作 $T \leftarrow \gamma T$

end for

返回 $\boldsymbol{x}$

　　在前面的章节中曾经介绍过优化问题, 我们知道目前几乎所有的优化方法本质上都是在寻求局部最优点。在凸优化问题中局部最优点和全局最优点的一致性使得全局最优点可以被有效地找到。但是如果优化问题是非凸的, 不用说寻找全局最优点, 就是判定当前找到的某个局部最优点是否为全局最优点都会非常的困难。模拟退火算法继承自一个特定的蒙特卡洛算法, 它的主要用途就是通过引入随机性来提高找到优化问题全局最优解的概率。以最速下降法和牛顿法为代表的基于下降方向的优化方法都遵循一个基本的原则, 那就是在每步迭代之后目标函数值都要比上一步迭代的结果有所减少。下降方向这个概念正是基于这样一种原则来定义的。但在非凸优化问题中, 这样的原则很可能使得优化过程一旦陷入某个局部最优就再也无法摆脱, 从而丧失了转移到更优解的可能性。基于模拟退火的优化算法正是试图改善这一个问题, 其基本思路是在优化过程的某些阶段以一定的概率允许迭代后的目标函数值不降低反升。但是随着优化过程的进行, 这种概率逐步降低一直趋于稳定。这样的过程非常类似于物体在温度由高到低降温 (退火) 的过程中, 物体内部粒子的热运动幅度由大变小的物理现象。

　　这也正是该方法得名的由来。算法给出了一个在可行集 $\mathbb{S}$ 上优化目标函数为 $f(\boldsymbol{x})$ 的模拟退火算法。可见在模拟退火算法中, 即便选取的前进方向不是下降方向, 算法也会以一定的概率来保留这个变化。而这个判定概率的准则 $e^{-\Delta f/T}$ 也被称为 Metropolis 准则。在程序执行过程中, 随着温度 T 的下降, Metropolis 准则中的概率也会逐步下降。当然在具体实现中还可以有一些改进, 例如始终保持到当前为止的最优解等。模拟退火算法一般可以用温度值 T 来判停, 也可以用目标函数变化值来判停。可以证明在一定的条件下, 模拟退火算法可以以极高的概率收敛到优化问题的全局最优解。

　　例 8.8　用模拟退火算法求解如下的优化问题:

$$\text{minimize} \quad f(x_1, x_2) = \sin(x_1 x_2) + \cos(x_1 x_2/3)$$

$$\text{subject to} \quad -5 \leqslant x_1, x_2 \leqslant 5$$

　　解: 该优化问题的目标函数显然不是凸函数。设置模拟退火的参数为 $T = 100, \gamma = 0.99$, 迭代的初值设为 $(0,0)$。迭代过程中保留了当前最优点 $[x_1*, x_2*]$。下表中展示了一次实验中前 1000 次迭代中当前最优点发生变化时对应的结果。用其他的方法可以求得优化问题的全局最优点处目标函数值为 $-1.8787069\cdots$。

k	x_1^*	x_2^*	$f(x_1^*, x_2^*)$	T
1	2.39285	4.80499	−1.64723	100.00000
14	3.76309	2.99074	−1.78640	87.75210
112	2.50754	−3.32948	−1.81642	32.77228
181	−3.08051	2.67485	−1.84946	16.38080
256	2.43450	−3.22505	−1.86559	7.70858
326	−2.84605	−3.81909	−1.87834	3.81451
424	3.14624	−2.54298	−1.87869	1.42458
943	4.24949	2.55122	−1.87871	0.00773

模拟退火算法实际上也可以被用于非数值优化问题。在这类问题中模拟退火过程中前进方向的选择要比在数值问题中更具有技巧性，其基本原则是在迭代过程中能够尽量完整地覆盖解空间。另外一种在非数值优化中被广泛应用的方法被称为遗传算法。与遗传算法从一个初始值出发进行迭代不同，遗传算法从一个初始值群体出发，每次通过一些特定的操作 (交叉和变异) 产生一个新的群体，进而逐步进化到问题的最优解。下面我们通过一个简单的例子来了解遗传算法的过程并说明遗传算法的基本思想。

例 8.9　用遗传算法求解如下的优化问题：

$$\text{maximize} \quad f(x_1, x_2) = x_1^2 + x_2^2$$
$$\text{subject to } x_1, x_2 \in \{0, 1, 2, 3, 4, 5, 6, 7\}$$

解：这显然是一个非常简单的优化问题，其最优解显而易见，这里只是来说明遗传算法的过程。

遗传算法的第一步是要对问题的解进行编码。在本例子中将 x_1, x_2 转化为二进制表示之后连接起来作为解的编码。例如 $x_1 = 3, x_2 = 5$ 就被编码为 011101。

随后用随机的方式产生一组初始值，称为初始种群。假设我们采用的种群大小为 4，初始化的种群为 $S_1 = 010001, S_2 = 101001, S_3 = 010000, S_4 = 001001$。仿照生物进化的过程，首先给种群中的每一个个体赋予一个适应度。在本例中用目标函数的取值作为个体的适应度的度量，则初始种群中个体的适应度分别为 5, 26, 4, 2。如果将个体的编码视为其基因，按照进化论的原则，适应度高的个体的基因更有可能被保留并遗传到下一代中。在遗传算法中这种可能性可以通过将适应度转化为概率来实现。例如 S_1 的基因被遗传的概率为 $P(S_1) = 5/(5 + 26 + 4 + 2) = 13\%$。相应地可以计算出 $P(S_2) = 70\%, P(S_3) = 11\%, P(S_4) = 6\%$。根据这些概率随机选择个体进行保留。

之后就可以使用迭代来模拟进化的过程。遗传算法支持多种进化过程，这里仅介绍变异和交叉。首先依据每个个体的遗传概率随机选择参与进化的个体编码。变异操作是对选中的一个个体的编码随机选中的一位进行翻转，形成下一代群体中的一个新个体。例如，如果选择了 S_4 的第 4 位进行翻转，就得到了新一代的个体 000001。而交叉则是对选中的两个个体在一个随机选中的交叉点位置互换部分编码，形成两个新的个体进入下一代。例如，如果选中了 S_1 和 S_2 并从其第 4 位之前进行交叉，则得到了两个新一代的个体分别为 011001 和 100001。

将上一步的遗传过程反复迭代下去，在产生的各代种群中挑选适应度最高的个体，也就是优化问题的解。在本题的实现中，每次迭代过程都进行 2 次交叉和 4 次变异。下表中展示了一次实验中前 9 代遗传的过程。总体上看，随着迭代的进行，更多的 0 被 1 所逐渐替代。到第 9 代时实际上已经得到了问题的解 111111，即 $x_1 = 7, x_2 = 7$。

遗传算法的判停方式有很多种，例如遗传了足够多的代数，或者寻找到的一个解能满足最小的门限，或者在若干代内目标函数的值没有改善等。由于遗传算法的每一步迭代是对一个种群进行操作，因此它很适合被并行化实现。本节介绍的两种算法都可以被认为是

k	S_1	S_2	S_3	S_4
0	010001	101001	010000	001001
1	101011	101011	101000	001101
2	111011	111011	101001	101001
3	101111	111101	011011	111001
4	001111	101011	111111	001111
5	101111	101111	101111	111110
6	111011	111110	101010	111101
7	111100	110101	111101	101100
8	101101	111001	011100	101111
9	111111	101011	101111	111111

蒙特卡洛算法的一些变种。这两种算法每步结果都无法保证精确,但经过多次的迭代之后都能以较高的概率获得问题的解。

8.5 本章小结

通过引入随机性来降低求解特定计算问题的难度是随机算法的核心思想。一些本质复杂的计算问题很可能不存在低复杂度的确定性算法,此时引入随机性可以以一定的概率更快地获得问题的解,这在实际应用中往往是非常有效的方法。本章所介绍的几种典型的随机算法,通过用不同的方法引入随机性来求解问题。要注意的是,随机算法很可能无法保证给出问题的真实解。因此在实际应用中必须注意分析随机算法的适用性。

第 9 章　算法设计思想

在本书的前 8 章中，我们具体介绍了线性表、树、图、查找、排序、数值算法、随机算法等典型数据结构和算法。这些知识将成为读者设计新算法、解决新问题的重要基础。本章将从更一般的角度讨论算法设计问题，总结出算法设计的若干基本原则。

图 9.1 总结了算法设计的一般过程。首先，人们通过对研究对象的观察以收集数据，从而认识研究对象。然后，通过对数据的深入分析和创造性思维，建立研究对象的数学模型。随后，分析研究数学模型，进而设计出求解问题的算法。最后，通过计算验证算法的正确性，并为改进数学模型和算法提供依据。在长期的算法设计实践中，人们发现图 9.1 给出的流程有一定的规律可循，即所谓设计算法的一般方法。本章将基于前述各章的内容分别向读者介绍蛮力、分治、贪心、动态规划、搜索 (回溯和分支界限) 等算法设计思想。通过本章的学习，期望读者能够从特定算法的学习上升到算法设计思想的学习，从而能够在解决实际问题时更有创造性地设计高效算法。

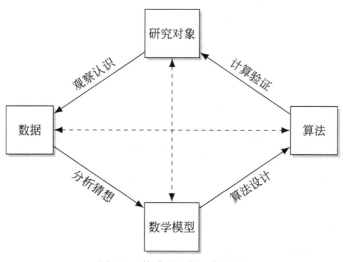

图 9.1　算法设计的一般流程

9.1　蛮力法

蛮力法 (又称穷举法或枚举法) 是程序设计中最简单、最直接的一种方法。它不需要采用任何技巧，仅基于问题的描述直接地解决问题。其思路直接，不考虑算法代价。但是蛮力法是一种非常重要的算法设计技术。理论上，蛮力法可以解决计算领域的各种问题。因此，常作为求解问题的基本方案,用于衡量其他方法的正确性和效率。同时,对于一些小规模的问题,采用蛮力法是一种非常经济的做法。下面我们结合前面学习的几个算法,举例说明蛮力法的应用。

1. 字符串匹配

在字符串的匹配问题中,我们已知目标串 T 和模式串 P,然后在目标串 T 中找到与模式串 P 相等的子串。如果找到了这样的子串,则匹配成功,返回该子串在目标串 T 中的位置;如果没有找到,则匹配失败。在介绍串匹配问题时,我们已经指出串匹配在文本编辑、程序调试、搜索引擎、图像分析以及生命科学等领域都有十分重要的应用。

最简单、最直接的字符串匹配方法就是蛮力法。蛮力法不考虑目标串 T 和模式串 P 的任何特征,采用逐位比较的穷举思路。具体来说,蛮力法把目标串 T 的每个位置都视为可能的起始位置,与模式串 P 逐位比较。如果相等,则匹配成功,过程终止;否则从目标串 T 的下一位开始继续比较,直到遍历目标串的所有位置,匹配失败,过程终止。图 9.2 给出了蛮力字符串匹配的执行过程。

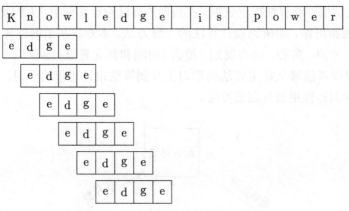

图 9.2   蛮力字符串匹配的执行过程

蛮力字符串匹配最差情况的算法复杂度为 $O(mn)$。例如,$T = "aa\cdots aah"$,$P = "aaah"$ 时就是最坏情况。这种情况可能在数字图像处理或 DNA 序列分析中出现,但一般不会在自然语言文本中出现。可以看到,蛮力字符串匹配非常简单直观、易于实现,但算法执行效率不高,仅适用于解决小规模问题。

2. 最大公因子

给定两个正整数 m 和 n,我们期望计算 m 和 n 的最大公因子。求解该问题的通用方法是"辗转相除法"。然而,对于 m 和 n 较小的情况,可采用蛮力法直接求解。首先,比较两个整数的大小,不失一般性,假设 $m < n$。然后,从 2 到 m 逐个判断每个整数是否能同时整除 m 和 n,得到公因子序列 $f_1, f_2, \cdots, f_k$。该序列中最大的 f_k 即为 m 和 n 的最大公因子。显然,最坏情况的算法复杂度为 $O(\max\{m, n\})$。

我们还可以对上述蛮力法进行优化。事实上,可以从 m 到 2,从大到小逐个判断每个整数是否可以同时整除 m 和 n,找到的第一个整数即为最大公因子。此时,最坏情况的算法复杂度依然是 $O(\max\{m, n\})$。

3. 元素查找

在查找算法中，我们介绍过线性表的顺序查找算法。这种算法从线性表的一端开始，将数据元素的关键字与给定值逐个比较。如果找到相同关键字值，则返回该元素，程序结束；否则继续比较，直到比完所有关键字，返回查找失败。本质上，这种顺序查找体现了蛮力法的程序设计思想。

假设长度为 N 的线性表中，每个元素被查找的概率相等，忽略查找元素不存在的情况，此时平均查找次数为

$$ASL = \sum_{i=0}^{N-1} P_i C_i = \sum_{i=0}^{N-1} \frac{1}{N}(i+1) = \frac{N+1}{2} \tag{9.1}$$

因此，对于长度为 N 的线性表，平均情况下顺序查找需要 $\frac{N}{2}$ 次比较。如果该线性表是无序的，那么查找失败需要比较 N 次。反之，如果该线性表是有序的，当遇到的元素关键字大于给定值时，即可确认查找失败。故，查找失败平均需要比较 $\frac{N}{2}$ 次。

4. 百元买百鸡

蛮力法也可用来求解百元买百鸡问题。该问题的描述如下：假设某农贸市场销售公鸡、母鸡和小鸡，其中公鸡每只 5 元，母鸡每只 3 元，小鸡每 3 只 1 元。如果要用 100 元购买 100 只鸡，共有多少种买法？

我们首先可以计算出 100 元最多可以购买 20 只公鸡、33 只母鸡、300 只小鸡。然后，通过三重循环穷举出所有的可能组合，并验证是否满足百鸡约束。最后输出所有满足约束的购买方案。算法的复杂度为循环的总次数，即 $21 \times 34 \times 301$。事实上，我们可以降低循环次数改进上述算法。假设已经购买了 i 只公鸡，则此时购买母鸡的上限应为 $\left\lfloor \frac{100-5i}{3} \right\rfloor$。同样地，如果已购买了 j 只母鸡，则此时购买的小鸡上限应为 $3(100-5i-3j)$。优化后算法的循环次数为

$$\sum_{i=0}^{20} \sum_{j=0}^{\left\lfloor \frac{100-5i}{3} \right\rfloor} 3(100-5i-3j) \tag{9.2}$$

9.2　分治法

分治法是用于程序设计的另一种重要思想。一般来说，分治法分为"分"和"治"两个阶段。分的阶段将原始问题分解为子问题并递归求解；治的阶段则从已经求解的子问题构建原始问题的解。因此，分治法的程序中至少包含两个递归调用的过程，并且递归求解的子问题不相互重叠。

在本书的前面章节中，我们已经介绍过采用分治思想设计的算法，例如二叉树的遍历、快速排序等。在二叉树的遍历算法中，先序遍历、中序遍历和后序遍历均采用分治法实现。以先序遍历为例，我们首先访问根结点，然后递归的先序遍历左子树，再递归的先序遍历右子树。中序遍历和后序遍历的情况类似，唯一的区别仅仅在于访问根结点的时机不同。

以上分析表明，二叉树的遍历在分的阶段将原始二叉树分解成左子树和右子树并进行递归遍历，而在治的阶段则依据根结点的访问时机决定构建出来的遍历顺序。快速排序算法也体现了分治的思想。在最原始的快速排序算法中，通过划分操作将待排序的序列分解为比最后一个元素小的部分和比最后一个元素大的部分。此时，用于划分的元素已经处于正确的位置。然后，分别对未排序的两个部分递归的调用快速排序。

通过分治法，快速排序的时间复杂度为 $O(N \log_2 N)$。然而，二叉树遍历的时间复杂度仍然是线性的。可见，分治法并不一定能够有效地降低时间复杂度。下面我们将首先研究影响分治法运行时间的因素，并从理论上分析分治法的运行时间。然后，我们介绍几个应用分治法思想的程序设计案例。最后介绍两种与分治法密切相关的程序设计思想，即减治法和变治法。

9.2.1 分治法的运行时间

考虑规模为 N 的问题，求解该问题所需的计算时间为 $T(N)$。应用分治法求解该问题时，我们将问题分解为 a 个规模为 $\dfrac{N}{b}$ 的子问题。因此，我们有

$$T(N) = aT\left(\frac{N}{b}\right) + f(N) \tag{9.3}$$

其中 $f(N)$ 是合并解时的算法复杂度。该公式称为分治递推式，容易求得

$$
\begin{aligned}
T(N) = aT\left(\frac{N}{b}\right) + f(N) &= a\left(aT\left(\frac{N}{b^2}\right) + f\left(\frac{N}{b}\right)\right) + f(N) \\
&= a^2 T\left(\frac{N}{b^2}\right) + af\left(\frac{N}{b}\right) + f(N) \\
&= \cdots = a^{\log_b N} T(1) + \sum_{i=0}^{\log_b N - 1} a^i f\left(\frac{N}{b^i}\right)
\end{aligned}
\tag{9.4}
$$

可见，分治法的执行效率取决于上式中的参数。下面的定理给出了特定参数下的分治法复杂度。

定理 9.1 设 $a \geqslant 1$，$b > 1$，若 $f(N) = \Theta(N^k)$，则

$$
T(N) = \begin{cases}
O(N^{\log_b a}), & a > b^k \\
O(N^k \log N), & a = b^k \\
O(N^k), & a < b^k
\end{cases}
\tag{9.5}
$$

证明： 为方便，假设 $N = b^m$，$T(1) = 1$，且忽略 $\Theta(N^k)$ 中的常数因子。式 (9.4) 可改写为

$$T(N) = a^m + \sum_{i=0}^{m-1} a^i \left(\frac{N}{b^i}\right)^k$$

$$= a^m + a^m \sum_{i=0}^{m-1} \left(\frac{b^k}{a}\right)^{m-i} \tag{9.6}$$

$$= a^m \sum_{j=0}^{m} \left(\frac{b^k}{a}\right)^{j}$$

如果 $a > b^k$，则 $\sum\limits_{j=0}^{m} \left(\frac{b^k}{a}\right)^j$ 在 m 趋于无穷大时收敛到一个常数。因此，有

$$T(N) = O(a^m) = O(a^{\log_b N}) = O(N^{\log_b a}) \tag{9.7}$$

如果 $a = b^k$，有

$$T(N) = O((m+1)a^m) = O(N^{\log_b a} \log_b N) = O(N^k \log N) \tag{9.8}$$

如果 $a < b^k$，有

$$T(N) = O\left(a^m \frac{(b^k/a)^{m+1} - 1}{b^k/a - 1}\right) = O(a^m (b^k/a)^m) = O(b^{km}) = O(N^k) \tag{9.9}$$

■

根据定理 9.1，我们很容易计算快速排序和二叉树遍历的复杂度。对于快速排序而言，有 $a = b = 2$，$f(N) = \Theta(N)$，即 $k = 1$，故其复杂度为 $O(N \log N)$。对于二叉树的遍历，有 $a = b = 2$，$f(N) = \Theta(1)$，即 $k = 0$，从而二叉树遍历的复杂度为 $O(N)$。

有时合并复杂度 $f(n)$ 会有更复杂的形式。作为定理 9.1 的推广，我们给出如下的定理。

定理 9.2 设 $a \geqslant 1$，$b > 1$，且 $p \geqslant 0$，若 $f(N) = \Theta(N^k \log^p N)$，则

$$T(N) = \begin{cases} O(N^{\log_b a}), & a > b^k \\ O(N^k \log^{p+1} N), & a = b^k \\ O(N^k \log^p N), & a < b^k \end{cases} \tag{9.10}$$

在前面的讨论中，我们假设原始问题分解为 a 个部分，每个部分的规模均为 $\frac{N}{b}$。如果第 i 部分的规模为 $\alpha_i N$，$i = 1, 2, \cdots, a$，则分治递推式可写为

$$T(N) = \sum_{i=1}^{a} T(\alpha_i N) + f(N) \tag{9.11}$$

下面的定理给出了这种情况下分治法的计算复杂度。

定理 9.3 若 $\sum\limits_{i=1}^{a} \alpha_i < 1$，$f(N) = \Theta(N)$，则

$$T(N) = O(N) \tag{9.12}$$

9.2.2　分治法应用举例

本小节我们将介绍几种分治法的应用案例。前两个例子，分别为大整数乘法和 Strassen 矩阵乘法，与计算代数相关；最后一个例子，是最近点对，则与计算几何相关。

1. 大整数乘法

考虑两个 N 位整数的乘法 X 和 Y。如果 X 和 Y 恰好有一个负数，则乘积为负数；否则乘积为正数。因此，我们可在执行上述检测后，假设 X 和 Y 非负。为方便，我们令 $X = x_N x_{N-1} \cdots x_2 x_1$，$Y = y_N y_{N-1} \cdots y_2 y_1$。采用蛮力法，即传统乘法，则应按如下规则计算：

$$
\begin{aligned}
Z = X \times Y &= X \times (y_N y_{N-1} \cdots y_2 y_1) \\
&= X \times y_N \times 10^{N-1} + X \times y_{N-1} \times 10^{N-2} + \cdots + X \times y_2 \times 10 + X \times y_1
\end{aligned}
\tag{9.13}
$$

若仅考虑乘法次数，共需 $O(N^2)$ 次乘法。

下面我们考虑分治法。根据分治的基本思想，我们将 X 和 Y 分别拆分成两部分，即 $X = X_L X_R$ 和 $Y = Y_L Y_R$，其中 X_L 和 Y_L 分别为 X 和 Y 的前半部分；X_R 和 Y_R 分别为 X 和 Y 的后半部分。根据上述定义，X 和 Y 可分别写为

$$
\begin{cases}
X = X_L 10^{\frac{N}{2}} + X_R \\
Y = Y_L 10^{\frac{N}{2}} + Y_R
\end{cases}
\tag{9.14}
$$

这样，乘法计算可按如下规则执行：

$$
\begin{aligned}
X = X \times Y &= (X_L \times Y_L) \times 10^N + (X_L \times Y_R + X_R \times Y_L) \times 10^{\frac{N}{2}} + X_R \times Y_R \\
&= Z_2 \times 10^N + Z_1 \times 10^{\frac{N}{2}} + Z_0
\end{aligned}
\tag{9.15}
$$

其中

$$
\begin{cases}
Z_2 = X_L \times Y_L \\
Z_1 = X_L \times Y_R + X_R \times Y_L = (X_L + X_R) \times (Y_L + Y_R) - (Z_2 + Z_0) \\
Z_0 = X_R \times Y_R
\end{cases}
\tag{9.16}
$$

因此，分治递推式可写为

$$
T(N) = 3T\left(\frac{N}{2}\right) + O(N)
\tag{9.17}
$$

根据定理 9.1，可知 $T(N) = O(N^{\log_2 3}) = O(N^{1.59})$。可见，分治法确实降低了算法复杂度。但是，对于不大的整数，该算法的运行时间比蛮力法还要长。只有整数足够大时，如超过 600 位，分治法性能才能超越蛮力法。

2. Strassen 矩阵乘法

在数值线性代数中，矩阵乘法是一种常用计算。如果根据矩阵乘法的定义来设计算法，则两个 N 维矩阵 $\boldsymbol{A}$ 和 $\boldsymbol{B}$ 相乘的时间复杂度为 $O(N^3)$。长期以来，人们认为矩阵乘法需要的计算量就是 $O(N^3)$。然而，20 世纪六十年代末，Stranssen 提出了一种新的矩阵乘法设计思路，使得复杂度降至 $O(N^{2.81})$，一举突破了 3 次方屏障。

Strassen 矩阵乘法的基本思想是将矩阵分解成四块，即

$$
\begin{bmatrix} \boldsymbol{C}_{00} & \boldsymbol{C}_{01} \\ \boldsymbol{C}_{10} & \boldsymbol{C}_{11} \end{bmatrix} = \begin{bmatrix} \boldsymbol{A}_{00} & \boldsymbol{A}_{01} \\ \boldsymbol{A}_{10} & \boldsymbol{A}_{11} \end{bmatrix} \begin{bmatrix} \boldsymbol{B}_{00} & \boldsymbol{B}_{01} \\ \boldsymbol{B}_{10} & \boldsymbol{B}_{11} \end{bmatrix}. \tag{9.18}
$$

容易证明，

$$
\begin{cases}
\boldsymbol{C}_{00} = \boldsymbol{A}_{00}\boldsymbol{B}_{00} + \boldsymbol{A}_{01}\boldsymbol{B}_{10} \\
\boldsymbol{C}_{01} = \boldsymbol{A}_{00}\boldsymbol{B}_{01} + \boldsymbol{A}_{01}\boldsymbol{B}_{11} \\
\boldsymbol{C}_{10} = \boldsymbol{A}_{10}\boldsymbol{B}_{00} + \boldsymbol{A}_{11}\boldsymbol{B}_{10} \\
\boldsymbol{C}_{11} = \boldsymbol{A}_{10}\boldsymbol{B}_{01} + \boldsymbol{A}_{11}\boldsymbol{B}_{11}
\end{cases} \tag{9.19}
$$

Stranssen 使用了分治法的策略，构造了只需 7 次递归调用的矩阵乘法。这 7 次乘法分别是

$$
\begin{cases}
\boldsymbol{M}_1 = (\boldsymbol{A}_{00} + \boldsymbol{A}_{11}) \times (\boldsymbol{B}_{00} + \boldsymbol{B}_{11}) \\
\boldsymbol{M}_2 = (\boldsymbol{A}_{00} + \boldsymbol{A}_{11}) \times \boldsymbol{B}_{00} \\
\boldsymbol{M}_3 = \boldsymbol{A}_{00} \times (\boldsymbol{B}_{01} - \boldsymbol{B}_{11}) \\
\boldsymbol{M}_4 = \boldsymbol{A}_{11} \times (\boldsymbol{B}_{10} - \boldsymbol{B}_{00}) \\
\boldsymbol{M}_5 = (\boldsymbol{A}_{00} + \boldsymbol{A}_{01}) \times \boldsymbol{B}_{11} \\
\boldsymbol{M}_6 = (\boldsymbol{A}_{10} - \boldsymbol{A}_{00}) \times (\boldsymbol{B}_{00} + \boldsymbol{B}_{01}) \\
\boldsymbol{M}_7 = (\boldsymbol{A}_{01} - \boldsymbol{A}_{11}) \times (\boldsymbol{B}_{10} + \boldsymbol{B}_{11})
\end{cases} \tag{9.20}
$$

一旦执行这些乘法，则矩阵的乘积可通过下列 8 次加法得到

$$
\begin{cases}
\boldsymbol{C}_{00} = \boldsymbol{M}_1 + \boldsymbol{M}_2 - \boldsymbol{M}_4 + \boldsymbol{M}_6 \\
\boldsymbol{C}_{01} = \boldsymbol{M}_4 + \boldsymbol{M}_5 \\
\boldsymbol{C}_{10} = \boldsymbol{M}_6 + \boldsymbol{M}_7 \\
\boldsymbol{C}_{11} = \boldsymbol{M}_2 - \boldsymbol{M}_3 + \boldsymbol{M}_5 - \boldsymbol{M}_7
\end{cases} \tag{9.21}
$$

此时，算法的时间复杂度满足关系

$$
T(N) = 7T\left(\frac{N}{2}\right) + O(N^2) \tag{9.22}
$$

根据定理 9.1，可知 $T(N) = O(N^{\log_2 7}) = O(N^{2.81})$。

3. 最近点对

平面上有 N 个坐标分别为 $(x_1, y_1), (x_2, y_2), \cdots, (x_N, y_N)$ 的点 $p_1, p_2, \cdots, p_N$。这些点构成的集合为 $\mathcal{S}$，我们期望计算 $\mathcal{S}$ 中距离最近的两个点。如果采用蛮力法，我们需要计算 $\dfrac{N(N-1)}{2}$ 对点间的距离，故蛮力法的时间复杂度为 $O(N^2)$。

现在考虑分治法。我们假设集合 $\mathcal{S}$ 中的点已经按照横坐标排好序，故点集可以分成两部分 $\mathcal{S}_L$ 和 $\mathcal{S}_R$。最近点对或者都出现在 $\mathcal{S}_L$ 中，或者都在 $\mathcal{S}_R$ 中，或者一个在 $\mathcal{S}_L$ 中而另一个在 $\mathcal{S}_R$ 中。令这三个距离分别表示为 d_L、d_R 和 d_C。我们可以递归地计算 d_L 和 d_R，因此问题就归结为如何高效地计算 d_C。图 9.3 给出了最近点对问题的图示。

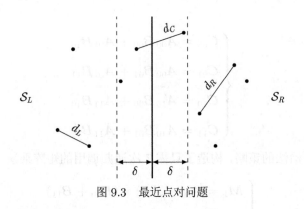

图 9.3 最近点对问题

下面讨论计算 d_C 的方法。令 $\delta = \min(d_L, d_R)$。如果 d_C 对 δ 有改进，那么定义 d_C 的点必然在分割线左右两边的 δ 距离内，即如图 9.4 所示的带状区域。我们利用纵坐标检测来进一步降低算法复杂度。因为如果两个点的纵坐标之差大于 δ，则必有 $d_C > \delta$。假设带状区域中有 K 个点，则上述修改的代码片段如下：

```
//函数 Dist(x[i],x[j],y[i],y[j]) 计算两个点之间的距离

for(i = 1; i < K; i++) {
    for(j = i+1; j < K; j++) {
        if((abs(x[i]-x[j])>delta) || (abs(y[i]-y[j])>delta))
            break;
        else
            if(Dist(x[i],x[j],y[i],y[j])<delta)
                delta=Dist(x[i],x[j],y[i],y[j]);
    }
}
```

上述改进对复杂度的影响很大。通过纵坐标检测，对于任意一个点，我们至多需要计算其与 7 个点之间的距离。这是因为这些点必须落在左边带状区域 $\delta \times \delta$ 的方块内或者右边带状区域 $\delta \times \delta$ 的方块内，并且每个方块内所有点之间至少分离 δ。如图 9.4 所示，最坏情况下每个方块包含 4 个点，每个角上 1 个点。这 8 个点中有一个是当前考虑的点，从而只需计算与其他 7 个点之间的距离，因此时间复杂度是 $O(1)$。由于我们需要遍历带状区域

内的所有点，故最坏情况下的时间复杂度为 $O(N)$。因此，算法的迭代部分的时间复杂度满足

$$T(N) = 2T\left(\frac{N}{2}\right) + O(N) \tag{9.23}$$

根据定理 9.1，可知 $T(N) = O(N \log N)$。

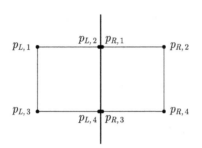

图 9.4　有 8 个点在该矩形区域中

尽管以上算法还需要将点按照横坐标和纵坐标分别排序。但我们只需保存两个预处理表：一个是按照横坐标排序的点的表 P；另一个是按照纵坐标排序的点的表 Q。利用快速排序，表 P 和表 Q 的生成所需的时间复杂度为 $O(N \log N)$，因此不影响算法的复杂度等级。

9.2.3　减治法

减治法是一种与分治法有相近思想的程序设计技术。在减治法中，我们逐步减小原始问题的规模，通过求解小规模问题来构建原始问题的解。需要注意的是，在分治法中，我们将原始问题分解为若干个小规模的子问题，分别求解这些子问题，然后合并以建构原始问题的解。然而，减治法则每次都减小问题的规模，即使分解成若干个同类型的小规模问题，一般只需要处理其中的一个。下面我们举例说明几种常见的减治算法设计。

1. 减常数因子

在减治法中，每次迭代减常数因子是一种常见设计，其典型算法包括折半查找、二分法求解非线性方程、小球称重等。

在上一节我们介绍过，无序线性表的顺序查找采用了蛮力法的思想，而对于有序的线性表则可以采用折半查找。不失一般性，假设某个线性表是从小到大排序的，那么折半查找执行过程如下：比较线性表的中间元素的关键字和给定关键字，如果给定关键字小于中间元素的关键字，则在前半部分继续折半查找；如果给定关键字大于中间元素的关键字，则在后半部分继续折半查找。重复此过程，直至给定关键字匹配或者确认查找失败为止。可以看到，在折半查找的过程中，每次迭代都使待查找的部分减小为原来的 $\frac{1}{2}$。图 9.5 给出了折半查找执行过程的二叉树表示。

与折半查找类似，二分法求解非线性方程的每次迭代也使待查找部分减少为原来的 $\frac{1}{2}$。给定一个 $[a, b]$ 区间上的连续函数 $f(x)$，若 $f(a)f(b) < 0$，则存在 $x^* \in [a, b]$ 为方

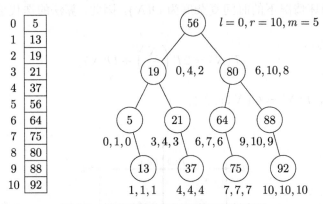

图 9.5 折半查找执行过程的二叉树表示

程 $f(x) = 0$ 的根。如图 9.6，我们假设 $[a, b]$ 内有唯一解。令 $c = \dfrac{a+b}{2}$ 并检验 $f(c)$，若 $|f(c)| < \epsilon$，则 c 为方程 $f(x) = 0$ 的根。否则，必有 $f(a)f(c) < 0$ 或者 $f(c)f(b) < 0$，据此可确定两端点函数值符号相反的子区间为解所在的区间。重复上述过程，直至 $|f(c)| < \epsilon$。这里 ϵ 为求解方程的精度要求。

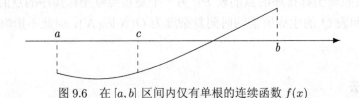

图 9.6 在 $[a, b]$ 区间内仅有单根的连续函数 $f(x)$

小球称重问题的求解也体现了减治法的设计思想。给定 N 个外表完全相同的小球，已知一个小球比其他小球轻，如何用一个没有砝码的天平找到这个小球？容易想到，我们可以把小球分为两堆，每堆 $\left\lfloor \frac{N}{2} \right\rfloor$。若 N 为奇数，则多一个小球。用天平比较两堆小球的重量，如果相等，多余的小球为所求。否则取较轻的一堆，继续分解。类似于分治递推公式，有

$$T(N) = T\left(\frac{N}{2}\right) + 1 \tag{9.24}$$

根据定理 9.1，可知 $T(N) = O(\log N)$。可见，减常数因子的减治法可采用分治递推公式来估计算法复杂度。

2. 减一个常数

直接选择排序是体现减治法思想的一个典型算法。我们知道，直接选择排序需要执行以下几个步骤：

(1) 在一组元素 $a[i], a[i+1], \cdots, a[N-1]$ 中选择具有最小关键字的元素；

(2) 若它不是该组元素中的第一个，则将它与第一个元素交换；

(3) 剔除具有最小关键字的元素，在剩下的元素序列 $a[i+1], a[i+2], \cdots, a[N-1]$ 中重复执行步骤 (1)、(2)，直至剩余元素只有一个为止。

可以看到，在排序的过程中每进行一次选择操作，就使得序列的有序部分增加 1，而无

序部分减少 1。因此，直接选择排序是每次减一个常数的减治法。图 9.7 给出了一个直接选择排序的执行过程示例。

	A	S	O	R	T	I	N	G	E	X	A	M	P	L	E

1	A	S	O	R	T	I	N	G	E	X	A	M	P	L	E
2	A	A	O	R	T	I	N	G	E	X	S	M	P	L	E
3	A	A	E	R	T	I	N	G	O	X	S	M	P	L	E
4	A	A	E	E	T	I	N	G	O	X	S	M	P	L	R
5	A	A	E	E	G	I	N	T	O	X	S	M	P	L	R
6	A	A	E	E	G	I	N	T	O	X	S	M	P	L	R
7	A	A	E	E	G	I	L	T	O	X	S	M	P	N	R
8	A	A	E	E	G	I	L	M	O	X	S	T	P	N	R
9	A	A	E	E	G	I	L	M	N	X	S	T	P	O	R
10	A	A	E	E	G	I	L	M	N	O	S	T	P	X	R
11	A	A	E	E	G	I	L	M	N	O	P	T	S	X	R
12	A	A	E	E	G	I	L	M	N	O	P	R	S	X	T
13	A	A	E	E	G	I	L	M	N	O	P	R	S	X	T
14	A	A	E	E	G	I	L	M	N	O	P	R	S	T	X

	A	A	E	E	G	I	L	M	N	O	P	R	S	T	X

图 9.7　直接选择排序的执行过程

3. 减可变规模

辗转相除法 (也称欧几里得算法) 是计算两个整数最大公因数的经典算法。设两个整数为 m 和 n，且 $m > n$。首先用 n 除 m，将余数赋给 r；然后将 n 赋给 m，r 赋给 n；若 $n = 0$，则 m 即为最大公因数，过程结束；否则，继续执行上述步骤。例如，求 60 和 24 的最大公因数，过程如下：

$$
\begin{aligned}
& m = 60, n = 24 \rightarrow r = 12 \\
& m = n = 24, n = r = 12 \rightarrow r = 0 \\
& m = n = 12, n = r = 0 \\
& \gcd(60, 24) = 12
\end{aligned} \tag{9.25}
$$

可以看到，在辗转相除法的每次迭代过程中，m 和 n 减少的规模是不确定的。因此属于减可变规模的减治法。

9.2.4　变治法

变治法的基本思想是将一个求解困难的问题转换成一个有已知解法的问题，并且这种转换的复杂度不超过求解目标问题的算法复杂度。与减治法不同，变治法在转化问题的时候并不能减小问题的规模。

在查找算法中，我们介绍过无序线性表的顺序查找和有序线性表的折半查找。因此，对于无序线性表进行查找时，可以先对该线性表进行排序，然后再进行折半查找。尽管快速排序等算法的复杂度仅为 $O(N \log N)$，但如果该线性表内的元素频繁变动，且排序时移动的元素项规模较大时，这样的变治不一定能够有效地提升效率。

数值算法部分介绍的线性方程组求解也体现了变治法的思想。在求解线性方程组 $\boldsymbol{Ax} = \boldsymbol{b}$ 的过程中，我们采用高斯消元法将原始线性方程组的系数矩阵转化成易于求解的上三角形式，然后反向回代求解。原问题

$$
\begin{bmatrix}
a_{11} & a_{12} & \cdots & a_{1n} \\
a_{21} & a_{22} & \cdots & a_{2n} \\
\vdots & \vdots & \ddots & \vdots \\
a_{n1} & a_{n2} & \cdots & a_{nn}
\end{bmatrix}
\begin{bmatrix}
x_1 \\
x_2 \\
\vdots \\
x_n
\end{bmatrix}
=
\begin{bmatrix}
b_1 \\
b_2 \\
\vdots \\
b_n
\end{bmatrix}
\tag{9.26}
$$

经过高斯消元后，可得

$$
\begin{bmatrix}
u_{11} & u_{12} & \cdots & u_{1n} \\
0 & u_{22} & \cdots & u_{2n} \\
\vdots & \vdots & \ddots & \vdots \\
0 & 0 & \cdots & u_{nn}
\end{bmatrix}
\begin{bmatrix}
x_1 \\
x_2 \\
\vdots \\
x_n
\end{bmatrix}
=
\begin{bmatrix}
b_1' \\
b_2' \\
\vdots \\
b_n'
\end{bmatrix}
\tag{9.27}
$$

通过求解新的方程组，就可以得到原方程组的解。此外，利用 LU 分解，可将原始线性方程组的求解转化成两个线性方程组的求解问题，其中一个系数矩阵是上三角矩阵，而另一个系数矩阵是下三角矩阵。具体来说，原问题 $\boldsymbol{Ax} = \boldsymbol{b}$，经过 LU 分解可得

$$
\begin{aligned}
\boldsymbol{A} &=
\begin{bmatrix}
a_{11} & a_{12} & \cdots & a_{1n} \\
a_{21} & a_{22} & \cdots & a_{2n} \\
\vdots & \vdots & \ddots & \vdots \\
a_{n1} & a_{n2} & \cdots & a_{nn}
\end{bmatrix} \\
&=
\begin{bmatrix}
l_{11} & 0 & \cdots & 0 \\
l_{21} & l_{22} & \cdots & 0 \\
\vdots & \vdots & \ddots & \vdots \\
l_{n1} & l_{n2} & \cdots & l_{nn}
\end{bmatrix}
\begin{bmatrix}
u_{11} & u_{12} & \cdots & u_{1n} \\
0 & u_{22} & \cdots & u_{2n} \\
\vdots & \vdots & \ddots & \vdots \\
0 & 0 & \cdots & u_{nn}
\end{bmatrix}
= \boldsymbol{LU}
\end{aligned}
\tag{9.28}
$$

这样，原问题可转化为下面两个容易求解的问题

$$
\begin{cases}
\boldsymbol{Ly} = \boldsymbol{b} \\
\boldsymbol{Ux} = \boldsymbol{y}
\end{cases}
\tag{9.29}
$$

9.3 贪心法

对于某些问题，蛮力法的复杂度过高，分治法又难以应用。此时可选择采用贪心法。贪心法分阶段地工作，在每个阶段，贪心法总是选择当前情况下最好的，即局部最优，而不考虑这种选择可能造成的不良后果。当算法终止时，我们希望局部最优能达到全局最优。如果问题具有贪心选择性质，则贪心法可达到全局最优。否则，贪心法只能达到某种次优解。但对于许多问题而言，如果不要求绝对的最优，或最优解的求解过程异常复杂，贪心法都不失为一种实现简单、低复杂度的选择。

货币系统的设计是应用贪心法的简单例子。为了降低找零钱的复杂度，货币系统应该对任意数额的零钱，在找赎时采用贪心法总能得到货币数量最小的零钱方案。例如，某售货员需要给某顾客找 0.78 元零钱。按照目前的货币设计方案，该售货员只需先找 1 个 5 角硬币、2 个 1 角硬币，然后再找 1 个 5 分硬币、1 个 2 分硬币和 1 个 1 分硬币，共 6 枚硬币。可以证明，在目前的货币面值方案中，贪心法总能最小化货币的数量。

1. 满足贪心选择性质的例子

本书介绍的一些算法解决了满足贪心选择性质的问题，例如，Prim 算法和 Kruskal 算法计算最小生成树，Dijkstra 算法计算最短路径树，Huffman 算法求解 Huffman 编码，以及最速下降法求解优化问题等。下面我们通过回顾这些算法，介绍贪心法的算法设计思想。

前面我们介绍过两种寻找最小生成树的图论算法，即 Prim 算法和 Kruskal 算法。Prim 算法从顶点的角度出发来构造最小生成树。它把图分为两部分，即最小生成树部分和非最小生成树部分。每次向最小生成树中加入一个顶点和一条边，直至最小生成树包含原图中的所有顶点为止。加入顶点时，我们总是从非最小生成树部分选择一个顶点，它与最小生成树关联的边权值最小。Kruskal 算法则从边的角度出发来构造最小生成树。它每次向最小生成树中加入一条边，并保证与最小生成树中已有边不构成回路，直至得到包含所有顶点的最小生成树。加入边时，总是选择不属于最小生成树的权值最小的边，并且要求不与最小生成树中的已有边构成环。可以看到，不论是 Prim 算法加入顶点还是 Kruskal 算法考虑边，它们都在选择加入对象的时候考虑当前状态下的最佳选择，符合贪心法的准则。图 9.8 给出了最小生成树的例子。

图论中计算单源最短路径的 Dijkstra 算法也体现了贪心法的思想。Dijkstra 算法通过构造加权有向图的最短路径树，来实现单源最短路径算法。该算法的运行过程与 Prim 算法非常相似。它将图分为两部分，即最短路径树部分和非最短路径树部分，然后每次向最短路径树中加入一个顶点和一条边，直至最短路径树包含原图中所有结点为止。加入顶点时，总是从非最短路径树部分选择到源点距离最近的顶点和相应的边。显然，这种选择是当前状态的局部最优，体现了贪心准则。图 9.9 给出了最短路径树的例子。

Huffman 编码的过程就是构造 Huffman 树，即最优加权二叉树的过程。首先，对于给定的 N 个权值 $\{w_1, w_2, \cdots, w_N\}$，构造一个 N 棵二叉树的集合 $\mathcal{T} = \{T_1, T_2, \cdots, T_N\}$，其中每棵二叉树中均只含一个带权值为 w_i 的根结点，其左、右子树为空树。然后，在 $\mathcal{T}$ 中选取其根结点的权值为最小的两棵二叉树，分别作为左、右子树构造一棵新的二叉树，并

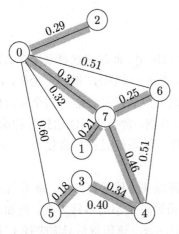

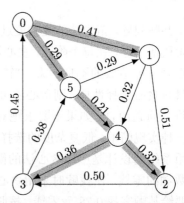

图 9.8　无向图的最小生成树举例 (其中阴影线　　图 9.9　有向图的最小路径树举例 (其中阴影线段表
　　　　段表示最小生成树中的边)　　　　　　　　　　示最小路径树中的边)

置这棵新的二叉树根结点的权值为其左、右子树根结点的权值之和。从 $\mathcal{T}$ 中删去这两棵
树，同时加入刚生成的新树。最后，重复以上步骤，直至 $\mathcal{T}$ 中只含一棵树。可以看到，在构
造 Huffman 树的过程中，我们总是合并权值之和最小的二叉树，来构造一棵新的二叉树。
这种总选择当前状态最好的合并方案的做法正体现了贪心法的思想。图 9.10 给出了构造
Huffman 树的例子。

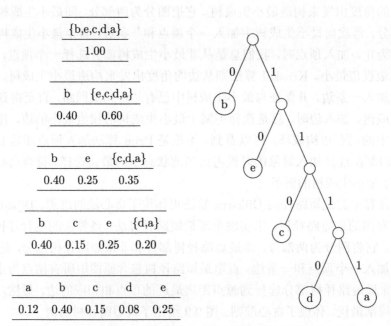

图 9.10　Huffman 树构造过程举例

　　在数值算法部分，我们介绍过的最速下降法也是基于贪心准则设计的。对于一个连续
可微函数 $f(\boldsymbol{x})$，负梯度方向 $-\nabla f(\boldsymbol{x})$ 是该函数在当前点时下降速度最快的方向。最速下降

的迭代公式为

$$\boldsymbol{x}_{k+1} = \boldsymbol{x}_k - \alpha_k \nabla f(\boldsymbol{x}_k) \tag{9.30}$$

其中 α_k 为直线搜索参数，决定在当前这个方向走多远。α_k 可由下式求得

$$\min_{\alpha_k} \quad f(\boldsymbol{x}_k - \alpha_k \nabla f(\boldsymbol{x}_k)) \tag{9.31}$$

可见，最速下降法总是沿函数下降速度最快的方向，走过使函数值下降最大的距离，故属于贪心法。如图 9.11 所示，最速下降法只看到局部的最速下降方向，迭代结果会呈之字形，趋向解的过程可能会非常缓慢。

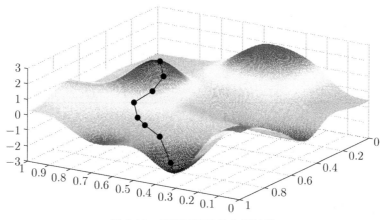

图 9.11　最速下降法的执行过程

2. 背包问题的贪心法求解

对于不满足贪心选择性质的问题，可实现多种不同的贪心策略，得到不同的解。但不同贪心策略的性能与优化问题的参数密切相关。我们以背包问题为例来说明不同贪心策略的性能差异。给定一个承重为 W 的背包和 N 件物品。假设第 i 个物品的重量为 w_i、价值为 v_i。我们期望找到一个装包方案，该方案要求在保证总重量小于 W 的条件下最大化物品的总价值。这里假设背包的总重量为 $W = 5$。

如果物品的重量和价值如表 9.1 所示。利用蛮力法，可以得到实际最优方案为：物品 1、物品 2 和物品 4，重量为 5，价值为 37。我们考虑的第一种贪心策略是优先选择价值高的物品放入背包中。此时的背包方案为：物品 3 和物品 4，重量为 5，价值为 35。显然比最优方案差。第二种贪心策略则优先选择重量轻的物品放入背包中。此时的背包方案为：物品 2、物品 4 和物品 1，重量为 5，价值为 37。恰好得到最优方案。

表 9.1　物品的重量和价值

序号	1	2	3	4
重量	2	1	3	2
价值	12	10	20	15

如果物品的重量和价值如表 9.2 所示。利用蛮力法，可以得到实际最优方案为：物品 3 和物品 4，重量为 5，价值为 35。当采用第二种贪心策略时，此时的背包方案为：物品 2、物

品 4 和物品 1，重量为 5，价值为 32，显然比最优方案差。考虑第三种贪心策略，优先选择单位价值高的物品放入背包中。此时的背包方案为：物品 4 和物品 3，重量为 5，价值为 35，恰好得到最优方案。

我们再考虑第三个物品重量和价值的列表，即表 9.3。利用蛮力法，可以得到实际最优方案为：物品 2、物品 3 和物品 5，重量为 5，价值为 38。当采用第一种贪心策略时，此时的背包方案为：物品 3 和物品 4，重量为 5，价值为 35，显然比最优方案差。当采用第二种贪心策略时，此时的背包方案为：物品 2、物品 5 和物品 4，重量为 4，价值为 33，仍然比最优方案差。若采用第三种贪心策略，此时的背包方案为：物品 2、物品 5 和物品 4，重量为 4，价值为 33，依然比最优方案差。

表 9.2　物品的重量和价值

序号	1	2	3	4
重量	2	1	3	2
价值	12	5	20	15

表 9.3　物品的重量和价值

序号	1	2	3	4	5
重量	2	1	3	2	1
价值	12	10	20	15	8

综上可知，对于不满足贪心选择性质的问题，贪心法的性能依赖于问题的参数。有时某种贪心策略可以达到最优解，有时任何一种贪心策略都是次优的。

9.4　动态规划

动态规划是一种非常重要的程序设计技术。类似于分治法，它也将原始问题分解为若干个子问题求解，并基于子问题的解构建原始问题的解。但与分治法不同的是，分治法将原始问题分解成互不相关的独立子问题，而在动态规划中各个子问题是相互有关系的。实际上，类似于贪心法，各个子问题可视为求解原始问题的不同阶段。但与贪心法不同的是，动态规划在每个阶段做选择时不仅要考虑当前状态，还要考虑该选择对后续选择的影响，因此可以获得全局最优解。

本节将首先介绍动态规划的基本原理，然后介绍几个利用动态规划的典型算法设计。特别地，我们将重点介绍动态规划在求解背包问题上的应用。

9.4.1　动态规划的基本原理

动态规划是 20 世纪五十年代初由美国数学家 R. E. Bellman 提出的。动态规划最初用于求解多阶段动态过程的优化问题，随后逐步发展成一种通用的算法设计思想。

当设计动态规划算法时，首先要将原问题分解为相互联系的、有顺序的几个环节，称为**阶段**。在有些问题中，阶段的划分是自然的；但在有些问题中，阶段的划分来自于合理的设计。每个阶段都包含若干**状态**，以描述当前阶段的进展情况。当前阶段的状态是向下一阶段某状态转移的出发位置。从某阶段的一个状态出发演变到下一个阶段某状态的选择称为**决策**。阶段、状态和决策是应用动态规划进行算法设计的三个基本要素。图 9.12 给出了上述三要素的示例。在此例中，我们要计算该有向无圈图中，顶点 1 到顶点 9 的最短路径。图中，不同的阶段用虚竖线分割，顶点就是状态，有向边则表示当前状态向下一阶段的可能决策。当动态规划完成时，每个阶段所处的状态以及向下一阶段转移的决策就确定下来了。实际经过的状态和决策，在图中用阴影标示，即从顶点 1 到顶点 9 的最短路。

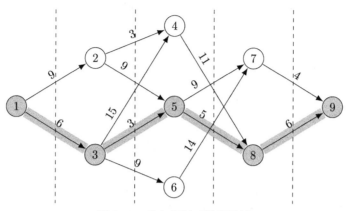

图 9.12　动态规划三要素示例

对于某个算法设计问题，如果要采用动态规划设计算法，那么该问题的最优解应能分解出**最优子结构**。换言之，该问题的一个最优策略应具有这样的性质：不论过去的状态和决策如何，对前面的决策所形成的状态而言，余下部分的决策必须构成最优策略。这样把原问题转换成规模更小的子问题时，原问题最优的充要条件是子问题最优。例如图 9.12 中，若 $1-3-5-8-9$ 是顶点 1 到顶点 9 的最短路径，则 $1-3-5-8$ 是顶点 1 到顶点 8 的最短路径，$1-3-5$ 是顶点 1 到顶点 5 的最短路径。然而并不是所有的问题都具有最优子结构。仍然考虑图 9.12，如果优化的目标是模 4 最短路径，则该问题不能分解出最优子结构。容易验证，路径 $1-3-5-8-9$ 的模 4 最短路径长度为 $20\%4=0$；路径 $1-3-5-8$ 的模 4 最短路径长度为 $14\%4=2$；而路径 $1-3-4-8$ 的模 4 最短路径长度为 $32\%4=0$。

动态规划的解还应该满足**无后效性**条件。无后效性是指未来状态只取决于当前状态和决策，与过去的状态和决策无关。换言之，过去的状态和决策只能通过当前状态影响未来，当前状态是所有历史过程的总结。例如图 9.12 中，假设当前状态为 7，则 7 以后的最短路径与以前经过的结点无关，即路径 $1-2-5-7$ 或路径 $1-3-5-7$ 或路径 $1-3-6-7$ 都对以后的求解无关。

一般来说，对于满足上述条件的问题都能抽象为以下的一般形式。首先，设该问题可分为 N 个阶段，阶段 k 的状态集合为 $\mathcal{S}_k$，决策集合为 $\mathcal{U}_k$。需要注意的是，最后一个阶段无须做任何决策，即 $\mathcal{U}_N=\varnothing$。根据无后效性条件，若阶段 k 采用 $u_k\in\mathcal{U}_k$ 决策时，$k+1$ 阶段的状态为

$$s_{k+1}=u_k(s_k),\quad k=1,2,\cdots,N-1 \tag{9.32}$$

其中，$s_k\in\mathcal{S}_k$ 为阶段 k 的状态。从而，N 阶段的决策过程可表示为决策函数序列

$$\boldsymbol{\pi}(N)=(u_1,u_2,\cdots,u_{N-1}) \tag{9.33}$$

如果阶段 k 的收益函数为 g_k，即当状态为 s_k、决策为 u_k 时，收益为 $g_k(s_k,u_k)$。N 阶段的总收益可表示为

$$J_{\pi(N)}(s_N) = g_N(s_N) + \sum_{k=1}^{N-1} g_k(s_k, u_k) \tag{9.34}$$

一般而言，我们总是期望计算 $\pi(N)$ 使得 $J_{\pi(N)}(s_N)$ 最大化，即求解

$$J_N^*(s_N) = \max_{\pi(N)}\{J_{\pi(N)}(s_N)\} \tag{9.35}$$

其中，$J_N^*(s_N)$ 为 N 阶段最优值，$\pi^*(N) = (u_1^*, u_2^*, \cdots, u_{N-1}^*)$ 为最优决策序列。最优子结构意味着 $\pi^*(k) = (u_1^*, u_2^*, \cdots, u_{k-1}^*)$ 是前 k 阶段的最优决策序列。此时，$k+1$ 阶段的最优值可迭代定义如下

$$J_{k+1}^*(s_{k+1}) = \max_{\pi(k+1)}\{J_{\pi(k+1)}(s_{k+1})\} = \max_{u_k}\{g_k(u_k^{-1}(s_{k+1}), u_k) + J_k^*(s_k)\} \tag{9.36}$$

以上分析表明，动态规划算法设计一般需要遵循以下四个步骤：

(1) 定义问题的阶段 $k = 1, 2, \cdots, N$、状态集 $\mathcal{S}_k$ 和决策集 $\mathcal{U}_k$；

(2) 刻画最优子结构，并按式 (9.36) 迭代定义最优值；

(3) 从初始状态开始逐个阶段计算最优值并列表记录；

(4) 反向递推构造最优解。

9.4.2 算法设计举例

本小节重点介绍动态规划在求解背包问题时的应用。之后，我们介绍应用了动态规划思想的全源最短路径算法，即 Floyd 算法。最后，我们研究数字通信中非常重要的卷积码译码算法，即著名的 Viterbi 算法。

1. 背包问题

在介绍贪心法时，我们已经介绍过背包问题，并设计了三种不同的贪心算法。但是，当物品的重量和价值变化时，贪心法不能保证所求结果的最优性。下面我们讨论背包问题的动态规划求解。

考虑 N 个重量为 $w_1, w_2, \cdots, w_N$，价值为 $v_1, v_2, \cdots, v_N$ 的物品。给定一个承重为 W 的背包，如果选择一些物品放到背包中，求使得背包中物品价值最大的选择方案。类似于数值优化算法部分的介绍，该问题的数学形式可写为

$$\begin{aligned} \max \quad & \sum_{k=1}^{N} v_k x_k \\ \text{s.t.} \quad & \sum_{k=1}^{N} w_k x_k \leqslant W \\ & x_k \in \{0, 1\}, 1 \leqslant k \leqslant N \end{aligned} \tag{9.37}$$

这里 x_k 为决策变量，如果物品 k 放入背包则 $x_k = 1$；否则 $x_k = 0$。

按照动态规划算法设计的步骤，我们首先要确定问题的阶段。对于背包问题而言，一个自然的考虑就是按照放入的物品来划分阶段，即阶段 k 考虑是否将物品 k 放入背包，其

中 $k = 1, 2, \cdots, N$。阶段 k 的状态自然是放入 k 个物品时所有可能的重量和。为方便，我们假设物品重量及背包承重均为整数，那么每个阶段的状态为重量 $0, 1, \cdots, W$。令 $J_k^*(w)$ 表示 k 阶段，总重量为 w 时的最大价值。很显然，如果 $w < w_{k+1}$，那么 $J_{k+1}^*(w) = J_k^*(w)$，否则

$$J_{k+1}^*(w) = \max\{J_k^*(w), v_{k+1} + J_k^*(w - w_{k+1})\} \tag{9.38}$$

式 (9.38) 表明：若第 $k+1$ 件物品不属于原问题的最优解，则前 $k+1$ 件物品对于总重量 w 的最优解一定等于前 k 件物品对于重量 w 的最优解；否则若第 $k+1$ 件物品属于原问题的最优解，则前 $k+1$ 件物品对于重量 w 的最优解一定等于前 k 件物品对于重量 $w - w_{k+1}$ 的最优解加上第 k 件物品。

我们以表 9.3 中的物品重量和价格为例说明动态规划的计算过程。图 9.13 ～ 图 9.18 分别给出了第 0 阶段 ～ 第 5 阶段的计算过程。如图 9.13 所示，第 0 阶段实际上是初始化阶段。由于本阶段未考虑任何物品，故任意重量的价值都为 0。图 9.14 给出了第 1 阶段的计算过程。由于 $w_1 = 2$，故 $J_1^*(0) = J_0^*(0) = 0$ 且 $J_1^*(1) = J_0^*(1) = 0$。上述转移过程在图 9.14 中用连接相应状态的带箭头的实线段表示。下面考虑 $J_1^*(2)$，根据式 (9.38) 可得

$$J_1^*(2) = \max\{J_0^*(2), v_1 + J_0^*(0)\} = \max\{0, 12\} = 12 \tag{9.39}$$

可见，将 v_1 属于第 1 阶段、重量为 2 时的最优解。这里我们用带箭头的实线段表示属于最优解的情况，而用带箭头的虚线段表示不属于最优解的情况。类似地，$J_1^*(3)$ 可按下式计算

$$J_1^*(3) = \max\{J_0^*(3), v_1 + J_0^*(1)\} = \max\{0, 12\} = 12 \tag{9.40}$$

可见，将 v_1 属于第 1 阶段、重量为 3 时的最优解。同样地，我们依然用带箭头的实线段表示属于最优解的情况，而用带箭头的虚线段表示不属于最优解的情况。依此类推，我们容易计算 $J_1^*(4)$ 和 $J_1^*(5)$，并分别用带箭头的实线段和带箭头的虚线段在图中标示出来。之后，可按照相同的方法计算第 2 阶段 ～ 第 5 阶段，得到图 9.19。根据该图反向递推，找到用带箭头的实线段连接的完整通路即得到背包问题的最优解，如图 9.19 所示。

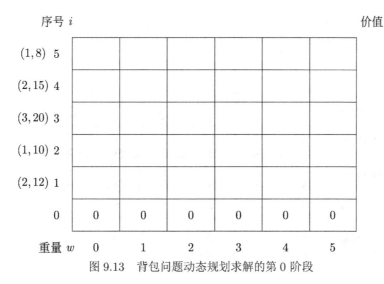

图 9.13　背包问题动态规划求解的第 0 阶段

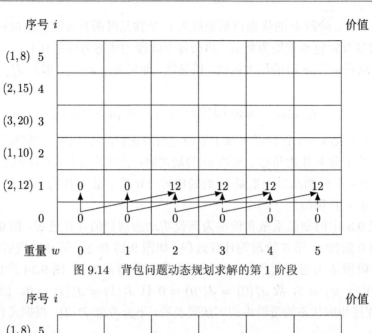

图 9.14　背包问题动态规划求解的第 1 阶段

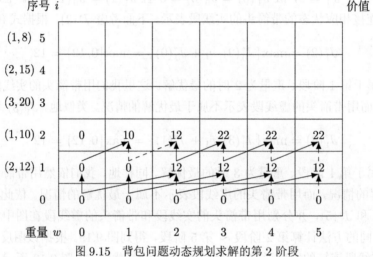

图 9.15　背包问题动态规划求解的第 2 阶段

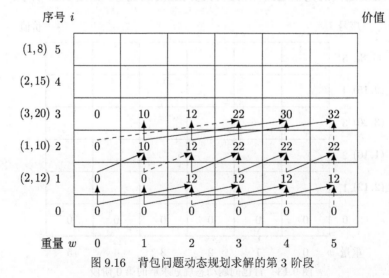

图 9.16　背包问题动态规划求解的第 3 阶段

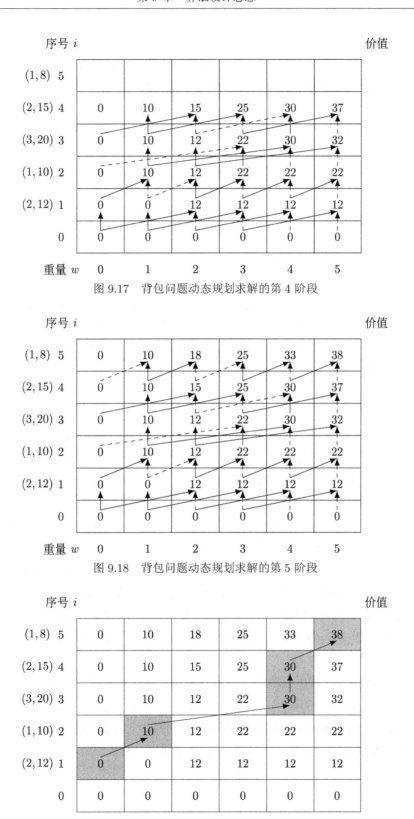

图 9.17　背包问题动态规划求解的第 4 阶段

图 9.18　背包问题动态规划求解的第 5 阶段

图 9.19　背包问题动态规划求解的反向递推结果

2. Floyd 算法

在本书的图论部分，我们讨论了求解全源最短路径问题的 Floyd 算法。考虑一个 N 顶点的图，初始化 $\boldsymbol{D}_0$ 矩阵为图的边值矩阵。Floyd 算法按照下式迭代

$$\boldsymbol{D}_k[i][j] = \min\{\boldsymbol{D}_{k-1}[i][j], \boldsymbol{D}_{k-1}[i][k] + \boldsymbol{D}_{k-1}[k][j]\}, \quad k = 1, 2, \cdots, N \tag{9.41}$$

其中 $\boldsymbol{D}_k[i][j]$ 是顶点 i 到顶点 j 的路径长度，这条路径在所有不经过编号大于 k 的顶点的路径中是最短的。

实际上，Floyd 算法的迭代公式正采用了动态规划的设计思想。首先，该算法按照顶点的编号顺序包含 N 个阶段。阶段 k 考虑是否将编号为 k 的顶点加入到顶点 i 到顶点 j 的路径中去。阶段 k 有若干个状态，每个状态就是 $\boldsymbol{D}_k[i][j]$ 的可能取值。对于阶段 $k-1$ 的任何一个状态，向阶段 k 转移有两种可能的决策。一种决策是不把顶点 k 加入顶点 i 到顶点 j 的路径；另一种恰好相反。我们总是选择使路径长度减小的决策，即式 (9.41) 迭代定义的最优值。这种迭代定义依赖于最短路径的无后效性，即阶段 k 的最短路径只依赖于阶段 $k-1$ 的最短路径，而与之前的路径无关。因此，正如本书在图论部分介绍的，该算法仅需保存一个矩阵，并在该矩阵上迭代更新顶点之间的距离。

3. Viterbi 算法

Viterbi 算法是 Andrew Viterbi 于 1967 年提出的。设计该算法的初衷是解决数字通信中卷积码的最大似然译码问题。目前，该算法已被广泛用于 GSM 和 CDMA 移动通信网、调制解调器、卫星通信、深空通信和 IEEE 802.11 无线局域网等。近年来，Viterbi 算法也常常用于语音识别、关键字识别、输入法设计、计算语言学和生物信息学中。本质上，Viterbi 算法是一种动态规划算法。它用于寻找最有可能产生观测事件序列的隐含状态序列。该序列通常被称为 Viterbi 路径，表示观察结果最有可能的解释。

我们以输入法设计为例来说明 Viterbi 算法的过程和应用。考虑某人期望用拼音输入法输入一个中文短语"清华大学电子系"。此人输入的拼音为"qing hua da xue dian zi xi"。显然，对应于该拼音的中文短语有许多个，如"庆花大雪点子戏"。那么，输入法程序如何推断这个人最有可能输入的中文短语是"清华大学电子系"？这个问题就可以用 Viterbi 算法求解。

为方便，假设输入法程序以单个汉字为输入单位。设此人输入的拼音序列表示为向量 $\boldsymbol{y} = (y_1, y_2, \cdots, y_N)$，对应的汉字序列表示为向量 $\boldsymbol{x} = (x_1, x_2, \cdots, x_N)$。概率 $\Pr\{\boldsymbol{x}|\boldsymbol{y}\}$ 表示已知输入拼音序列为 $\boldsymbol{y}$ 时，输出汉字序列为 $\boldsymbol{x}$ 的概率。为了提高汉字输入效率，输入法应该输出使得 $\Pr\{\boldsymbol{x}|\boldsymbol{y}\}$ 最大的 $\boldsymbol{x}$，即最大后验概率推断。用数学公式可写为

$$\boldsymbol{x}^* = \arg\max_{\boldsymbol{x}} \Pr\{\boldsymbol{x}|\boldsymbol{y}\} \tag{9.42}$$

显然，可以用蛮力法枚举所有可能的 $\boldsymbol{x}$ 以计算 $\boldsymbol{x}^*$，然而其复杂度是不可接受的。事实上，Viterbi 算法正是计算 $\boldsymbol{x}^*$ 的低复杂度方法。

假设我们使用的输入法可以统计此人输入汉字 x_{k-1} 之后输入汉字 x_k 的概率,即条件概率 $\Pr\{x_k|x_{k-1}\}$。此时,根据 Bayes 公式,我们有

$$\boldsymbol{x}^* = \arg\max_{\boldsymbol{x}} \Pr\{\boldsymbol{x}|\boldsymbol{y}\} = \arg\max_{\boldsymbol{x}} \prod_{k=1}^{N} \Pr\{y_k|x_k\}\Pr\{x_k|x_{k-1}\} \tag{9.43}$$

其中,x_0 为虚拟的初始状态且 $\Pr\{x_1|x_0\}=1$,$\Pr\{y_k|x_k\}$ 为已知汉字为 x_k 时,输入的拼音为 y_k 的概率。对于全拼输入法,该概率会退化成 1。上述过程可以用图 9.20 给出的状态空间模型表示。图中,无阴影的圆圈表示外部不可观测的内部状态,带箭头的实线段表示状态的转移关系。可以看到,内部状态的转移满足 Markov 性,故该模型也称为隐含 Markov 模型。阴影圆圈表示外部可观察的变量,带箭头的虚线段表示内部状态到相应观测变量的概率依赖关系。直观上,x_k 表示了某人想输入的第 k 个汉字,y_k 表示此人想输入汉字 x_k 时所输入的拼音 y_k。显然,对于输入法而言,y_k 是可观测到的,而 x_k 是需要推断的。

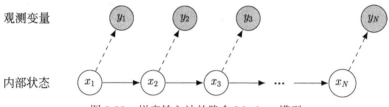

图 9.20 拼音输入法的隐含 Markov 模型

根据动态规划的思想,该问题可自然的划分为 N 个阶段,每个阶段输入一个汉字对应的拼音。阶段 k 包含若干状态,其中 $k = 1, \cdots, N$。需要注意的是,此时的状态是指 x_k 的所有可能取值,即对应于拼音 y_k 的所有可能的汉字。为方便,将 x_k 的第 j 个可能的取值记为 $x_k^{(j)}$。虚拟阶段 x_0 只有一个取值 $x_0^{(1)}$。阶段 k 的决策 u_k 决定了从 $x_k^{(j)}$ 到 $x_{k+1}^{(j')}$ 的转移过程。定义

$$J_k^*(x_k) = \max_{(x_1, x_2, \cdots, x_{k-1})} \prod_{i=1}^{k} \Pr\{y_i|x_i\}\Pr\{x_i|x_{i-1}\} \tag{9.44}$$

那么阶段 k 的最大后验概率即为 $\max_{x_k} J_k^*(x_k)$。根据式 (9.44),有以下迭代公式

$$\begin{aligned} J_{k+1}^*(x_{k+1}) &= \max_{(x_1, x_2, \cdots, x_k)} \prod_{i=1}^{k+1} \Pr\{y_i|x_i\}\Pr\{x_i|x_{i-1}\} \\ &= \max_{x_k} \Pr\{y_{k+1}|x_{k+1}\}\Pr\{x_{k+1}|x_k\} J_k^*(x_k) \end{aligned} \tag{9.45}$$

式 (9.45) 就是 Viterbi 算法迭代公式。利用该公式即可迭代计算 $J_N^*(x_N)$。据此可推断此人最可能输入的汉字序列为

$$\boldsymbol{x}^* = \arg\max_{x_N} J_k^*(x_N) \tag{9.46}$$

如果 $M = \max|\mathcal{S}_k|$,$\mathcal{S}_k$ 为阶段 k 的状态空间,可以证明 Viterbi 算法的复杂度为 $O(NM^2)$。

Viterbi 算法的执行过程可表示为如图 9.21 所示的网格图。图中的圆圈表示动态规划各个阶段的状态,带有箭头的线段表示可能的状态转移,其权重即为 $\Pr\{y_k|x_k\}\Pr\{x_k|x_{k-1}\}$。

可以看到，图 9.21 是将图 9.20 中内部状态所有可能的取值展开而得到的。事实上，Viterbi 算法就是利用动态规划的思想计算该网格图上从 $x_0^{(1)}$ 出发到阶段 N 的乘积权重最大的路径。

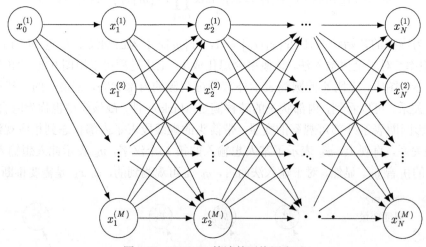

图 9.21　Viterbi 算法的网格图表示

9.5　搜索算法：回溯法与分支定界法

在数值算法部分，我们介绍了面向数值问题的最优化。本节我们将介绍求解组合优化问题的方法。与数值优化问题不同，组合优化问题的可行解均用离散变量表示，所有的可行解构成了该组合优化问题的离散解空间。本质上，组合优化问题的求解就是在解空间中搜索使目标函数达到最优的离散可行解。但是组合优化问题的解空间往往十分巨大，采用蛮力法搜索的复杂度是不可接受的。另一方面，由于可行解是离散变量表示的，数值优化问题的算法均不能直接在组合优化问题的解空间中搜索最优解。因此，组合优化问题通常是十分难解的。本节我们先介绍解空间的表示，然后讨论两种搜索算法，即回溯法和分支定界法。

9.5.1　组合优化问题的解空间

组合优化问题的可行解均用离散变量表示，所有的可行解构成了该组合优化问题的离散解空间。每个组合优化问题都有一个解空间，而不同的组合优化问题，解空间的表现形式也不同。下面我们以 Hanoi 塔问题和全排列问题为例介绍组合优化问题的解空间。

1. Hanoi 塔问题的解空间及其非递归求解

在介绍递归时，我们讨论过 Hanoi 塔问题递归求解。如图 9.22 所示，考虑 A、B、C 三个塔座，现将塔座 A 上按直径由小到大放置的 $n+1$ 个圆盘 (编号 0 至 n) 搬到塔座 C 上，B 可用作辅助塔座。搬运过程中，直径大的圆盘不允许在直径小的圆盘上面。求解 Hanoi 塔问题的递归过程如图 9.23 所示，算法描述如下：

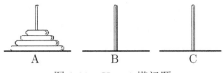

图 9.22 Hanoi 塔问题

```c
void move(int n, int x, int z, int y) {
    if (n >= 0) {
        move(n-1, x, y, z);
        printf("Move disk %d from %d to %d", n, x, z);
        move(n-1, y, z, x);
    }
}
```

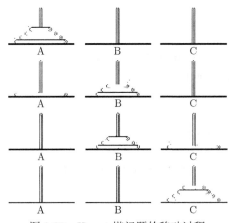

图 9.23 Hanoi 塔问题的移动过程

图 9.24 给出了 $n = 3$ 时 Hanoi 塔问题的解空间和递归调用过程。图中，圆圈表示函数的调用，带有箭头的线段表示调用顺序关系。可以看到，Hanoi 塔问题的解空间是一棵二叉

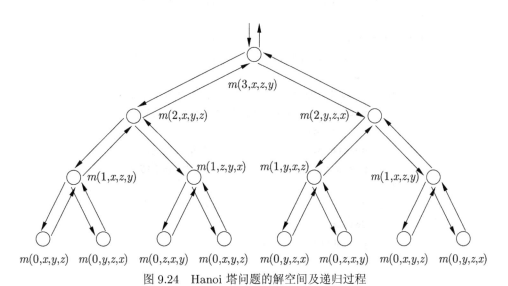

图 9.24 Hanoi 塔问题的解空间及递归过程

树，而递归调用的过程实际上是对该二叉树的中序遍历。因此，为消除递归，提高效率，我们可以利用二叉树的中序遍历来求解 Hanoi 塔问题。代码列表如下：

```cpp
// 定义 Hanoi 塔算法的结点
typedef struct hNode {
    int num;                            // 待移动的盘子的数目
    char c1;                            // 出发柱
    char c2;                            // 目的柱
    char c3;                            // 借助柱
    hNode(int n, char x, char y, char z) { // 结点构造函数
        num=n; c1=x; c2=y; c3=z;
    }
}HNODE;

// 定义访问函数
void visit(HNODE *p) {
    cout<<"Move disk"<<p->num<<"from"<<p->c1<<
        "to"<<p->c2<<endl;
}

// Hanoi 塔的中序遍历求解算法
void Hanoi(int n, char x, char y, char z) {
    HNODE *p = (HNODE*)new HNODE(n,x,y,z); HNODE *nxt;
    do {
        while(p) {
            S.push((int)p);             // 结点进栈
            if(p->num != 0)             // 创建左子结点
                p=(HNODE*)new HNODE(p->num-1,p->c1,p->c3,
                    p->c2);
            else p = NULL;              // 已到叶子结点
        }
        if(!S.IsEmpty()) {              // 栈不空
            p = (HNODE *)S.pop();       // 栈顶结点出栈
            visit(p);                   // 访问
            if(p->num != 0) {           // 创建右子结点
                nxt=(HNODE*)new HNODE(p->num-1,p->c3,p->c2,
                    p->c1);
                delete p;               // 销毁结点
                p = nxt;                // 指向右子结点
            }
            else {                      // 无右子结点
                delete p;
                p = NULL;
            }
        }
```

```
    } while(p || !S.IsEmpty());              // 栈不空，继续处理
}
```

2. 全排列问题

对于给定的字符集，全排列问题要求枚举出所有可能的排列形式。一般地，如果字符集中有 n 个不重复的字符，则全排列问题的解包括 $n!$ 个字符排列。

为方便，考虑字符集 $\{a, b, c\}$，则全排列为

$$abc, \quad acb, \quad bac, \quad bca, \quad cab, \quad cba \tag{9.47}$$

在构造全排列时，可以从第一位开始，逐个遍历对应位的所有可能字符。该构造过程的解空间可表示为如图 9.25 所示的 n 叉树。另一方面，我们也可以从第一个字符开始，逐个遍历该字符所有可能的位置。该构造过程的解空间可表示如图 9.26 所示的 n 叉树。可见，同一个组合优化问题的解空间表示是不唯一的。我们只要遍历任意一个解空间中的所有叶子结点，即可得到该字符集的全排列。

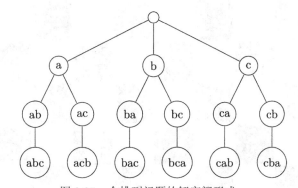

图 9.25 全排列问题的解空间形式一

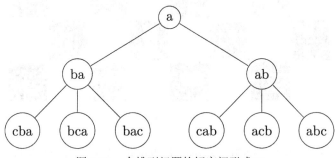

图 9.26 全排列问题的解空间形式二

前面的分析表明，组合优化问题往往具有巨大的解空间。例如：Hanoi 塔的移动次数为 $f(n) = 2^n - 1$，而全排列的个数为 $f(n) = n!$。一般来说，组合优化是非常难解的，求解需要在时间或 (和) 空间方面付出很大的代价。前面讨论的 Hanoi 塔和全排列问题都是通过遍历解空间的方式来求解的。这种方法本质上是蛮力法，随着问题规模的增大，计算复杂度急剧增加。

9.5.2　回溯法

在搜索解的过程中，如果当前的部分解有可能发展成为一个完整解，则称这个部分解是有希望的，否则说它是没有希望的。如果能够确定解空间树上某个结点对应的部分解是没有希望的，则可以终止对其后续分支的搜索。这种提前终止没有希望的解的方法就称为回溯法。由于能够引入所有的约束来尽早确定某个部分解是否有希望，回溯法有可能大幅度提升问题求解的效率。本质上，回溯法可以看作是对解空间状态树的深度优先搜索。下面我们结合八皇后问题、子集和问题、分配问题介绍回溯法。

1. 八皇后问题

八皇后问题是来自于国际象棋中一个有趣问题。如图 9.27 所示，该问题要求在国际象棋的棋盘上放置八个皇后，使她们不能互相攻击，即任何两个皇后不能处在同一行、同一列、同一条斜线上。大数学家高斯于 1850 年研究了这个问题，给出了 72 个解。现在的问题是如何计算八皇后问题的所有的解。

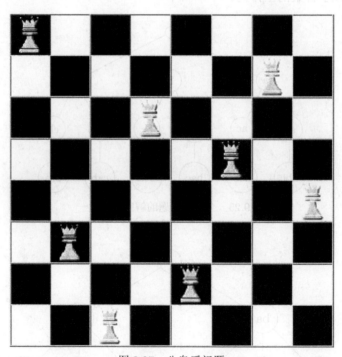

图 9.27　八皇后问题

八皇后问题可以用蛮力法求解。尝试所有可能的放置方式，观察其中是否存在满足要求的方案。八个皇后放在棋盘上，可能的放置方式有

$$\binom{64}{8} = 4426162368 \tag{9.48}$$

由于要求皇后不能互相攻击，可以一行只能放一个皇后，放置方式总数为

$$8^8 = 1677216 \tag{9.49}$$

进一步地，考虑一行一列只能有一个皇后，则总数为

$$8! = 40320 \tag{9.50}$$

经过上述改进，算法性能有很大提高，但复杂度仍然很高。

下面介绍回溯法求解八皇后问题。容易分析，八皇后问题所有可能的解构成一棵解空间树，这棵树描述了解的构造过程。如果考虑了任一行任一列只能有一个皇后，那么解空间是一棵度数逐步减少的树，从根结点的 8 到叶子结点的 0，深度加 1，度数减 1。显然，解空间树的叶子结点数为 8! = 40320。采用回溯法时，我们对这棵空间状态树进行搜索，如果遇到冲突，则表明后续所有分支中都不可能存在满足要求的解。此时，我们终止对该分支的搜索，回溯之后搜索另一个分支。图 9.28 给出了四皇后问题的回溯法求解过程。图中，方格代表棋盘，"*"表示皇后，带箭头的线段表示搜索方向，编号表示搜索顺序，阴影方格为算法找到的一个可行解。

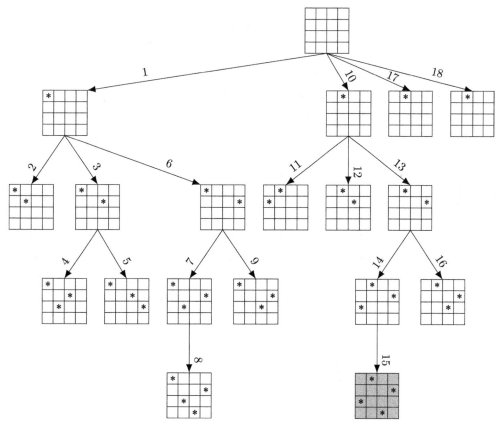

图 9.28　回溯法求解四皇后问题的计算过车

2. 子集和问题

给定一个有 n 个正整数的集合 $\mathcal{S}$，满足

$$\sum_{x \in \mathcal{S}} x = 2m \tag{9.51}$$

那么，是否有 $\mathcal{S}$ 的子集 $\mathcal{T}$ 满足下述条件

$$\sum_{x \in \mathcal{T}} x = m \tag{9.52}$$

这个问题就是子集合问题。该问题的一个有趣应用是分析美国总统选举是否可能出现平票的情况。

我们知道美国总统选举实行选举人制。总统由各州议会选出的选举人团,而不是由选民直接选举产生。美国有 50 个州和 1 个特区,共 538 票,票数分配如表 9.4。候选人获得 270 张选举人票即当选。那么两位候选人是否可能各得 269 票?该问题的解空间可以表示为如图 9.29 所示的一个二叉树。图中的阴影顶点表示问题的解包含该州的分支,无阴影的顶点表示问题的解不包含该州的分支。如果采用蛮力法求解,则需要遍历整棵解空间树,即 $2^n - 1$ 个组合数。若采用回溯法,则在搜索之前先判断每个结点代表的部分解是否有希望,即该部分解的总票数是否已经超过半数。对于没有希望的结点提前返回,从而可降低了求解复杂度。

表 9.4   选举人票分配

22	伊利诺伊	3	怀俄明	8	康涅狄格	13	弗吉尼亚
4	缅因	12	印第安纳	4	夏威夷	8	科罗拉多
5	西弗吉尼亚	5	犹他	25	佛罗里达	3	特拉华
5	新墨西哥	5	内布拉斯加	3	蒙大拿	11	田纳西
6	阿肯色	9	亚拉巴马	9	路易斯安那	7	俄勒冈
10	马里兰	8	肯塔基	8	亚利桑那	8	俄克拉何马
4	罗得岛	12	马萨诸塞	4	内华达	3	阿拉斯加
4	新罕布什尔	11	密苏里	10	明尼苏达	7	艾奥瓦
3	南达科他	8	南卡罗来纳	21	俄亥俄	32	得克萨斯
6	堪萨斯	3	北达科他	14	北卡罗来纳	18	密歇根
11	华盛顿	4	爱达荷	7	密西西比	54	加利福尼亚
15	新泽西	13	佐治亚	3	佛蒙特	11	威斯康星
23	宾夕法尼亚	33	纽约	3	华盛顿特区		

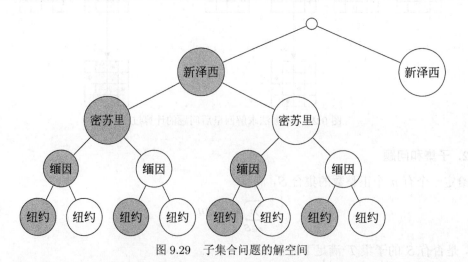

图 9.29   子集合问题的解空间

3. 分配问题

分配问题是非常重要的一类组合优化问题。许多实际的资源分配、任务指派和作业调度等问题都可以抽象成分配问题。最基本的分配问题考虑 n 项工作和 n 个工人。由于每个工人的能力不同、工作任务的性质和难度也不同，故每个工人完成不同工作的成本也不同(时间、花费等)。分配问题就是要求解总成本最低的任务分配方案。

我们以 $n = 4$ 的情况为例，讨论求解分配问题的算法。为了描述方便，任务集合记为 $\{T_1, T_2, T_3, T_4\}$，工人集合记为 $\{P_a, P_b, P_c, P_d\}$。表 9.5 给出了各个工人完成不同任务的成本。蛮力法可以解决分配问题。只要我们列举所有可能的方案，选择成本最低的分配方案即可。对于 n 项工作和 n 个工人，可能的方案有 $n!$ 个，随着 n 的增大，复杂度增长非常快。图 9.30 给出了蛮力法求解分配问题的部分过程。图中，圆圈表示一个部分解，其中的数值表示该部分解对应的成本值。带箭头的线段表示搜索的顺序。$T_i \rightarrow P_j$ 表示任务 T_i 分配给

表 9.5　工人完成任务的成本

	T_1	T_2	T_3	T_4
P_a	9	2	7	8
P_b	6	4	3	7
P_c	5	8	1	8
P_d	7	6	9	4

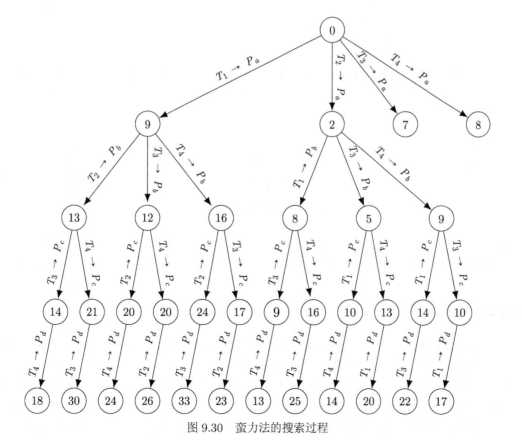

图 9.30　蛮力法的搜索过程

了工人 P_j。经过蛮力搜索，该问题的最优解为 $T_2 \to P_a$、$T_1 \to P_b$、$T_3 \to P_c$ 和 $T_4 \to P_d$，
最优值为 13。实际上，按照回溯法的思想，如果某个分支的部分解的成本值已经大于前面
搜索过的分支，那么这个分支就是没有希望的，可以不必继续搜索。可见，回溯法可以降低
求解分配问题的复杂度，其搜索过程如图 9.31 所示。图中没有希望的部分解顶点用阴影圆
圈表示。为了进一步降低复杂度，我们还可以改变回溯法的搜索顺序。完成一步搜索后，将
部分解的成本值从小到大排序，然后按照从小到大的顺序依次搜索各个分支。由于每次先
搜索的成本值低，故后面搜索过程中可能会剪除更多的没有希望的解。改进的回溯法的执
行过程如图 9.32 所示。

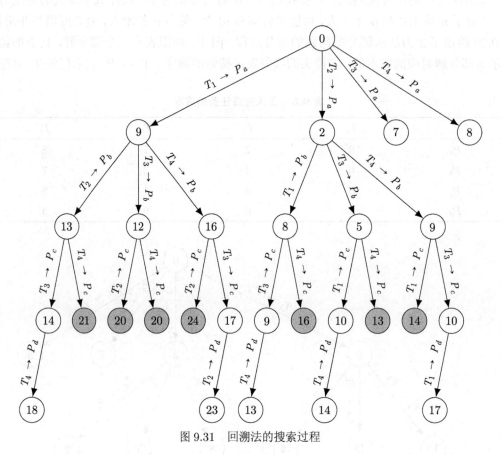

图 9.31 回溯法的搜索过程

以上讨论的问题表明，回溯法会对部分解进行评估并判断是否可扩展，因此可能具有
更好的效率。但并不是对于所有的组合优化问题，回溯法一定都能带来更好的时间效率。

9.5.3 分支定界法

分支定界法是另一种求解组合优化问题的搜索算法。与回溯法相同的是，分支定界法
也在搜索解空间的过程中考虑某个分支是否可能发展成一个完整的最优解。与回溯法不同
的是，分支定界法对于一棵解空间树的每一个结点所代表的部分解，都要计算出通过这个
部分解能够扩展出的可行解的最佳值边界。利用最佳值边界确定对各分支的扩展和遍历的
顺序，并确定最优解。解空间的结点生成顺序和边界函数的选择，对于分支定界法性能的

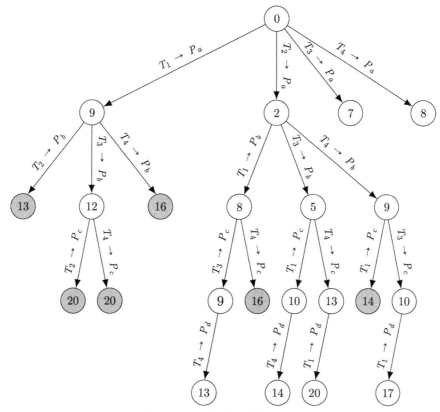

图 9.32　改进回溯法的搜索过程

影响很大。下面我们结合分配问题和旅行商问题来介绍分支定界法。

1. 分配问题

前面一小节讨论了用回溯法来求解分配问题。下面，我们仍以表 9.5 中的成本为例，介绍分支定界法求解分配问题。我们先估计分配问题的初始下界。在这个问题中，取各行最小值相加得到

$$2 + 3 + 1 + 4 = 10 \tag{9.53}$$

这确实是分配问题的解的下界，但由于约束条件，这个下界一般不会达到。事实上，对于每个部分解，都可以用此方法估算对应的下界。如果把任务 T_1 分配给人员 P_a，则此时的下界为

$$9 + 3 + 1 + 4 = 17 \tag{9.54}$$

类似地，如果把任务 T_2 分配给人员 P_a，则此时的下界为

$$2 + 3 + 1 + 4 = 10 \tag{9.55}$$

可见，我们能利用解的下界进行分支遍历的选择。具体来说，完成一次搜索步骤之后，评估此时部分解的下界。然后，按照下界从小到大的顺序依次搜索各个分支。类似于回溯法，分支定界法也将终止对于下界大于已搜索到当前完整解的分支。重复以上步骤，直到搜索到最优解。算法的执行过程如图 9.33 所示。图中终止搜索的部分解顶点用阴影圆圈表示。

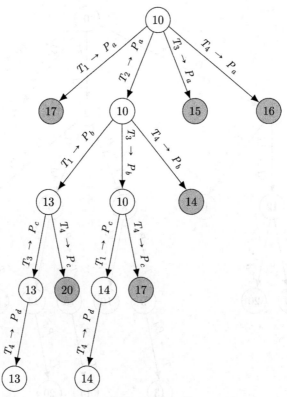

图 9.33　分支定解法的求解过程

　　需要注意的是，在之前的估计方法中，我们没有考虑问题的约束条件。如果在下界估计时考虑问题可行性，那么可以得到更准确的下界估计，从而进一步降低搜索的复杂度。例如，考虑把任务 T_3 分配给人员 P_a，不考虑可行性时的下界为

$$7 + 3 + 1 + 4 = 15 \tag{9.56}$$

但是，如果考虑可行性，即 T_3 分配 P_a 之后就不能分配给其他工人，则下界估计时应在删除 T_3 对应列的。在新的成本列表中取各行最小的成本，以估计部分解的总成本下界，即

$$7 + 4 + 5 + 4 = 20 \tag{9.57}$$

考虑了可行性的分支定界法的执行过程如图 9.34 所示。

2. 旅行商问题

　　旅行商问题，又称货郎担问题，是著名的组合优化难题。考虑 n 个城市，一个推销员要从其中某一个城市出发，走遍所有的城市，每个城市经过且只经过一次，最后回到他出发的城市，求最短的旅行路线。图 9.35 给出了五城市旅行商问题的拓扑。最直接的方法就是蛮力法，遍历找到图中经过所有顶点的环，然后比较其路径长度。容易计算，蛮力法的复杂度为 $n!$。

　　下面，我们考虑分支定界法求解旅行商问题。这里最核心的问题是如何估计回路路径长度的下界。最简单的下界估计是用最小的边长度乘以结点数目 n。但是这样的下界估计

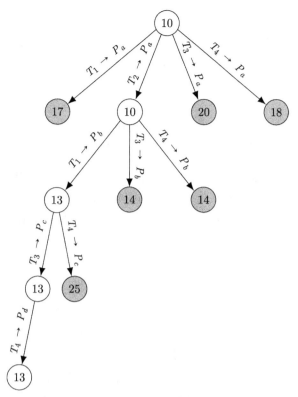

图 9.34　考虑可行性的分支定界法的求解过程

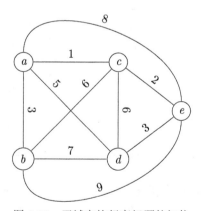

图 9.35　五城市旅行商问题的拓扑

过于粗糙。我们考虑更紧的下界估计。对于任意一个顶点而言，经过该顶点的回路的下界应包括该顶点关联的距离最短的两条边。因此，更紧的下界可用下式估计：

$$\left\lceil \sum_{i \in \mathcal{V}} \text{顶点 } i \text{ 关联的距离最短的两条边的均值} \right\rceil \tag{9.58}$$

这里考虑均值是因为任何一条边均被两个顶点共享。这样，初始下界的估计为

$$\left\lceil \frac{(1+3)+(3+6)+(1+2)+(3+4)+(2+3)}{2} \right\rceil = 14 \tag{9.59}$$

包含边 ac 和边 ab 的下界估计也是 14。包含边 ad 的下界估计为

$$\left\lceil \frac{(1+5)+(3+6)+(1+2)+(3+5)+(2+3)}{2} \right\rceil = 16 \qquad (9.60)$$

包含边 ae 的下界估计为

$$\left\lceil \frac{(1+8)+(3+6)+(1+2)+(3+4)+(2+8)}{2} \right\rceil = 19 \qquad (9.61)$$

根据分支定界法的原理，每次选择下界最小的分支开始搜索，并剪除部分解劣于已得到的当前完整解的分支。重复以上步骤直到找到最优解为止。图 9.36 给出了分支定界法求解旅行商问题的搜索过程。图中的顶点包含两个方框，上层方框为当前的部分解，下层方框为该部分解对应的下界。

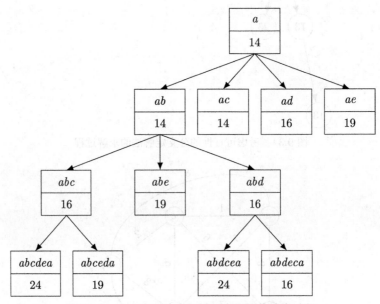

图 9.36　分支定界法求解旅行商问题的搜索过程

本节我们介绍了两种求解组合优化问题的搜索算法。本质上，回溯法和分支定界法都是对解空间树的搜索。回溯法可视为对解空间树的深度优先搜索；而分支定界法则是对解空间树的广度优先搜索。尽管回溯法和分支定界法为求解大规模组合优化问题提供了可能性，但它们都不能保证求解的效率。高效求解组合优化问题的核心依然是分析问题的数学结构。